"十四五"时期国家重点出版物出版专项规划项目

BEIJING OLYMPIC WINTER GAMES · 2022 · CHINESE PRACTICE
PLANNING AND DESIGN

北京冬奥 · 2022 · 中国实践
规划与设计

张 利 李兴钢 邵韦平 编著

中国建筑工业出版社

图书在版编目（CIP）数据

北京冬奥·2022·中国实践：规划与设计 = BEIJING OLYMPIC WINTER GAMES·2022·CHINESE PRACTICE: PLANNING AND DESIGN / 张利，李兴钢，邵韦平编著. — 北京：中国建筑工业出版社，2022.1
ISBN 978-7-112-26978-5

Ⅰ.①北… Ⅱ.①张… ②李… ③邵… Ⅲ.①冬季奥运会—体育建筑—城市规划—北京②冬季奥运会—体育建筑—建筑设计—北京 Ⅳ.①TU245.4

中国版本图书馆CIP数据核字（2021）第263767号

策　　划：咸大庆
责任编辑：易　娜　徐　冉
责任校对：赵　菲

北京冬奥·2022·中国实践
规划与设计
BEIJING OLYMPIC WINTER GAMES · 2022 · CHINESE PRACTICE
PLANNING AND DESIGN
张　利　李兴钢　邵韦平　编著
*
中国建筑工业出版社出版、发行（北京海淀三里河路9号）
各地新华书店、建筑书店经销
北京锋尚制版有限公司制版
北京富诚彩色印刷有限公司印刷
*
开本：965毫米×1270毫米　1/16　印张：25¾　字数：992千字
2022年3月第一版　2022年3月第一次印刷
定价：299.00元
ISBN 978-7-112-26978-5
（38737）

参编单位

清华大学建筑学院　清华大学建筑设计研究院有限公司

中国建筑设计研究院有限公司　北京市建筑设计研究院有限公司

本书编委会

北京赛区

徐全胜　邵韦平　郑实　胡越　赵卫中　郑方　查世旭　刘淼　陈晓民　杜佩韦　杨海　唐佳

延庆赛区

李兴钢　任庆英　邱涧冰　谭泽阳　张音玄　盛况　史丽秀　高治　梁旭　张玉婷　张哲

张家口赛区

庄惟敏　张利　张悦　朱育帆　张昕　王灏　张铭琦　姚虹　窦光璐　潘睿　陈荣钦

致谢

北京冬奥组委规划建设部　中国21世纪议程管理中心

河北省第24届冬奥会工作领导小组办公室

体育总局冬季运动管理中心

北京国家速滑馆经营有限责任公司　北京首奥置业有限公司

北京演艺集团　北京北辰会展投资有限公司

北京城市副中心投资建设集团有限公司

北京市国有资产经营有限责任公司　北京五棵松文化体育中心有限公司

北京北控京奥建设有限公司　北京国家高山滑雪有限公司

北京尚都嘉业置业有限公司　北京北控智开实业发展有限公司

北京市延庆区水务局　北京电力公司　北京京投城市管廊投资有限公司

北京市交通委延庆公路分局北京联通公司　北京铁塔公司

北京市首都公路发展集团有限公司　北京市气象局气象站

张家口奥体建设开发有限公司　密苑（张家口）旅游胜地有限公司

国家速滑馆

National Speed Skating Stadium

国家游泳中心

National Aquatics Center

首钢滑雪大跳台

Big Air Shougang

国家雪车雪橇中心

National Sliding Center

首都体育馆

Capital Gymnasium

国家高山滑雪中心

National Alpine Skiing Center

国家跳台滑雪中心

National Ski Jumping Center

北京冬奥村与冬残奥村

Beijing Winter Olympic and Paralympic Village

目录 Contents

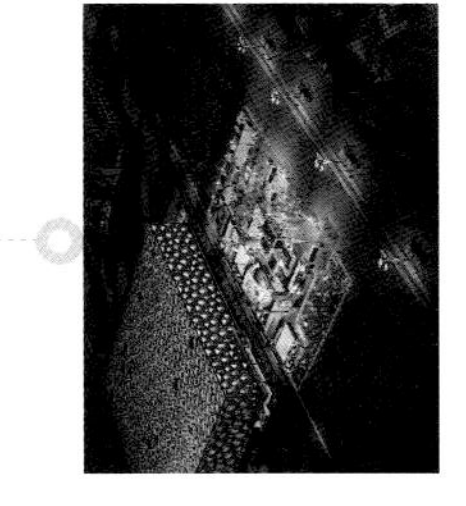

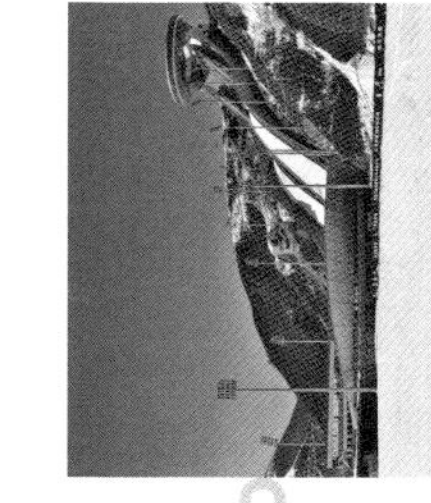

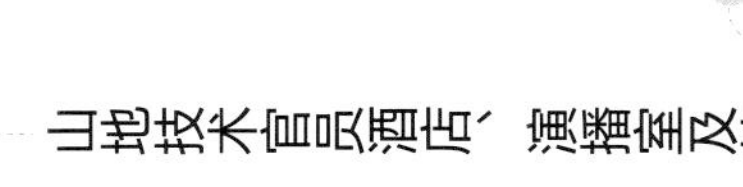

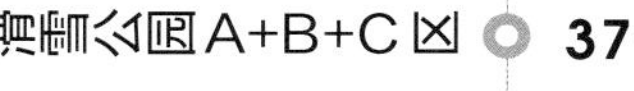

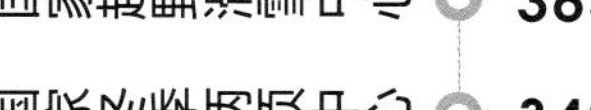

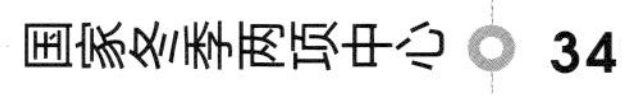
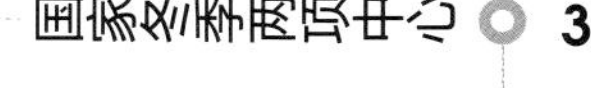
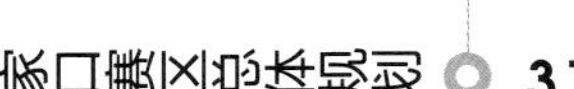
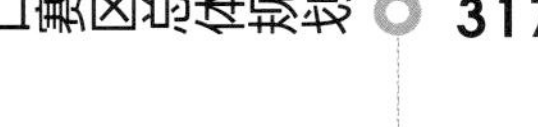

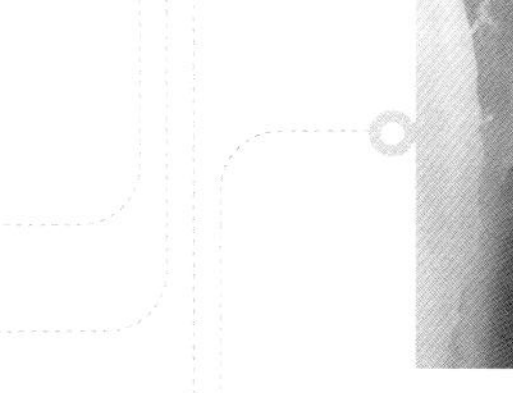
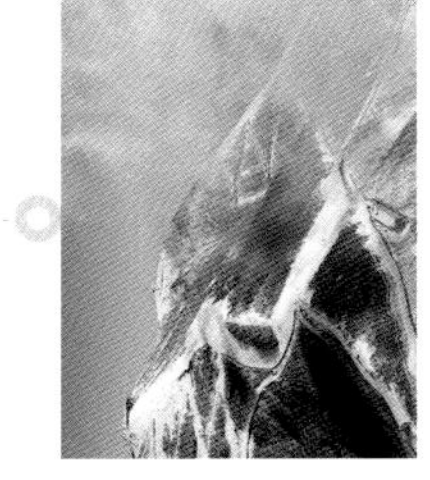

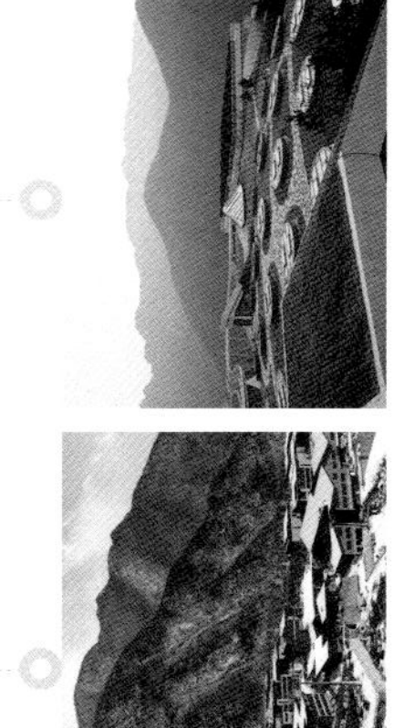

山地与城市：北京2022冬奥会总体分布卫星图

可持续性冬奥的中国实践
三赛区总体规划与设计

Sustainability in Beijing 2022
Master Plan and Design of Three Zones

1 背景

可持续性是当今国际面临的共同挑战，奥运会作为影响广泛的大型赛事，有推动全球可持续发展的责任和机会。国际奥委会在《奥林匹克2020议程》中，将可持续性列为议程三大支柱之一[1]。《国际奥委会可持续性战略》进一步提出将奥运会赛事举办作为推动城市和地区可持续发展的催化剂[2]。在这其中，建筑师作为冬奥会空间层面的落实主体，需要通过设计策略来回应可持续发展需求。

全尺度空间干预是北京冬奥会规划设计推动可持续发展的方法。与一般的规划设计问题不同，可持续发展是一项跨越尺度的系统工程，每一项可持续发展目标的实现都依赖于从城市到个体尺度的连续空间干预。冬奥会建设在6年左右的周期里集中了全部空间尺度的各项工程，是规划设计实现可持续发展的绝佳实践平台。单纯依靠传统的规划设计体系，即“总体规划—控制性详细规划—城市设计—建筑设计—设备系统设计”，尺度之间无法形成有效合力，不能够最大程度地发挥冬奥会带来的可持续发展潜力。基于此，我们提出在冬奥会规划设计中实施全尺度的连贯空间干预。

2 2006～2018 年的冬奥会可持续性实践

2.1 冬奥会的可持续性机遇与挑战

冬奥会可以为地区带来独特的可持续发展机会。与夏奥会绝大部分场馆集中在城市内部不同，冬奥会通常分为城市和山地两个赛区，其中城市赛区主要设置冰上场馆，山地赛区主要设置雪上场馆。这一特点使得冬奥会天然具备连接城市与山地、推动城市优质资源向山区流动的潜力。相较于夏奥会集中于城市内部的基础设施建设，冬奥会赛时人员转移的需求为建立连接城市与山区的基础设施网络提供了契机，格勒诺布尔、札幌、因斯布鲁克（1976年）、都灵、索契、平昌六届冬奥会的基础设施投资均大于场馆建设与赛事运行投资[3][4]，其中很大一部分都是用于构建区域内的交通网络。除了物质层面的连接，冬奥会也为山区提供了向城市乃至全球展示自然景观和滑雪资源的机会。历史上，瑞士的圣莫里茨、奥地利的因斯布鲁克等区域的滑雪小镇借助冬奥会契机已成为全球滑雪目的地[3]。

资源向山地流动的过程也带来了特有的可持续性挑战。在山地赛区，场馆建设和赛事活动如果缺乏有效的可持续策略，往往会给山地脆弱的生态系统造成大范围的不可逆影响。1992年的阿尔贝维尔冬奥会场馆散布在13处高山地带，引起各参与方对生态问题的关注，成为随后国际奥组委可持续性改革的催化剂[5]。

此外，冬奥会也面临一些与夏奥会类似的问题。城市为奥运会而进行的大量建设往往变成“白象”（White Elephants），即赛后被废弃或很少使用的设施[6]。这些巨型项目（Megaproject）不仅没有实现建设之初的美好愿景，反而给城市带来巨大的经济负担[7]。相关研究也指出，冬季项目的精英化倾向导致部分昂贵的场地设施（如跳台滑雪、雪车雪橇）使用人群较少，这进一步加剧冬奥会项目投资和运营面临的风险[8]。

从1992年开始，国际奥委会持续进行可持续性改革（图1）。可持续发展在1996年被列入奥林匹克宪章。从2006年都灵冬奥会起，历届的主办方均在赛前发布了可持续性报告。规划设计作为其中的重要组成部分，开始多方位地提出不同的可持续性策略。

2.2 2006年都灵冬奥会：赛事驱动工业城市转型

都灵冬奥会致力于将城市形象从“菲亚特汽车之都”转变为世界文化旅游目的地。历史和地理因素导致都灵的城市结构与西阿尔卑斯山脉保持着紧密联系，冬奥会为城市提供了向全球展示其高山都市形象的机会[9]。同时，作为都灵20世纪90年代开始的城市整体规划中的一环，冬奥会加速了城市空间结构的转型。

都灵有效地将场馆有机地植入城市结构中。在格雷高蒂（Vittorio Gregotti）和卡纳尔迪（Augusto Cagnardi）1995年的城市规划（*General Plan 1995*）中，原本将城市一分为二的铁路被转移到地下，新的城市地面被释放，废弃的工业场所转化为公共设施和休闲空间，形成12km的“中央脊柱”（Spina Centrale）[10]。城市组团的奥运村和速滑馆等主要设施被设置在“中央脊柱”南侧，灵格托（Lingotto）区域内的铁路两旁。其他竞赛和相关服务设施则被分布于1995年规划中的城市转型地区，与社区建立紧密联系。在总计15个竞赛场馆中，仅有3个是完全新建。配套设施中，城市奥运村建于中央果蔬市场旧址上，媒体中心利用了废弃的工业仓库。极大地加速城市更新的同时，伴随着城市失落区域的激活，都灵冬奥会的城市场馆赛后也得到有效利用。

环境监测是都灵在可持续性方面另一个值得被称道的亮点。都灵是首届通过ISO14001环保管理体系认证的冬奥会[11]。都灵奥组委采用战略环境评估（Strategic Environmental

Assessment, SEA）监测体系，在建设和举办赛事期间对水循环、土地利用、废弃物、生态系统等16类指标进行连续的跟踪，形成定期更新的数据库，在区域层面监测赛事建设和人类活动对环境的影响[12]。在持续监测的基础上，针对造雪问题，都灵冬奥组委还在山地赛区进行了水资源的规划，将原计划的35m^{3}储水设施容量降到22万m^3，并系统构建了山地的废水收集管道网络，污水汇集后被运往市区进行处理[11]。

与城市赛区的成功不同，山地赛区的赛后可持续运营则相对受阻。山地赛区新建的雪车雪橇和跳台滑雪场馆赛后维护成本高昂，同时利用率较低，在申办初期其可持续性就被质疑。前者于2011年关闭，后者都灵市议会原承诺的赛后改造投资也未兑现[13]。其他雪上场馆则利用山地内分散的原有设施，设施间交通的不便阻碍了赛后旅游资源的有效整合[14]。相较于冬奥会对都灵国际形象和城市区域游客数量的提升[13]，都灵的西阿尔卑斯山脉地区没能在与欧洲其他滑雪目的地的竞争中取得优势。

2.3 2010年温哥华冬奥会：赛事与社区和环境的良性互动

温哥华冬奥会是21世纪以来在可持续性管理方面受到积极评价最多的一届冬奥会[15]。与前后两届带有明显变革意图的冬奥会不同，温哥华的可持续性策略展现了谦逊的姿态，强调赛事遗产融入社区，降低赛事对居民生活和环境的干扰。

温哥华冬奥会实现了奥运遗产回归社区的愿景。从城市场馆的空间布局看，温哥华没有设置集中的场馆区（图2），而是将场馆分布在城市14km范围内的不同社区。得益于在选址时对周边社区人口密度和居民需求的考量，加上场馆设计预留的功能转化自由度，城市赛区的雷鸟竞技场、里士满奥林匹克椭圆速滑馆和奥运/残奥中心都按前期策划的设想在赛后继续服务于周边学校和社区。惠斯勒奥运村采用的可移动模块化住房（Movable Modular Housing）策略也得到执行，320个临时居住单元均为装配式设计，在赛后被转移到不列颠哥伦比亚省的6个社区内，转化为156个永久的经济适用住房,提供给当地老人、无家可归者和低收入群体[16]。

赛事对生态环境的影响也得到有效控制。组委会提出智慧选址（Smart Site Selection）策略。在山地赛区，场馆规划主动选择已经存在人工干扰的场地进行建设，包括遭到砍伐的林地、停车场等[17]。通过碳补偿，温哥华冬奥会成为首个达到“碳中和”标准的冬奥会。在场馆建设上，温哥华冬奥会也是第一届实现全部赛事建筑满足LEED银级以上标准的冬奥会，奥运村70%的供暖来自废热回收系统。

但过度弱化干预力度也使得温哥华冬奥会的经济和社会的杠杆作用较小。在冬奥之前，温哥华已经是高度发达的国际城市，山地赛区所在的惠斯勒地区从20世纪90年代开始就是北美知名的滑雪目的地。2013年的奥运影响评估（OGI）赛后报告显示，在赛事年份，相比加拿大其他非奥运城市，温哥华的游客停留时间和消费并没有显著提升；从消费者价格指数（CPI）和不动产市场来看，赛事也没有对城市的吸引力产生明显影响[18]。对于当地的居民，冬奥会带来的社会文化影响也未达到组委会赛前发布的可持续性报告预期。赛后的研究显示，

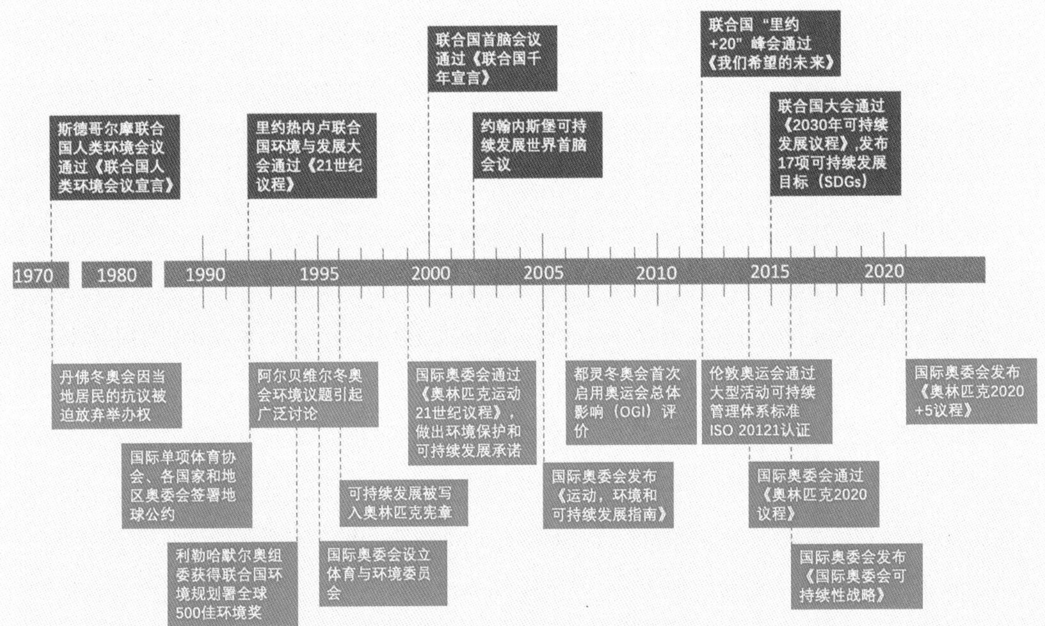

图1 联合国和国际奥委会可持续发展进程

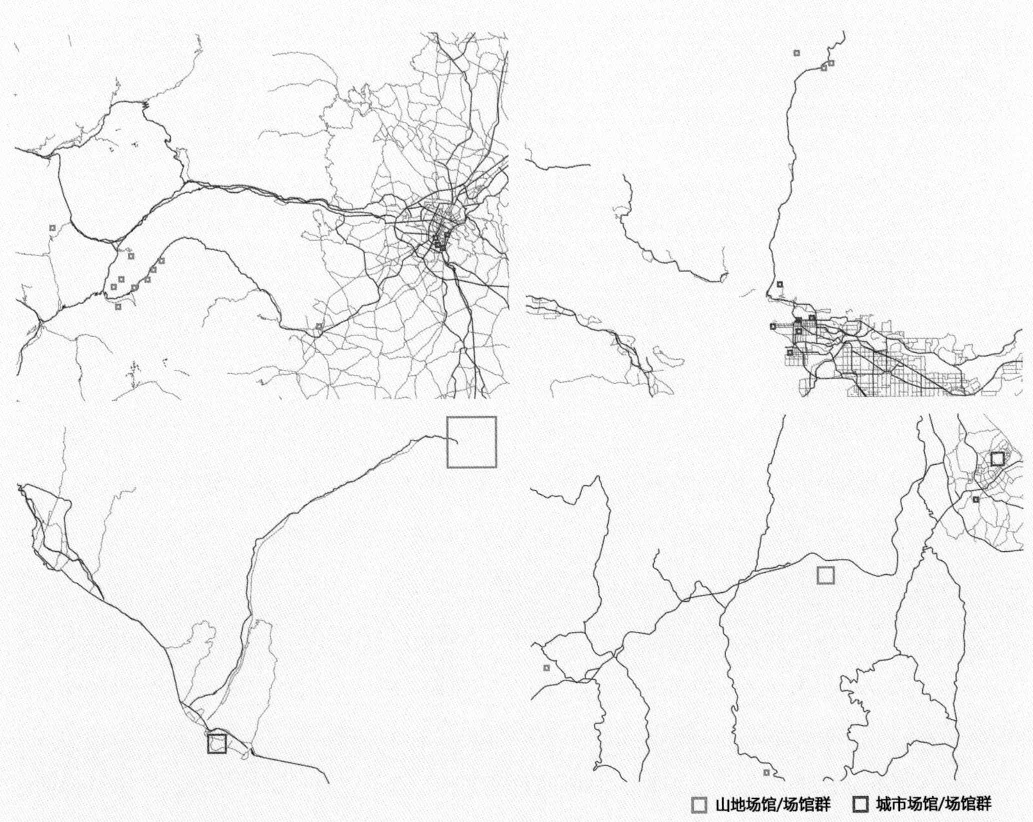

图2 2006~2018年各届冬奥会场馆分布
（左上：都灵冬奥会；右上：温哥华冬奥会；左下：索契冬奥会；右下：平昌冬奥会）

无论是国家层面还是主办地区层面，青少年的体育锻炼强度在赛事前后并无明显区别[19]；另一部分学者只在温哥华局部区域的特定人群中发现体育锻炼参与水平的提升[20]。

2.4 2014年索契冬奥会：赛事作为区域开发的外部推动力

索契冬奥会通过自上而下的驱动，将冬奥会作为推动区域发展的强大外力。赛事为当地带来了公共服务和基础设施的大幅提升。该届冬奥会92%的投资被用于相关基础设施和场馆建设，远高于其他届冬奥会的水平[4]。其中全部12个场馆、连接海岸和山区的铁路和公路系统均为新建。大量的全新建设也使得该届冬奥会的规划设计具有更大的控制力和影响力。

索契冬奥会是历史上场馆分布最为集中的一届冬奥会，紧凑的布局提升了资源利用效率。完全从零开始的建设，使得索契有机会将赛事全部场馆和配套设施集中在滨海的奥林匹克公园和山地的红波利亚纳镇两个组团内。200hm^{2}的索契奥林匹克公园容纳了滨海组团的全部6个场馆和赛事的主体奥运村。这一规划策略提升了土地利用效率和赛时运行效率，减小了赛区内交通带来的能源消耗。但远离城市核心区增加了场馆赛后运营的难度。

外来干预对索契城市自身特性也缺乏足够考虑。在冬奥会之前，索契的山区并非传统的冬季旅游目的地，冰雪产业较不发达。恰恰相反的是，索契潮湿的亚热带气候和滨海的地理位置使其成为俄罗斯著名的夏季旅游胜地。作为冬奥会有史以来最热的城市，索契被迫付出更多的人工造雪代价[14]。同时，赛事12个场馆绝大部分为永久设施，观众总容量达到了11.98万，相比之下，2014年索契的人口仅有38万。城市的产业结构和人口规模均不足以支撑场馆赛后的永久运营。从2019年的情况来看，在赛后的5年里，多数场馆制定的赛后功能转换计划并没有实现。尤其是城市组团的冰上场馆，为了激活场馆而引入计划外的新赛事，改建带来的二次投资不断增加，并破坏了原规划中将奥林匹克公园作为开放空间的愿景[21]。

2.5 2018年平昌冬奥会：赛事可持续性计划缺乏可执行性

平昌冬奥会是在近四届冬奥会里，地区人口规模、赛事直接相关投资和场馆规模最小的一届（表1）。平昌计划通过冬奥会的举办，提升地处落后山区的江原道的基础设施，将其打造为亚洲冬季运动的中心[22]。平昌奥组委在赛前就制订了全面的可持续计划[23]，但在具体场馆的执行过程中，由于计划本身的不完善和不同利益相关方的矛盾，部分愿景未能达成。

基础设施按照申办最初的计划成为了本届冬奥会重要的遗产。在冬奥会之前，江原道多次尝试建设连接韩国其他主要城市的铁路和高速公路，但都没有争取到足够的财政支持[1]。借助冬奥的契机，赛事接近一半的预算被用于兴建连接首尔和平昌的高铁[24]。这条铁路现在已经成为整个韩国最繁忙的线路之一，年运输旅客达到465万，成功为江原道地区带来了更多的游客[1]。

赛事的场馆赛后利用缺乏完善的长期运营考虑。虽然平昌冬奥会作为距今最近的一届冬奥会，结束不到4年，加上2020年以来全球新冠疫情的影响，尚无法全面评价其场馆可持续利用情况。但从规划层面看，位于江陵的城市组团存在与索契类似的问题：相对于产业和人口规模的设施空间供给过剩、脱离社区的过度集中的场馆布局。其中江陵速度滑冰竞技场和江陵冰球中心在开赛之前仍然没有确定赛后的运营主体[22]，在赛事结束两年后才推出遗产计划。2019年，包含这两个场馆在内的江陵奥林匹克公园4个冰上场馆的赛后运营均出现赤字，年度运营亏损合计40.67亿韩元[25]（约合2342万人民币）。

利益相关方的矛盾也进一步降低了可持续性计划的执行效率。平昌冬奥会在场馆规划中未能够协调各方的需求，造成可持续计划难以落地。在申办阶段，由于平昌人口规模小，为了避免新建大型主体育场的赛后利用难题，申办文件开创性地将开闭幕式安排在阿尔卑西亚跳台滑雪中心。但在实施阶段，由于没有协调好开幕式准备和运动员训练的需求，平昌奥组委更改了场馆规划，另外新建了一座临时主体育场专门用于举办开闭幕式。总投资约1.075亿美元[22]的场馆仅被用于举办5场活动，随后就被拆除。而旌善高山滑雪中心在赛前被规划为临时场馆，计划在赛后恢复为林地，以降低赛事的环境影响。冬奥会结束后，尽管韩国山林厅（KFS）要求恢复计划立即执行，但当地政府出于发展地方旅游业的经济利益考虑，仍然希望继续保留场馆，林地修复计划被搁置[26]。

2.6 2006～2018年的冬奥会可持续性经验

过去四个冬奥举办地具有各自不同的区域特点和发展目标，但均是采取了城市和山地的二元布局，空间跨度从四十到一百余千米不等。对城市与山地关系和各自特质的思考给予了北京冬奥会极大启发。

城市和山地的巨大落差是冬奥会可持续性的机会。从过去四届冬奥会来看，一方面，只有具备多样化产业结构和足够人口规模的国际型大都市才能够支撑冬奥会冰上场馆赛后的可持续运营，而像城市规模较小的平昌和索契则难以消化冬奥会留下的场馆设施；另一方面，欠发达的山区能够更大程度发挥冬奥会经济和社会的杠杆作用，相反，如惠斯勒这类赛前已经具有成熟冰雪产业和深厚冬季运动传统的山区在冬奥会中的受益较不明显。

基于可持续性理念，城市和山地赛区的空间布局需要不同的策略。在城市赛区，基于城市原有空间结构和发展需求，将部分场馆单独设立在城市特定地块，能够加速城市更新，并推动场馆在赛后回归社区。而简单选择在郊区集中设置全部场馆，尽管能够提升赛时效率，但如果城市没有处于快速扩张阶段，往往留下的是一座功能重复的孤岛。在山地赛区，为了控制生态影响，场馆不宜过度分散。采用场馆群的方式组团布局，一方面可以减小场馆建设和赛事活动对生态系统的干扰范围，另一方面不同设施间交通时间的缩减有利于区域赛后的旅游资源整合。

2006~2018年各届冬奥会信息表 表1

	都灵 2006	温哥华 2010	索契 2014	平昌 2018
举办时间	02.10–02.26	02.12–02.28	02.07–02.23	02.09–02.25
城市赛区所在城市人口①	170.6 万人	227.8 万人	39.4 万人	21.6 万人
场馆纬度范围	44°57′N~45°1′N	49°10′N~50°7′N	43°24′N~43°41′N	37°36′N~37°45′N
山地 2 月平均最低 / 最高气温②	−9~−2℃	−11~0℃	−2~5℃	−8~2℃
新建竞赛场馆数量③	3 座	4 座	12 座	6 座
既有竞赛场馆数量③	12 座	6 座	0 座	6 座
竞赛项目数③	84 项	86 项	98 项	102 项
参赛运动员数③	2508 人	2566 人	2876 人	2925 人
竞赛场馆观众容量③	129253 人	131269 人	119750 人	101700 人
赛事直接相关支出④	30.74 亿欧元	24.87 亿美元	161 亿美元	21.90 亿美元

注：①数据来源：联合国经济及社会事务部人口司，韩国江原道道厅。
②数据来源：World Weather Online. World Weather [EB/OL]. https://www.worldweatheronline.com.
③数据来源：同参考文献[45]–[48]。
④数据来源：同参考文献[12] [45] [4] [48]。

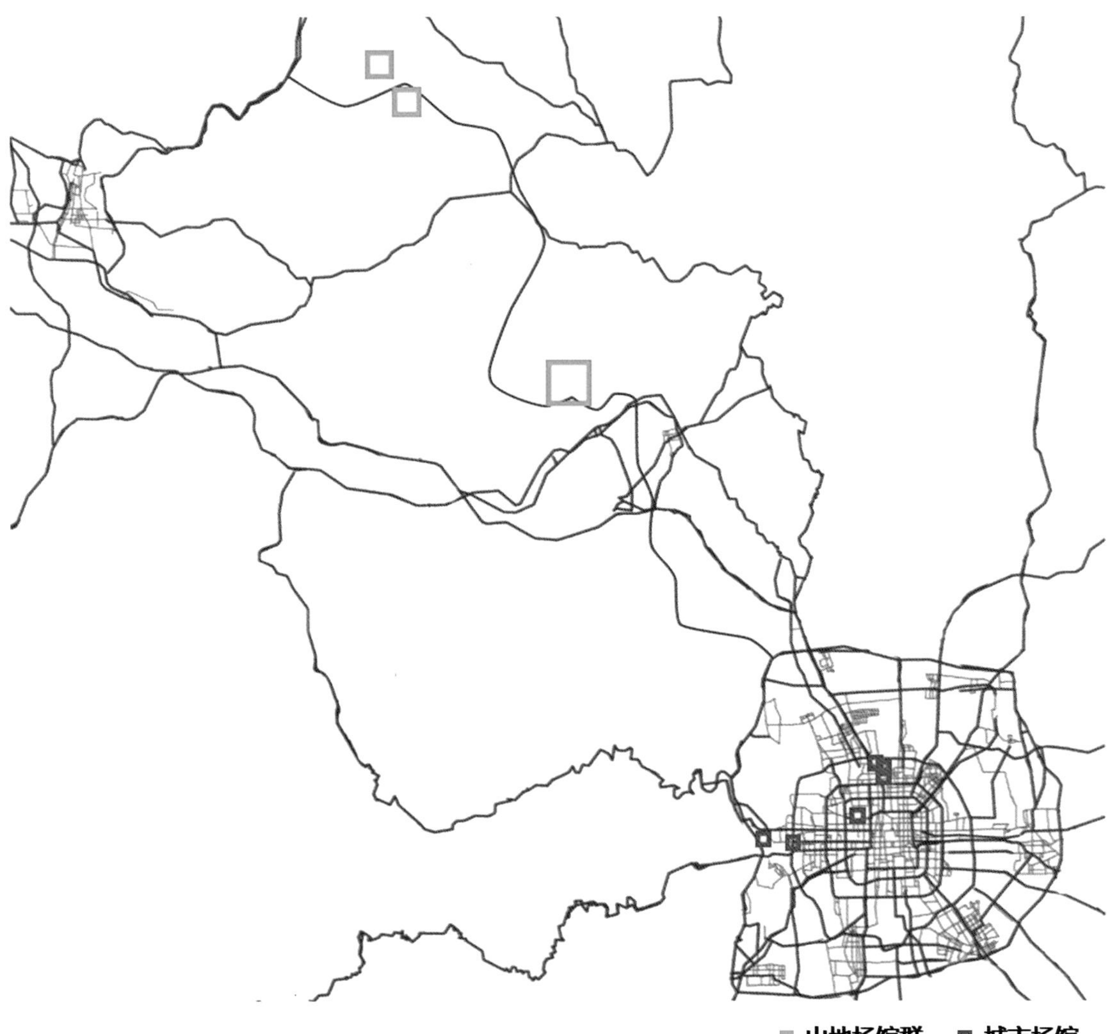

图3 北京冬奥会竞赛场馆分布

3 北京冬奥会规划设计可持续性实践特点

3.1 三赛区的空间格局

北京在申办之初，就对冬奥会传统的城市和山地的二元布局作出了突破。自东南向西北，依次设置主要承办冰上项目的北京赛区，承办高山滑雪和雪车雪橇的延庆赛区，承办自由滑雪、北欧两项和冬季两项的张家口赛区。三赛区共同形成从华北平原穿越燕山和太行山脉，抵达京西北山区的连续空间线索。这条线索垂直跨越了我国地理上著名的“胡焕庸线”（图3）。地理环境和气候条件造成了三个地区历史上长期的巨大发展落差。在北京冬奥会成功申办的2015年，相比于拥有2170.5万常住人口的北京，延庆区和崇礼区常住人口仅为31.40万[27]和10.43万[28]，人均GDP约为北京全市水平的37.6%和31.0%。

识别三赛区的自身特性是北京冬奥会规划设计的基础。北京赛区作为城市赛区，拥有丰富且极具潜力的既有资源，包括2008年留下的夏奥会场馆和正在转型升级的首钢工业遗产，通过大型国际事件带动城市更新是北京赛区的基本策略[29][30]；延庆赛区邻近松山国家森林公园自然保护区，具有最优越的自然环境，规划设计更关注冰雪运动与生态系统保护的结合[31]；张家口赛区所在的崇礼区则是由原来高污染、不可持续的采矿产业转型为冰雪旅游带动的“白色经济”，已经初步成为华北区域的滑雪胜地，意在借助冬奥带来的设施升级和影响力提升，进一步打造国际冰雪运动目的地[32]（表2）。

三赛区布局不仅仅是简单通过空间跨度扩大辐射范围，更重要的是在赛区之间推动资源的逆向流动。2019年以来，京张高铁和京礼高速相继开通，2020年京张高铁发送旅客总数达到680.6万人次。冬奥会带动的基础设施网络加速了三赛区之间的资源流动。2015年至2020年期间，延庆区GDP增长74.90%，高于北京全市56.87%的水平；崇礼区内星级宾

北京冬奥会三赛区信息表 **表2**

	北京赛区	延庆赛区	张家口赛区	总体
2020 年常住人口①	2189.3 万人	34.6 万人	10.6 万人	\
新建竞赛场馆数量②	2 座	2 座	3 座	7 座
既有竞赛场馆数量②	4 座	0 座	1 座	5 座
竞赛项目数③	37 项	21 项	51 项	109 项
竞赛场馆观众容量④	约 68500 人	约 12300 人	约 28400 人	约 109300 人
训练场馆数量③	3 座	0 座	0 座	3 座
非竞赛场馆数量③	18 座	2 座	6 座	26 座
奥运村床位数③	2260 个	1430 个	2640 个	6330 个

注：张家口赛区人口和地理数据为崇礼区相应数据。

①数据来源：同参考文献[49] [50]。

②数据来源：同参考文献[51]。

③数据来源：北京2022年冬奥会和冬残奥会组织委员会。

馆数量由23家增长到42家[28][33]，雪场总数从4个增加到7个，2018～2019雪季雪场滑雪游客达到107.9万人次，对比2015～2016雪季同比增长124.79%[34]。来自城市的投资和消费加速了当地冰雪产业的发展。冬奥会实现了京津冀地区历史上少有的平原向山地、温暖地带向寒冷地带、逆水系流向而上的资源流动。

3.2《奥林匹克2020议程》与《2030年可持续发展议程》的实践

《奥林匹克2020议程》是国际奥委会主席巴赫（Thomas Bach）主导的奥林匹克运动改革计划。可持续性是其中的三个核心议题之一。议程要求国际奥委会在申办过程中引导城市关注可持续发展和奥运留下的长期遗产，采取更主动的措施，推动主办城市用经济、社会和环境的可持续性来评价奥运会的每个环节，最大化利用城市既有设施和临时设施，同时确保奥运遗产的赛后运行得到监测。巴赫也强调多样性是奥林匹克运动的魅力所在，鼓励候选城市从不同的出发点，为不同的发展目标而努力[1]。

北京冬奥会是在《奥林匹克2020议程》指导下首届成功申办的奥运会。可持续发展作为申办的三大理念之一，贯穿北京冬奥会的全过程。在筹备期间，主办城市和北京奥组委同有关部门制定了一套可持续管理体系[35]，工程的规划设计、采购、施工和运行全环节都被纳入该体系（图4）。2020年，北京冬奥组委编制了《北京2022年冬奥会和冬残奥会可持续性计划》，在环境、区域和生活三个领域提出行动计划，其中针对规划建设，在绿色低碳、生态环境、基础设施、城市更新等方面都提出了具体措施[36]。

在北京获得冬奥会举办权的同一年，联合国大会通过了《2030年可持续发展议程》。议程提出17项可持续发展目标（SDGs），为各类组织和活动提供了解释可持续性的通用框架。以空间干预作为路径，我们认为北京冬奥会的规划设计能够贡献其中14项目标：无贫穷；良好健康与福祉；优质教育；清洁饮水和卫生设施；经济适用的清洁能源；体面工作和经济增长；产业、创新和基础设施；减少不平等；可持续城市和社区；负责任消费和生产；气候行动；水下生物；陆地生物；促进目标实现的伙伴关系。

3.3 中国发展理念在空间层面的落实

北京冬奥会在诞生之初就被纳入京津冀协同发展战略的范畴，是实现区域协调发展的工具。三赛区的宏观空间结构正是京津冀协同发展战略在空间层面的体现。随着筹备的开展和深入，更多的发展理念在北京冬奥的规划设计中得到落实。

绿色发展：北京冬奥会场馆选址崇礼和首钢工业园区都旨在进一步推动当地正在进行的绿色发展转型。崇礼从矿业的“黑色经济”转型为滑雪产业的“白色经济”，首钢工业园区“热”的炼钢工人转行为冰壶馆“冷”的制冰师[37]，冬奥会已经戏剧性地改变了场馆所在地的产业和就业结构。从2015年到2019年，北京单位地区生产总值能耗下降16%[38]。崇礼区摆脱了对高污染采矿产业的依赖，第三产业占GDP比重由2015年的25.43%快速增长到2020上半年的71.0%[39]。

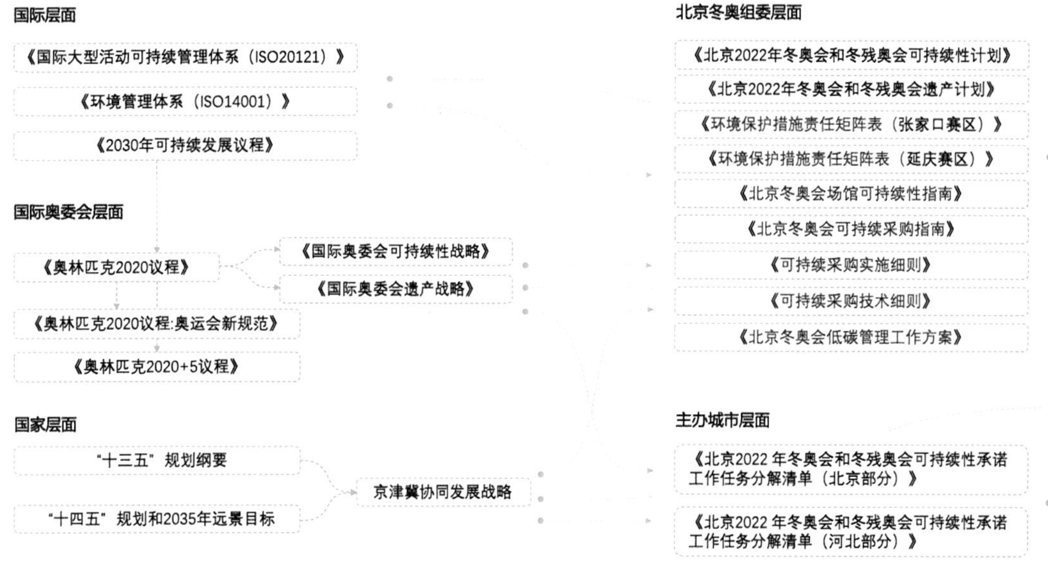

图4 北京冬奥会规划设计可持续实践政策体系

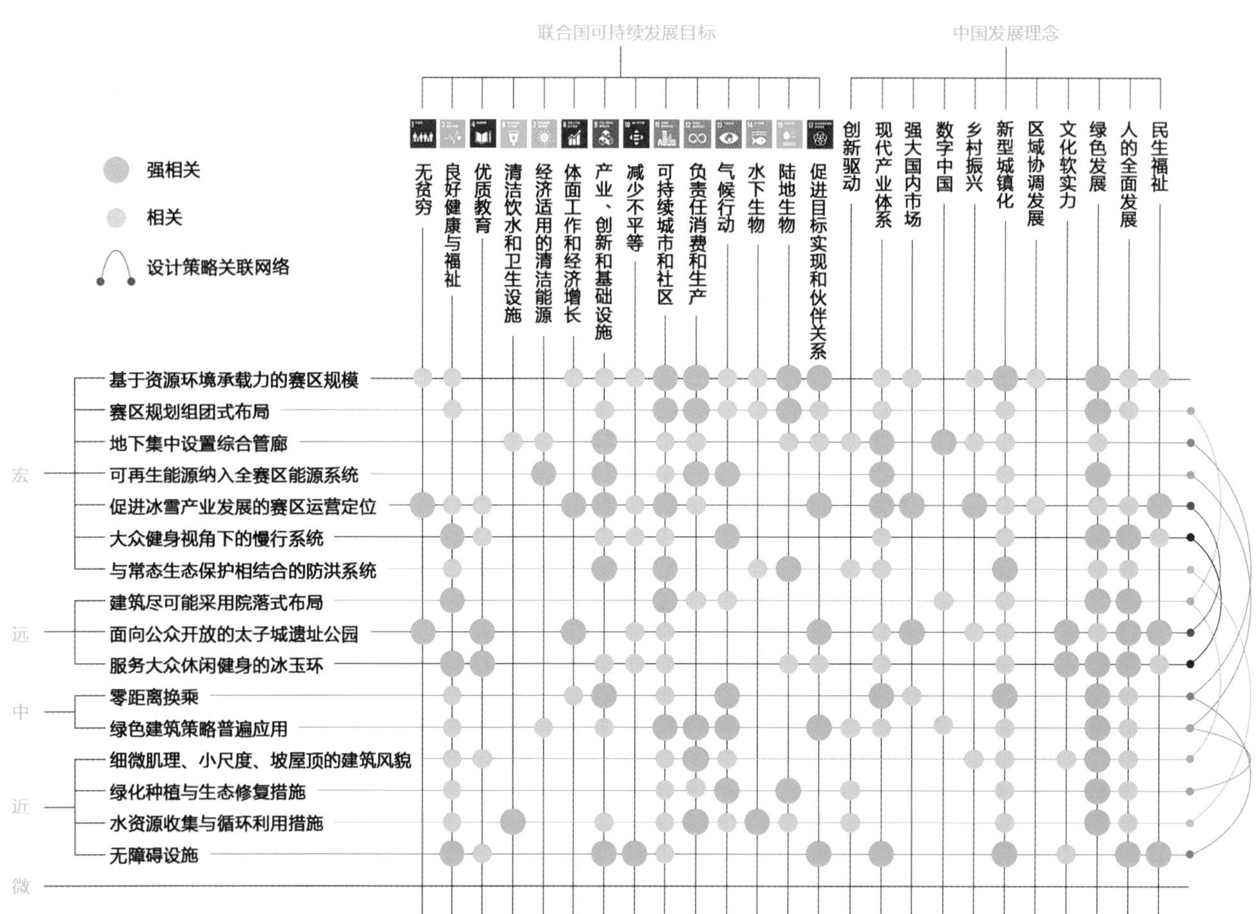

图5 北京冬奥会设计策略可持续性相关矩阵（以张家口赛区为例）

脱贫攻坚和乡村振兴：冬奥会的雪上赛区历来就有给山区小镇创造“自豪的机遇”[40]的传统，北京冬奥会的特殊之处在于赛事筹备处在中国打赢脱贫攻坚战和全面推进乡村振兴的时间序列里。崇礼曾是国家扶贫工作重点县，2015年贫困发生率高达16.81%；延庆人均可支配收入则长期位于北京16个区的末位。2019年，冰雪产业及旅游服务为崇礼创造了3万多个就业岗位，其中9000余名贫困人口从事相关产业[41]，全区贫困发生率下降至0.038%，实现脱贫摘帽。在具体的空间实践中，崇礼的太子城冰雪小镇结合区域冰雪产业，依托紧邻太子城高铁站的交通优势，规划旅游服务业空间，为当地居民回乡就业提供机会；延庆的西大庄科冰雪文化村改造充分尊重原住民，项目在保留村内宅基格局的基础上进行村落改造，就地安置村民，引导村落进行冰雪旅游产业建设[31]。

人的全面发展：“十四五”规划纲要提出完善全民健身公共服务体系。北京冬奥会的规划设计为主动式健康生活方式提供了空间基础。借助三赛区的空间线索，北京通过基础设施完善，建立了城市和山区间的休闲活动联系，在赛后为京津冀地区留下一个完整的冰雪运动设施网络。绝大部分场馆在赛后将对公众开放，进行大众体验项目的开发，提供全季的休闲运动空间。借助冬奥契机，冰雪场地设施建设也在全国范围内开展，2015年至2019年，我国滑雪场数量由408家增长到770家，满足了大众对冬季运动设施的需求，滑雪人次由1250万增长到2090万[42]。

4 北京冬奥会全尺度空间干预的框架——设计策略可持续性相关矩阵

现有对冬奥规划设计可持续性的评价方法可以分为两类：一类以奥运影响评估（OGI）研究为代表[43]，从结果层面，分析赛事带来的地区各类指标的前后变化；一类以可持续性报告为代表[16][44]，从目标层面，自上而下，为每个目标寻找具体的策略和指标体现。前者虽然有精确的定量指标，但只能针对赛事整体作出评价，无法建立具体设计策略与可持续性效应的相关性。这种方法也已经在平昌冬奥会之后被后者和遗产报告取代。后者能对奥运会的可持续性蓝图进行系统的宏观描述，但其中的规划设计策略分散在不同可持续性目标下，对于建筑师来说，还需要有从空间层面出发的落实框架。

基于空间干预尺度和可持续发展目标两个维度，我们构建了北京冬奥会设计策略可持续性相关矩阵（图5）。在空间尺度上，我们根据人的活动范围划分了宏（不适宜步行，空间半径大于2.5km）、远（骑行15min可达，空间半径在1~2.5km之间）、中（一般人步行1～15min可达，空间半径在50~1000m之间）、近（一般人步行1min可达，空间半径在50m以内）、微（人体经一次动作可及的范围）五个尺度。不同尺度之间，设计策略在目的层面形成关联网络，由此实现连续的空间干预。在该空间干预体系基础上，进一步建立设计策略与联合国可持续发展目标以及我国发展理念的相关关系。在2015年以来的北京冬奥会实践中，我们采用该矩阵驱动规划设计，实现可持续目标。在未来赛时和赛后，该矩阵可以进一步结合定量指标，用于建成空间全生命周期的可持续性检验。

5 结语

回顾2006年以来的历届冬奥会实践，冬奥会对于主办地区来说，可持续发展的风险与机遇并存。相对于其他大型事件，冬奥会具备更大的空间跨度和逆向的资源配置能力，但相伴随的是更脆弱的生态环境和更严峻的场馆赛后利用局面。

在京津冀协同发展的背景下，北京冬奥会借助独特的三赛区格局推动发达城市地区对落后山地地区的反哺。在此基础上，规划设计通过连贯的空间干预，落实了联合国可持续发展目标和我国发展理念。设计策略可持续性相关矩阵作为这一过程的组织和预估工具，建立了全尺度空间干预与可持续发展的联系，提供了一种阐释空间为可持续发展提供可能性的方式。

参考文献

[1] IOC. Olympic agenda 2020: 20+20 recommendations[Z]. Proceedings of the 137th IOC Session in Monaco. Monaco: IOC, 2014.

[2] IOC. IOC Sustainability Strategy[Z]. Lausanne: IOC, 2017.

[3] Stephen Essex, Brian Chalkley. Mega-sporting events in urban and regional policy: a history of the Winter Olympics[J]. Planning Perspectives, 2004, 19(2):201-204.

[4] Martin Müller. After Sochi 2014: costs and impacts of Russia's Olympic Games[J]. Eurasian Geography and Economics, 2014, 55(6): 628-655.

[5] Hart Cantelon. The making of the IOC environmental policy as the third dimension of the olympic movement[J]. International Review for the Sociology of Sport, 2000, 35(3): 294-308.

[6] Juliet Davis. Avoiding white elephants? The planning and design of London's 2012 Olympic and Paralympic venues, 2002-2018[J]. Planning Perspectives, 2020, 35(5): 827-848.

[7] Flyvbjerg B, Nils B, Werner R. Megaprojects and Risks: Anatomy of Ambitions[M]. Cambridge: Cambridge University Press, 2014.

[8] Heike C Alberts. The Reuse of Sports Facilities after the Winter Olympic Games[J]. Focus On Geography, 2011, 54(1): 24-32.

[9] 古斯塔沃·安布罗尼西，莫罗·贝尔塔，米凯利·博尼诺. 可持续发展的奥运：都灵2006年冬奥会的背景和遗产[J]. 王欣欣，译. 世界建筑，2015(09):30-33+134.

[10] GOLD J R, GOLD, MARGARET M. Olympic Cities : City Agendas, Planning and the World's Games, 1896-2016[M]. Milton Park, Abingdon, Oxon; New York: Routledge, 2011.

[11] 丁柳丽，李泽琨. 都灵冬奥会的绿色可持续之路[J]. WTO经济导刊, 2017(08):41-43.

[12] The Turin Organizing Committee for 2006 Olympic & Paralympic Winter Games. Sustainability Report 2006[Z]. 2006.

[13] Marta M. Torino 2006 - Beijing 2022: Can the Olympic Event be An Opportunity [D]. Turin: Technical University of Turin, 2016.

[14] Flavio Stimilli, Mladen Obad ščitaroci, Massimo Sargolini. Turin, Sochi and Krakow in the Context of Winter Olympics; Spatial Planning and Territorial Impact of the Games[J]. Prostor : znanstveni časopis za arhitekturu i urbanizam, 2016: 74-89.

[15] 贺桂珍，张衢，吕永龙. 冬奥会对举办城市生态环境的影响研究进展[J]. 生态学报,

2020, 40(04): 1129-1139.

[16] IOC. Factsheet: Vancouver Facts and Figures[Z]. 2011.

[17] The Vancouver Organizing Committee for 2010 Olympic & Paralympic Winter Games. Vancouver 2010 Sustainability Report 2009-10[Z]. 2010.

[18] The OGI-UBC Research Team. Olympic Games Impact (OGI) Study for the 2010 Olympic and Paralympic Winter Games[Z]. 2013.

[19] Cora L Craig, Adrian E Bauman. The impact of the Vancouver Winter Olympics on population level physical activity and sport participation among Canadian children and adolescents: population based study[J]. BioMed Central, 2014, 11(1): 107-115.

[20] Luke R. Potwarka, Scott T. Leatherdale. The Vancouver 2010 Olympics and leisure-time physical activity rates among youth in Canada: any evidence of a trickle-down effect?[J]. Leisure Studies, 2016, 35(2): 241-257.

[21] 加加林 · 弗拉基米尔 · 根纳季耶维奇，舒斌 · 伊戈尔 · 鲁比莫维奇，周志波. 2014年索契冬奥会的建设特点与赛后发展模式[J]. 建筑学报，2019（01）：19-23.

[22] Kim HyungMin, Grix Jonathan. Implementing a Sustainability Legacy Strategy: A Case Study of PyeongChang 2018 Winter Olympic Games[J]. Sustainability, 2021, 13(9): 5141-5163.

[23] The PyeongChang Organizing Committee for 2018 Olympic & Paralympic Winter Games. PyeongChang 2018: Furthering benefits to People and Nature[Z]. 2017.

[24] Jung Woo Lee. A winter sport mega-event and its aftermath: A critical review of post-Olympic PyeongChang[J]. Local Economy: The Journal of the Local Economy Policy Unit, 2019, 34(7): 745-752.

[25] 李允柱. 平昌冬奥会冰上项目比赛场馆的赛后利用研究[D]. 北京：北京体育大学，2020.

[26] Jinsu Byun, Becca Leopkey. Exploring Issues within Post-Olympic Games Legacy Governance: The Case of the 2018 PyeongChang Winter Olympic Games[J]. Sustainability, 2020, 12(9): 3583-3607.

[27] 北京市统计局，国家统计局北京调查总队. 北京统计年鉴2016[M]. 北京：中国统计出版社，2016.

[28] 张家口市崇礼区统计局. 崇礼区2015年国民经济和社会发展统计公报[Z]. 2016.

[29] Huishu Deng, Marta Mancini, Li Zhang, Michele Bonino. Beijing 2022 between urban renovation and Olympic sporting legacy: the case of Shougang[J]. Movement & Sport Sciences - Science & Motricité, 2020(107): 25-41.

[30] 郑方. 基于既有建筑改造的冬奥会冰上场馆可持续策略[J]. 建筑学报，2019(01): 43-47.

[31] 李兴钢. 文化维度下的冬奥会场馆设计——以北京2022冬奥会延庆赛区为例[J]. 建筑学报，2019(01): 35-42.

[32] 张利，张铭琦，邓慧姝，马塔 · 曼奇尼. 北京2022冬奥会规划设计的可持续性态度[J]. 建筑学报，2019(01): 29-34.

[33] 张家口市崇礼区统计局. 崇礼区2020年国民经济和社会发展统计公报[Z]. 2021.

[34] 王珂. 基于产城融合下的崇礼滑雪特色小镇IP构建研究[D]. 上海：华东师范大学，2020.
[35] 北京冬奥组委. 北京2022年冬奥会和冬残奥会遗产报告（2020）[Z]. 2021.
[36] 北京冬奥组委. 北京2022年冬奥会和冬残奥会可持续性计划[Z]. 2020.
[37] 季芳. 刘博强：从炼钢工人转型成制冰师，期待为北京冬奥会服务[N]. 人民日报，2018-12-14.
[38] 北京市统计局，国家统计局北京调查总队. 北京统计年鉴2020[M]. 北京：中国统计出版社. 2020.
[39] 张家口市崇礼区统计局. 2020年上半年GDP及相关基础指标结构分析[Z]. 2020.
[40] TRON Audun. Metamorphosis[M]// BJØRNSEN Knut, et al. The Official Book of the XVII Olympic Winter Games Lillehammer 1994. Oslo: J. M. Sterersens Forlag A. s. , 1994.
[41] 邵俊琴，张燕梅，逯占友，韩哲. 冬奥点靓幸福生活[N]. 张家口日报，2021-3-13.
[42] 伍斌. 中国滑雪产业白皮书（2019年度报告）[Z]. 北京：亚太雪地产业论坛，2019.
[43] Vanwynsberghe. The Olympic Games Impact (OGI) study for the 2010 Winter Olympic Games: strategies for evaluating sport mega-events' contribution to sustainability[J]. International Journal of Sport Policy and Politics, 2015, 7(1): 1-18.
[44] The Sochi Organizing Committee for 2014 Olympic & Paralympic Winter Games. Sochi 2014 Sustainability Report 2011-2012[Z]. 2013.
[45] The Turin Organizing Committee for 2006 Olympic & Paralympic Winter Games. Final Report 2006[Z]. 2006.
[46] The Vancouver Organizing Committee for 2010 Olympic & Paralympic Winter Games. Final Report [Z]. 2010.
[47] The Sochi Organizing Committee for 2014 Olympic & Paralympic Winter Games. Final Report [Z]. 2014.
[48] The PyeongChang Organizing Committee for 2018 Olympic & Paralympic Winter Games. Final Report [Z]. 2018.
[49] 北京市统计局. 北京市第七次全国人口普查公报[Z]. 2021.
[50] 张家口市统计局. 张家口市第七次全国人口普查公报[Z]. 2021.
[51] 刘玉民，桂琳. 北京2022年冬奥会和冬残奥会场馆规划布局[J]. 北京规划建设，2021（02）：160-168.

北京赛区

Beijing Zone

2022冬奥会北京赛区综述

国家速滑馆「冰丝带」

国家游泳中心「冰立方」

国家体育馆

国家会议中心二期

北京颁奖广场

北京冬奥村与冬残奥村

北京冬奥村与冬残奥村运行区设计

首都体育馆「最美的冰」

五棵松体育馆

五棵松冰上运动中心

首钢滑雪大跳台中心

北京赛区编写工作组

（按拼音字母排序）

白惠文　鲍润霞　陈争　董晓玉　董艺　冯喆　郝亚兰　金洁　李丹　李培　李培先子　李晓旭　李秀芳（北辰）　李英
林志云　刘宇光　倪思思　申伟　宋刚　孙卫华　唐佳　唐文宝　王鑫鑫　魏长才　吴晶晶　吴莹　杨帆　于波　张溥　张炜翔
张新宇　张勇　张忠（北辰）　赵茹梦　赵一凡　赵曾辉　朱碧雪　周俊仙

鸣谢单位

北京交通大学　同济大学　哈尔滨工业大学

天津北玻玻璃工业技术有限公司　华纳工程咨询（北京）有限公司

深圳市大地幕墙科技有限公司　北京江河幕墙系统工程有限公司

中国建筑设计研究院有限公司智能工程中心　ARUP消防顾问

MBBM声学设计　RFR幕墙设计　AKCD上海天厨厨房设计设计有限公司

2022冬奥会北京赛区综述

一、新中国 70 年的体育建筑发展是北京赛区的基础保障

1949年之前北京仅有位于先农坛15000座的“北平公共体育场”。新中国成立之后，第一座大型综合性体育馆——北京体育馆于1955年落成，包括7000座的比赛馆、2000座的中国第一个标准泳池的游泳馆和一个练习馆。

随后7.2万m^2的北京工人体育场，4.2万m^2的北京工人体育馆，4万m^2的首都体育馆陆续建成，首都体育馆是20世纪国内规模最大的室内体育馆。在这里创造了多个“第一”：我国第一座可以举办花样滑冰、短道速滑和冰球等冰上赛事的室内人工冰场体育馆；我国自行设计建造的第一座装配式看台体育建筑；我国第一次使用大单元活动式木地板实现冰场与篮球的功能转换；我国第一次自行设计冰场制冷系统和配套的空调通风系统。

从新中国成立之初到20世纪70年代末，新中国体育事业的发展与体育建筑结缘，开创性的开启了新中国体育建筑的篇章，对各地体育建筑的设计起到了引领作用。

1990年亚运会，北京市开始新建20个体育场馆，改善或修缮原有场馆13座。其中就包括了国家奥林匹克体育中心、亚运村以及新中国第一座室内速滑馆——首都滑冰馆、北京大学生体育馆、光彩体育馆等。

在亚运会工程设计中，北京市建筑设计研究院的马国馨院士当年带领团队倾注了大量心血，将世界体育建筑先进的建设经验应用到国家奥林匹克体育中心规划设计之中，以国家奥林匹克体育中心为代表的体育建筑，大幅提升了中国体育建筑的设计理念、技术标准，使中国的体育建筑第一次能够满足承办大型洲际性综合体育盛会，使中国真正成为国际竞技体育赛事的舞台。这既是改革开放以后中国综合国力提升的体现，也是中国体育建筑开始接轨国际标准的开始。新中国70年的体育建筑发展为今天北京赛区的筹备与建设打下了坚实的基础。

二、双奥之城是北京赛区独一无二的亮点

在亚运会筹划阶段，中国就已经把目光投向了奥运会，亚运会场馆设施的规划设计在一定程度上兼顾了奥运会的需要。1992年北京正式向国际奥委会提出申办2000年奥运会。1993年9月23日，北京以43：45两票之差负于悉尼。但这次申办工作增强了全民族的自信心和凝聚力，为今后的申办工作积累了宝贵的经验。

2008年北京奥运会全面实践了“绿色奥运、科技奥运、人文奥运”三大理念。新建12个场馆，改扩建11个场馆，还建设了8个临时场馆和6个京外场馆。

北京奥林匹克中心区是2008年奥运会的主赛区，包括国家体育场、国家体育馆、国家游泳中心、国家会议中心等。

国家体育场“鸟巢”是北京最大、具有国际先进水平的体育场，可容纳观众9.1万人，曾举办夏季奥运会、残奥会开闭幕式、田径比赛及足球比赛决赛。

国家体育馆是中国建筑师原创设计的场馆。建筑造型选取了中国折扇曲线，体现了轻盈富有动感的体育建筑形态，在城市空间上衔接了国家游泳中心和国家会议中心，实现了建筑功能与形式的统一。体育馆可容纳观众2万人，曾举办夏奥会体操、蹦床、手球和残奥会轮椅篮球比赛。

国家游泳中心“水立方”是一个关于水的建筑，水的微观分子结构经过数学理论的推演放大为建筑的空间网架结构。全部选用半透明的ETFE外膜覆盖整个建筑。可容纳观众1.7万人，曾举办夏奥会游泳和跳水比赛。

北京西部社区的重要场馆五棵松体育馆是一座专业的篮球馆，可容纳观众1.8万人，曾举办奥运会篮球比赛，是中国第一座按照世界篮球最高水平的NBA场馆标准进行设计的篮球馆。

从20世纪末到2010年这十年间，可以说这是中国第一次全面了解和掌握国际最高等级综合性体育赛事——奥运会对体育场馆的设计要求，并从总体规划、功能设计、流线组织、电视转播、赛事运营等方面全方位接轨国际最高水平，极大地提高了中国体育建筑的设计标准和建设水平。

2022年第24届冬奥会，北京赛区承担全部冰上项目和单板滑雪/自由式滑雪大跳台项目的比赛和训练，按赛时运行计划，总计使用22个场馆，其中包括6个竞赛场馆、3个训练馆、1个开闭幕式场馆、颁奖广场以及冬奥组委总部、主媒体中心、北京冬奥村等非竞赛场馆。场馆建设立足于赛时和赛后、改造和新建结合，充分利用2008年奥运场馆遗产进行改造与持续利用，成为北京城市高质量发展的内涵驱动力。

自冬奥组委办公总部迁入首钢园区开始，从旧到新，首钢园区从老工业区转变为体育、休闲、展览等时尚活动的城市新空间。厂房改造成为冰上场馆、办公、咖啡厅和酒店，高炉变成秀场，冷却水池和铁路成为充满工业和历史感的景观遗存，形成工业、人文、自然交织的新园区，实现了更新发展需求和城市产业、消费升级的高度契合，成为高质量城市更新的样本。

和雪上项目的山地场馆群相对比，冰上项目均安排在城市场馆群，以促进城市、山区的资源互动和协调发展。作为世界上第一个既举办过夏季奥运会，又举办冬季奥运会的“双奥之城”，充分利用2008年奥运遗产，尤其是场馆和空间遗产，是一个关键的挑战。

奥林匹克公园建成于2008年，赛后成为服务首都“国际交往中心”和市民活动的重要场所，是奥运会场馆再利用的核心区域。国家体育场（鸟巢）进行了智慧系统升级，再次举办冬奥会开闭幕式。国家会议中心新建二期项目作为主媒体中心运行。位于国家体育场和国家游泳中心之间的庆典广场，奥运会后已经成为富有吸引力的旅游观光景点，近年来更连续举办服贸会等大型活动。冬奥会颁奖广场选址于庆典广场临时搭建，以水立方为背景，利用了原有的城市公共空间。

北京赛区除了一座为速度滑冰比赛而新建的国家速滑馆外，其他比赛均利用现有场馆。国家速滑馆位于奥林匹克公园中心区北侧。包含一个400m长的比赛场地和两块标准的冰球场地以及1万座的观众看台。奥运会后将继续为滑冰和冰球爱好者提供良好的运动场地。

冰壶比赛设在国家游泳中心，将冰壶比赛场地架设在标准的游泳池上，成为世界首创的“冰水转换”场馆。

花样滑冰和短道速滑的比赛场地设在首都体育馆。女子冰球场地设在五棵松体育馆。男子冰球比赛设在国家体育馆。

三、北京赛区场馆建设的绿色可持续技术策略

按照“简约、安全、精彩”的办赛要求，北京冬奥会积极响应联合国《2030年可持续发展议程》和《奥林匹克2020议程》要求，将可持续性融入到场馆规划、建设、运行全过程，在《北京2022可持续性行动计划》中，提出“创造奥运会和地区可持续发展的新典范”这样一个总体目标[1]。根据这一计划，新建室内场馆达到绿色建筑三星级标准，利用现有场馆和设施，既有建筑节能改造达到绿色二星级标准，场馆常规电力消费需求综合实现100%可再生能源，实现环境正影响、区域新发展、生活更美好的目标。

由“科技冬奥”专项支持，国家游泳中心（水立方）创造性地研发应用了“冬夏场景转换”关键技术体系，在2008年游泳比赛场地上搭建了可逆的冰壶赛场，达到冬奥会冰场的严格标准，实现了冬奥会历史上第一次在可转换的场地举办冰壶比赛。场馆的内部从泳池的高温高湿环境转变到冰场的低温干燥环境，“群智能”控制系统实现了环境感知和建筑设备监控的自动化。为提升运动员比赛和观众观赛体验，特别研发了冰壶运行轨迹实时跟踪和再现系统。同时，国家游泳中心在南广场下，通过覆土建筑的方式新建冰上运动中心，作为冬奥会的永久遗产，拓展了未来运营的空间。国家体育馆依托主馆扩建练习冰场，承担冰球比赛，并为赛后持续运营增加了新的内涵。

首体体育馆对原有的主体建筑文物进行了保护和更新，并扩建和改造冰上训练场馆，承担短道速滑和花样滑冰比赛和训练。

五棵松体育馆实现冰球、篮球模式快速转换，并新增冰球训练场地。

这些场馆的改造，包括适应性的功能提升、高水平的绿色节能和精确实时的智慧管控等主要方面，针对冰场这一核心功能而具有显著的独特性。由此，不仅实现了最高标准的冬奥会冰上比赛场地，也探索了大型场馆和公共设施可持续运营的新场景，为未来冬奥会等大型活动建立了系统的关键技术。

国家速滑馆（冰丝带）是北京赛区唯一新建的冰上竞赛场馆，以冰上场馆的绿色、节能、低碳、智慧目标为核心，建立了集约的冰场空间以控制建筑体积，实现节能运行；采用高性能的钢索结构、轻质屋面、幕墙体系以节约用材；使用可再生能源、二氧化碳直冷制冰系统等技术，实现降低温室气体排放等目标；配备“超级大脑”和“智慧集成和数字孪生平台”，打造智慧场馆。

这些目标由数字几何建构、超大跨度索网找形与模拟、自由曲面幕墙拟合、金属单元柔性屋面等创新技术支持，实现动感轻盈的建筑效果、轻质高效的结构体系和绿色节能技术的统一，建立面向可持续的冰上场馆设计与技术体系。

北京冬奥村作为赛时的一个重要的自然与文化的交流场所，以人的需求为出发点，采用北京四合院的院落形式，通过空间围合、开放变化，形成社区归属感。运用装配式钢结构、科技、绿色、健康、无障碍、超低能耗、可持续、智慧等设计理念打造了一个兼有传统特色和时尚活力的生活环境，将为各国运动员提供更丰富的围合、

通透、层次与转折的空间体验。

设计上引入了“绿色三星”及WELL金级认证标准，通过对建筑各类要素的精细设计，为居住者提供健康舒适的居住体验，选取综合诊所作为超低能耗示范项目，成为国内首个医疗用房获得德国被动房认证的项目。

2008年北京奥运会的成功举办谱写了无与伦比的夏奥会，相信北京将用高水平的场馆设施和热情的服务迎接八方来客，并将创造出更加辉煌的冬奥历史。

国家速滑馆“冰丝带”

竞赛场馆（新建）

National Speed Skating Oval “ice ribbon”

Project Team

Client | Beijing National Speed Skating Management Co, Ltd.

Design Team | Beijing Institute of Architectural Design.
Populous Design Pty Ltd.

Contruction | Beijing Urban Construction Group Co, Ltd.

Principle-in-Charge | ZHENG Fang

Project Manager | ZHAO Weizhong

Chief Designer | HU Yue, ZHENG Fang

Architecture | SUN Weihua, HUANG Yue,DONG Xiaoyu, HE Di, CUI Wei, TANG Wenbao, SONG Gang,HAO Bin, ZHAO Rumeng, ZHU Bixue, LING Zhiyun, FENG Zhe

Structure | CHEN Binlei, WANG Zhe, YANG Yuchen, BAI Guangbo, XI Qi, ZHU Zhongyi, DUAN Shichang, WANG Yi, XU Yang, YANG Xiaoyu, XING Yuhui, MA Yunfei, HUANG Sa, ZHOU Ying, LIU Qi

Equipment | XU Hongqing, LIN Kunping, LI Dan, XUE Shazhou, ZHAO Mo, KANG Jian, YIN Hang, ZHANG Chunping, YAN Yi

Electric | SUN Chengqun, SHEN Wei, LIU Jie, ZHANG Lin, YANG Fan, ZHAO Hong, LI Chao, YAN Hao, ZHANG Qirui

Indoor | ZANG Wenyuan, ZHANG Jin, ZHOU Hui, YANG Ming, SU Yongchang, SUN Yichen

Landscape | LIU Hui, LIU Jia, HE Ba, JIAO Yongjian, GENG Fang, FANG Fang, WANG Siying, WANG Xiaolei, YU Chen, ZHENG Lei

Green Building | ZHU Yingqiu, BAO Yanhui, ZHAO Tian

Outdoor Pipeline | WANG Yan, LU Dong, LI Man

Economics | WANG Fan, ZHANG Guangyu

Project Data

Location | Chaoyang, Beijing, China

Design Time | 2017

Completion Time | 2021

Site Area | 16.6hm^2

Architecture Area | 126,000m^2

Structure | Cast-in-place Reinforced Concrete Frame Structure + Steel Structure (Roofing and Curtain Wall)

Building Height | 33.8m

Amount of Seats | 12,060

项目团队

建设单位 | 北京国家速滑馆经营有限责任公司

设计单位 | 北京市建筑设计研究院有限公司
博普乐斯私人设计有限公司

施工单位 | 北京城建集团有限责任公司

项目负责人 | 郑方

项目经理 | 赵卫中

设计总负责人 | 胡越、郑方

建筑 | 孙卫华、黄越、董晓玉、何荻、崔伟、唐文宝、宋刚、郝斌、赵茹梦、朱碧雪、林志云、冯喆

结构 | 陈彬磊、王哲、杨育臣、白光波、奚琦、朱忠义、段世昌、王毅、许洋、杨晓宇、邢珏蕙、马云飞、黄飒、周颖、刘琦

设备 | 徐宏庆、林坤平、李丹、薛沙舟、赵墨、康健、尹航、张春苹、严一

电气 | 孙成群、申伟、刘洁、张林、杨帆、赵宏、李超、闫昊、张启瑞

室内 | 臧文远、张晋、周晖、杨明、宿永昌、孙艺晨

景观 | 刘辉、刘健、何柏、矫永健、耿芳、房昉、王思颖、王笑蕾、宇晨、郑磊

绿建 | 朱颖秋、包延慧、赵天

室外管线 | 王燕、陆东、李曼

经济 | 王帆、张广宇

工程信息

地点 | 中国北京朝阳

设计时间 | 2017年

竣工时间 | 2021年

基地面积 | 16.6hm^2

建筑面积 | 12.6万m^2

结构形式 | 现浇钢筋混凝土框架结构+钢结构（屋面及幕墙）

建筑高度 | 33.8m（最高点）

看台坐席 | 12060个

从奥林匹克塔看速滑馆（来源：视觉中国）

“相约北京”测试活动速滑比赛（摄影：郑方）

BEIJING

观众休息厅（摄影：郑方）

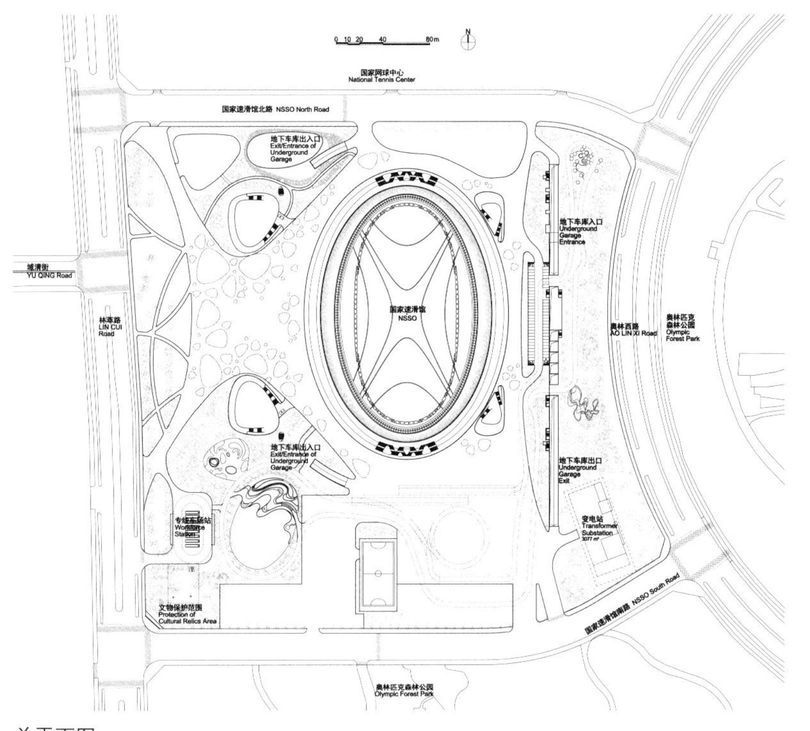

总平面图

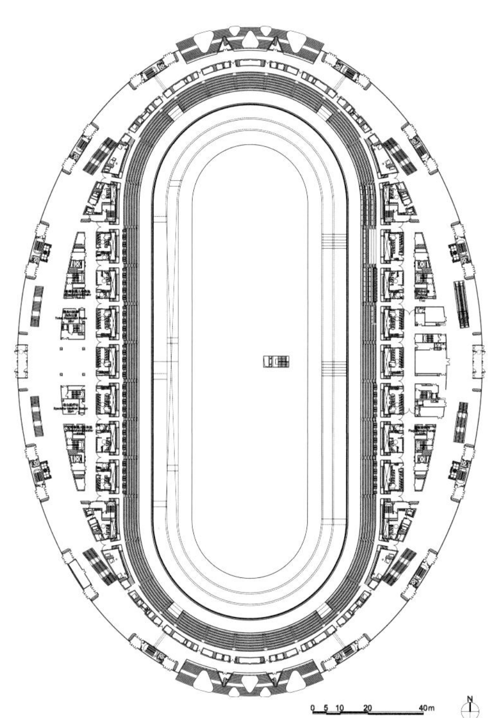

首层平面图

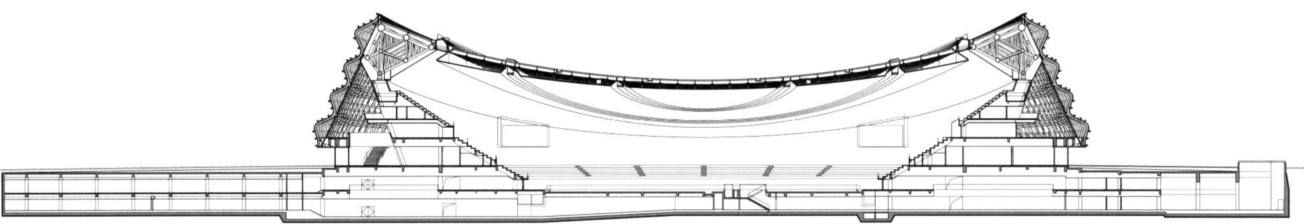

东西剖面图

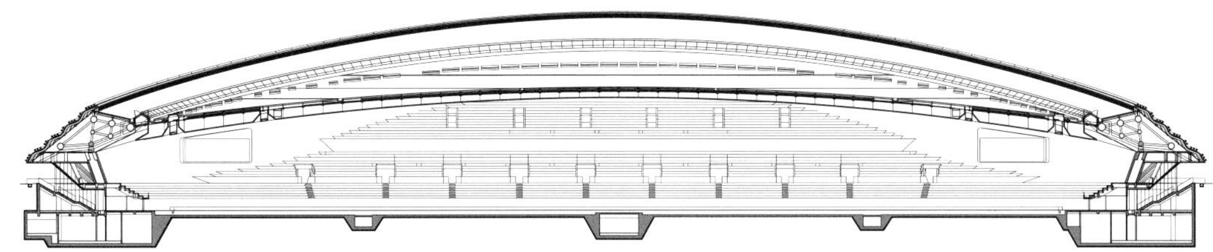

南北剖面图

自奥林西路步行桥望速滑馆（摄影：郑方）

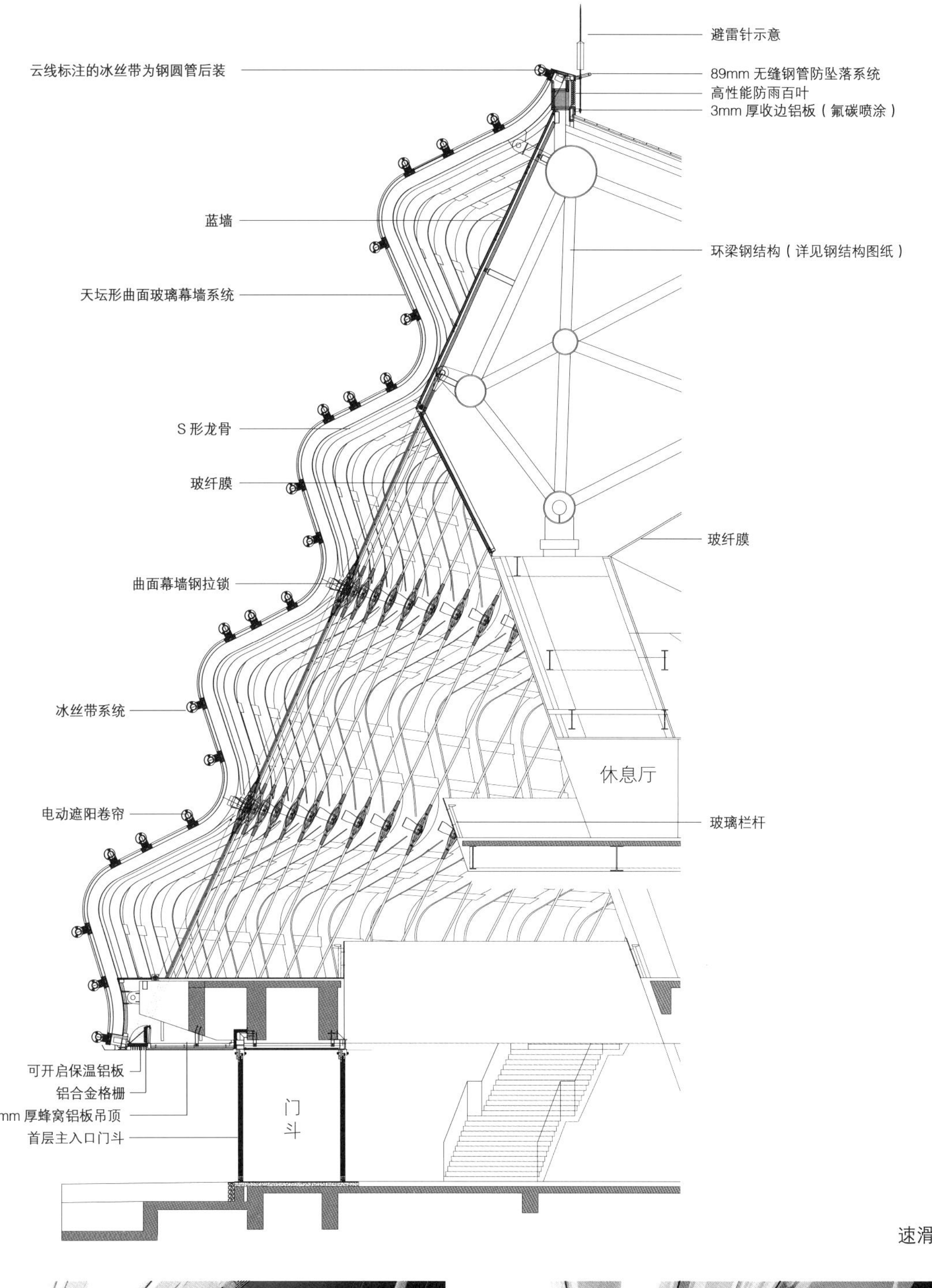

速滑馆墙身剖面图

观众休息厅——照片和数字模型对照（摄影：郑方）

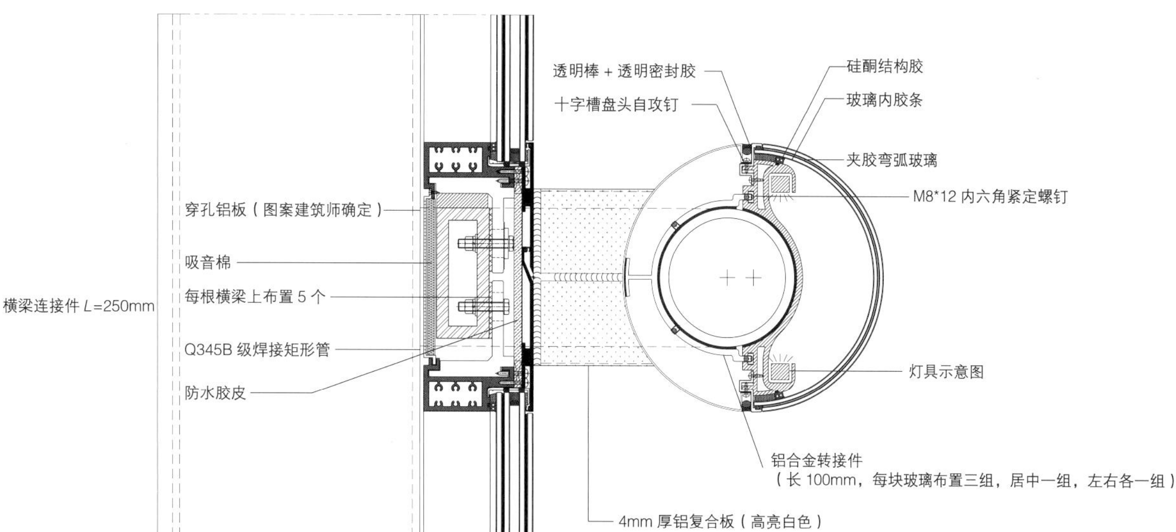

天坛形曲面幕墙竖剖节点图

速滑馆立面

自奥林匹克塔看国家速滑馆（摄影：刘兴华）

滑馆夜景（来源：视觉中国）

图 1 “相约北京”测试活动速滑比赛现场（摄影：郑方）

1 项目概况

国家速滑馆（冰丝带）位于北京奥林匹克森林公园西侧，利用了2008年北京奥运会曲棍球、射箭临时场馆用地，场馆呈椭圆形，与国家体育场（鸟巢）和国家游泳中心（水立方）遥相呼应，并被赋予和鸟巢、水立方同等重要的使命：“作为北京2022年冬奥会最重要的遗产之一，在国际奥林匹克运动传承发展、北京城市可持续发展等方面树立典范。”[1]

国家速滑馆以“冰”和“速度”为象征，称为“冰丝带”，是北京2022年冬奥会标志性的建筑，也是北京赛区唯一新建的冰上竞赛场馆（图1），承担速度滑冰项目（Speed Skating）的比赛和训练。场馆地上3层，围绕比赛大厅布局观众等各类观赛人群的看台、休息区及服务用房，共设置观众标准席位约12,000座，其中约8,000座为永久坐席；地下2层，主要布置赛时各类持证人员的运行用房，如运动员训练、休息、更衣区域，媒体工作区域，技术官员工作区域等。同时，场馆的主要设备用房和停车区域也设置于地下空间，使得整个场馆地上部分的建筑体量紧凑集约，从而让建筑、场地和环境和谐共生。

2 可持续设计策略

国家速滑馆坚持北京冬奥会可持续策略，在设计、建设、运行全过程中践行节能低碳原则，是国内首个绿建三星设计标识的冰上竞赛场馆。针对冰上场馆的特殊需求，本项目可持续设计策略包含了三个相互关联系统性目标：一是建立集约的冰场空间以控制建筑体积，实现节能运行；二是采用高性能的钢索结构和轻质屋面、幕墙体系以节约用材；三是使用可再生能源、降低温室气体排放等。这些目标由数字几何建构、超大跨度索网找形与模拟、自由曲面幕墙拟合、金属单元柔性屋面等创新技术支持，实现动感轻盈的建筑效果、轻质高效的结构体系和绿色节能技术的统一，建立面向可持续的冰上场馆技术与设计体系。从数字模型开始，三维信息持续贯穿于设计计算、工艺构造、模拟实验、生产制造、现场安装、健康监测和运行维护等全过程。

3 设计目标与集约空间

“冰丝带”的初始设计目标是从冰场开始，建立集约的内部空间和单纯的椭圆形体积。国际滑冰联合会（ISU）标准的速度滑冰场地由总长400m、两端圆弧的两条人工冰面比赛道和内侧的热身道组成[2]，沿赛道外圈设置技术环道。从赛道的形式出发，速滑馆保持简洁、单纯的椭圆形平面，以便在北京中轴线的北端点，和鸟巢的椭圆形平面、水立方的正方形平面对话。为此，参考水立方赛时/赛后的场景模式，把竞赛文件要求的副厅冰场放在冬奥会赛后实现，从而不影响由椭圆作为出发点形成的单纯体积（图2）。因为冬奥会赛时并不需要使用副厅冰场，而赛后移除临时看台形成的空间又应该得到有效的利用，加入可行的运营功能。两相结合，得以大幅缩减赛时建筑规模，节省建设投资[3]。

控制冰场比赛大厅的容积，有两个核心目的：对室内来说，冰场的制冷、空调等运营能耗巨大，建立集约的内部空间是节能的根本途径；对外部来说，速滑馆平行于城市中轴线，临近作为中轴线端点的仰山，必须尽最大可能降低建筑高度，使建筑在仰山西侧呈现谦恭的姿态（图3）。为此将比赛场地下沉到地下一层，约3/4建筑面积位于地下，通过下沉庭院获得自然采光和通风；同时，根据看台边缘确定比赛大厅屋顶边缘的高度，而中部向下凹陷，形成覆盖冰场和看台的双曲面屋顶，使大厅的容积最为紧凑（图4）。除了节能和控制建筑高度的考虑，集约的内部空间也同时节省了幕墙、屋面等外围护结构的面积和规模。

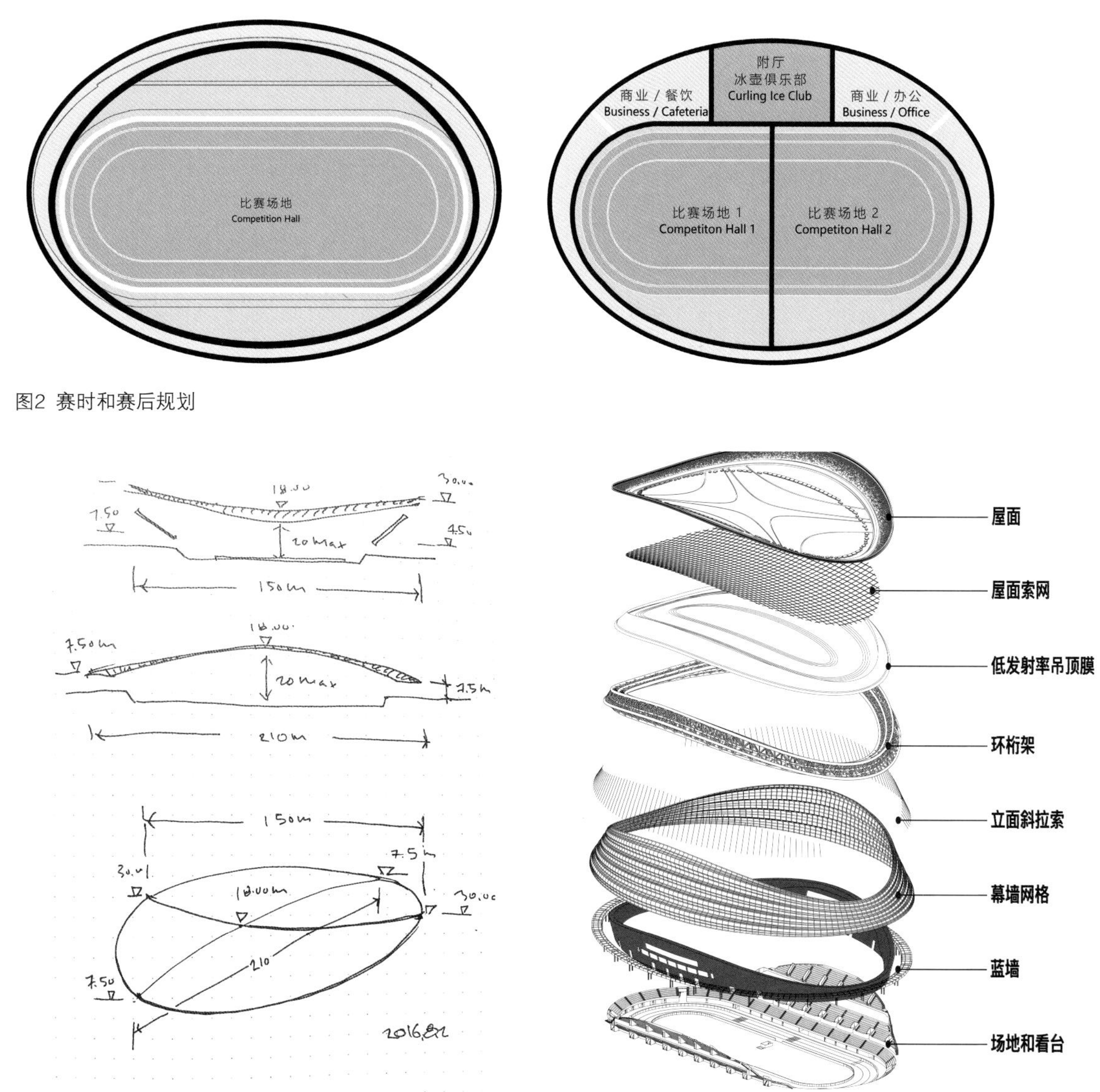

图2 赛时和赛后规划

图3 速滑馆体积策略（郑方草图）

图4 速滑馆解析图

4 几何体系与轻质结构

从冰场开始，由内向外，为整个建筑建立了严谨的空间逻辑和几何控制体系（图5）。环绕冰场和技术环道，观众看台总容量为12,000座。首先根据视线计算规则，综合考虑楼层和纵横走道分布、包厢、残疾人坐席等技术因素，建立围绕冰场的32排连续环形看台（图6）；然后使用70° 倾角的碗形曲面切割看台，使碗形内部从长轴端点到短轴端点，碗形曲面的厚度为2~3m渐变，以形成倾斜的结构支柱，同时作为看台、屋顶、幕墙的支撑，并且容纳从地下机房直至屋顶的机电竖井路由（图7）。在碗形曲面和看台之间，各楼层分布有观众卫生间及配套服务设施。碗形曲面包含外倾的看台柱，是结构体系的主要支撑，内外表面均为蓝色，作为室内空间的核心要素。顶部设巨型环桁架，内弦连接单层双向正交索网屋面，外弦连接立面幕墙斜拉索，形成一

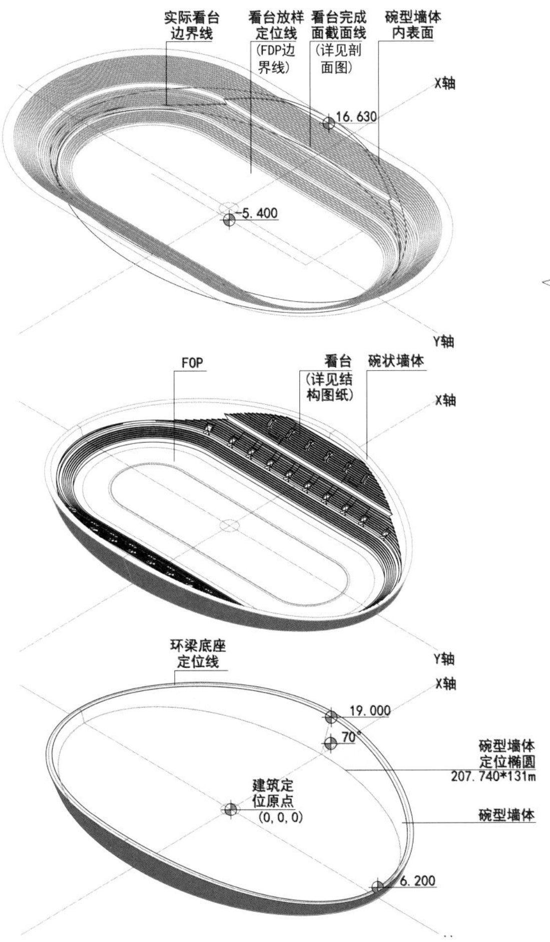

图5 速滑馆看台

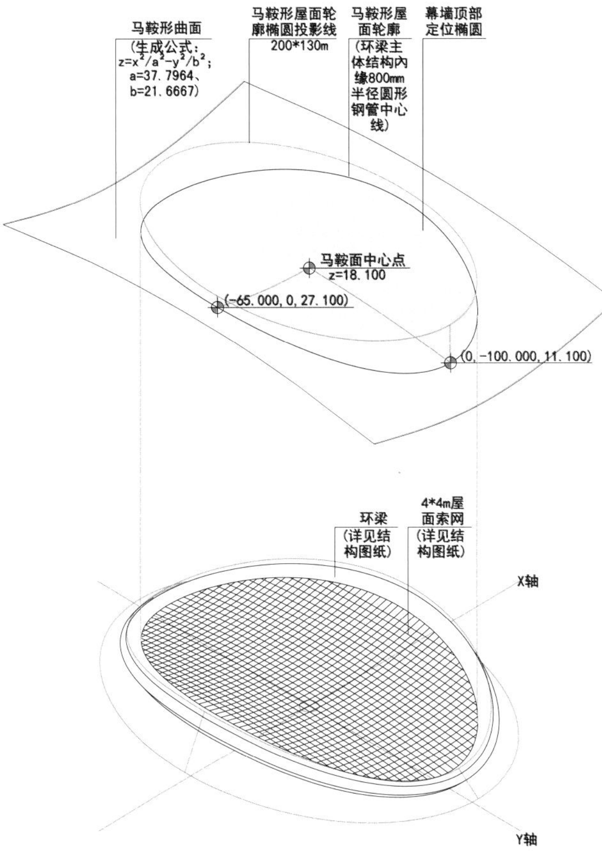

图6 速滑馆蓝墙

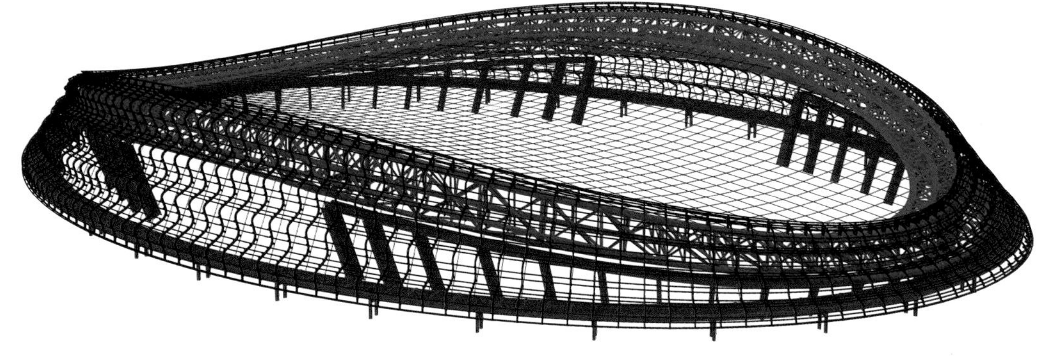

图7 速滑馆结构体系

个如同斜拉桥一样的结构体系。碗形曲面的顶部轮廓由看台最后排的空间曲线定义，作为环桁架支座的控制点，向上平移形成环桁架的下弦曲线，再由持续的结构找形进程调整环桁架的断面，优化屋面索网的空间边界和屋顶抛物线曲面，使环桁架水平变形最小，构件内力更均匀，建立高效的空间受力形态。

索网的平面投影为椭圆形，长轴198m，短轴124m，椭圆边线竖直拉伸面与马鞍面的交线定义了环桁架的内弦曲线。屋面南北向为稳定索，拱高7m，拱跨比约1/28；东西向为承重索，垂度8.25m，垂跨比约1/15[4]；网格水平投影间距4m，钢索用量537吨，每平方米27.5kg。理论计算完成之后，在实验室中制作了1/12的实体模型进行分步张拉模拟实验。环桁架分成4段施工，东西两段在现场附近拼装完成，平行滑动到设计位置，与南北两段原位拼装的桁架焊接成环。索网施工时，先在现场地面编织，然后整体提升，使用水箱配重模拟屋面荷载，按设计步骤张拉，达到结构设计稳定的初始态之后锁定环桁架的支点（图8）。

通过三维数字模型，建筑和结构设计协同找形、分析、模拟和优化，不仅形成轻质高效的张拉体系，也塑造了宏伟、充满动感的内部空间，使空间效果和结构性能相结合。与索网结构相适应，采用轻型金属单元屋面、膜结构吊顶、玻璃和金属幕墙作为围护结构，在达到热工、采光、节能、消防等目标的前提下，减少材料的消耗。轻质结构的设计思想来自富勒和奥托等人的现代工程实践，基于材料的最有效使用，避免资源的过度消耗；通常这些材料还可以回收实现重复利用，更容易达成可持续的环境目标。阿德里安·伯克斯和艾德·凡·亨特在《轻:能耗最小化建筑的必然复兴》一书中说，“……在不远的将来，‘轻’将再度成为我们建造任何事物时公认的出发点”[5]。轻质化代表了在材料力学潜能上的不懈努力，并且改变了我们的建造方式。

5 曲面幕墙

在自然界中，冰的感觉透明、寒冷而且坚硬，但是在特定的气候条件下，会由缝隙的毛细作用而呈现丝带一样的形态（图9）。建筑设计具有刚柔并济的力量：水成为立方，冰也可以成为丝带。冰和速度结合，立面的设计概念称为“冰丝带”（图10），呈现动感、轻盈、透明的建筑效果（图11）。为使立面的丝带线条内外错落有致，采用自由弯曲的玻璃幕墙。首先由屋顶外边缘起伏的空间曲线定义幕墙的上边缘控制线，二层平面的椭圆边界作为下边缘控制线。然后在椭圆的长轴和短轴两个端点建立幕墙剖面控制线。经过工厂生产线试制样品，评估1.5m半径的中空夹胶玻璃在工艺和视觉质量上可以接受。

因此，剖面控制线由两组平行线和与之相切的半径为1.5m的圆弧连接形成（图12），沿上下边缘的几何控制线放样，其中的直段放样为平板单元，弧段放样为曲面单元。每个直段和弧段的长度最长不超过2.4m，最短不小于0.3m。之后将椭圆平面等分160份，形成平曲耦合的幕墙外观控制面，其中曲面玻璃单元占幕墙表面面积约47%。中空夹胶玻璃由4片玻璃组成，从统一的控制面开始偏移，拆分每个板片的生产信息。虽然仅有两个旋转对称的单元尺寸完全相同，但是通过统一采用1.5m半径，实现了弯钢玻璃生产工艺的标准化。

立面的22条丝带由直径0.35m的半圆形夹胶玻璃和背后的半圆金属板组合形成，固定在水平龙骨上，起到外遮阳作用。在丝带玻璃半圆管的内部安装反光的金属夹具，并组合线性LED立面照明系统。丝带玻璃表面印刷渐变的冰花图案，以在晚间反射灯光；白天的时候也有体积感（图13）。

幕墙东西立面底部和顶部设有电动开闭的自然通风系统，并沿钢索安装通高的电动卷帘，以在夏季提供有效的内遮阳。曲面玻璃集成了小半径弯曲、钢化、彩釉、Low-e镀层、夹胶、中空等工艺，拓展了幕墙工艺的表现力。经过幕墙现场制作样板，对工艺进行验证和调整之后，三维设计模型交付到玻璃生产线，再到幕墙单元加工厂和施工安装现场，实现了设计信息向生产、建造、运维的全程数字化传递，现场安装和数字模型精确对应。

图8 屋顶索网结构（摄影：蔡昭昀）

图9 冰丝带概念

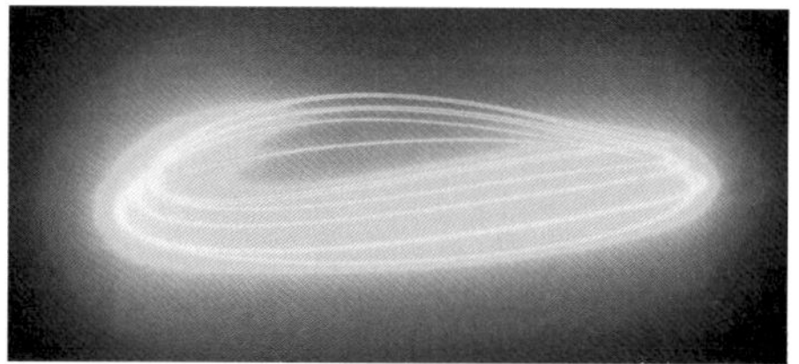

图10 整体设计概念（草图：郑方）

图11 从奥林西路步行桥看速滑馆夜景（摄影：郑方）

6 索网变形与柔性屋面

为适应索网结构的柔性变形，伦敦奥运会自行车馆采用了一种由木箱和直立锁边金属屋面组合的构造系统[6]。国家速滑馆的屋面跨度更大，单层索网结构在竖向向上和向下主导工况组合时，最大变形为-474mm和475mm[4]。对比伦敦自行车馆的做法，特别为国家速滑馆研发了金属单元柔性屋面体系（图14）。按照索的网格，屋面划分为1112个单元（图15），其中标准单元624个（图16），其他非标准单元带有天沟、消防排烟窗或二者组合。单元由檩条、铝板、支座和保温岩棉组成，并且在钢龙骨下增加隔热措施，以防止冷桥和结露。金属单元之间的缝隙用岩棉填充，附加卷材以增强防水性能。单元上表面由延展性较强的三元乙丙卷材覆盖，卷材表面附加硅基涂料做保护层。这个体系经过抗风揭、气密性、水密性等试验，以验证可靠性。对现场张拉完成的索网进行激光扫描，根据扫描结果修正屋面的数字模型之后，交付工厂加工金属单元。

屋面的雨水径流由8道等高线天沟分区和沿环桁架的环沟一起收集到虹吸系统。等高线天沟的走向经过局部调整以避开索夹位置，同时保持沟底标高的起伏符合虹吸雨水斗的启动要求。考虑索网柔性变形，屋面的机电管线自外环马道向内做放射形分

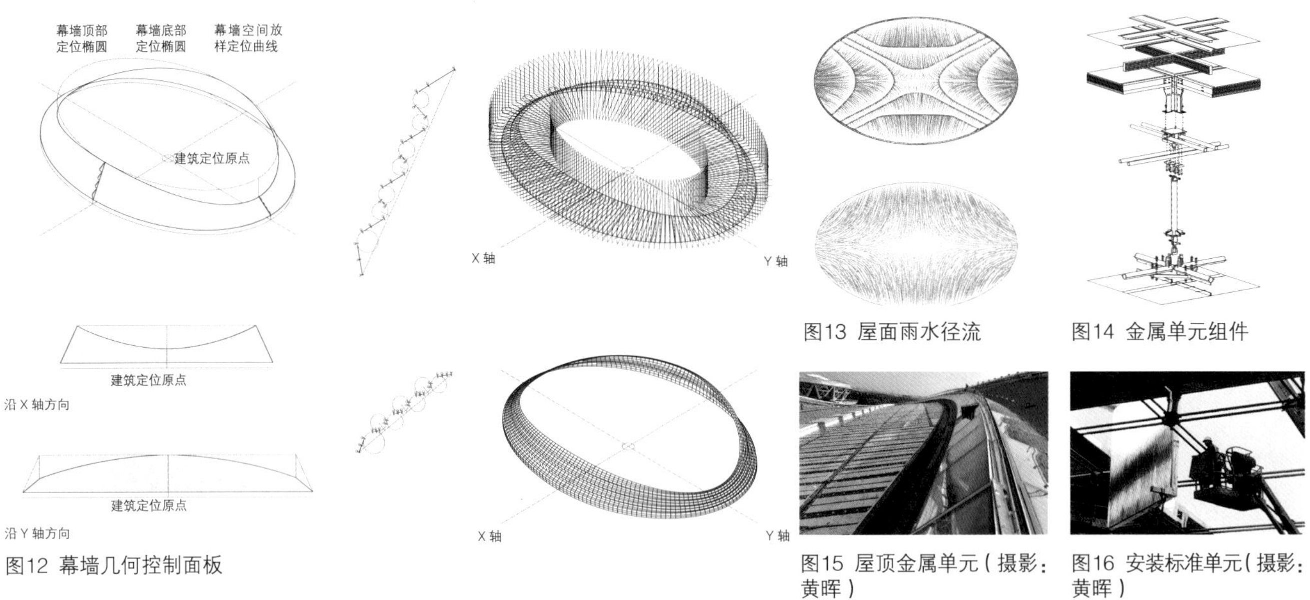

图12 幕墙几何控制面板

图13 屋面雨水径流

图14 金属单元组件

图15 屋顶金属单元（摄影：黄晖）

图16 安装标准单元（摄影：黄晖）

图17 自天窗进入的自然光（摄影：郑方）

布，并在连接处设柔性接头。沿屋面外围，临近环桁架设有一圈自然采光和排烟兼用的玻璃天窗，在日常维护大厅时提供充足的自然光，不需要开启体育照明以节省能源。天窗下的遮阳经过全年日照模拟，确保阳光不会直射冰面（图17）。屋面天窗外围，环桁架上方设有和屋面一体化的太阳能光伏系统，装机容量300kW，可再生能源提供电量比例大于1.5%。屋面内表面，索网下方的低发射率膜结构吊顶，能够降低屋顶和冰面之间的辐射换热约70%。在膜结构吊顶上开设3道平行的椭圆形槽，用以容纳天窗、马道和LED体育照明。体育照明开启的时候，密集的点阵布满椭圆曲线，如同银河一般，增强了双曲面屋顶的动感。

7 场地制冰和环保制冷剂

国家速滑馆的内场可以全部制冰覆盖，形成约11,500m^{2}的“全冰面”。在冬奥会标准的400m速度滑冰场地内部，另设有300m训练道、两块标准的冰球场、中心的连接场地，共计5个制冰单元。每个单元对冰面进行单独控制，以适应不同冰上项目的需要，并为赛后公众滑冰和演出、多功能活动提供了富有想象力的空间（图18）。

目前，人工冰场制冷系统常用的氢氟烃（HFC）类制冷剂，如R507A的臭氧消耗潜能（ODP）为0，但全球变暖潜能值（GWP）高达3985 [7]，受到越来越严格的使用限制。二氧化碳作为一种天然工质制冷剂，近年来开始用于人工冰场制冰。国家速滑馆是世界上第一个采用二氧化碳（R744）跨临界直冷系统的大道速滑馆，由此降低制冷剂潜在的环境影响，同时提高冰场温度的均匀性和热回收效率（图19）。

图18 全冰面场地（摄影：卢诗华）

图19 低发射率吊顶（摄影：郑方）

图20 速滑馆与奥林匹克塔夜景（摄影：刘兴华）

通过数字建构几何控制系统，国家速滑馆（图20）在动感轻盈的建筑效果之下，建立集约紧凑的建筑空间，实现高效的轻质结构、立面工程和绿色节能技术的统一，形成了面向可持续的完整技术体系，与建筑设计融为一体。

参考文献：

[1] 北京市规划委员会. 北京2022年冬奥会国家速滑馆建筑概念方案国际竞赛-竞赛文件[Z]. 2016.

[2] International Skating Union. Special Regulations & Technical Rules-Speed Skating 2018[S].

[3] 郑方. 体育场馆场景转换的策划与设计—以国家速滑馆和国家游泳中心为例[J]. 新建筑，2021，(03): 51-55.

[4] 王哲，白光波，陈彬磊，等. 国家速滑馆钢结构设计[J]. 建筑结构，2018，48(20): 5-11.

[5] Adrian Beukers, Ed van Hinte. Lightness: The Inevitable Renaissance of Minimum Energy Structures[M]. Nai010 publishers. 4th edition. 2005.

[6] London 2012 Olympic Velodrome: How the Structure Works[OL]. https://expeditionworkshed.org/assets/ Description-of-Velodrome-structure1.pdf 2013.10.

[7] Appendix A: Global Warming Potentials[OL]. theclimateregistry.org. Retrieved: 2021-3-3.

国家游泳中心“冰立方”

竞赛场馆（改造）

National Aquatics Center

Project Team

Client | Beijing State-owned Assets Management Co., Ltd.

Design Team | Beijing Institute of Architectural Design

Contruction | China Construction First Group Construction & Development Co., Ltd.

Principle-in-Charge | ZHENG Fang

Architecture | SUN Weihua, DONG Xiaoyu, ZHU Bixue, TANG Wenbao, SONG Gang, FENG Zhe

Structure | WANG Xuesheng

Equipment | CHEN Sheng, WANG Xin, BAI Mingce, LIU Lei

Electrical Design | REN Zhong, WANG Xiaoxiao

项目团队

建设单位 | 北京市国有资产经营有限责任公司

设计单位 | 北京市建筑设计研究院有限公司

施工单位 | 中建一局集团建设发展有限公司

项目负责人 | 郑方

建筑设计 | 孙卫华、董晓玉、朱碧雪、唐文宝、宋刚、冯喆

结构设计 | 王雪生

设备专业 | 陈盛、王新、白明策、刘磊

电气专业 | 任重、王潇潇

Project Data

Location | Chaoyang, Beijing, China

Design Time | 2018

Completion Time | 2021

Site Area | 6.3 hm^2

Architecture Area | 101,000m^2 (including reconstruction area of 50,000m^2)

Amount of Seats | 4778

工程信息

地点 | 中国北京朝阳

设计时间 | 2018年

竣工时间 | 2021年

基地面积 | 6.3hm^2

建筑面积 | 10.1万m^2（含改造面积5.0万m^2）

看台坐席 | 4778个

国家游泳中心“冰立方”（摄影：马健强）

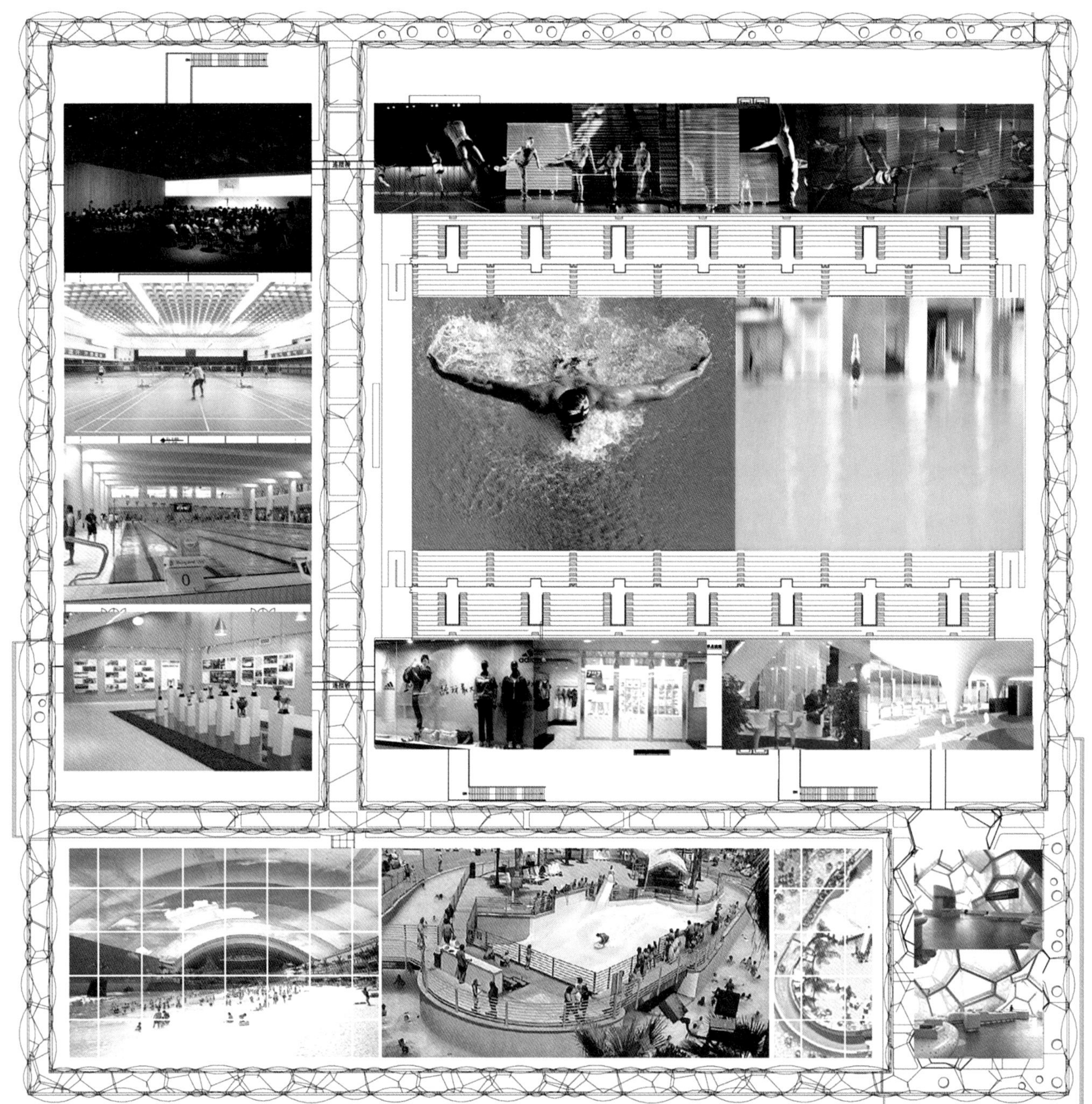

图1 通用建筑空间

国家游泳中心“水立方”是2008年北京奥运会的标志性场馆，成功承办了游泳、跳水、花样游泳等水上比赛。在这届“无与伦比”的奥运赛事上，全球游泳健儿在这里24次打破21项世界纪录，成为世界上“最快的游泳池”。赛后，水立方实现了多样化的运营：持续举办游泳、跳水等从国际级到社区级的比赛；承接从国事接待到企业发布等各类大型活动；服务公众游泳健身；开发各类商业和艺术活动（图1）。这些实践成为世界范围内奥运场馆运营的典范，并于2019年获得国际奥委会颁发的“体育和可持续建筑奖”。

2015年7月31日，在马来西亚吉隆坡举行的国际奥委会第128次全会上，北京以44票比40票击败哈萨克斯坦的阿拉木图，获得2022年第二十四届冬季奥林匹克运动会的举办权。伴随着举办地的尘埃落定，“水立方”被确定为2022年冬奥会及冬残奥会男、女冰壶和轮椅冰壶比赛场地。通过改造，国家游泳中心可实现“水”“冰”功能转换，变身为“冰立方”，将成为世界上第一座既承办了奥运水上竞赛又承接了冬奥冰上项目的双奥场馆。

1 可持续理念

国际奥委会于2021年2月发布《奥林匹克2020+5议程》，以“奥林匹克运动：把挑战转变为机遇”为主题，提出不再使用新建永久场馆举办奥运会等建议，“把长期的可持续性，包括经济视角的可持续性作为首要基础”。2022年北京冬奥会成为场馆可持续建设上的典范，而“水立方”正是这当中当之无愧的榜样。2022年冬奥会冰壶比赛和冬残奥会轮椅冰壶比赛为“水立方”增加了“冰”的功能，建立了可转换的冬季运营新场景。

从奥运会游泳比赛到冬奥会冰壶比赛的场景转换，需要建立建筑空间、体育场地、室内环境、智慧运行等系统性的核心要素关联和转换策略，涵盖建筑设计、结构、设备、能源、智能化和工程建造、临时设施等关键领域，服务赛时、赛后多种使用人群。在科技部支持下，国家游泳中心由跨专业、全领域的科研团队展开创新的技术研发和应用示范，推动实现奥运会长远的可持续性，秉持绿色低碳原则，开创面向未来的智慧运行场景示范。

每个体育场馆在运行中都不是单一固定的功能，而是服务体育比赛、训练、集会、展览等不同类型的活动。每一种主要的运行状态形成一个核心场景；这些场景的相互转换是一个普遍性课题：有一些相对简单，有一些高度复杂，需要精密的技术体系支撑。

2 通用空间

“水立方”内建筑空间的通用性，尤其是比赛大厅和周围的辅助空间，是当时多功能场馆的出发点，也正是如今运行场景转换的基础。

“水立方”平面为边长177m的正方形。游泳池位于地下一层，南北两侧分别是竞赛管理区和运动员区。地下一层以上的内部空间被纵横两道的ETFE气枕墙体分成3个大跨空间：靠近南立面是戏水乐园；西侧是热身池大厅和多功能网球场上下层叠；东北侧约120m见方，包括中部的比赛大厅、南北小楼和南北步行街。这样一个丰富的内部空间体系为赛事、大型活动和商业运营提供了高度的适应性（图2）。

对每一个场馆来说，永久场馆+临时设施（Overlay）=奥运场馆。建筑空间需要高度灵活，使赛时临时设施易于安装，同时又需要具备良好的基础条件，以控制临时设施的规模，节省办赛和大型活动的投资。

2.1 比赛大厅

“水立方”比赛大厅是竞赛和大型活动的核心场所，中部是游泳池和跳水池场地。不计跳塔，包括泳池池岸在内的场地长约100m、宽40m、高28m。2008年奥运会赛时模式下，比赛大厅有17,000个观众席位（图3）；赛后拆除了二层及以上的临时看台，保留了南北两侧的永久看台约5000座（图4）。比赛大厅的屋顶装备有先进的机电系统，屋顶钢结构的节点都预留了吊挂点，为安装临时设施提供了条件。

比赛大厅在夏季场景下是泳池模式，用于游泳、跳水、花样游泳比赛，及艺术装置体验和公众日常参观；在大型活动或演出等使用时，用临时脚手架和面板系统部分或者全部填充泳池。冬季场景下是冰场模式，可以进行冰壶、冰球、短道速滑和花滑等项目的比赛和训练。在大型活动时可以使用冰被覆盖部分或全部冰面（图5）。

永久看台均为标准坐席，根据赛时需要临时搭设媒体席位、摄像机平台等设施。东西两侧用于在冰场模式和大型活动时搭建临时看台。为冬奥会搭建的西侧临时看台提供媒体、评论员和电视转播席位；东侧临时看台为普通观众席位。永久看台和临时看台分别为冬残奥会设置充足的残疾人席（包括陪伴席）。

2.2 热身池大厅

“水立方”热身池大厅是为游泳比赛的热身、训练泳池，紧邻比赛大厅（图6）。大厅与比赛场地连接便利，日常作为游泳俱乐部，向公众开放。在冬奥会期间，通过脚手架结构垫平，作为场馆媒体中心使用。

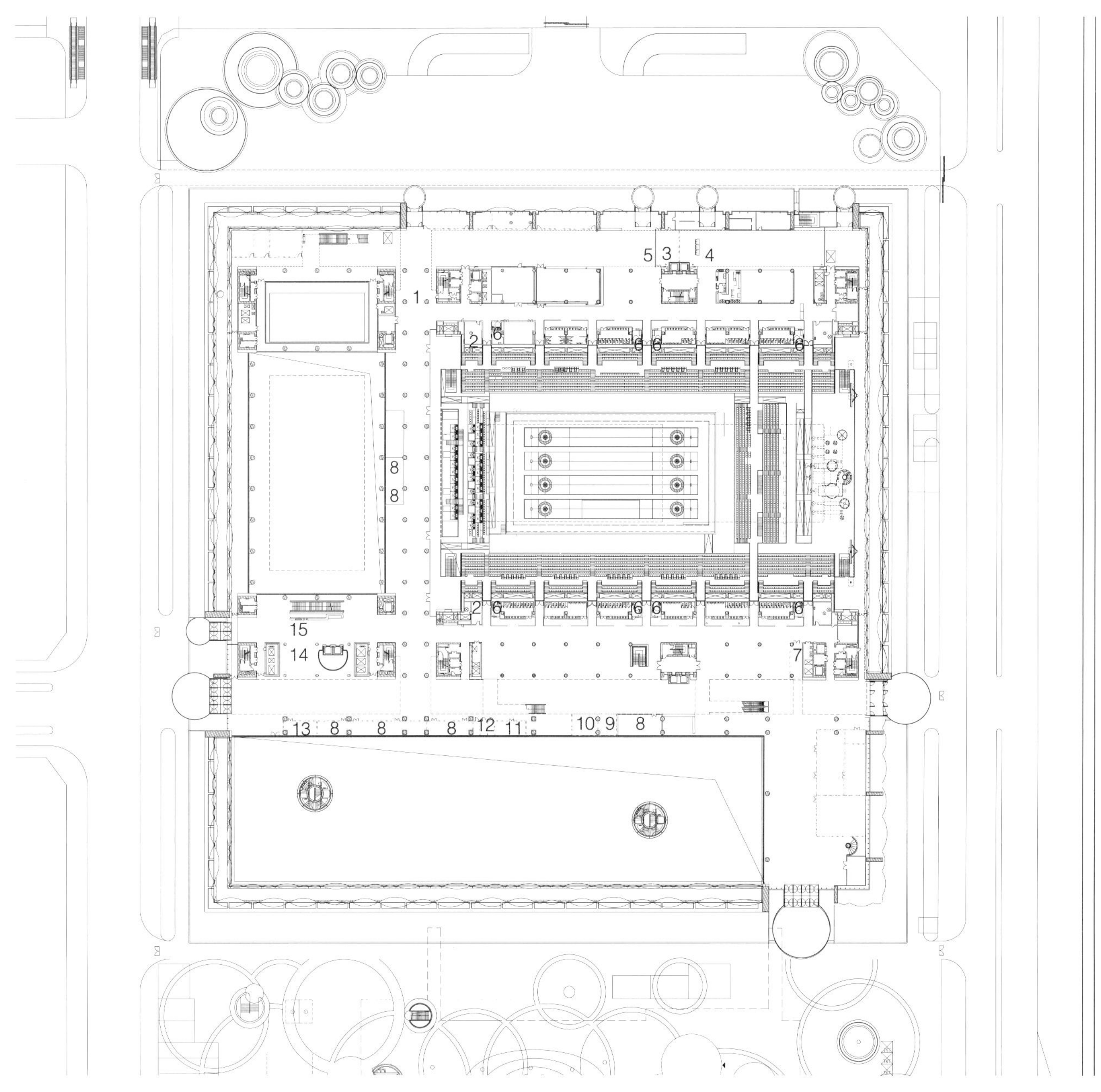

图2 冬季场景首层平面图

1 媒体交通服务咨询台
2 观众医疗站
3 随行人员休息室
4 运动员交通服务咨询台
5 信息交通服务台
6 无障碍观众卫生间
7 邮政商品售卖
8 饮食售卖点
9 观众休息厅
10 失物招领处
11 票务纠纷处理办公室
12 无障碍成人 / 母婴室
13 轮椅和婴儿车存放
14 竞赛官员签到处
15 工作人员签到处

图3 2008奥运会游泳比赛（来源：国家游泳中心）

图4 比赛大厅游泳模式（来源：国家游泳中心）

2.3 多功能厅

热身池正上方是多功能厅，侧墙和屋面由ETFE气枕幕墙围合，面积约2600m^2，高17m。日常布置3片网球场，并用于举办各类中小规模的活动（图7）。2008年奥运会期间，这里作为场馆安保中心；冬奥会期间，用于工作人员和志愿者休息、用餐。

2.4 竞赛用房

地下一层比赛场地周围，包括永久性的运动员更衣室和技术、竞赛管理用房。冬奥会冰壶比赛需要22间更衣室，改造期间增加了临近池岸的永久更衣室，再通过在临近车库中布置集装箱临时更衣室补足所需数量。运动员医疗站、兴奋剂检查站都是永久设施，其他运动员休息室、热身区都在车库临时设置。

相约北京 EXPERIENCE BEIJING
A SERIES OF WINTER SPORTING EVENTS
CHINA

5

图5 2021相约北京测试活动冰壶比赛（摄影：郑方）
图6 热身池大厅（来源：国家游泳中心）
图7 多功能厅（来源：国家游泳中心）

3 冰 / 水比赛场地转换

3.1 冰水转换的策划

往届冬奥会冰壶比赛的场地全部都是在永久冰场的砼地板上制冰形成的。因此在申办阶段，有关方提出在游泳池中用混凝土结构来实现冰壶场地的方案。2015年7月，冬奥申办成功伊始，场馆团队重新评估和审视这一设想。业主和建筑师一致认同：水是“水立方”的灵魂，建筑功能、源于开尔文理论的钢结构几何体系和水滴样的ETFE气枕立面，都来自水的主题；永久性地失去游泳池是不可接受的。因此，采用“冰水转换”的方式，在夏季作为游泳中心运营，在冬季作为冰上中心运营，兼顾大型活动、旅游参观等需求，成为冬奥会改造策划的核心目标。

围绕这一目标，水立方科研设计团队测试、发展和应用了可转换冰场、室内环境转换、群智能控制等技术，重新定义了“赛时临时设施”的内涵，以一套灵活有效的方式实现冬奥会比赛功能。可转换的冰场体系超出常规的奥运会临时设施范围，在永久性建筑物和一次性临时设施之间，建立了新的奥运会技术解决方案[1]。

3.2 可转换冰场 / 泳池

冰壶场地由多层底冰和表面的手工喷洒冰粒形成。场地平整度的微小差异都会极大地影响冰壶的运行。冰面的品质高度依赖于制冰师的个人经验和现场感觉。世界冰壶协会曾经发布冬奥会场地需求，其中关于冰壶场地本身的关键点包括[2]：

①世界冰壶联合会更倾向于混凝土冷却地板，其他方案要经国际冰壶联合会同意。

②制冷地板应该被精确度量，并以一种可保持整个冰面恒温的方式来构建。

③冷却地板表面的水平检测需要在一个最大间隔2m×2m的范围内进行，而且检查的结果要报给国际冰壶联合会，从而保证冷却地板的水平度达到比赛标准。地板各方向的水平差不得超过5~6mm。

地基的建设要能防止地板的移动。如果直接建筑在地表上，地基不应该与该建筑的其他部分相连，以防止该建筑物本身的晃动影响到地基。

根据这些要求和制冰师的意见，需要解决基层结构稳固、铺设精度和可移动的保温、制冰管路等系统性问题，以制成冬奥品质的冰面；对于运营来说，还需要实现快速地拆装，尽可能缩短转换周期。在游泳池建立可转换的冰场，仅在日本相模原银河体育馆（銀河アリーナ）有孤例，但冰面只用于社区娱乐，无法达到高级别竞赛所需要的品质。

水立方的科研团队比较了两种支撑结构和三种面板体系的组合。支撑结构分别是从市场租赁的脚手架式快装体系和结构工程师定制的短跨密柱和钢梁组合的钢框架体系；三种面板体系是木板和保温层复合的木箱单元[3]、与快装脚手架配套的铝板单元，以及预制混凝土方板。

通过在游泳池中搭建试验段和制冰测试，钢框架体系+预制混凝土方板的组合方式变形非常微小，提供了制冰师和结构工程师满意的自振频率，获得世界冰壶联合会的许可（图8）。为了提高钢框架和混凝土方板的安装效率，施工方研究了适用于场地的小型安装设备，以在20d转换周期内完成搭建工作（图9）。2019年12月，在泳池搭建的场地上举办了中国青少年冰壶邀请赛，通过竞赛验证了全冰面的结构可靠性[4]。

结构体系之上，是可拆装的制冰系统，包括保温、防水、制冰管路和设备系统。2016年4月，瑞士巴塞尔圣・雅各布体育馆（St. Jakobshalle Basel）举办的世界男子冰壶世锦赛，在原有的体育馆混凝土地板上采用了一种带有蜂窝增强网格的拆装式制冰系统。这一体系管路分布均匀，效率高，经过制冰师检验，能够满足高品质制冰的要求。

3.3 移动制冰系统

在泳池上搭建用于冬奥会的冰场，需要解决两个关键问题：高精度、快速安装的预制基层和精密的移动制冰系统。冰壶场地包括4条赛道，每条长45.72m，宽5m。制冰的范围在赛道端线各增加3m，两侧各增加1m。此外，冰壶库、冰车都需要存放在冰面上；制冰系统和水处理系统都需要采用模块化的设备，在场地附近安装。

由科技冬奥专项支持，科研团队研发了由钢框架、预制混凝土板和保温板、防水层复合的场地构造体系和快速安装工艺。在基层之上，使用一种蜂窝网格支撑的高强PVC管道制冰。经过全尺寸冰场比赛测试，这一体系获得了世界冰壶联合会（WCF）的

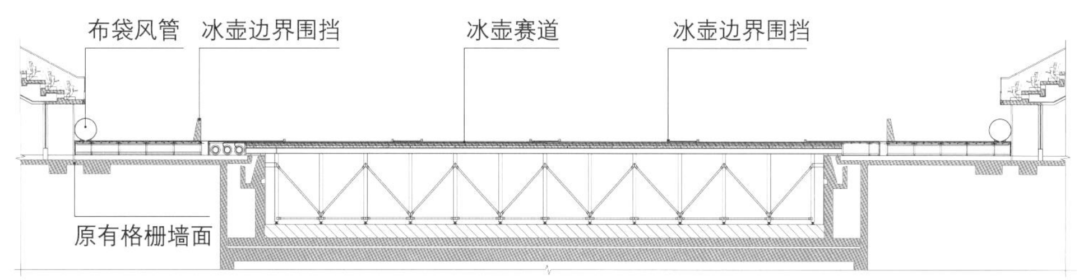

图8 冰壶场地剖面

图9 搭建冰场结构

支持。世界最快的游泳池和冬奥标准的冰场一起，建立了冬夏场景转换的场地核心。

4 可调节的环境

比赛大厅的运行目标是为运动员、观众分别提供舒适的室内热湿环境、气流分布、光环境和声环境，兼顾大型活动的使用需求。在泳池环境下抑制水的蒸发，控制建筑内表面结露；在冰场环境控制冰面结霜和冰的不均匀升华。

4.1 热湿环境

泳池模式和冰场模式的设计参数如表1所示。

泳池模式和冰场模式设计参数 **表1**

区域	夏季（泳池）		冬季（冰场）	
	温度	相对湿度	温度	露点温度
比赛场地	28℃（池岸）①		1.5m 高度处：10±2℃	＜ −4℃
观众区（赛时）	26℃	<60%②	18~23℃	无需严格控制

注：①比赛时泳池水温按 26℃设计；冰面温度 −8.5℃。
②泳池环境在夏季室内相对湿度由空调机组冷冻除湿功能保证。

图10 看台前沿的临时布风管

另外，夏季泳池区、冬季冰场区风速要求均在 0.2m/s 以下。

科研、设计、运行团队对冰场模式下比赛场地区的置换送风和固定看台前沿布袋风管送风两种方案进行了详尽模拟和比赛实况测试后，最终采取了布袋送风的方式，以最大程度地降低对冰面的影响（图10）。地下二层局部经改造增加了除湿机房。为降低除湿负荷，减少不稳定气流对冰面质量的影响，对比赛大厅围护结构的气密性进行了系统的改进。冬季场景下，临时封闭ETFE幕墙和比赛大厅的自然通风口；检查和密封ETFE屋顶预留的吊点开口，提升幕墙本身的气密性；为比赛大厅的门增设透明的帘幕，比赛大厅防火门在赛时均保持关闭状态。

4.2 光环境

“水立方”采用的ETFE气枕幕墙为游泳运动创造了明亮愉悦的自然光环境。为避免自然光直射冰面，在比赛大厅屋顶空腔的下层气枕表面覆盖了不透光的PVC膜，冰上比赛在遮黑模式下进行。

比赛大厅的电视转播照明全部更换为LED灯具，以降低对冰面的热辐射。照明模式涵盖冬季冰壶、夏季游泳与跳水、体育展示和大型活动等不同功能的需求。

4.3 声环境

因为比赛大厅容积大，夏季泳池水面、池岸瓷砖都是强反射表面，空间可覆盖声学板的面积有限，在游泳比赛时，观众满场模式下的混响时间为2.5s。

冰壶比赛的运动员通过自然声呼喊队友，交流战术。因此需要尽可能缩短比赛大厅的混响时间，保证自然声语言的清晰度。冰面同样是高反射表面，因此通过在看台下的侧墙增加永久吸声材料，在临时看台表面、面向大厅的室内玻璃隔断等部分增设临时吸声板，在地面铺设地毯等方法增加吸声量，同时在东侧临时看台后增设赛事景观以缩减大厅容积，冬季冰壶比赛模式下比赛场地的混响时间为2.0s。

5 轻建造模式

除了可逆的装配式冰壶场地体系，改造中的轻建造模式还体现在许多赛时设施的建设上。比如，现有永久更衣间不足以满足冬奥赛事需求，但大量新建更衣间不仅成本高昂，且挤占场馆赛后运营空间。为解决这一矛盾，国家游泳中心应用集装箱式运动

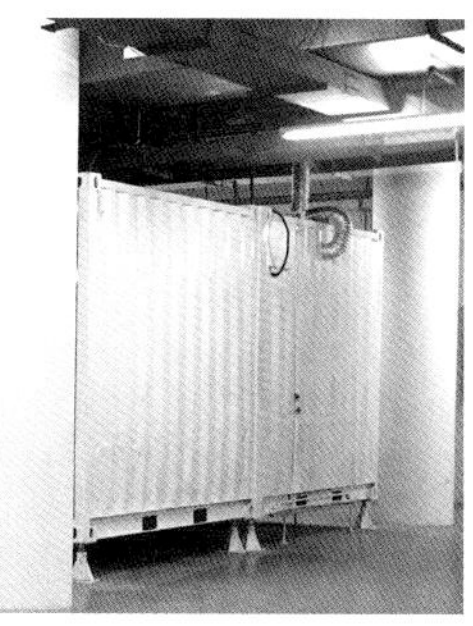

图11 集装箱式运动员更衣间外观

图12 集装箱式运动员更衣间内部

图13 集装箱式运动员更衣间卫生间

员更衣间——对退役集装箱进行低碳环保的功能模块化改造，满足赛事运行时的运动员更衣间需求（图11~图13）。赛后，集装箱模块可以无痕移除，还原场馆运营空间，且撤出的集装箱模块还能作为场馆的客服咨询、休息餐饮、商品售卖等公众服务设施使用，或租赁、出售以实现场馆经济收益。

6 智慧场景转换

这是奥运历史上首次利用奥运会水上项目场馆举办冰上项目比赛。为了在满足冬奥赛事场地要求的基础上，继续保有场馆的奥运遗产和水上项目功能，国家游泳中心创造性地提出了可逆的冬夏场景“水冰转换”方案——通过支撑体系和移动式制冰系统，完成从“水立方”到“冰立方”的功能转换——进而完成了奥运场馆“反复利用、综合利用、持久利用”的实践，也实现了场馆的蓄势、蓄能、蓄力和“可持续，向未来”的蜕变升级。

“水立方”的冬奥会改造策略，包括适应性的功能提升、高水平的绿色节能和精确实时的智慧管控等主要方面，针对冰场这一核心功能而具有显著的独特性。这些策略不仅要服务于冬奥会比赛短短的十几天时间，更需针对冰上场馆赛后长久的运营实现环境、社会和经济的可持续性发展。

6.1 绿色低碳

“冰立方”的改造工程按照绿色建筑二星的标准设计实施，并获得了相应的评价标识；通过照明系统改造，获得了三星级绿色照明标识证书，比改造前照明节电率达到60%，有效地节能减排；通过设立可持续监管平台及能源管控中心、新建群智能监控系统，实现运行能耗和碳排放的智能化管理。

6.2 智慧观赛

国家游泳中心在比赛大厅研发虚拟现实、混合现实观赛模式，力求让冬奥赛事观众可以在观赛过程中透视冰壶比赛的技术细节、定制个性化的赛事信息，达成与比赛的现场互动。

冰壶的运行曲线由速度、旋转角速度和运动员刷冰干预形成。通过连续的视频捕捉分析冰壶的动态，还原曲线，并对冰面的摩擦系数形成数字化反馈。对大量曲线深度学习，可以对冰壶的运行进行某种程度的预测。曲线的还原和预测能够为观众现场观赛、体育展示和电视转播提供丰富的数字化场景体验。

通过基于数字场馆模型的运行设计，运行团队能够实时动态地了解各空间的工作岗位状况、人群密度、环境参数等信息，及时作出反馈（图14）。同时，也可以向观众、运动员、媒体等客户群提供智慧场景服务，包括预先了解注册分区和工作流线，以及看台视角、服务设施信息、体育信息等。

除了特定的比赛之外，体育场馆需要多功能、多场景策划以实现持续的利用，包括赛时与赛后、大型活动和公众健身、冬夏不同季节转换等。国家游泳中心通过“水立方”“冰立方”冬夏场景的转换，形成了关键的运营场景要素模型、技术支撑体系和智慧场景应用，不仅服务于冬奥会比赛，也为体育场馆尤其是奥运场馆的可持续运营提供了具有普遍意义的示范。

基于冬夏场景的智慧转换策划，“水立方”的改造内容围绕可转换冰场体系、热湿环境、体育照明、综合节能、建筑声学和智慧场馆等几方面展开。场馆在保有水上功能的基础上新增冰上功能，改造完成后的“冰立方”，不仅体育竞技场所功能增加，而且配套服务基础条件性能提升，更是实现了场馆运行的智慧升级。

同时，新建的南广场地下冰场在赛时将供冬奥会配套使用，赛后则将作为冬奥会重要遗产用于群众冰上运动培训和体验，成为向青少年推广冰上运动的重要载体，助力实现“三亿人上冰雪”的目标。

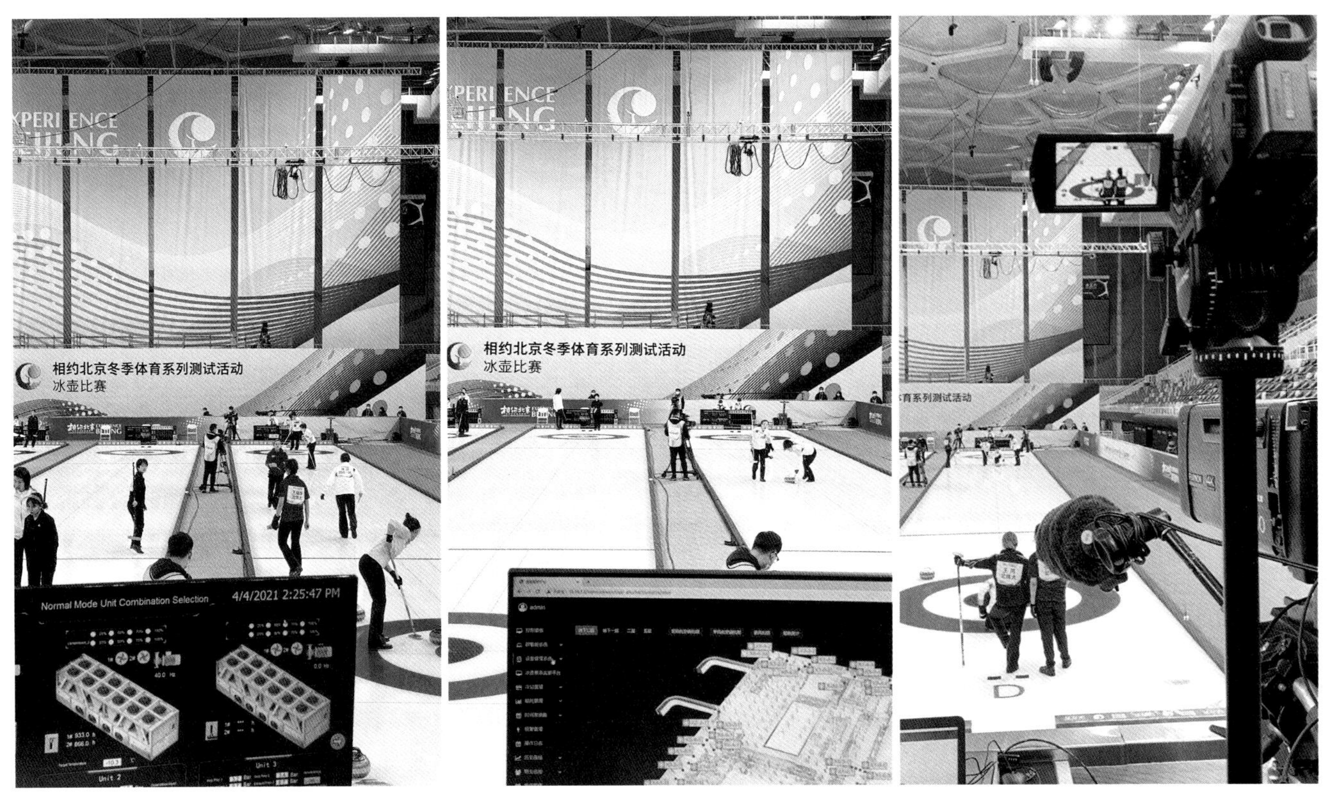

图14 制冰技术控制台

参考文献：

[1] 北京市科技计划科技报告. 国家游泳中心冰壶场地环境与节能关键技术研究[R]. 北京：2019.

[2] Leif O'hman. Curling Ice and Arena Requirements for Olympic and World Curling Federation Competitions[S]. WCF, 2014.

[3] 张文元，等. 可装拆式冰场钢木组合支撑结构的力学性能研究[J]. 建筑结构，2018（05）: 30-35.

[4] Hans Wuthrich，Mark Callan. Report on China Junior Curling Open 2019 Test event[R]. Beijing: 2019.11.16-12.8.

国家体育馆

竞赛场馆（改造）

National Indoor Stadium

Project Team

Client | Beijing Performance & Arts Group

Design Team | Beijing Institute of Architectural Design (Group) Co., Ltd.

Contruction | China Construction Second Engineering Bureau Ltd.

Principle-in-Charge | ZHA Shixu

Project Manager | ZHANG Xuejian

Architecture | ZHA Shixu, WU Ying, ZHAO Zenghui, LI Ying

Structure | ZHOU Sun, ZHOU Zhongfa, LI Pei

Water Supply & Drainage | LI Dan, JIANG Yahui, KANG Jian

HVAC | LI Dan, JIANG Yahui, KANG Jian

MEP | SHEN Wei, ZHAO Hong

ELV | SHEN Wei, ZHAO Hong

Project Data

Location | Chaoyang, Beijing, China

Design Time | 2017

Completion Time | 2020

Site Area | 6.87 hm^2

Architecture Area | 97,836 m^2

Structure | Competition Venue (Reinforced Concrete Frame Shear Wall and Steel Reinforced Concrete Frame Steel Supporting Structure), Training Venue (Steel Truss Long-span Floor Structure Supported by Concrete Frame)

Amount of Seats | 16,799

项目团队

建设单位 | 北京演艺集团

设计单位 | 北京市建筑设计研究院有限公司

施工单位 | 中国建筑第二工程局有限公司

项目负责人 | 查世旭

项目经理 | 张学俭

建筑设计 | 查世旭、吴莹、赵曾辉、李英

结构设计 | 周笋、周忠发、李培

给水排水专业 | 李丹、江雅卉、康健

暖通专业 | 李丹、江雅卉、康健

强电专业 | 申伟、赵宏

弱电专业 | 申伟、赵宏

工程信息

地点 | 中国北京朝阳

设计时间 | 2017年

竣工时间 | 2020年

基地面积 | 6.87hm^2

建筑面积 | 9.78万m^2

结构形式 | 竞赛馆（钢筋混凝土框架剪力墙及型钢混凝土框架—钢支撑结构）、训练馆（混凝土框架支承的钢桁架大跨楼盖结构）

看台坐席 | 16799个

国家体育馆西北侧夜景鸟瞰（摄影：杨超英）

1 项目概况

国家体育馆位于北京奥林匹克公园内，北邻国家会议中心（一期），南邻国家游泳中心，是2008年北京夏奥会体操、蹦床、手球等项目的比赛场馆及标志性场馆之一，也是目前北京市设施最先进、坐席数量最多的室内体育馆（图1～图3）。

2022年北京冬奥会及冬残奥会期间，国家体育馆将承担冰球和残奥冰橇冰球项目的比赛，场馆总面积约9.8万m^2，设观众坐席15000座。经过全球征名活动，在北京冬奥会迎来开幕倒计时100天时，国家体育馆被命名为“冰之帆”（Ice Fan）。赛后将成为集夏季和冬季体育竞赛、文化娱乐于一体，提供多功能服务的市民活动中心。

图1 2008年夏奥会国家体育馆西北侧日景鸟瞰（来源：网络）

2 城市更新背景下的可持续设计理念

北京在申办冬奥会时就把“确保可持续发展”作为办赛理念写入申办报告中。2021年8月，北京市颁布《北京市城市更新行动计划（2021—2025年）》，将城市更新作为北京城市发展的一项重要任务。作为既举办过夏季奥运会、又将举办冬季奥运会的双奥之城，北京夏奥会遗产场馆的改造更新是以重点项目建设带动城市更新的重要一环。

国家体育馆作为本次冬奥会唯一同时进行改建和扩建的场馆，在设计之初就把城市更新与可持续理念相结合，以城市和区域发展的角度开展设计论证与研究，从城市环境可持续、建筑空间可持续、比赛场地可持续、室内环境可持续等角度进行多维度的思考。

图2 西北侧日景人视（摄影：杨超英）

3 城市规划视野下的扩建研究

按照国际奥委会的办赛要求，场馆需要提供一块用于正式比赛的冰面和一块用于赛前训练热身的冰面，两块冰球冰面均需符合奥运赛事标准。由于原有场地无法容纳两块冰面，因此在原场馆北侧扩建冰球训练馆。

国家体育馆的用地条件极为紧张，场馆东、西两侧贴近市政路，南侧为观众集散广场，均没有扩建冰球训练馆的可能性。场馆北侧区域为夏奥会时运动员集散广场，是唯一可以进行扩建的区域。但是该区域面积有限，现状建筑边界距离北侧城市道路—国家体育场北路—仅65m，且现状建筑作为夏奥会遗产建筑，建筑形象需要保留并进行提升。

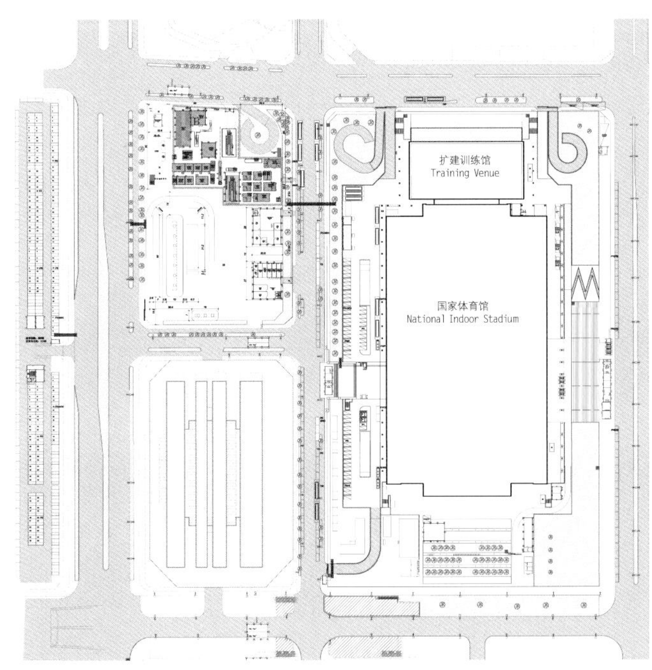

图3 总平面图

在各种限制条件下，扩建建筑的外轮廓尺寸、高度会直接影响城市的空间感受，立面形象与原有场馆的协调性会直接影

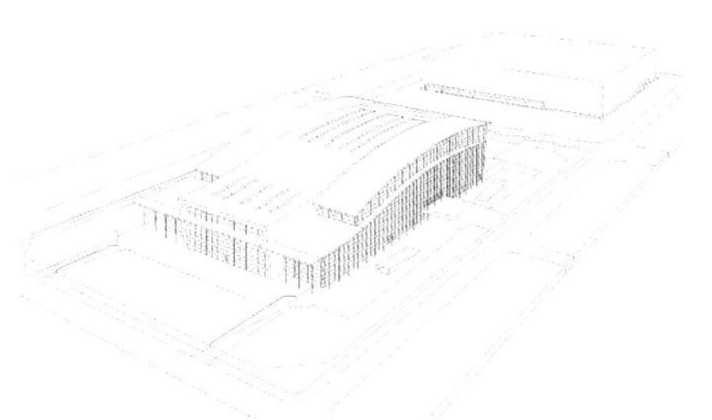

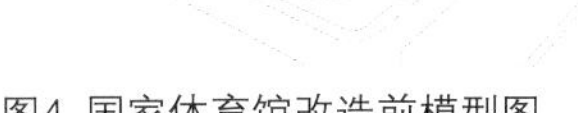

图4 国家体育馆改造前模型图

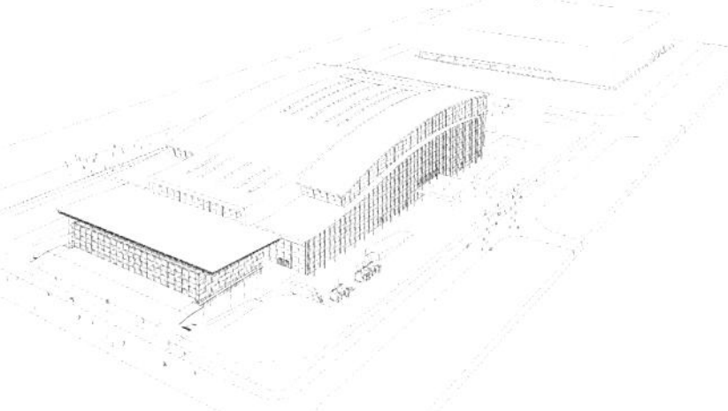

图5 国家体育馆改造后模型图

图6 国家体育馆西北侧鸟瞰效果图

响整个奥运遗产区域的整体风貌，赛后使用功能会直接影响未来周边的城市运行（图4～图6）。

3.1 功能优先策略

确定扩建训练馆的实际使用面积和赛时使用模式是扩建设计的前提。冰球训练场地的位置需要贴临运动员更衣区、设施标准与比赛场地一致、运动员可以便捷的往返训练，同时满足电视转播、媒体采访的需求。

在综合考虑体育场地及缓冲区、赛事运行需求、运动员流线、成本造价等因素后，确定功能优先的设计策略，建筑以训练冰面（26m×60m）为核心，冰场周围仅保留体育缓冲区、运动员用房、冰务用房、设备用房等必要房间，将扩建训练馆建筑外轮廓控制在39.6m×81.2m的最小范围内。

在功能布局的分析中，考虑将训练冰面布置在地下层、地面层或架空层等各种可能性，最终以运动员流线便捷为原则，选择将训练冰面与运动员更衣室同层布置，其余非核心功能布置在其他楼层（图7～图10）。

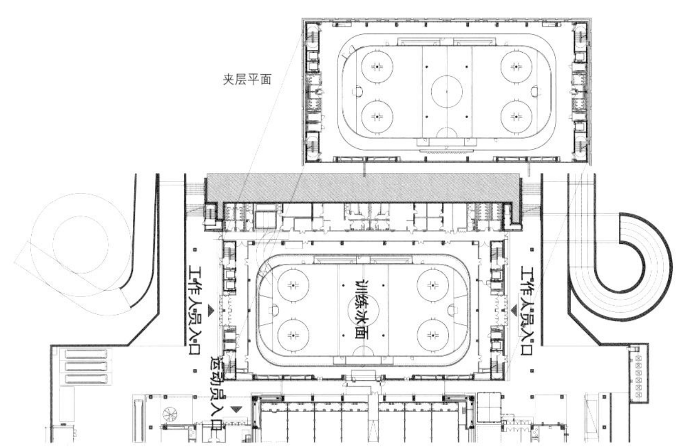

图7 扩建训练馆首层平面图

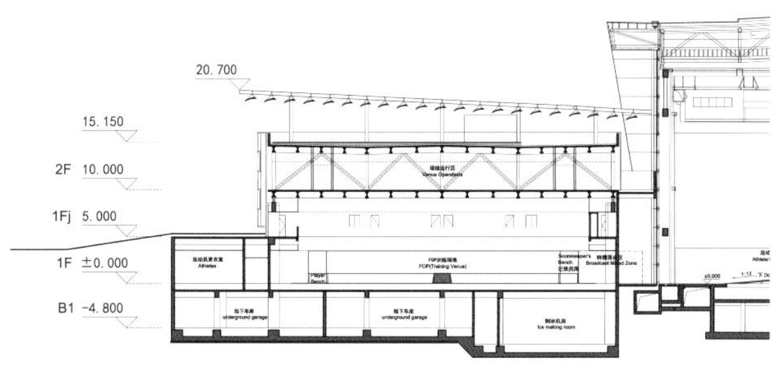

图8 扩建训练馆剖面图

图9 2022年冬奥会国家体育馆西北侧鸟瞰实景（摄影：杨超英）

图10 国家体育馆在奥园区域的整体空间形态

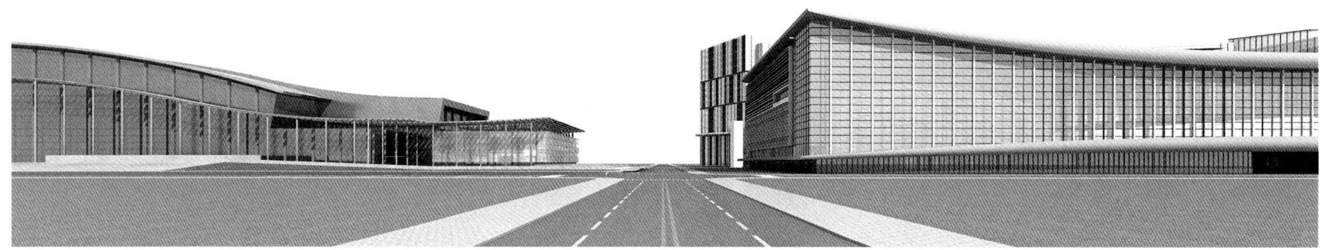

图11 国家体育场北路空间断面分析图

3.2 空间整合策略

在严格控制扩建训练馆与北侧城市道路的距离的同时，通过30余轮方案比较，研究不同建筑高度带来的城市空间感受。

国家体育场北路是设计研究的重点空间，路北侧是国家会议中心（一期），路南侧是扩建训练馆，该市政道路是奥林匹克公园的重要城市展示面。通过剖面计算、模型分析、现场测绘等多种途径的反复论证，最终确定训练馆的高度与国家体育馆北侧裙房的高度保持一致，总高度不超过16.2m。扩建训练馆与国家体育场北路的空间断面高宽比为1/5，道路上能够感受到平缓、舒畅、开阔的城市景观（图11）。

通过训练馆的规划高度反向论证建筑的空间布局。为满足赛事要求，冰球训练场地为层高10m的大跨度无柱空间，采用混凝土框架支承的大跨楼盖结构。在剩余5m左右的高度中将冰场顶部结构与配套功能空间相结合，利用大跨空间桁架体系之间的空间布置训练馆的配套功能。通过精细化的空间分配，最终实现了在16.2m的建筑高度中同时容纳冰球场地、大跨桁架结构、配套功能的空间整合策略。

通过平面和高度三个维度的空间整合，避免了扩建建筑对北侧城市街道空间的压迫感，保留了原北侧场地的部分绿化空间，使城市景观环境得以延续。

3.3 形象延续策略

由于奥林匹克公园中心区的整体形象控制要求，扩建训练馆需要与作为2008年夏奥会遗产的原场馆建筑风貌相协调。

原场馆立面以4m×2m规格的玻璃幕墙为主，通过屋面的起伏和东西立面的遮阳格栅形成原建筑的风貌特点。扩建训练馆的立面设计遵循该逻辑，同样使用类似尺寸规格的玻璃幕墙，并将原场馆东西立面的遮阳格栅延伸至训练馆屋面，使其最大限度地与奥体园区原有的建筑天际线和原场馆的建筑形体、风格协调统一（图12、图13）。

同时，在立面细节设计中引入冬奥会的冰雪元素，选取双层不同材质与透明度的玻璃经过两次光线折射后，形成类似冰的质感，同时通过玻璃分块的凹凸变化，营造“冰块”效果，突出本次奥运会的冰雪主题（图14、图15）。

为达到“冰块”通而不透的效果，双层幕墙的内幕墙选用半隐框玻璃幕墙体系，外幕墙选用点式玻璃幕墙体系，内外幕墙的间距分为300mm、600mm、900mm三种类型以形成立面凹凸变化的造型。经过光线折射测试，外幕墙玻璃选用双层压花夹胶玻璃，内幕墙玻璃选用普通双层钢化玻璃。最终形成的外立面效果与原建筑浑然一体，夜景熠熠生辉，点亮了整个国家体育馆（图16～图18）。

图12 训练馆与副馆西北角（摄影：杨超英）

图13 西北侧人视（摄影：杨超英）

图14 玻璃幕墙细部（摄影：杨超英）

图15 玻璃幕墙细部（摄影：赵曾辉）

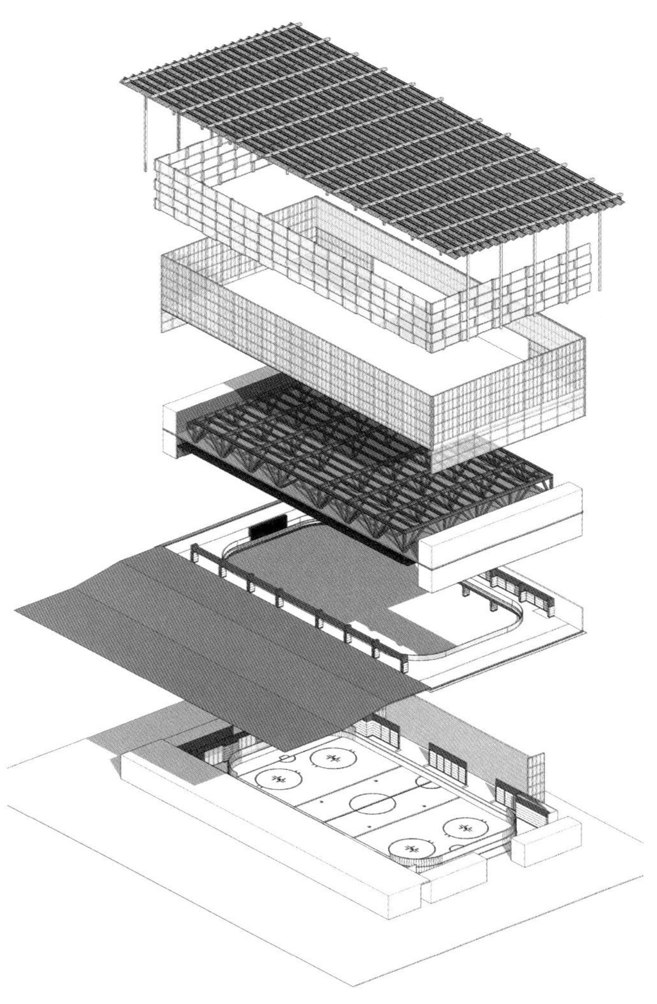

图16 玻璃幕墙分解示意图

图17 训练馆遮阳廊架下空间（摄影：杨超英）

图18 训练馆与副馆交界处（摄影：杨超英）

3.4 赛后使用策略

从赛后利用出发，以通过项目建设带动城市更新的角度进行整体设计策划。在严格控制地上建筑规模的前提下，适当开发地下空间，设置60个停车位的地下车库。一方面使扩建训练馆可以独立于原场馆运行，增加赛后使用的灵活性；另一方面该地下车库可以向社会开放，缓解整个区域的停车压力。

围绕训练用冰面，设置运动员更衣、淋浴区域，并利用冰场空间的高度增设夹层观看区域，使训练馆具备独立赛事运行的条件。冰场上方结构层预留足够的荷载条件，便于大型临时设备的吊挂，并设置独立的货车进出空间，使训练馆具备举办大型活动的条件（图19～图21）。屋顶平台也最大化设置上人区域，为未来赛后使用提供多种可能性。

图19 训练馆冰面构思图

图20 训练馆冰面效果图

图21 训练馆冰面实景图（摄影：杨超英）

4 可持续利用的建筑空间改造

国家体育馆现状部分分为主馆和副馆两个区域。主馆在夏奥会时作为竞赛场地使用，赛后根据运营的需要作为比赛场地、商演场地、展陈场地等功能使用；副馆在夏奥会时作为运动员热身场地使用，赛后经过改造，加建可升降舞台、移动式观众坐席、墙面吸声和灯光音响等相关配套设施，作为多功能演出场地使用。

冬奥会赛时，原场馆需要由一般赛事竞赛场馆转换为冰上竞赛场馆，整个建筑从竞赛场地、功能空间、交通流线、设备设施等方面进行改造。

4.1 整体提升与空间微更新相结合的策略

整体改造过程围绕赛时核心区域进行，比赛场地针对冰球比赛的要求进行建设，并遵循“绿色、低碳、节能、安全”的理念，选用环保性和耐久性好的室内装饰装修材料；采用新型抗震技术提高建筑的抗震性能；合理利用自然冷源并设置余热回收装置，采用经济合理的改造方式；采用较高用水效率等级的卫生器具，合理利用非传统水源，提高节水效率增量；采用分区智能控制的照明系统；设置电动车充电桩等，场馆改造后达到既有建筑绿建二星标准。

作为既有冬奥会比赛项目、也有冬残奥会比赛项目的体育馆，整个场馆按照《北京2022年冬奥会和冬残奥会无障碍指南》的标准进行无障碍设施的建设和改造，改造现有8个无障碍卫生间、16个无障碍厕位、新建6个无障碍卫生间、20个无障碍厕位（图22）；新增16个无障碍淋浴；改造现有4部无障碍电梯，新增8部无障碍电梯，实现场馆内所有电梯无障碍；主要通道增设无障碍坡道13处；整个场馆坐席区进行改造，拆除部分现有坐席，增加无障碍坐席，改造后共有195个无障碍坐席，约占总座席数1.2%，满足冬奥会和冬残奥会的无障碍要求（图23）。

非核心区域的改造以空间微更新为主，避免大规模拆除，减少隔墙砌筑，以大空间和轻质隔断相结合的方式完善功能空间，便于赛后建筑空间的可持续利用。最终以较小的成本实现了最高标准的冰球竞赛场地，受到国际奥委会、国际冰球联合会等多方赞誉。

4.2 赛后无痕策略

国家体育馆的副馆作为赛时各国参赛队运动员的训练更衣区，需设置14套运动员固定更衣室，是各国参赛运动员在冬奥会期间除冬奥村外的第二个“家”（图24）。

为了不破坏副馆原有演出设施，运动员的训练更衣区的设置经反复论证后，选择采用集装箱体临时拼装搭建的方式，箱体重量轻，不破坏原场馆地面，保留了演出设施不受影响；可快速搭建，现场无湿作业且无焊接工艺；自带装修，无需进行二次施工；另一方面，可重复利用的集装箱体也契合了可持续发展的办奥理念，可在赛事结束后对场馆迅速复原并将箱式房回收再利用。

设计中将更衣室区域整体抬高1m，箱体下方布置水电管线。每套更衣室采用9个集装箱体拼接而成，包含更衣室、教练室、按摩室、磨刀室、储存室、卫生间和淋浴间，被运动员们亲切地称为“六室一厅”（图25～图27）。室内净高通过反复论证，考虑冰球运动员的身高和集装箱体的模数化，最终确定为2.6m，在满足办赛要求的同时降低了建设和运行的成本。

建设完成的更衣室，在测试赛中达到了预期的设计目标，成为场馆改造的亮点之一（图28）。

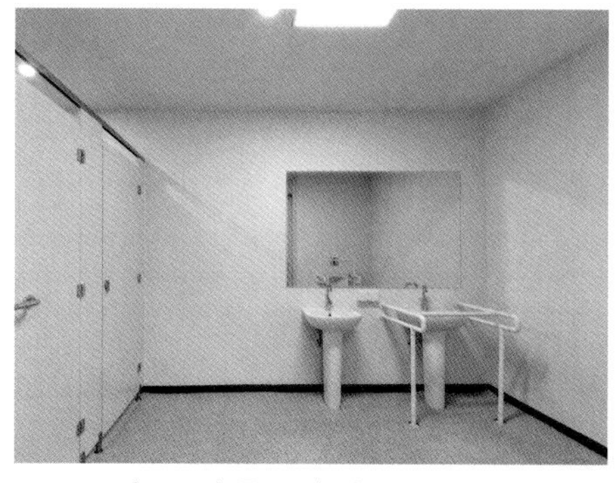

图22 运动员无障碍卫生间内景（摄影：杨超英）

图23 看台席无障碍座椅平台（摄影：赵曾辉）

图24 运动员更衣室内景（摄影：杨超英）

图25 教练室内景（摄影：杨超英）

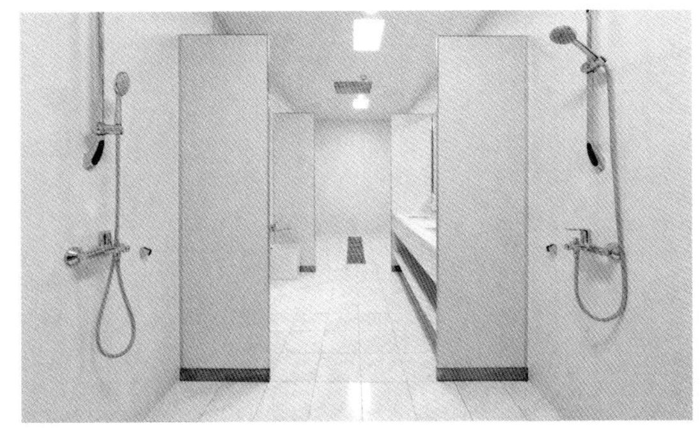
图26 运动员淋浴间内景（摄影：杨超英）

图27 运动员更衣室走廊效果图

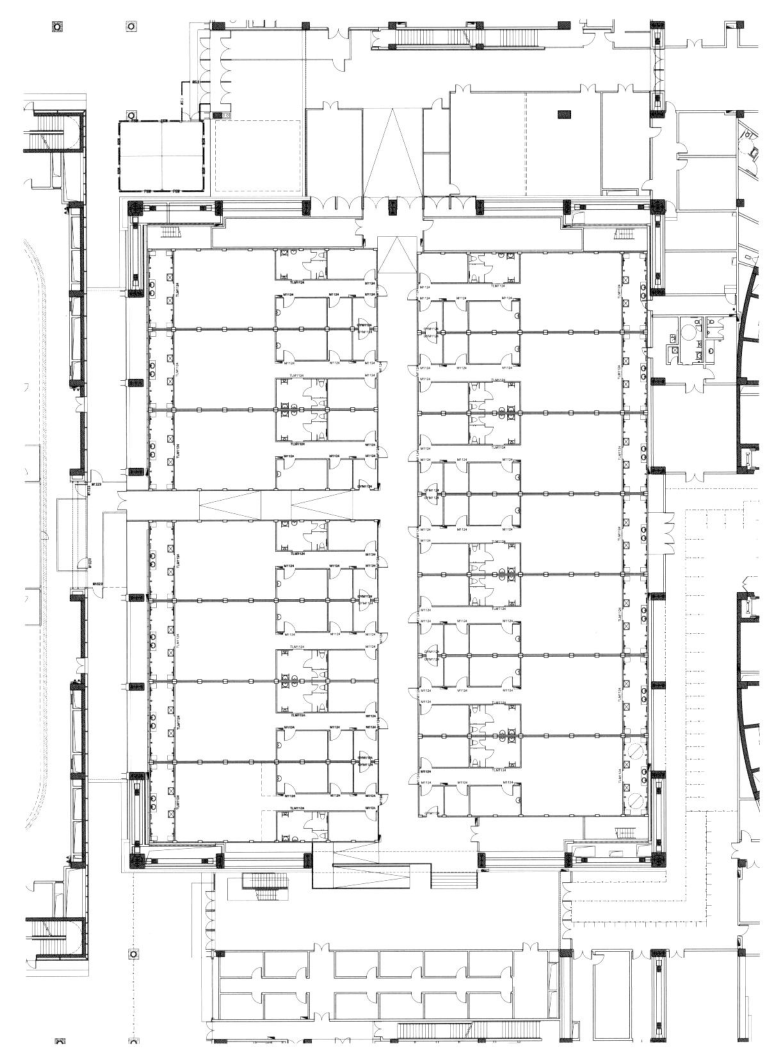
图28 更衣室平面布置图

4.3 运行合理策略

在场馆设计之初，即以赛时运行为核心梳理关键功能布局和交通流线，采用场馆大纲作为主要的设计依据，指导建筑空间的赛前建设、赛时运行、赛后拆除。

在外围流线组织中，国家体育馆将观众和赛时运行分层分区进行管理。场馆东侧、南侧主要面向观众开放，可通过奥林匹克公园中心区直接进入场馆二层观众厅观看比赛。场馆外部西侧、北侧主要作为场馆运行及赛事管理区域使用，冬奥会期间，包括运动员、技术官员、奥运大家庭成员、媒体转播等多类客户群将通过场馆首层西侧各自的出入口进入场馆。

在内部流线组织中，各类客户群的交通流线以联系方便、距离最短、避免交叉为设计原则，通过独立的出入口可以便捷地到达各自的区域。以运动员流线为例，开赛前由奥运村乘坐大巴直接到达副馆西北侧的运动员入口，直接进入位于副馆的运动员更衣室进行修整，向北可以通过专用通道进入训练馆训练，向南可以由东侧专用通道进入赛时更衣室进行赛前准备；比赛期间直接进入比赛场地进行比赛；比赛结束后通过赛场北侧专用通道进入位于主馆、副馆之间的混合采访区接受媒体采访，再回到运动员更衣室，换装后乘车返回奥运村。

根据冬奥会的赛事要求，场馆被分为不同的功能区域：地下一层包括车库、设备机房、人防等；一层是主要的赛时功能区域，包括竞赛冰面、训练冰面、运动员区、技术官员区、媒体区、奥运大家庭区、场馆运行区等；二至四层是主要的观众区域，包括观众厅、看台区、包厢区等（图29～图31）。

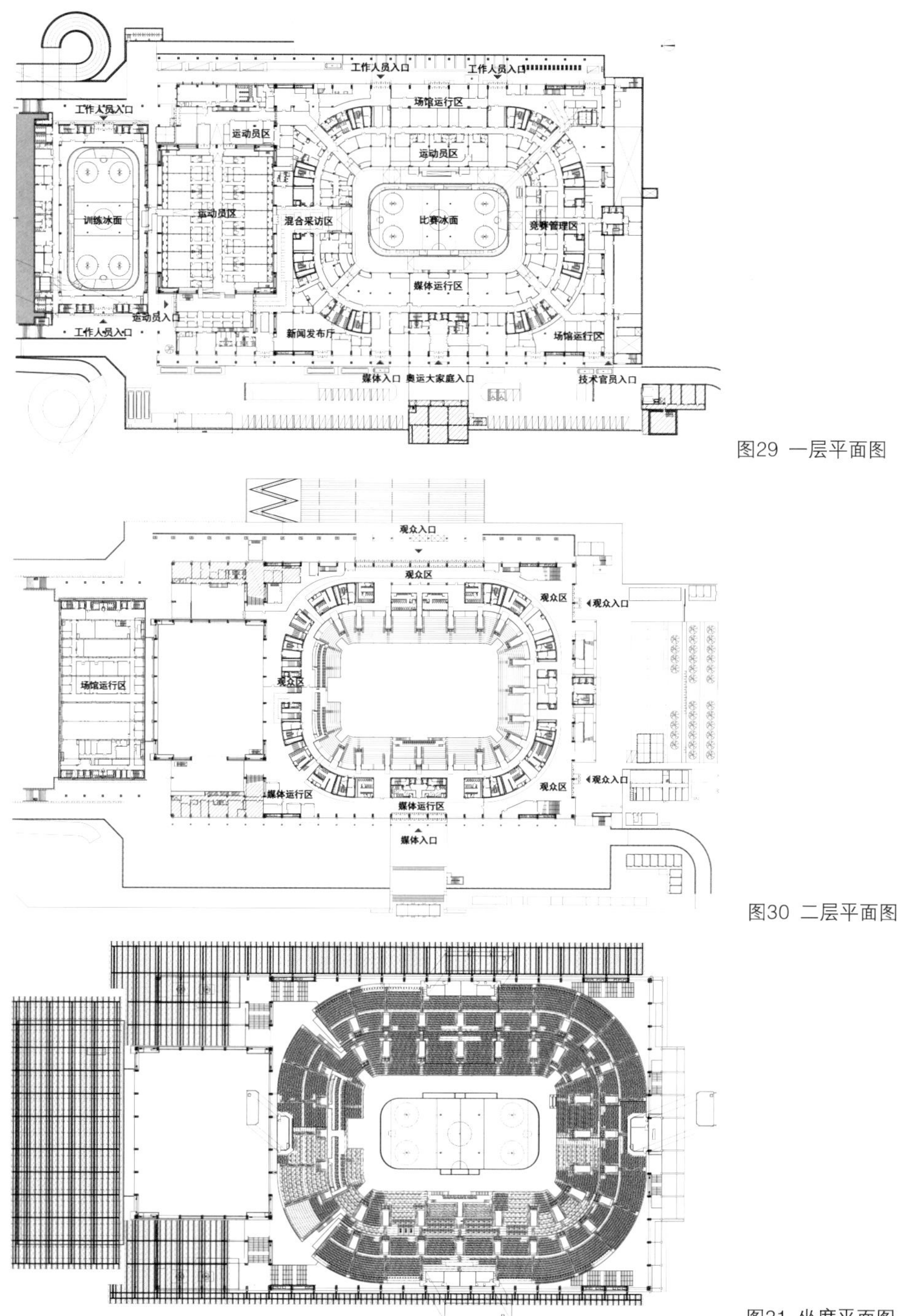

图29 一层平面图

图30 二层平面图

图31 坐席平面图

5 多用途的比赛场地改造

位于主馆的冰球场地，需要在现状场地的基础上进行建设。经过对冰场构造的反复研究，团队结合现有结构、地下层高条件、观众视线要求等因素，最终确定在目前场地楼板之上增设制冰层，并妥善处理了由此带来的场地高差问题。场馆内部增设制冰系统、除湿系统，以及运动员赛时更衣室、浇冰车室等，以满足赛事功能要求；完善场馆照明、电视转播、智能化控制、无障碍等设施（图32～图35）。

新增的两块冰球场地，根据赛时及赛后的使用要求，需要在30m×60m和26m×60m两种尺寸间进行转换，满足冰球、短道速滑、花样滑冰等多种冰上运动项目的使用需求。经设计计算制冰管道之间的间距和板墙预埋件的埋设尺寸，最终布置两套板墙预埋件，国家体育馆也将成为使用小场地进行冰球比赛的首个冬奥场馆。

图32 改造前比赛场地（来源：场馆业主）

图34 改造后比赛场地（摄影：杨超英）

图33 改造前比赛场地（来源：场馆业主）

图35 改造后比赛场地（摄影：杨超英）

图36 分区示意图

6 绿色智能的室内环境设计

改造前进行暖通空调系统节能检测，根据检测结果针对性优化空调系统。改造设计时，离心式冷水机组的COP、多联机的IPLV、空调通风系统的单位风量耗功率满足现行节能标准的要求，设置暖通能耗监控系统，空调机组中设置空气净化装置，并采用排风热回收技术、自然通风等技术措施降低空调能耗。制冰系统采用新型环保制冷剂R449a+45%乙二醇的间接制冷系统，设置转轮除湿机组，并增设空气源热泵机组作为非采暖季除湿系统再生热源和浇冰热源。

场地照明设计充分考虑场馆现状，优化灯具布置，减少灯具数量，选用轻量化灯具，采用节能环保高效的LED光源，减小了灯具发热量，降低热辐射对冰面及环境的影响，降低照明系统总耗电量的同时也相应减少制冰和空调系统的耗电量。场地照明采用先进的灯光控制系统，兼顾赛时与赛后的使用。通过多场景控制，场地照明灯具可以实现单灯开关、单灯调光控制，满足赛后各种活动的需求。

项目建成后，国家体育馆从南至北分别包含主馆（竞赛馆）、副馆（运动员热身及更衣）、训练馆三个部分（图36）。各个部分既可以整体联通使用，满足大型体育赛事的需要，也可以分为三个相对独立的区域单独运行，满足赛后灵活使用的需要。

国家体育馆未来将围绕主馆、副馆、新建冰球馆、南广场四大区域，六大空间运营，将以体育赛事为主，兼顾大型文化活动，吸引国际、国家级体育赛事落户，承接国内外大型文化演出活动；打造智慧场馆，注重科技应用，以“体育+文化+科技”的创新整合，丰富体育和文化内容，增加高科技的观赛、互动与消费体验。

国家体育馆目前已经完成主体工程的建设，正在进行各项赛前的测试活动。冬奥会结束后，两块冰场将永久保留，构建以冰上项目为基础的体育运动、文化展示综合平台。

国家会议中心二期

非竞赛场馆（改造）

China National Convention Center Phase II

Project Team

Client | Beijing North Star Convention and Exhibition Investment Limited Company

Design Team | 2Portzamparc + Beijing Institute of Architectural Design Co., Ltd.

Construction | Beijing Jiangong Group

Principle-in-Charge | XU Quansheng, XIE Xin

Architecture | LIU Miao, YU Bo, LIU Haiping, XU Congzhi, ZHUO Weijie, PANG Fangfang, ZHOU Junxian, BAO Runxia, YANG Shan, WAN Xue, TENG Jun, XIAO Yun, LI Jing

Structure | YU Donghui, HAN Wei, WANG Xinxin, CHANG Ting

HVAC | XU Honglei, WANG Bo,YANG Fan

Water Supply & Drainage | XU Honglei, CHEN Lei, ZHAO Shengquan

MEP | ZHOU Youdi, DONG Yi, ZHANG Yong, WEI Jie

ELV | ZHAO Yunong

项目团队

建设单位｜北京北辰会展投资有限公司

设计单位｜法国包赞巴克建筑事务所+北京市建筑设计研究院有限公司

施工单位｜北京建工集团有限责任公司

项目负责人｜徐全胜、谢欣

建筑专业｜刘淼、于波、刘海平、徐聪智、禚伟杰、庞芳芳、周俊仙、鲍润霞、杨姗、万雪、滕俊、肖筠、李静

结构专业｜于东晖、韩巍、王鑫鑫、常婷

暖通专业｜徐竑雷、汪波、杨帆

给水排水专业｜徐竑雷、陈蕾、赵升泉

强电专业｜周有娣、董艺、张勇、韦洁

弱电专业｜赵雨农

Project Data

Location | Chaoyang, Beijing, China

Design Time | 2019

Completion Time | 2023

Site Area | 9.26hm^2

Architecture Area | 418,700m^2

Structure | Reinforced Concrete Frame Shear Wall and Steel Structure

工程信息

地点｜中国北京朝阳

设计时间｜2019年

竣工时间｜2023年

基地面积｜9.26hm^2

建筑面积｜41.87万m^2

结构形式｜钢管混凝土柱框架–支撑–组合抗震墙

东广场主出入口（摄影：陈鹤）

天辰东路
TIANCHEN East Rd

国家会议中心二期作为北京2022冬奥会北京赛区主媒体中心，占地约9.26hm^2，位于奥林匹克公园中心区、龙形水系西侧、国家会议中心的北侧（图1）。

1 节俭办奥

国家会议中心二期项目是北京2022年冬奥会北京赛区开工最晚、规模最大的新建项目（图2）。2020年7月，为贯彻节俭办奥的精神，国际奥组委及北京奥组委确定将北京2022冬奥会北京赛区的国际广播中心和主新闻中心合并，成为主媒体中心（MMC）。合并前IBC与MPC分设于国家会议中心二期项目的南楼和北楼，合并后，主媒体中心位于项目的南楼及地下空间。集约了场馆空间，同时提高了运行效率，也节省了北楼设备、电力运转的费用。这也是奥运史上首次将国际广播中心和主新闻中心整合到一起，世界各国转播商和全球新闻媒体能够在这里享受更好、更优质的服务，实现“简约、安全、精彩”办赛要求和“节俭办奥”理念的有机统一。

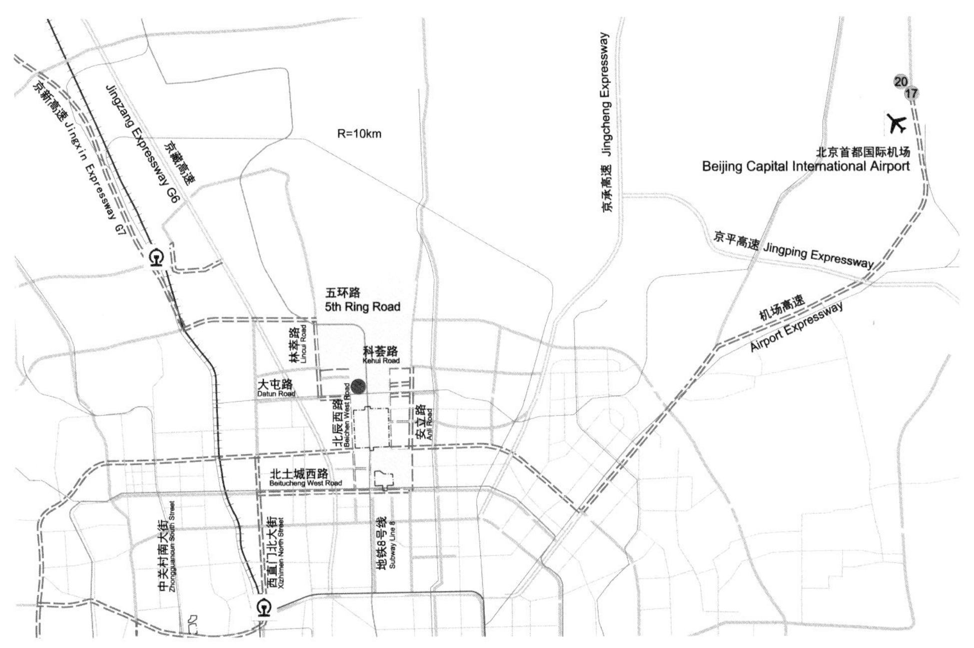

图1 区位图

图2 东广场入口图

2 选址及策划

国际广播中心（IBC）和主新闻中心（MPC）是奥运会非竞赛场馆的重要组成部分。国际广播中心作为转播商转播工作区，需在竞赛场馆附近建立一处现有设施、新建筑或易于改造的大型建筑外壳，作为奥运期间转播工作的场地。主新闻中心作为奥运会注册文字与摄影媒体的中心工作地点，需提供全天24小时的支持与设施，以保障全球新闻工作者的新闻工作需求。

国家会议中心二期项目总建筑面积约41.8万m^2，主体地上3层（含夹层8层），地下2层。该项目位于竞赛场馆附近，同时具备了完善的公共服务配套设置，包括大空间展厅、住宿、餐馆、办公、交通。其中大空间展厅可作为国际广播中心（IBC）的转播商工作区，可以在内部灵活布置，地下二层展厅和二层以上南办公区域作为主新闻中心（MPC）的媒体办公区，结合赛后的平面布局，按照赛时需求进行临时搭建，尽量减少拆除改建的工作量。室外部分有效利用了会展建筑的室外广场和货运后场区域，设置赛时需求的注册中心、访客卡办公室、卫星场站、电力保障、物流运行、车辆调度场、停车场、落客区等（图3～图7）。

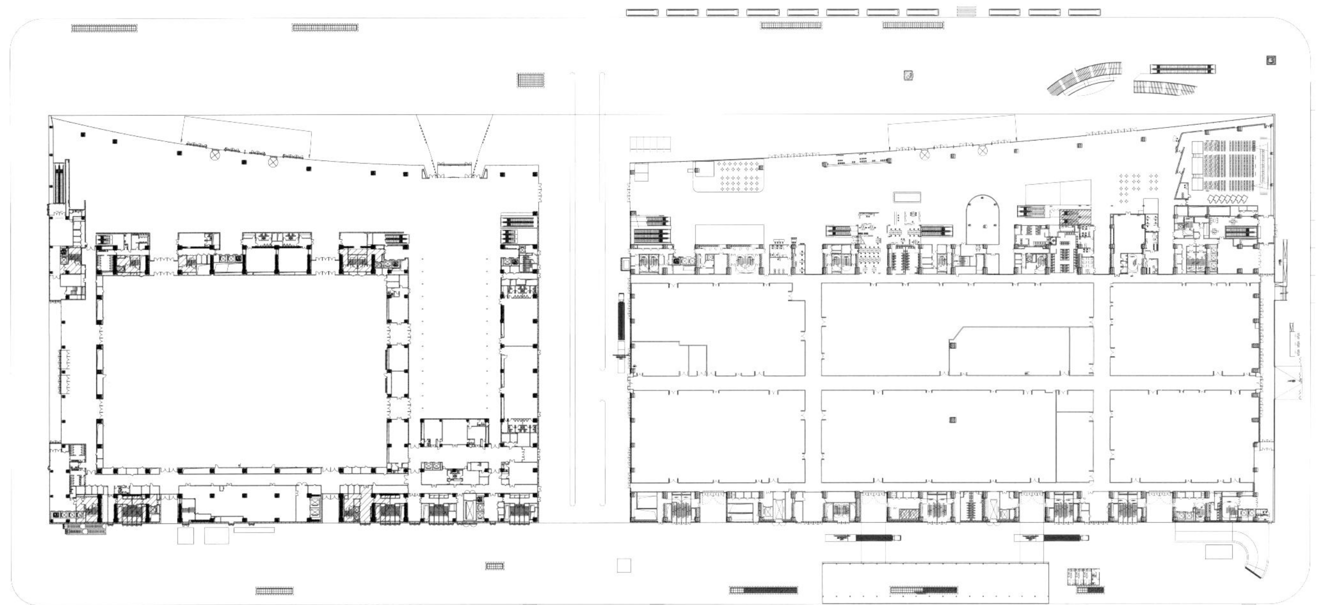

图3 首层平面图

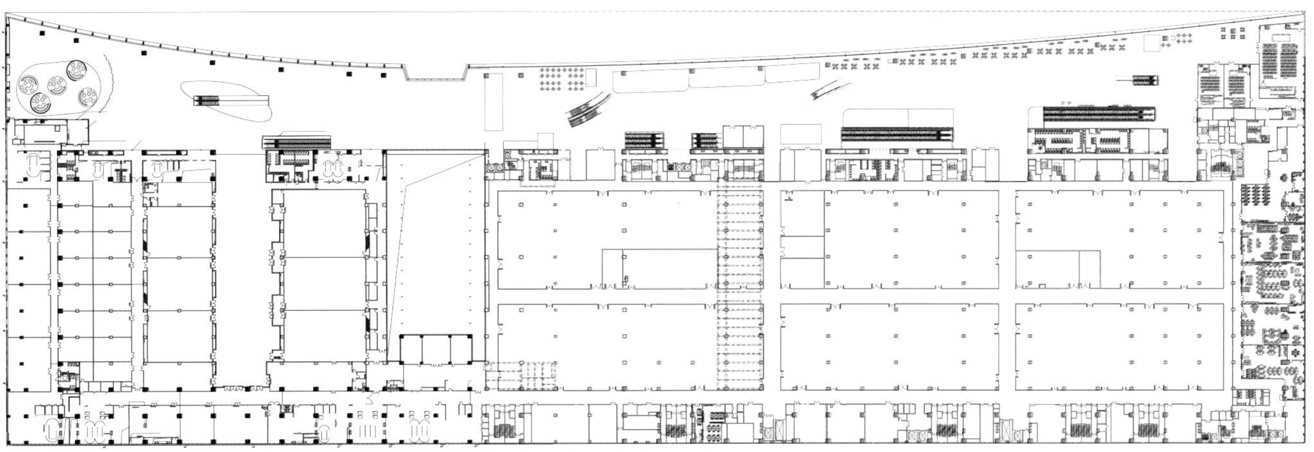

图4 二层平面图

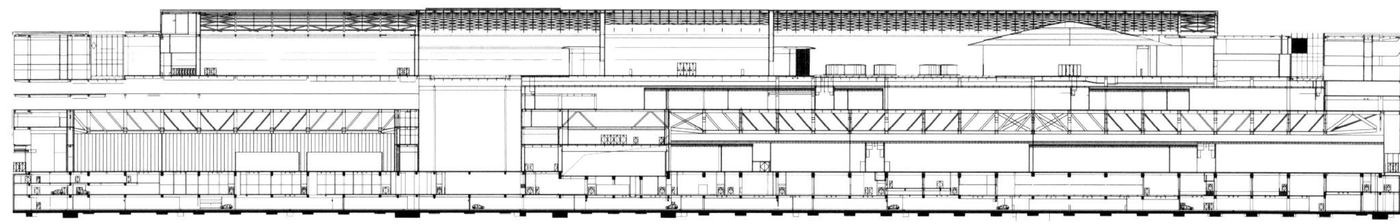

图5 南北剖面图

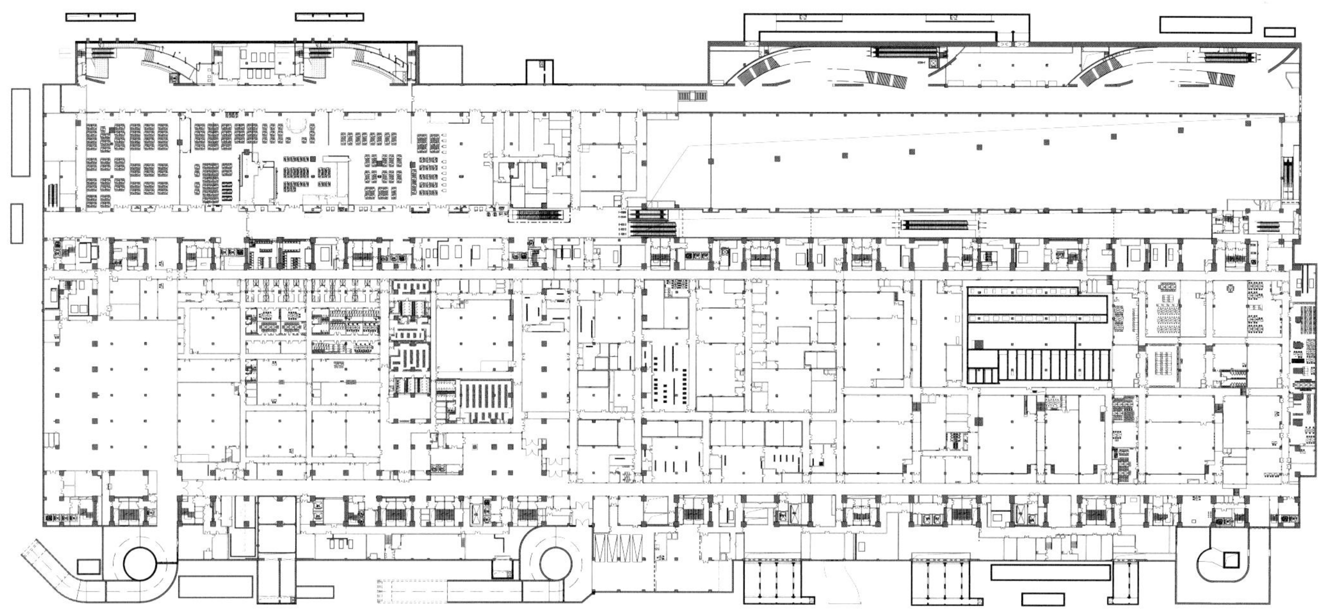

图6 地下一层平面图

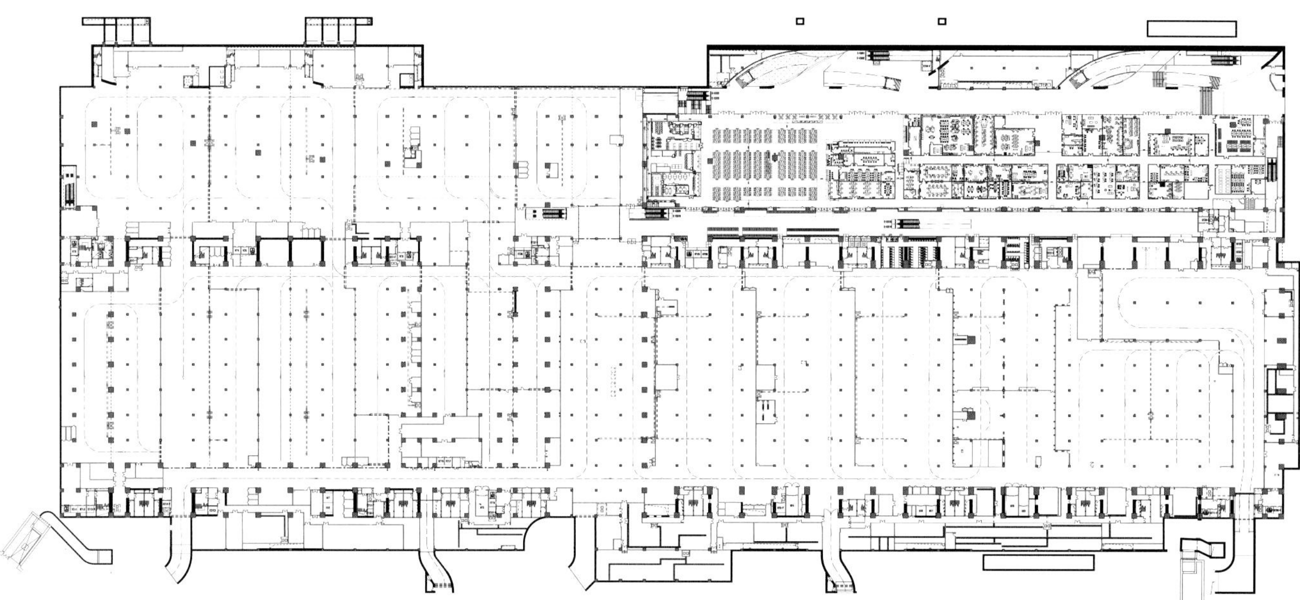

图7 地下二层平面图

3 设计要点与难点

3.1 空间布局

国家会议中心项目二期分为北侧会议区、南侧展览区两部分。在满足冬奥赛时设计的过程中，由主新闻中心（MPC）设于会议区、国际广播中心（IBC）设于展览区，调整为MPC与IBC融合为主媒体中心（MMC），设置于南侧展览区。这种将两个中心合并给运行设计工作和工程设计工作都带来了巨大挑战。设计团队不断克服难点，利用BIM技术对空间进行规划分析，合理地整合现有的空间，结合新的MMC功能需求，在不改变原有分配好的转播商工作空间的基础上，将MPC的四个发布厅融入首层和二层序厅空间，将媒体工作区移入地下二层的下沉广场展厅，实现布局合理、沟通便捷的应用需求。

将为媒体工作人员服务的机器人餐厅空间设置在地下一层，面积约5000m^2。汉堡机器人、炒锅机器人、小吃机器人等120台机器人上岗，并采用智能轨道无接触送餐，为世界各国转播商和媒体记者提供24小时餐饮服务，可同时服务近2000人（图8）。

3.2 造型设计

国家会议中心二期主体工程以钢结构为主，造型轻盈而舒展，以三维空间的内曲勾勒出二维立面的反宇（图9～图11），主力面为斜切的屋檐与内曲的立面交接出一条弧形的曲线，“反宇业业，飞檐献献”，内凹的曲面之下，为宽阔的檐下广场，仰视大挑檐，感受到中国传统建筑飞檐反宇之势及“天人合一”的国学理念。主体造型效果，整合在一个矩形体之中，简约中显优雅，轻盈中隐藏精致，舒展中内涵端庄。

图8 机器人智慧餐厅（摄影：鲍润霞）

图9 鸟瞰图（摄影：鲍润霞）

图10 东侧视角（摄影：陈鹤）

图11 东侧视角（摄影：肖筠）

外幕墙采用特有的“群鸟”造型意向（图12～图14），主体建筑东、南、北三侧立面由特殊幕墙单元体——“飞鸟窗”造型的金属及玻璃幕墙组成。2376块幕墙单元体联结成面，恰似一群轻盈的飞鸟，呼应主体“鲲鹏展翅”的造型。“如鸟斯革，如翚斯飞”，彰显建筑与自然和谐呼应的灵动韵律。

国会二期屋面系统采用了一种新的屋面形式，即“紧密型”屋面系统，它不仅是一种创新技术，更是一种“理念”，同时峰会厅及午宴厅两侧对应的屋面花园上空，采用玻璃采光顶屋面，可整体滑动大开启，屋顶花园营造一种半室外的空间虚空间。

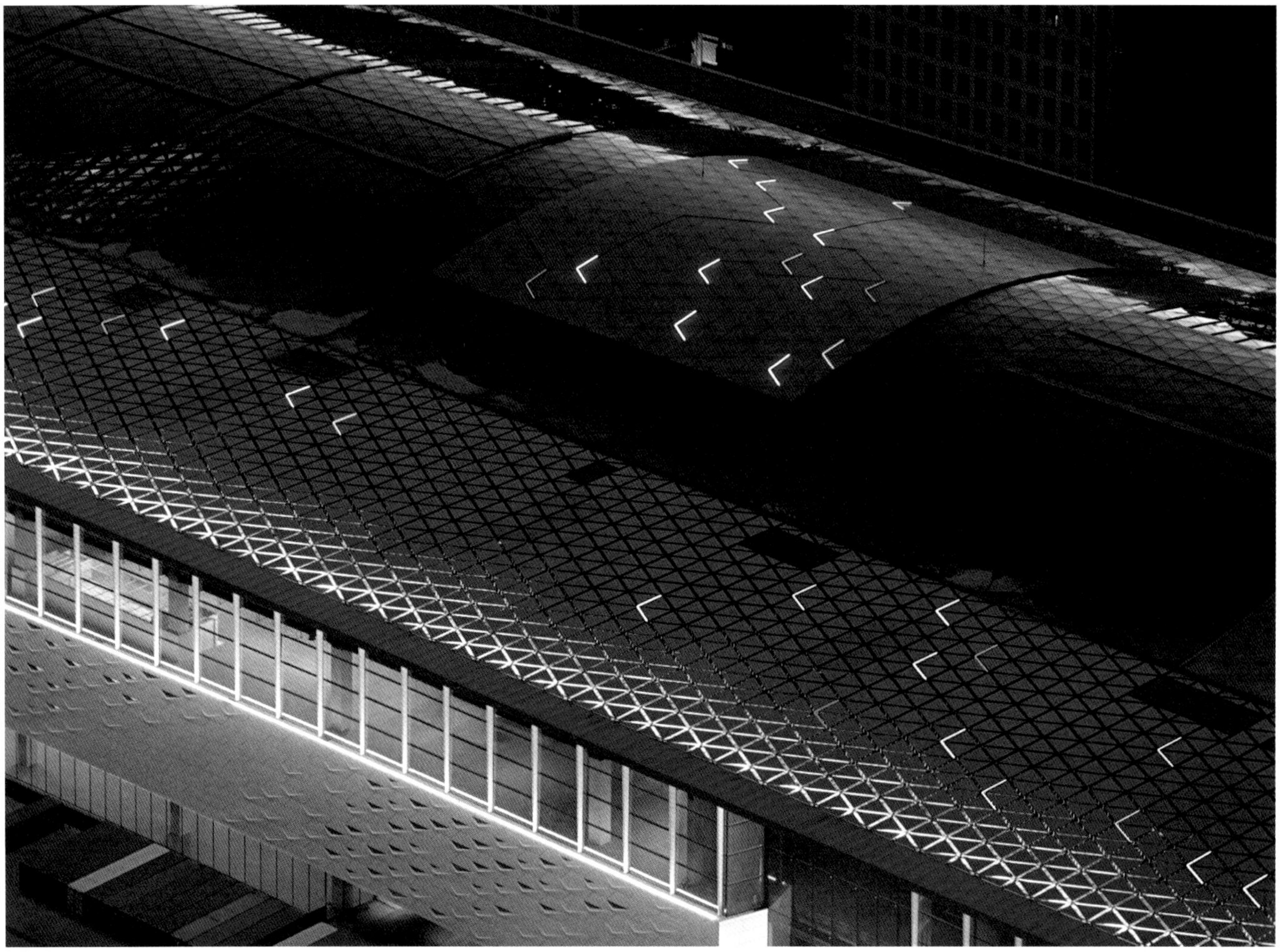

图12 屋面夜景（摄影：北京北辰会展投资公司）

图13 南部立面局部（摄影：肖筠）

图14 南部立面局部（摄影：陈鹤）

3.3 建筑色彩设计

金属珐琅幕墙系统以菱形骨架结合鳞片状白色金属板，局部飞鸟状透明玻璃镂空设计，纯净简洁中体现灵动。屋面系统也采用白色钢架及白色屋面，与立面协调统一并且满足绿建节能的标准。

3.4 建筑夜景照明设计

夜景照明控制炫光值，上射光通比值。以柔和的漫射光烘托整体建筑的舒展、优雅的造型。金属幕墙的飞鸟窗洞中投射出的点点亮光低调而高雅，形成光的序列，沿弧形立面展开，进一步烘托主体建筑轻盈而舒展的态势。

3.5 BIM设计

国家会议中心二期项目在设计过程中充分利用BIM技术对空间进行规划分析：根据建筑的三维空间结合配套设施及环境条件，实现布局合理、沟通便捷的应用需求；通过BIM模型以不同的色域划分出不同的单位区域及相关属性信息，更直接有效地展示空间关系，帮助设计师相互协作。

3.6 结构设计

国家会议中心二期项目采用新型组合墙实现可靠抗震体系，并支承大跨转换桁架；采用双向大跨重载转换桁架，实现多层建筑底部巨大的无柱空间；通过充分考虑有利与不利条件的精准分析，实现了地上456m超长整体结构；采用创新型索拱体系，呈现轻巧大跨网壳屋面（图15）。

图15 主体结构施工（来源：北京北辰会展投资有限公司）

在赛时设计中，国家会议中心二期项目充分考虑了赛后、赛时相结合，避免浪费；对于赛后需要拆除的采用了方便的装配式钢结构，并设计成模块化结构单元，便于加工、运输、安装与拆除。

目前国家会议中心二期项目正在进行LEED铂金级认证。

3.7 绿建设计

为贯彻绿色办奥理念，国家会议中心二期项目主体部分按照绿色建筑三星级标准及美国LEED铂金级标准进行建造。会议中心三层屋顶花园采取可开启屋面设计，约3000m^{2}的玻璃采光顶可实现大尺度电动开合，增强自然通风及天然采光效果，还能启动排烟功能。让主体建筑与城市天际“共呼吸”。同时，场馆充分利用可再生能源。安装600m^{2}的太阳能光热系统集热器，可满足17.5t/d的生活热水需求；主体内全空气空调系统在过渡季节可调新风比至70%，年节省电耗约31%，年节省电量可供一辆电力新能源汽车行驶5450万km，绕地球1363圈。2020年11月，国家会议中心二期主体部分取得“国家三星级绿色建筑设计标识”。

3.8 电气设计

国家会议中心二期项目建筑体量大、用电设备繁复、转播设备多，供电可靠性要求很高。供电变压器装机容量达到50台、发电机18台；技术要求国际化接轨、电源要求无缝切换；践行节俭办奥之原则，实现赛时、赛后相结合的设计理念；高低压设备一次建设到位，满足赛时、赛后的兼顾使用，电缆在赛后将继续被永久工程使用；智能化配电系统赛后兼顾赛时。

国家会议中心二期赛时电气设计工作从2018年12月开始，由奥林匹克广播服务公司（OBS）和北京冬奥组委联合组织，开始对接设计需求，尤其是将电气系统的特殊性、安全性、可靠性提到了特别高的要求层面，借此电气设计团队、场馆业主团队与

OBS展开了全方位的技术沟通。此阶段设计任务为藉助场馆内的变配电系统进行改造来满足OBS的需求，至2019年底，经过近1年时间的技术反复研讨、磨合，将电气系统容量、系统形式、电源转换时间、UPS电池、发电机设置等具体设计参数一一落地，电气初步设计图纸得到OBS的认可。

2020年春节刚过，伴随着新冠病毒疫情的爆发、夏季奥运会的推迟等，北京冬奥会因此产生了诸多不确定性的变化。考虑既要灵活应对相应变化，又要满足OBS技术要求，电气设计团队在组委会的大力支持下，深入研究了平昌、东京奥运会转播供电系统方案的电气设计图纸，并结合国家会议中心二期的实际情况提供了多版设计方案，最终经各方共同努力，对电气设计方案进行了最终的比选确认，确定采用将转播电源移至室外（图16）、在场馆西侧建设转播电力中心的方案。设计团队迅速展开后续工作，按新方案进行工程设计，并与OBS展开了新一轮方案技术细节的沟通、核对工作。

图16 室外柴油发电机组（摄影：张勇）

国际转播中心（IBC）与主新闻中心（MPC）合并成主媒体中心（MMC）后，电气设计团队再次考量现状条件，在节俭办奥的宗旨下，考虑赛时、赛后结合，同时又满足IBC、MPC的用电需求，据此整合设计条件，采用专业协同的BIM技术，构建智慧配电平台，提供了一套完整的满足建设和使用的设计图纸，并最终获得了国际奥组委（IOC）、奥林匹克广播服务公司（OBS）的确认和认可，使得电气建设工作得以迅速展开，并为后续进入的各实施主体部门提供了可靠的图纸依据。

4 交付

2021年7月4日下午，北京冬奥会国际广播中心交付仪式在国家会议中心二期东广场举行。作为北京冬奥会主媒体中心的重要组成部分，国际广播中心正式移交给奥林匹克广播服务公司。这是推进北京冬奥会和冬残奥会赛事转播工作的标志性进展，也是冬奥会筹办工作进入全面冲刺阶段的标志性任务，更是北京作为主办城市兑现合同约定的承诺。

北京冬奥会和冬残奥会后，国家会议中心二期项目将继续施工，预计2023年底竣工。建成后，项目主体建筑及其配套酒店、写字楼和商业，将与其紧邻的国家会议中心一期形成总规模超过130万m^2的会展综合体，满足高端政务活动、大型国际交往活动、商务会展服务需求。

北京颁奖广场

非竞赛场馆（临时）

Beijing Medal Plaza

Project Team

Client | Beijing Investment Group Co., Ltd.

Design Team | Beijing Institute of Architectural Design

Contruction | Beijing Uni-Construction Group Co., Ltd.

Overlay Book Principle-in-Charge | XU Congyi, Zhao Zenghui

Architecture Principle-in-Charge | DU Peiwei, Li Jie

Overlay Book | Sun Xiaolong, Liu Hui, ZHAO Yifan

Architecture | NI Sisi

Structure | Chang Weihua, LIU Yahui

Water Supply & Drainage | LIU Shuang

HVAC | SHEN Si

MEP | Cheng Chunhui, LI Jie

项目团队

建设单位 | 北京城市副中心投资建设集团有限公司

设计单位 | 北京市建筑设计研究院有限公司

施工单位 | 北京住总集团有限责任公司

运行设计项目负责人 | 徐聪艺、赵曾辉

临设施工设计项目负责人 | 杜佩韦、李洁

运行设计 | 孙小龙、刘辉、赵一凡

建筑设计 | 倪思思

结构设计 | 常为华、刘亚辉

给水排水专业 | 刘爽

暖通专业 | 申思

强电专业 | 程春晖、李杰

Project Data

Location | Chaoyang, Beijing, China

Design Time | 2019

Completion Time | 2021

Site Area | 1.8hm^2

Architecture Area | 4400m^2

工程信息

地点 | 中国北京朝阳

设计时间 | 2019年

竣工时间 | 2021年

基地面积 | 1.8hm^2

建筑面积 | 4400m^2

运动员人视效果图

夜景鸟瞰效果图

1 项目概况

颁奖广场是冬奥会的特色场馆，是区别于夏奥会的主要文化特征之一，主办城市根据国际奥委会的规定，在大部分比赛产生结果后仅在赛场内进行颁花仪式，在颁奖广场集中为获奖运动员颁发奖牌、升获奖运动员国家国旗、奏冠军国家国歌,庆祝获奖运动员取得荣誉，向他们致敬。颁奖广场是冬奥会的亮点，是冬奥会期间曝光度最高的场馆之一，承载着庆祝获奖运动员荣誉时刻的重要功能，同时也是展示主办国文化与艺术，体现主办国民众参与与热情的重要平台（图1）。

北京颁奖广场是中国国内首个用于奥运级别颁奖仪式的颁奖广场，场馆位于北京奥林匹克公园内，在国家体育场和国家游泳中心之间，占地面积总计18000m^2（图2）；紧邻北京城市中轴线，处在北京奥林匹克公园公共区的中心区域。2022年北京冬奥会期间，北京颁奖广场将连续12天、为30个项目的冬奥健儿颁发奖牌，并通过一系列演出活动展示中国文化、烘托现场气氛，为冬奥健儿打造难忘的高光时刻。

2 颁奖广场的基本分区

颁奖广场一般包括以下区域（图3）：

舞台区：包括舞台（包括颁奖台，是进行颁奖仪式和文化演出的主要区域）、混合区（获奖运动员完成领奖仪式后接受媒体采访的区域）、舞台前侧的转播与媒体区（轨道摄像机、摇臂摄像机、摄影记者位置）及奥林匹克会旗（图4）。

图1 平昌冬奥会颁奖广场（来源：冬奥组委）

图2 北京颁奖广场场地鸟瞰图（来源：奥运场馆中心区；摄影：王慧明）

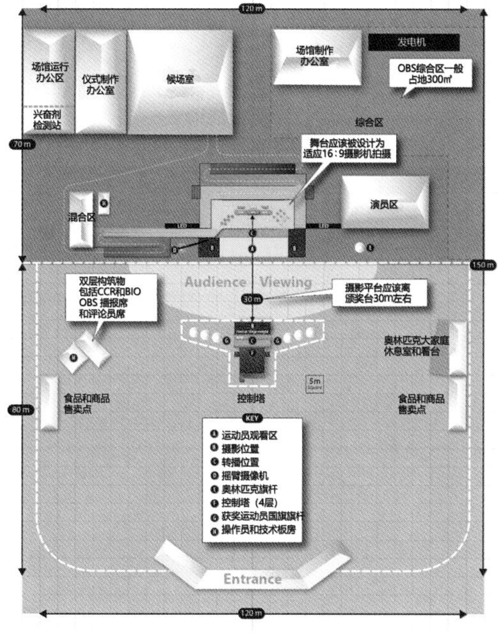

图3 颁奖广场标准布局图（左）（来源：国际奥组委仪式指南）

图4 颁奖广场舞台（右）（摄影：赵一凡）

后台制作区： 包括候场室（获奖运动员的候场休息区）、仪式制作区、反兴奋剂检查站、演员休息区、场馆运行办公室、电力综合区及OBS转播综合区等。

转播媒体区： 包括舞台正前方的转播及摄影摄像机位、控制塔、颁奖仪式旗杆等；舞台斜前方的转播信息办公室、评论员席、播报席。

奥林匹克大家庭区域： 包含奥林匹克大家庭看台和休息室（奥林匹克大家庭成员观看仪式表演的区域）。

观众区： 包含优先观看区、观众站席区、餐饮售卖点等。

3 项目设计难点与设计策略

3.1 核心功能优先策略，加强和周边场馆功能联动

北京颁奖广场场地东西向长约100m，南北向长约180m，对比国际奥组委仪式指南中的标准布局场地和温哥华冬奥会颁奖广场（图5）、平昌冬奥会颁奖广场（图6）的场地，北京颁奖广场场地较为规整，但形状较为狭长，对整体功能布局产生了一定的限制，舞台东西向布置时进深较短，舞台后台区域较为局促；舞台南北向布置时面宽较短，舞台大小受限，同时舞台两侧区域较为局促。同时，场地内目前包含两处旱地喷泉区域（图7），面积共计约3800m^2。旱地喷泉区域承载能力有限，无法进行临时设施搭建，减少了场地的实际使用面积，割裂了场地现有空间。同时场地内还包含4根景观灯柱和配套设施，该景观灯柱是2008年夏奥会的奥运遗产，也是奥林匹克公园公共区的标志性景观之一，无法移除，进一步增加了对场地使用的限制。

北京颁奖广场场地较为狭长局促，需在有限的空间内优先布局和颁奖仪式及转播相关的功能区域。舞台是颁奖广场的核心区域，舞台的位置和朝向影响着颁奖广场其他功能区域的布局，结合场地和现有设施综合分析，为了达成最好的拍摄和观看效果，将舞台定位在场地西侧，正对国家体育场西门，利用4根景观灯柱中间的广场区域作为主要拍摄和观看区域；利用舞台南侧、北侧以及旱地喷泉的南侧北侧作为主要工作区；舞台上台口侧（北侧）布局获奖运动员和颁奖嘉宾的功能区，下台口侧（南侧）布局采访混合区和演员功能区。舞台对面区域布局摄影摄像平台、控制塔、滑轨摄像机、摇臂摄像机、颁奖仪式旗杆等拍摄转播区域；颁奖和仪式功能需要的电力负荷较大，保障等级高，为尽量减少供电距离，在场地北侧就近布局电力综合区；加强和奥林匹克公园公共区等周边场馆功能的联动，将非核心功能区由公共区联合保障，不单独布局物流和清废综合区等功能区。

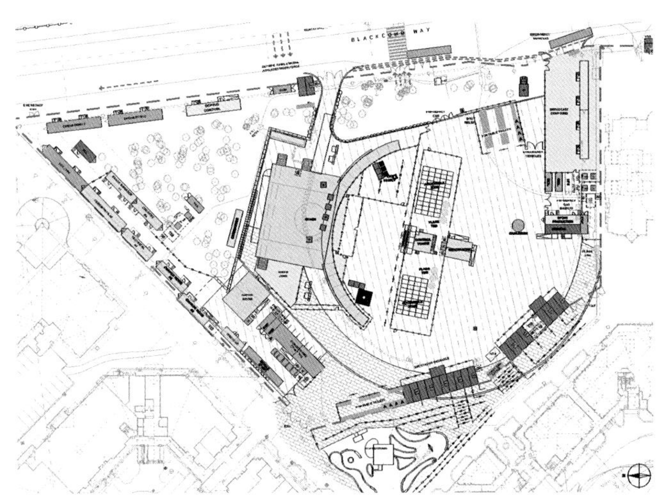

图5 温哥华冬奥会颁奖广场平面图（来源：冬奥组委）

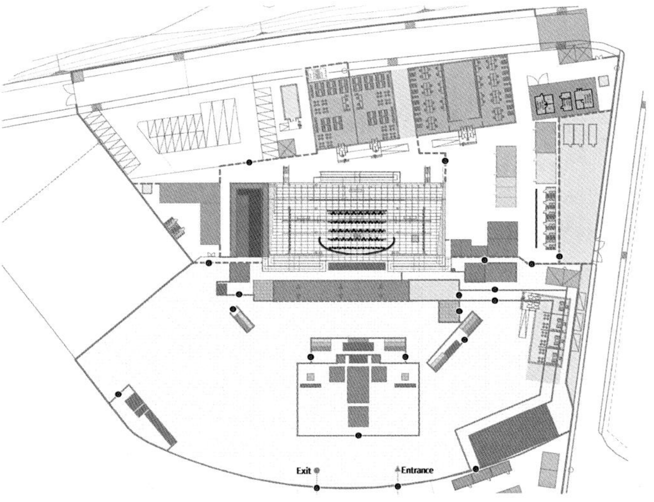

图6 平昌冬奥会颁奖广场平面图（来源：冬奥组委）

3.2“微循环”策略，细化布局支撑疫情防控

北京颁奖广场不仅是中国国内首个颁奖广场，更是首个在疫情防控背景下运行的颁奖广场。北京颁奖广场内有多种需要闭环管理的人群，结合相对局促的场地，疫情防控要求增加了场馆运行的复杂性。

大多数闭环管理人群需要相对独立的空间以及流线，根据需求对整体功能空间布局进行细化，结合核心人群进行分区，将闭环内区域分为获奖运动员区域、颁奖嘉宾区域、演员区域和转播媒体区域，确保各分区相对独立，满足各核心人群在各分区内的工作需求，避免跨区活动、流线交叉，使得各个功能区形成微循环。以空间布局支撑闭环管理政策。

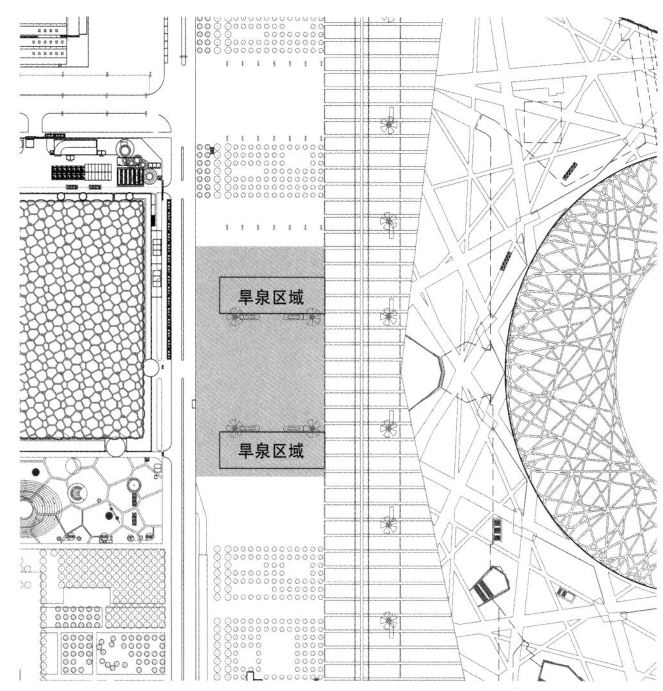

图7 北京颁奖广场场地平面图

3.3“可重复，无痕化”策略，支撑可持续背景下的临时场馆建设

“简约、安全、精彩”是冬奥会筹办的一贯原则和总体要求，与“绿色办奥、共享办奥、开放办奥、廉洁办奥”的理念一脉相承，也是临时设施项目的设计目标。在制定实施方案时，应优先使用租赁产品，尽量少使用新生产的产品，安装方案设计需考虑赛后撤场以及地面恢复措施，做到“快速落地”与“无痕退出”的可持续搭建模式。市场上可以满足这些需求的产品包含篷房、打包箱式房、集装箱、脚手架体等。

篷房广泛运用于临时性活动；具有很强的场地适应性；结构简单、轻便、易拆装，性价比高；材料绿色、节能、环保，安全性高（图8）。

打包箱式房结构简单、安全，对基础要求低，现场安装快捷，移动搬迁便利，周转次数多，使用寿命长。该产品拆装无损耗，无建筑垃圾，具有预制化、灵活性、节能环保等特点，被称为新型“绿色建筑体”（图9）。

集装箱可持续改制产品采用“赛前——赛时——赛后”全生命周期可持续性闭环设计，以回收再利用的退役海运集装箱为基础，按照冬奥会及冬残奥会的技术要求，对退役集装箱进行空间改造和优化设计，通过模块化组合方案，满足赛时功能使用和赛后“冬奥遗产”再利用的多场景需求，从而实现可持续的循环模式（图10）。

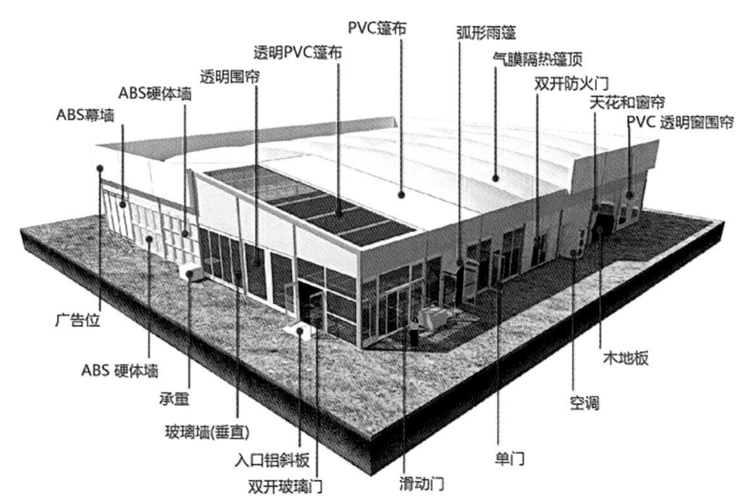

图8 装配式篷房（来源：丽日）

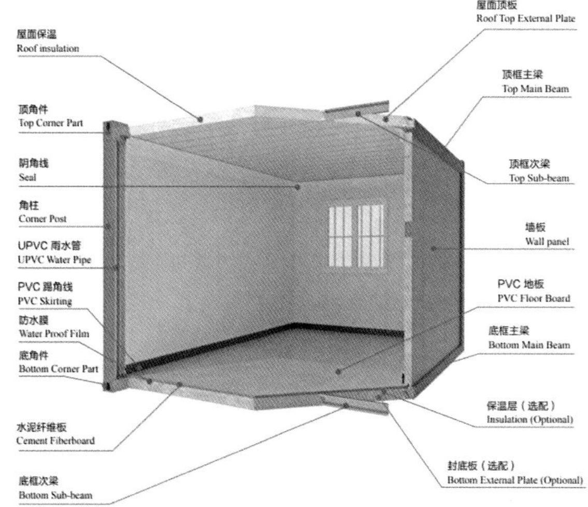

图9 装配式箱式房（来源：厂家）

图10 集装箱临时设施（来源：厂家）

临时摄影平台系统采用ADG模块脚手架作为支撑结构，具有受场地局限性小、安装方便、易于拆卸、可重复使用的特点，减少场馆后期运营压力，具有保护环境和节约成本的双重效益。

由于施工过程中严禁出现明火，因此临时设施选择采用装配式系统。临时设施的建设遵循了最严格的保护标准，拼装全程没有焊接，都是通过螺栓连接。全程不钉一颗钉子、不破坏一处地面，以最大限度地保护景观大道。所有接触到地面的结构，都采取了柔性接触，临时建筑底部和地面有连接的地方，都铺上了一层阻燃地毯。在工程中，这种不钉钉子的施工方法，也被称为地面不“生根”，最大的好处是不会给地面造成任何破坏（图11）。

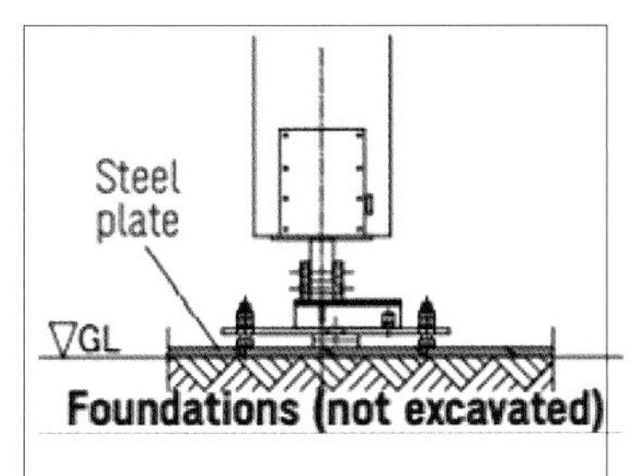

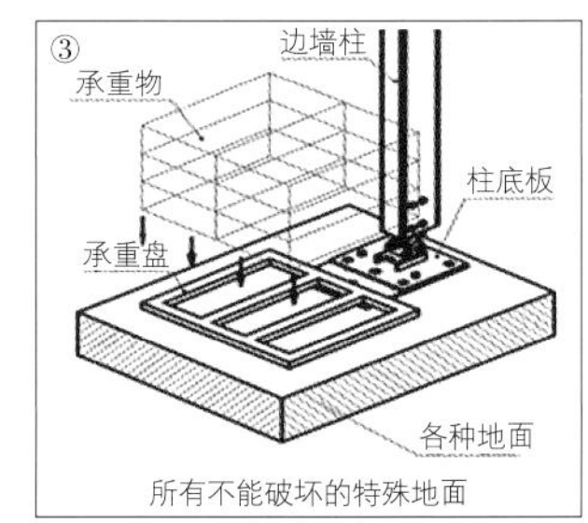

图11 临设基础形式（来源：厂家）

3.4 模块化组合策略，多角度满足场馆运行需求

北京颁奖广场的室外临时设施使用功能类型很多，会根据不同业务领域的需求，配备相应的临时设施支持，因为场地面积有限，使用的业务类型复杂，就需要把不同功能类型的需求房间组合在同一栋临时设施内。大多数办公与服务类房间都属于常规需求，但是现有场地基础条件设施不完全，上下水的条件无法满足，就需要特殊的产品来完成自循环系统。

生活中常见的临时建筑，通常多采用混凝土、钢结构等建造方式，基于此次冬季奥运会的施工要求，从经济可持续长远的发展上来衡量，都适合选用可移动、可重复利用、租赁形式的临时建筑形式。根据颁奖广场的分区关系和体量的大小作出了产品选择。

位于主舞台东侧的主控塔、北侧仪式奥运大家庭、南侧OBS新闻转播，这三个部分为核心重要建筑，无论从外观和材质性能、技术支持方面都有较高的设计要求，因此选择较高标准的成品集装箱房。多数仪式、演员、运行办公人员等的功能需求房间，采用了搭建拼装容易、保温效果良好的板房系统。拥有较小尺寸、层高有特殊需求、存储功能性强的房间选择了轻质便于移动的篷房产品。广场的卫生间由于没有上下水选用了带有收集处理系统的箱房卫生间和独立成品的无障碍卫生间。OBS转播和新闻媒体需要在主舞台的正西侧设置几层摄影机平台，采用配重脚手架形式。围栏也根据不同的使用区域设置为亚克力发光板、软质隔离柱以及景观形象铁马（图12）。

由于现有场地没有上下水市政条件，颁奖广场内部又需要根据不同分区配备卫生间以及反兴奋剂工作室、运动员医疗站等有上下水需求的设施，所以只能根据现有产品进行拼接组合的形式来实现。

反兴奋剂工作室对于卫生间有严格的设计要求，同时需要满足无障碍设施要求，所以运用篷房的棚顶高度优势，把现有的独立移动卫生间放置在篷房内部。篷房采用底部钢板配重的形式，室内完成面高度在8cm，因移动卫生间产品本身也有10cm的高差，当篷房在放入室内后，会与室内地面存在高差。由于房间面积有限，无法在室内单独增加无障碍坡道，因此房间内部地面与卫生间交接的平台区域整体采用架空地面的方式，把篷房内部与成品卫生间的高差消除，形成平进平出的效果（图13）。

3.5 强化“物防+人防”，多方面保障场馆消防安全

在消防措施的设置上，通常都是从三个层面考虑“技防、物防、人防”。临时建筑不同于永久建筑有相应的规范可以作为设计依据，所以在技术措施上我们只能采取现有的可控的安全范围去设计。由于临时设施产品轻质可移动的优势，造成了产品材质防火性能的局限性，因此在“物防”上我们增设更多的消防设备来加强救援的有效性。“人防”我们也安排比平时更多的现场消防救援人员，以保障现场的防火安全。

①在总体布局上，现有的临时建筑耐火等级定义为三级，但是颁奖广场现有场地（图14）可搭建范围十分有限，无法满足每栋临时建筑间距不小于8m的要求。基于现有临时设施产品——篷房、板房、集装箱房——主体材料的耐火等级均不低于B1级，经过消防论证会给予了指导意见：成组团布置的组团建筑面积不宜大于2500m^2，组团内建筑间距不限；组团与组团之间的间距不宜小于6m。场馆团队也需制定赛时消防应急预案，并加强入场人员消防培训和演练。如此即可被认定为基本满足消防安全要求。

②室外利用颁奖广场东侧现状道路天辰东路作为室外消防车道。

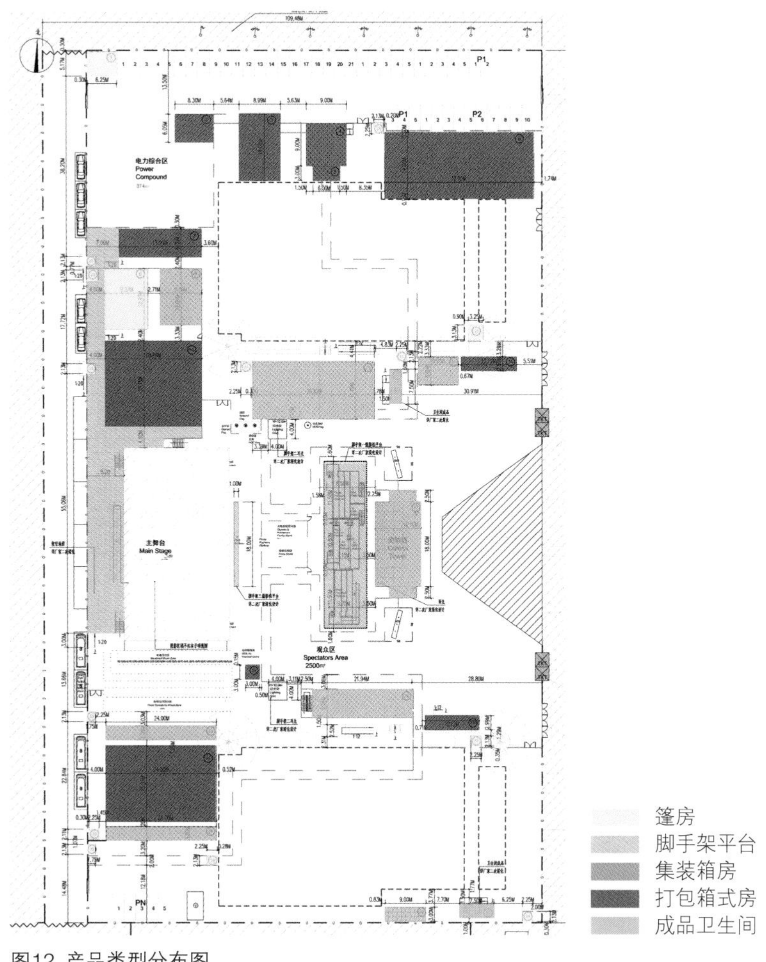

图12 产品类型分布图

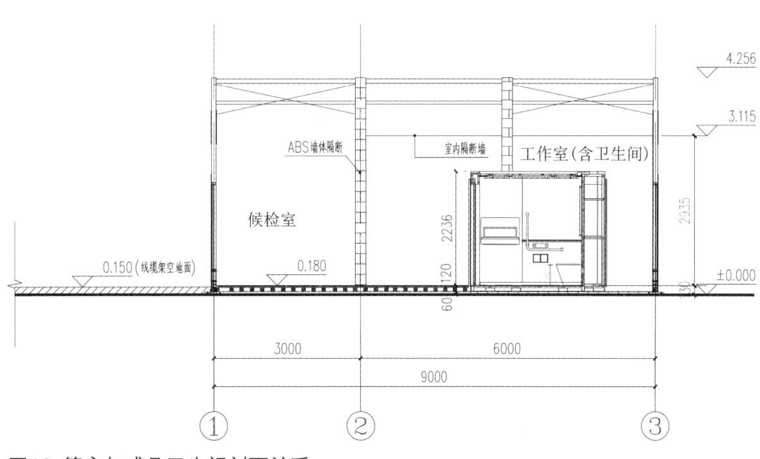

图13 篷房与成品卫生间剖面关系

③颁奖广场临时建筑主体部分均采用自然排烟系统。开启外窗高度也符合自然排烟要求，设置在房间高处（距地2.4m以上）。距地面高度为1.3~1.5m处设置手动开启装置。有效开启面积不小于该房间地面面积的2%。

④室内装设无线手动火灾报警装置和磷酸铵盐手提灭火器，保护半径为最大9m，以及无线感烟火灾探测器，消防应急照明和疏散指示。

图14 颁奖广场观众区（摄影：倪思思）

北京冬奥村与冬残奥村

非竞赛场馆（新建）

Beijing Winter Olympic Village（Paralympic Village）

Project Team

Client | Beijing Investment Group Co., Ltd.

Design Team | Beijing Institute of Architectural Design

Contruction | Beijing Urban Construction Group Co., Ltd., Beijing Construction Engineering Group Co., Ltd.

Principle-in-Charge | SHAO Weiping

Architecture | SHAO Weiping, LIU Yuguang, HAO Yalan, WU Jingjing, LI Xiaoxu, WANG Jian, LV Juan, ZHANG Sisi, ZHOU Wanjun, DU Fengshou, YANG Ming, CUI Jing, XU Nan, GAO Yang, WANG Fengtao, LI Jiaqi

Structure | MA Jingyou, ZHANG Hao, ZHANG Cai, LIANG Zhenfeng, YANG Chengshuo, ZHOU Bing, ZHANG Meng

Water Supply & Drainage | SHEN Yilai, SUN Jie, GAO Pengfei, XU Shan

HVAC | SHEN Yilai, CHEN Haohua, DUAN Xiaomin, WANG Yuchao, NAN Tianchen

MEP | BAI Xilu, YUAN Haibing, LIU Hui, GUO Bin, WANG Yadi

BIM | Zhou Yanqing, Gao Xiaofei, Ma Chao

Economics | Jiang Xiatao, Wang Fan, Wu Fangfang, Cao Yue, Chen Yunshan, Li Zhen, Jin lixin

Green Building | Zhu Yinqiu, Zhao Tian, Dong Hongxia, Jin Yin, Bao Yanhui, Lin Yuheng, Gong Jue, Gao Yushi

项目团队

建设单位｜北京城市副中心投资建设集团有限公司

设计单位｜北京市建筑设计研究院有限公司

施工单位｜北京城建集团有限责任公司

北京建工集团有限责任公司

项目负责人｜邵韦平

建筑设计｜邵韦平、刘宇光、郝亚兰、吴晶晶、李晓旭、王健、吕娟、张斯斯、周万俊、杜丰收、杨明、崔婧、徐楠、高阳、王风涛、李家琪

结构设计｜马敬友、张晧、张偲、梁振锋、杨城硕、周冰、张萌

给水排水专业｜沈逸赉、孙洁、高鹏飞、许山

暖通专业｜沈逸赉、陈浩华、段晓敏、王玉超、南天辰

电气专业｜白喜录、苑海兵、刘辉、郭斌、王亚迪

BIM专业｜周艳青、高小菲、马超

经济专业｜蒋夏涛、王帆、吴芳芳、曹越、陈云杉、李振、靳丽新

绿建专业｜朱颖秋、赵天、董红霞、金颖、包延慧、林宇恒、龚珏、高雨识

Project Data

Location | Chaoyang, Beijing, China

Design Time | 2017

Completion Time | 2021

Site Area | 5.94hm^2 (Residential Zone)

Architecture Area | 329,000m^2 (Residential Zone)

Structure | Public Rental Housing (Steel Structure)

Supporting Public Buildings and Kindergarten (Reinforced Concrete Frame)

工程信息

地点｜中国北京朝阳

设计时间｜2017年

竣工时间｜2021年

基地面积｜5.94hm^2（居住区）

建筑面积｜32.9万m^2（居住区）

结构形式｜公租房（钢结构装配式）

配套公建及幼儿园（钢筋混凝土框架）

冬奥村居住区鸟瞰效果图

1 奥体中心总体规划

1.1 缘起

1984年，北京第一次获得了举行大型综合性国际赛事的机会——第11届亚洲运动会，为此在北京城的正北方向、现在的四环内规划了奥体中心用地，北京市建筑设计研究院的马国馨院士主持了奥体中心的修建性规划和建筑设计工作。整体规划方案打破了国内体育中心几大件布置的一些固定模式，方中有圆，自由开放，活泼新颖。根据规划，用地将分两期建设，首先为1990年亚洲运动会启动北区的建设，建设一场两馆及配套设施，南区的二期用地为未来举办更大的体育赛会预留（图1）。

图1 奥体中心原规划方案

1.2 转变

北京申办2008年奥运会时，为了满足城市发展和奥运申办的新形势，修改了原有的规划方案，奥体南区没有用于永久性场馆建设，而是作为奥体中心区的配套服务区，为竞技运动员提供娱乐、餐饮、商业等综合性服务。随着奥运会的圆满谢幕，奥体南区周边已经形成了极具规模的商业氛围，其服务对象也由运动员转化成了本地居民。奥体南区曾经的显赫身世，随着城市的发展与奥运因素，也越发地呈现出其独特的城市价值，其服务功能也亟待转化。

1.3 圆梦

作为北京北部地区的综合性市级中心，为在奥运会后及时开展奥体南区的市政基础设施及城市景观设施建设工作，满足该区域内拟上市地块的建设需要，2010年北京市建筑设计研究院重启了奥体南区的规划设计工作。设计团队通过构建一个特色鲜明的城市开放空间，使奥体南区与北侧的亚运场馆以及奥运中心区一起形成气势宏大的天圆地方布局，不仅成为奥运版图上的完美印记，还圆了当年的总体规划之梦（图2）。

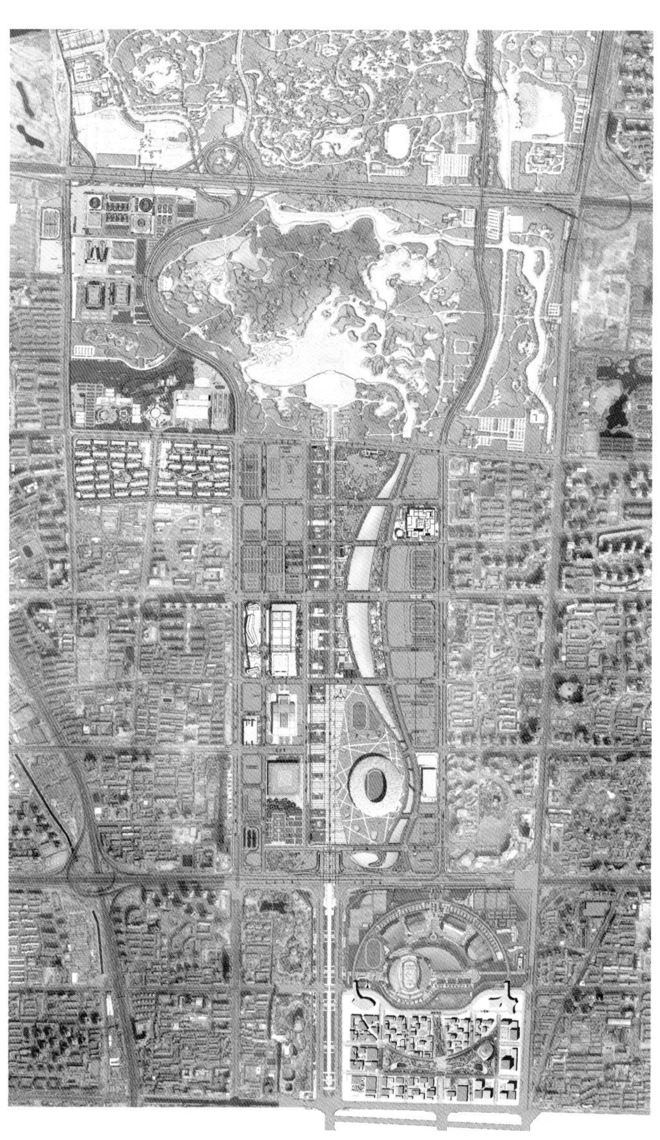
图2 奥体南区规划方案

2 奥体南区城市设计

2.1 紧凑型城市设计理念

城市的空间格局形成城市的骨架和脉络肌理，以往的城市设计由于控规对退线、建筑密度等要求，很容易设计出超大尺度的城市空间和街道骨架，这样不仅容易阻碍建筑与建筑直接的对话关系，还会割裂人与城市的关系。奥体南区的城市设计中提出“紧凑型城市”的设计理念，希望在保持一般城市界面的同时，能够在使用者的体验范围内创造出一些小尺度的丰富的城市空间（图3）。

2.2 文化的传承

奥体南区的城市设计继承北京人文奥运设计理念，希望将高品质的奥运体育文化设施融入到城市的生活当中，使体育文化、国际交流、企业总部、金融办公、休闲居住融为一体。通过大地形的概念，建立了一个特色鲜明的“T形”城市开放空间，使南区与北区以及奥运中心区一起形成一个整体，勾勒出了完整的奥运版图。同时通过“T形”城市开放空间的多样化设计来组织其地面的商业办公、文化设施、住宅公寓等多样功能的混合使用，将为该区域创造出全天及全年的城市活力（图4）。

2.3 绿色生态设计策略

奥体南区的城市设计改变了以往每个地块独立分散绿化的要求，采用集中绿化指标的做法，提出了“都市森林”的设计理念，在中央绿地采用大面积的绿化和乔木在城市中塑造了难得的休憩森林（图5、图6）。并通过园区雨水收集、太阳能利用、集中能源中心、建设综合管廊、机动车交通入环隧等措施，使整个园区变成了可持续发展的低碳之城。

2.4 一体化的城市开发

奥体南区建立了地下空间的一体化开发框架，在一个共同的基础上形成了区域性的“主板”，其中包括商业服务、人行交通、能源中心、集中停车、数据中心、指挥中心、人防隐蔽等功能。通过这些功能的共享，实现了强大的中央处理功能，减轻了周边单体建筑的难度和复杂程度，并为该区域提供了一个充满活力的城市公共空间。在这个主板之上，各开发地块建筑成为了“即插即用”的“插件”，使地上建筑能有效地与城市进行立体化和多方位的连接（图7）。

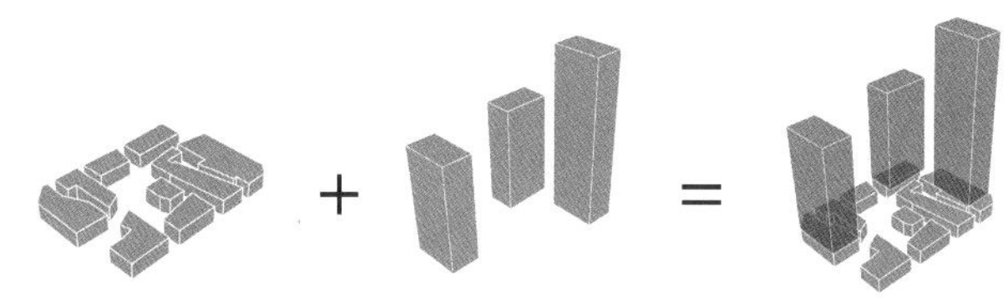

图3 紧凑型城市设计概念

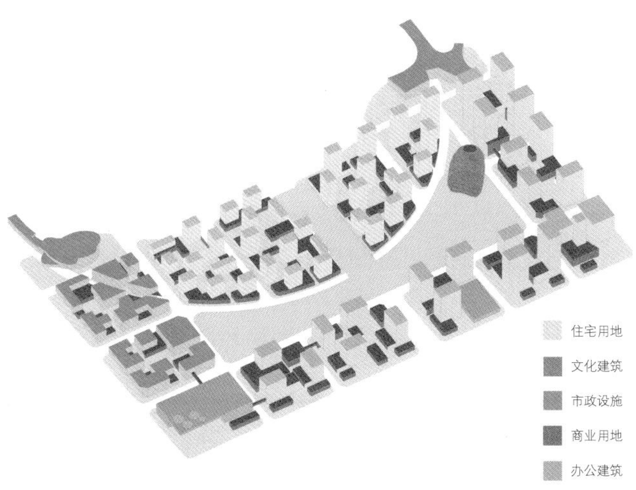

图4 奥体南区城市设计及功能布局

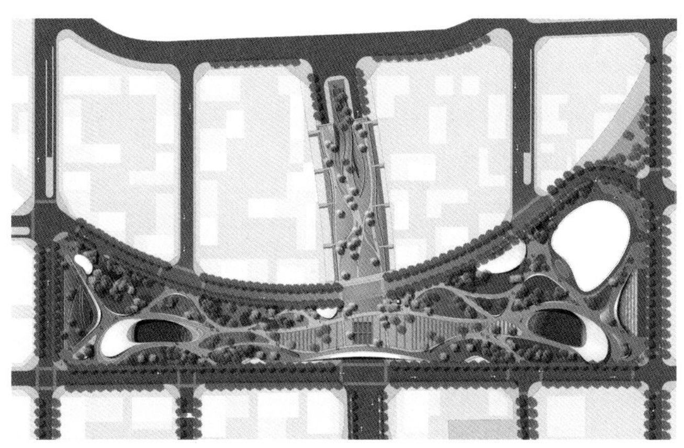
图5 奥体南区中心绿地景观设计

图6 奥体南区中心景观绿地

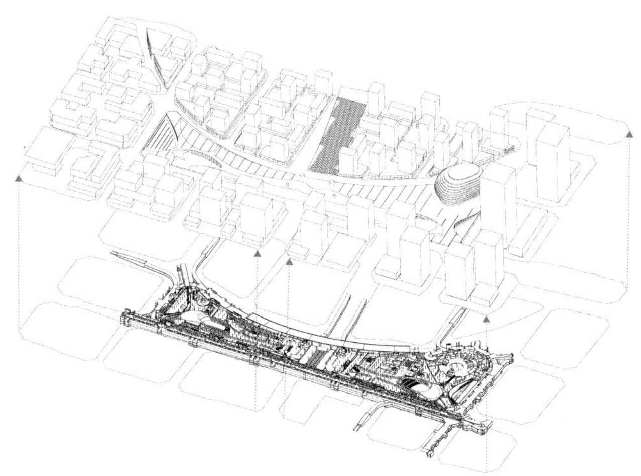
图7 奥体南区公共空间一体化开发

2.5 公众共享的城市公共空间

奥体南区的一体化开发以基础设施为先导，以公共空间为核心，强调共享和互联互通的方式。在奥体南区的中心区域打造共享的中央公园，除了自身功能的需求之外，也充分考虑了地下空间的通风采光、排烟、人员疏散、环保等各种使用要素（图8）。地下一层提供了共享的商业服务设施，为地上高层建筑办公人员、外来到访人员及奥运参观游客提供了交通、交往、交流、聚会及休闲的空间（图9）。地下二层是公共停车场，并利用车行环隧连通了各地块公共停车场、地面出入口和跨北四环的隧道，实现了交通服务设施的共享（图10）。地下三层集中建设了人防掩蔽工程，并为整个区域建设了市政综合管廊、弱电中心、制冷中心及数据中心，实现了安全避难设施及能源中心的共享（图11）。

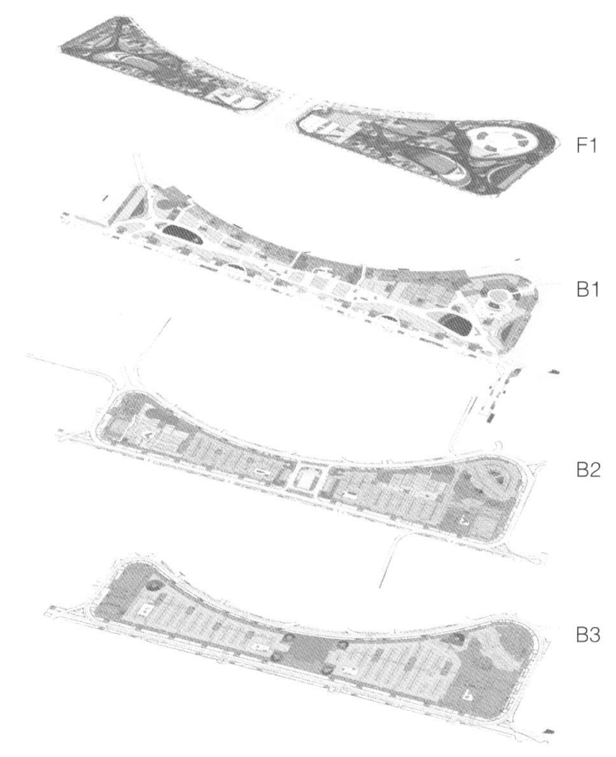

图8 奥体南区公共空间分层

3 北京冬奥村整体规划

第24届冬季奥林匹克运动会将于2022年在北京市和张家口市联合举行。北京也将成为奥运史上第一个既举办过夏季奥运会又举办过冬季奥运会的城市。作为北京赛区唯一新建的非竞赛类场馆，北京冬奥村选址于奥体南区，由居住区、运行区和广场区组成（图12、图13）。

3.1 三区规划及功能布局

居住区新建于园区北侧，用地分为东西两个地块，占地面积约5.94hm^2，建筑面积约33万m^2。赛时居住区将成为运动员及随队官员生活、娱乐和休闲的场所，包括运动员公寓、健身中心、娱乐中心、综合诊所、多信仰中心等。冬奥会赛时可提供2338张床位，冬残奥会赛时可提供1040张床位。

运行区位于园区西侧，在奥体南区城市设计中这里将作为文化设施用地新建，由于冬奥会赛时这两个地块还未建设，现状

图9 地下一层商业（摄影：吴晶晶）

图10 地下二层环隧（摄影：张立全）

图11 地下三层管廊（摄影：张立全）

场地为废旧厂房及现状办公楼，为秉承节俭办奥的理念，运行区的设计是在对既有建筑的改造上进行的。运行区是奥运村的“后台”，涉及了促使奥运村有效运行的所有服务，包含代表团接待中心、访客中心、媒体中心、安保中心等功能空间。

广场区选址于奥体南区中心的一体化城市综合体和中央共享绿地，赛时将利用西侧的地上一层、地下一层及地下二层部分空间。广场区也被称作“国际区”，运动员、随队官员、访客以及媒体可在此互动交流，将为运动员及随队官员、奥运村的访客设立生活、娱乐等配套服务功能空间。

3.2 赛时流线

（1）人行流线

运动员和随队官员首次抵达从西北一门进入代表团接待中心，完成安检、注册卡激活等程序后，经验证进入居住区。访客和媒体从西南二门进入访客中心和媒体中心，完成安检、领取当日访客卡后，经验证进入广场区。工作人员均可从南侧安检、验证后，进入工作岗位。

（2）车行流线

除运动员班车场站外，冬奥村设1组车辆出入口，在居住区东北角另设1个车辆出口。按照车辆主要运行区域和分类，从不同出入口进入工作区域。安保车辆可使用任意车辆出入口通行。物流车辆、生活清废车辆、综合商业补货车辆、餐饮车辆、救护和反兴奋剂样品专用车辆均由南车辆出入口通行。电瓶车可随时从停靠点出发，为有需求的居民在村内提供便捷服务（图14）。

3.3 奥运遗产的利用

赛后居住区将改造成为北京市人才公租房，运行区将更新成为都市文化空间，广场区将恢复成为集绿地、商业、交通、综合管廊为一体的城市公共空间。奥运景观、无障碍设施、餐厅、运动器材、医疗站等大部分赛时服务设施将作为积极、持久的奥运遗产予以保留，推动奥林匹克理念和价值观的广泛传承，践行绿色、低碳、可持续发展的奥运理念。

4 北京冬奥村居住区设计

4.1 打造体现中国文化特征的高品质居住产品

（1）总体设计

冬奥村居住区的规划遵从上位的城市设计理念，通过细化建筑形态，使高层建筑更多考虑城市界面，低层建筑更多考虑城市整体肌理，为整个居住区既创造出完整的外在轮廓，又创

图12 北京冬奥村三区规划

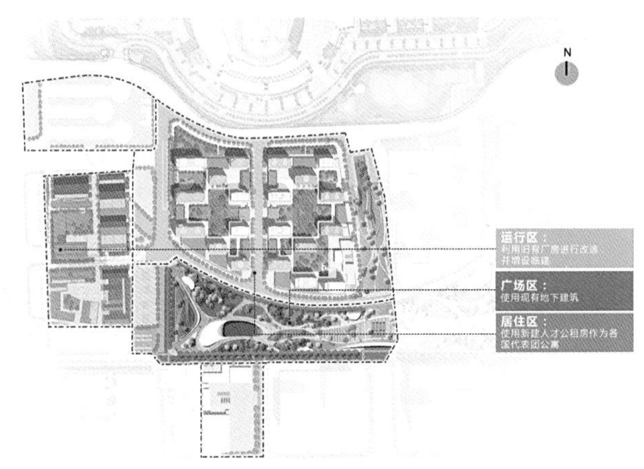

图13 冬奥村功能分区

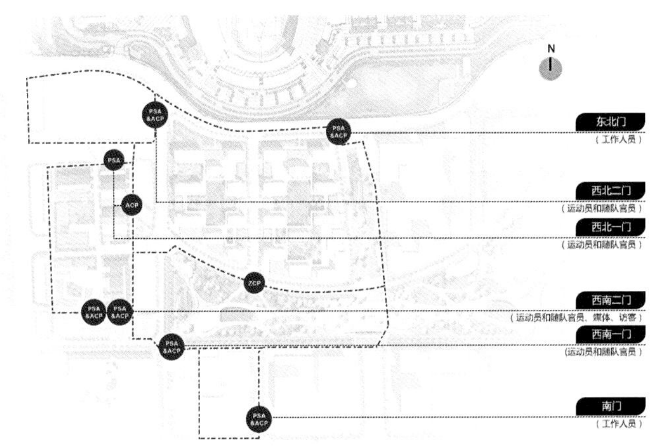

图14 冬奥村赛时人行、车行出入口位置

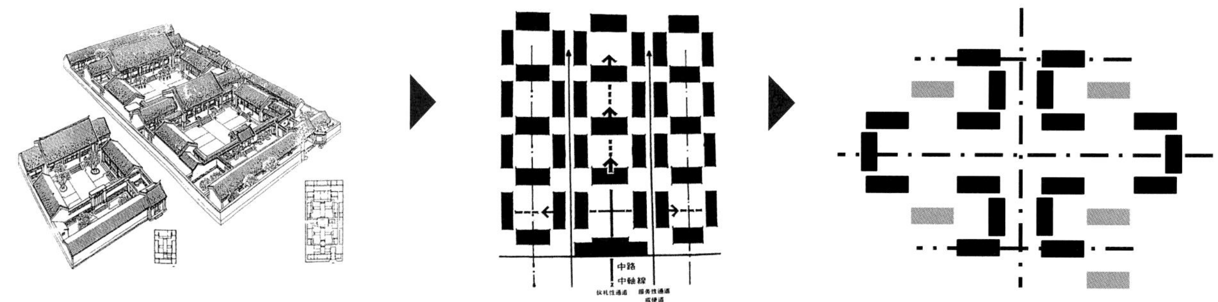

图15 居住区设计概念

图16 居住区总平面图

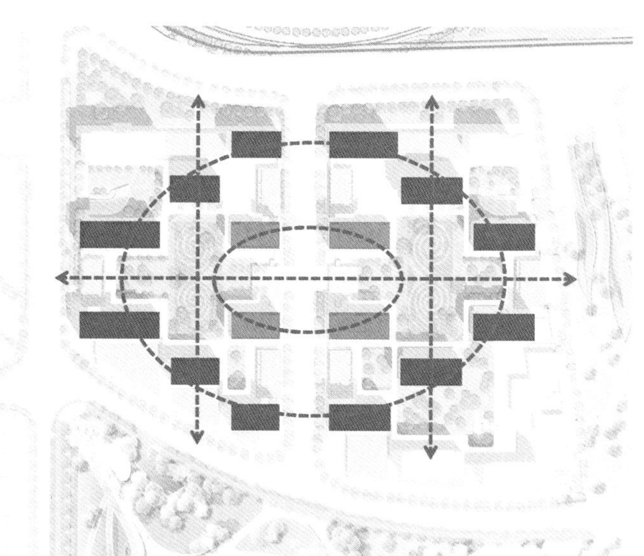

图17 居住区布局特点

造出丰富的内部体验空间。

居住区的设计概念源自传统的院落形制，通过围合和开放的变化，形成私密与共享巧妙结合的院落居住空间（图15）。中心通过四组建筑来组织整个区域的门户空间和视觉中心，周边的建筑结合主体建筑完善沿街界面。通过打造三轴、两环、多界面的丰富格局，呈现现代合院大气稳重的空间气质，创造出新时代的院落空间。场地内的建筑高度由西向东逐渐升高，形成适应规划特点且富有变化的城市天际线（图16~图18）。

居住区的所有沿街面都面向城市开放，并为公众提供全面的公共服务设施。其中北侧及东西向沿街设置底层架空商业，为城市退让出一片活力共享空间。南侧商业利用地形特点，由西向东逐渐升高，形成面向城市的连续商业截面，并面对奥体南区的中心城市绿地全面展开，活跃整个园区商业氛围的同时还带动了奥体南区地下商业的活力（图19~图21）。

建筑屋顶为开放公共空间，通过种植景观丰富活动空间，改善局部气候，为城市提供绿色生态的第五立面，同时屋顶还设置了太阳能板实现清洁能源的利用。

中心景观花园设计灵感来自于清代《冰嬉图》意向，形成曲线步道系统，景观种植采用竹子、梅花等耐寒植物，营造踏雪寻梅等中国古典园林意境，并在院落的核心区域打造了多种运动的共享空间（图22）。主入口大门采用提炼于中国传统建筑的格栅和斗栱纹样，细节中彰显中国传统文化特征（图23）。

北京冬奥村居住区的东西两个组团共有20栋住宅楼，冬奥会赛时其中的18栋将作为运动员及随队官员的公寓使用，南侧的商业将分别作为运动员餐厅及健身娱乐中心使用，其他临街的低层商业及住宅楼的底层将为运动员提供全方位的配套服务设施，包括医疗诊所、居民服务中心、兴奋剂检测中心、核酸采样室、运动员储藏空间等。

2008年奥运会和即将举办的2022年冬奥会为北京带来了丰富的奥运文化，同时北京作为历史悠久的古都，在文化、规划、建筑方面有着深厚的底蕴。不同时期与不同领域的各种文化碰撞与交融将给这个地区带来不一样的城市文化和城市面貌。北京冬

图18 居住区南立面天际线（摄影：存在建筑）

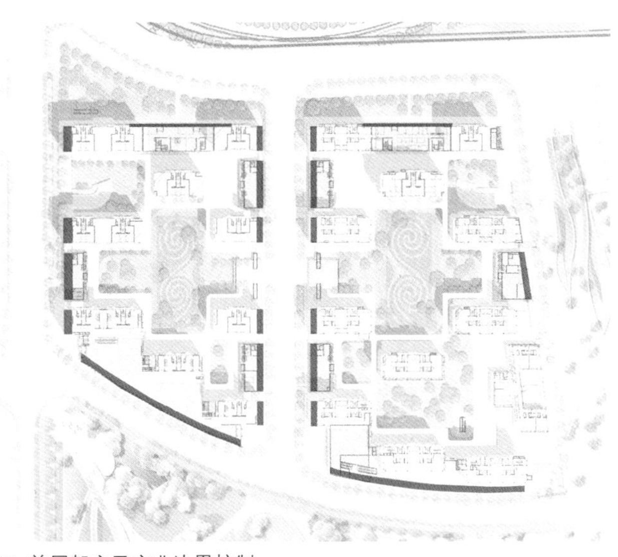
图19 首层架空及商业边界控制

图20 南侧商业与奥体南区公共空间关系（摄影：吴晶晶）

图21 首层沿街架空（摄影：李培先子）

图22 中心景观花园（摄影：吴晶晶）

图23 主入口大门（摄影：李培先子）

图24 园区实景鸟瞰（摄影：张立全）

图25 南立面（摄影：存在建筑）

奥村作为赛时一个重要的自然与文化的交流场所，尝试着建立了一个具有传统特色的生活环境，将为各国运动员提供更丰富的围合、通透、层次与转折的空间体验（图24）。

（2）立面设计

建筑的外围护系统采用层间装配式复合外墙体系。外立面将窗墙组成几类标准单元体灵活布置，标准层立面按照奇偶层规律上下错动变化，形成丰富的立面效果的同时，还能使得标准层的户型、开窗面积和通风面积均保持一致，保证了通风与采光性能的均好性，创造了同户型不同质感的居住体验（图25）。

主体建筑利用弧形角窗展现圆润柔和的体形，改善了方正形体带来的拘谨，给城市带来更亲切的空间体验，同时创造了独特的室内空间效果。南北立面玻璃窗不设开启扇，以保持玻璃窗的完整性，为住户提供完美的观景体验。隐藏式开启扇设置在实体墙面上，以满足住宅通风需求，开启扇外设置金属百叶以实现遮阳的效果。为保证立面合理的窗墙比，并控制透光玻璃面比例，东西向山墙均设计为大面积实体墙面，尽可能避免西晒，保证室内舒适的环境，并满足绿色生态的诉求。

图26 园区整体色调

立面的整体色调以中国红、北京灰及冰雪白为主。位于圆环轴线上的建筑类型整体为暖色调，增加温暖的居住氛围。其他部分设置为灰白色调，整体更轻快明朗。标准层利用幕墙特点打造具有传统花窗意向的建筑立面肌理，底层通过浅色石材、深色金属以及彩釉玻璃等材质的搭配和变化呈现出中国传统的书画意境（图26、图27）。

北京冬奥村的立面设计，采用了简单、纯正、可持续的建筑材料，利用传统的中国元素及色彩，在保证立面整体性的同时，通过对转角窗、大面积采光窗、隐藏通风扇、金属外遮阳百叶的灵活错动与有机变化，为运动员打造了公平均好、体现中国传统文化特色的绿色宜居环境（图28～图30）。

图27 园区内实景（摄影：存在建筑）

（3）室内设计

居住区内所有住宅楼的首层均面向小区开放，为住户提供舒适、人性化的公共空间。首层入户大堂创造可以交流、共享的公共空间，并设置大面积的绿植墙面，加装空气净化装置，整体装修风格简洁时尚，为使用者提供大气、时尚、舒适的入户空间。大堂两侧设置体育、文化、展示等多功能共享空间，以满足各类居住人群的需求。标准层设置独立电梯前室，增强该区域的私密性及仪式感（图30）。

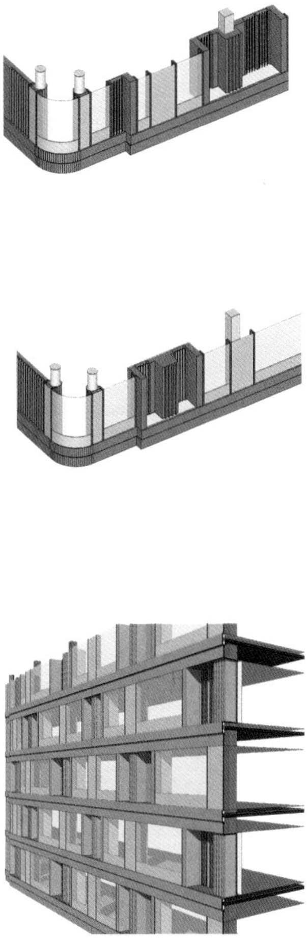

图28 标准层铝板幕墙分解轴测图

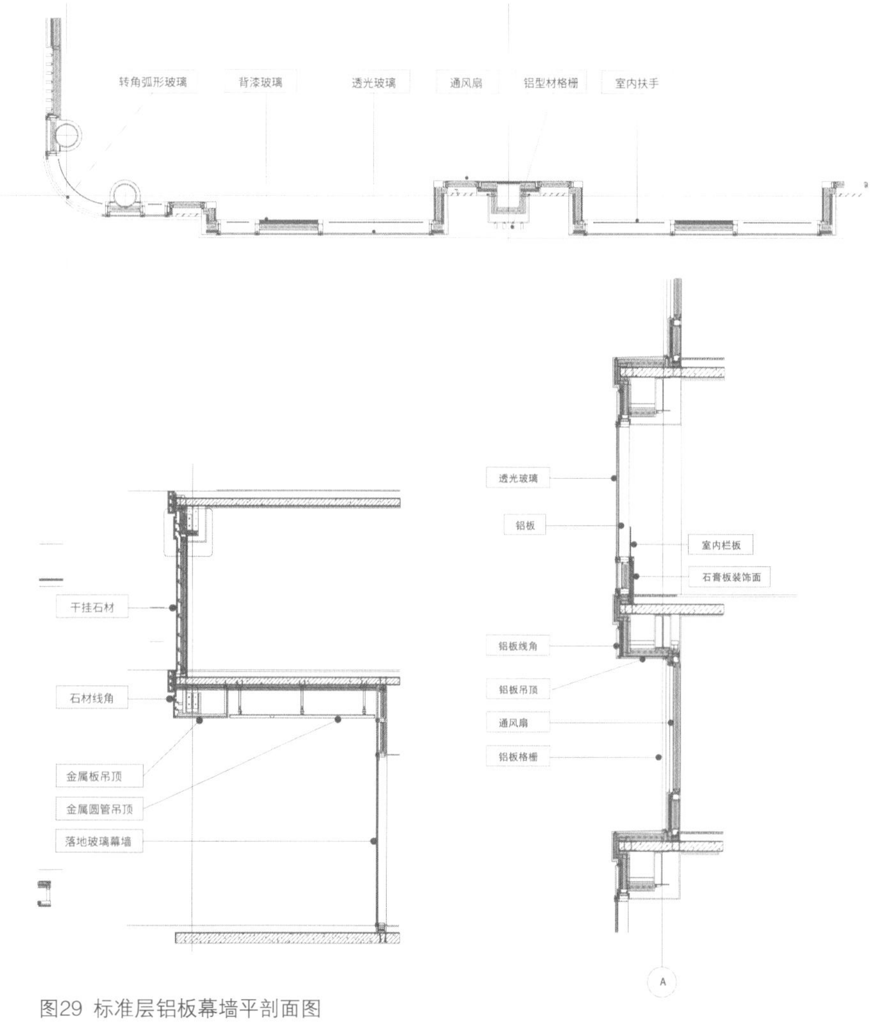

图29 标准层铝板幕墙平剖面图

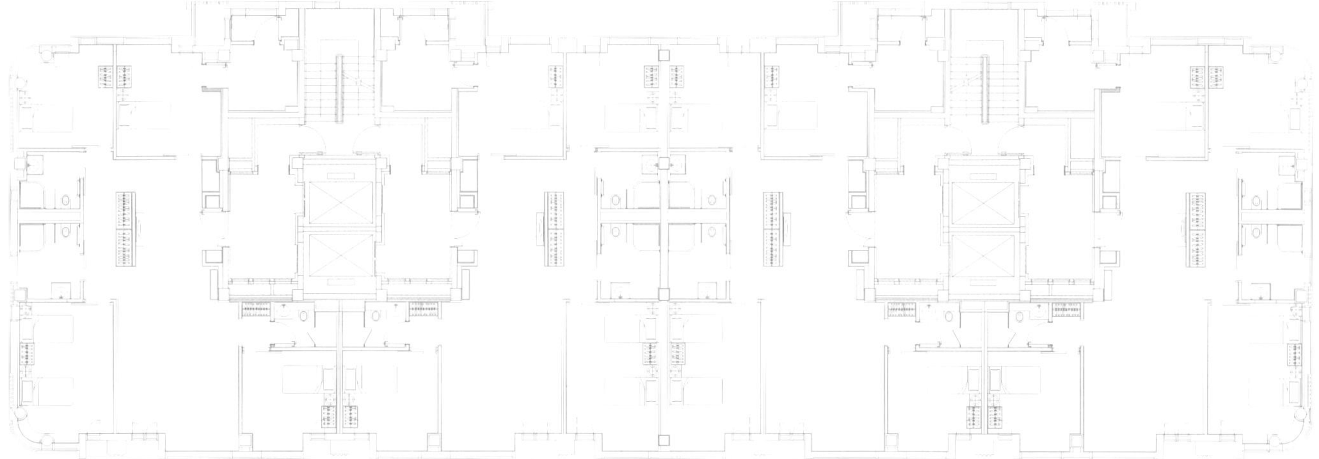

图30 赛时190户型标准层平面图

室内开间梁柱布局模数化、钢构件单元化，利用框架结构的性能优势，实现户内无承重墙的灵活拓展空间，满足赛时赛后功能转换需求，并适应未来各种户型布置的变化可能。户内采用分户VRV、独立新风，钢结构梁预留穿洞，保证房间净高，在客厅餐厅公共空间内不设钢梁，充分利用板下高度提升大空间的舒适感受。室内通过不带开启扇的玻璃窗创造了良好的景观视野，弧形的角窗创造了独特的室内空间效果（图31～图33）。

内墙系统采用加气混凝土条板墙，管线分离便于户内布置的灵活调整。通过管线、设施、部品的一体化集成设计，工厂加工，现场绿色组装，并与信息化手段相协同，实现装配式装修的智能建造。

图31 弧形角窗

图32 弧形角窗室内实景（摄影：吴晶晶）

图33 居住单元室内实景（摄影：张立全）

4.2 营造绿色、健康、可持续的居住体验

项目以人的需求为出发点，运用绿色、健康、低能耗等集成技术，打造绿色、健康、宜居、可持续的高品质人居环境。

建筑主体结构采用钢结构装配式建造方式，户型单元平面规则，核心筒标准化，并采用通用柱网，减少建筑内部柱设置，尽可能将框架柱布置在建筑外围及建筑竖向交通核周边，以实现户内无柱或少柱的灵活大开间，提高户型效率（图34、图35）。

为减少机电管线的布设对建筑的影响，采用梁中预留洞口管线穿过方案。外围结构梁需要为建筑幕墙预留连接条件，设计时结合结构加劲肋设置，为幕墙连接预留连接孔，外幕墙可通过转接件与结构梁连接，减少了钢结构加工的工程量。实施全装修成品交房，提高装配化装修水平，实现装配式建筑装饰装修与主体结构、机电设备的协同施工。

钢框架—防屈曲钢板剪力墙结构体系首次在居住建筑中大规模应用，并在设计中考虑了防屈曲钢板剪力墙在罕遇地震下的消能减震作用，提高了工程的结构抗震性能。防屈曲钢板剪力墙作为整体构件可工厂加工，通过上下连接板与主体结构现场安装，提高了建造效率。除在结构两端山墙布置外，其他钢板墙均结合建筑墙体位置布置在建筑竖向交通核周边，既满足结构受力需求，同时也最大限度减小了结构墙体对建筑的影响。

设计上引入了“绿色三星”及WELL金级认证标准，将居住者的身心健康作为核心，通过空气、水、营养、光、运动、热舒适、声环境、材料、精神和社区等人们可以切实体会到的10大要素设计，为居住者提供一个健康、舒适、安全的居住体验。

选取综合诊所作为超低能耗示范项目，选用保温隔热性能和气密性更高的围护结构，采用高效新风热回收技术，最大程度地降低建筑供暖供冷需求，并充分利用可再生能源，实现人、建筑与环境的友好共生（图36）。综合诊所目前已取得德国PHI被动房（超低能耗）的认证，成为国内首个医疗用房获得德国被动房认证的项目。

利用园区绿地和屋顶花园营造适宜当地昆虫和鸟类生活的绿化微环境，地面设导光桶将光线引入地下空间，场地做雨水收集池进行滴灌利用，在屋顶加装了太阳能热水系统。

图34 装配式钢结构体系（摄影：吴晶晶）

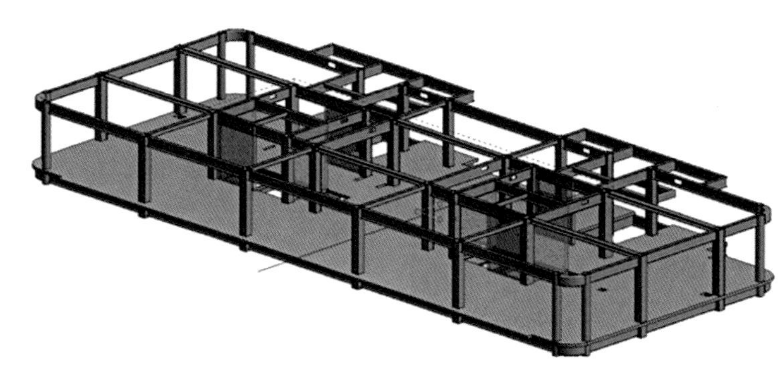
图35 标准层结构单元

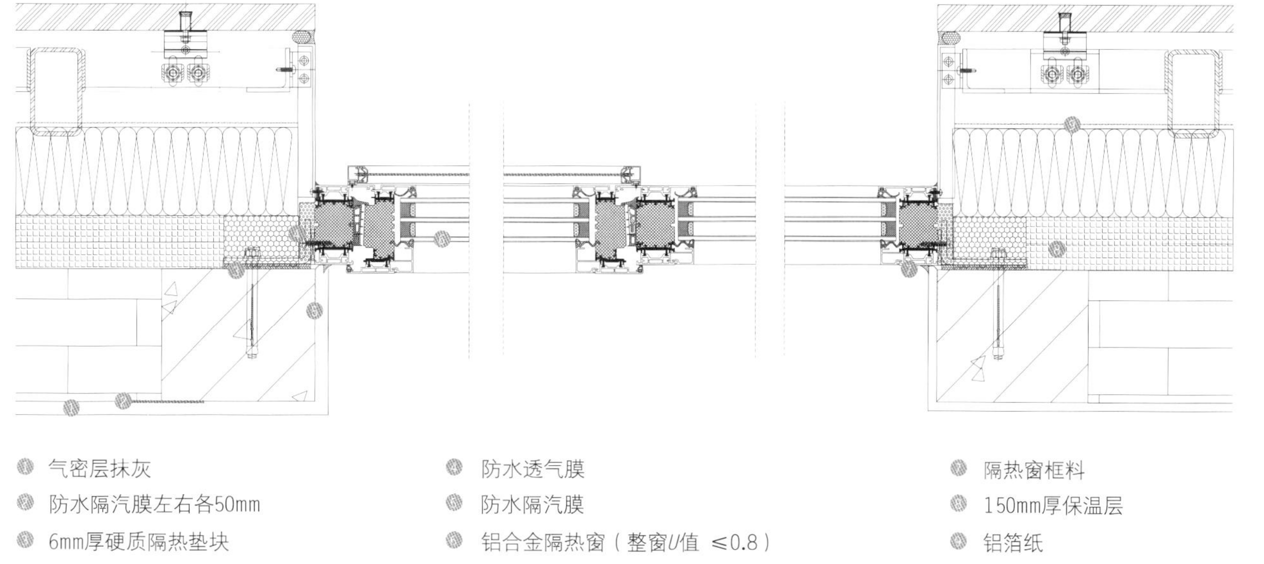

图36 超低能耗墙身节点详图

4.3 创造无障碍、智慧与科技相结合的人居环境

项目以“社区健康化”为设计理念，以人的全周期需求为导向，依托大数据，打造可进化、有感知的、交互式开放智慧社区。

每个房间内建立空气质量监测系统，安装PM2.5、二氧化碳、甲醛等监测传感器，新风系统可以根据监测数据自动调整新风量。利用能耗监控平台，对建筑运行过程中的碳排放进行统计，实现碳排放数据的采集、处理、查询和公示等管理功能，对园区内的碳排放信息进行整体管理。

统一场地高程，赛时运动员在村内可无障碍通行至各功能服务区域，室外园区三个出入口，均为无障碍出入口，园区导览图中注明无障碍游览路线。环形无障碍路径连接到每栋住宅楼，各住宅楼无障碍入口均采用平坡入口，无障碍入口均设宽度不小于1m的雨篷。首层门厅地面设嵌入式地垫，不设门槛，与首层门厅周边地面无高差。室内家具的位置均方便乘轮椅运动员使用，扶手、开关等高度和样式方便一个手指操作无需抓握。

开发建设无障碍智慧服务平台，运动员可通过手机APP进行村内无障碍路线导航，查看无障碍设施使用状况并进行预约。客房内，还可通过手机APP或智能控制面板实现对灯具、空调、窗帘的控制。

构建5G信息通道，通过4D-BIM运维平台，建立可转换的智慧社区平台，赛时为运动员提供全方位的赛时赛务服务，赛后为住户提供集家居、安防、智能为一体的理想生活（图37）。

图37 冬奥村智慧园区管理平台

图38 广场区室外实景（摄影：吴晶晶）

图39 广场区室内实景（摄影：吴晶晶）

5 北京冬奥村广场区设计

冬奥村的广场区选址于奥体南区中心地块的城市综合体及中心绿地，赛时将使用西侧部分，并对室内外空间进行改造。将增加室外无障碍坡道，并对室内卫生间进行无障碍升级改造，以满足赛时运动员的使用要求。按照赛时各商业服务的使用功能，对地下一层的店铺进行装修及局部点位调整，以满足各功能房间的赛时使用需求。对原厨房和地下二层超市区域进行改造，以满足员工就餐的需求（图38、图39）。

赛时广场区将提供银行、邮政、干洗、理发、便利商店、特许经营等综合商业配套服务，并为村内居民、访客等客户群提供生活和社交服务场所（图40）。

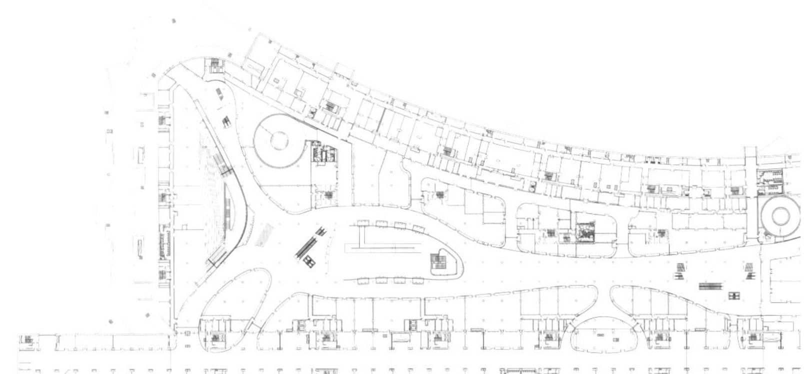

图40 广场赛时地下一层平面图

6 北京冬奥村运行区设计

运行区选址于奥体南区西侧，场地现状为建于20世纪70年代到21世纪初的废旧厂房和使用中的办公楼。改造从城市空间尺度出发，形成“二轴、三带、六广场”的区域布局。平面改造强化高大厂房内轴线，以突出老厂房空间特色，减少走廊面积，使得使用流线更简洁、清晰。立面清洗出老红砖效果，以唤醒对老旧厂房的记忆，突出其遗产价值。除此之外，通过加入铝单板、金属漆、玻璃幕墙等现代元素点缀，使建筑焕然一新，更加精致。室内改造延续外观设计的理念，突出老旧厂房的遗产价值，充分挖掘现有建筑的空间特色，在做好保护性利用的同时，适当介入，保留厂房原本的建筑特色（图41～图43）。

赛时运行区为村内居民、访客、媒体等客户群进出村提供服务，为工作人员、后勤服务运行提供保障。

图41 运行区室内实景（摄影：张立全）

图42 冬奥村实景照片（摄影：存在建筑）

7 结语

北京冬奥村以人的需求为出发点，运用装配式钢结构、科技、绿色、健康、无障碍、超低能耗、可持续、智慧等设计理念打造出了新时代的院落空间。技术的进步缩短了人类的距离，让全世界更加紧密地联系在一起。院落作为中国传统延续至今的建筑形态，记录着东方的故事。作为新时代的院落形态，北京冬奥村将以东方礼仪迎接国际大家庭，与世界人民携手共进，共创美好的未来家园（图44、图45）。

图43 运行区室外实景（摄影：张立全）

图44 冬奥村夜景（摄影：存在建筑）

图45 冬奥村园区内实景照片（摄影：存在建筑）

北京冬奥村与冬残奥村运行区设计

非竞赛场馆（改造）

Beijing Winter Olympic Village（Paralympic Village）Office Area Design

Project Team

Client | Beijing Investment Group Co., Ltd.

Design Team | Beijing Institute of Architectural Design

Contruction | Beijing Urban Construction Group Co., Ltd.

Design Guide | SHAO Weiping

Principle-in-Charge | JIN Jie, ZHANG Pu

Architecture | JIN Jie, ZHANG Pu, LI Zhaoyu, LI Hongping

Structure | HAO Tong

Water Supply & Drainage | HU Yuhong, ZHAO Qiang

HVAC | HU Yuhong, ZHAO Qiang

MEP | DONG Yi, WANG Ziruo

项目团队

建设单位丨北京城市副中心投资建设集团有限公司

设计单位丨北京市建筑设计研究院有限公司

施工单位丨北京城建集团有限责任公司

方案指导丨邵韦平

项目负责人丨金洁、张溥

建筑设计丨金洁、张溥、李兆宇、李红屏

结构设计丨郝彤

给水排水专业丨胡育红、赵强

暖通专业丨胡育红、赵强

电气专业丨董艺、王子若

Project Data

Location | Chaoyang, Beijing, China

Design Time | 2020

Completion Time | 2021

Site Area | 3.53hm^2

Architecture Area | 21,600m^2

Structure | Steel Structure

工程信息

地点丨中国北京朝阳

设计时间丨2020年

竣工时间丨2021年

基地面积丨3.53hm^2

建筑面积丨2.16万m^2

结构形式丨钢结构

运动员注册中心主入口（摄影：张立全）

运动员注册中心安检区（摄影：张立全）

1 项目概况

北京冬奥村（冬残奥村）运行区位于奥体南区西侧，在原第四清洁车辆场厂房区基础上进行改建、扩建。这里是奥体南区规划设计的14号地块，用地规划为文化设施用地。由于用地紧临冬奥村居住区，因此，在2022冬奥会期间采用保留原地块地上建筑物策略，既可体现节俭办奥的可持续原则，又让各国奥运健儿感受到北京城市发展的历史痕迹和良好的生态环境。项目充分挖掘工业遗存的历史文化和时代价值，同时，以冬奥会为契机，将其打造成冬奥会文化遗产，延续冬奥精神，留存冬奥记忆。

作为北京赛区的综合办公区，通过对原有厂房的改造升级，满足冬奥会赛时运行办公需求，并提前预留赛后展览、商业功能的条件。同时项目建设秉持节俭办奥和可持续发展理念，兼顾经济性、实用性、安全性和美观性，力求达到经济舒适的目标。

项目占地面积约3万m^2，场地现状为建于20世纪70年代到21世纪初的废旧厂房和使用中的办公楼，既有建筑总建筑面积约2.16万m^2。运行区建设涉及用地内15栋既有建筑的外立面翻新、装修改造和5处新建建筑。建筑高度5～16m不等。场地根据建筑分布自然划分为四部分：1#运行区（地块东北侧）、2#运行区（地块东南侧）、3#运行区（地块西南侧）、4#运行区（地块西北侧）（图1）。

2 拆改与加建

运行区设计贯彻落实北京城市控规和分区规划，项目用地内做到“拆建平衡”，容积率保持不变。在扩建过程中主要考虑以下因素：

（1）保证赛时功能需求

在各运行区加建出相应比例的建筑体量，以满足赛时的功能需求；考虑到赛时相近属性的部门间需联系紧密，而现状各厂房又分别独立，因此采用新建连接体、廊等手法将新旧建筑相连（图2、图3）。

（2）融合场地生态环境

场地内树木众多，不乏高大珍贵的树种。在设计中充分考虑既有环境，将树木作为建筑布局策略的重要出发点，通过“化零为整”、塑造院落、灵活布置连廊等策略，使建筑与环境交相呼应（图4～图6）。

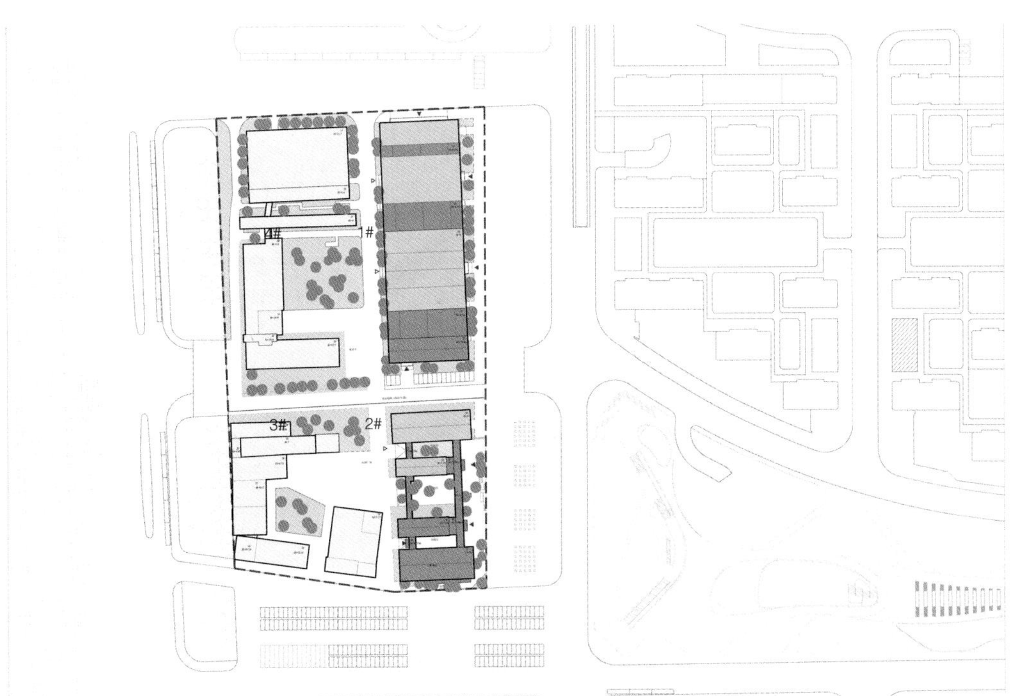

图1 总平面图

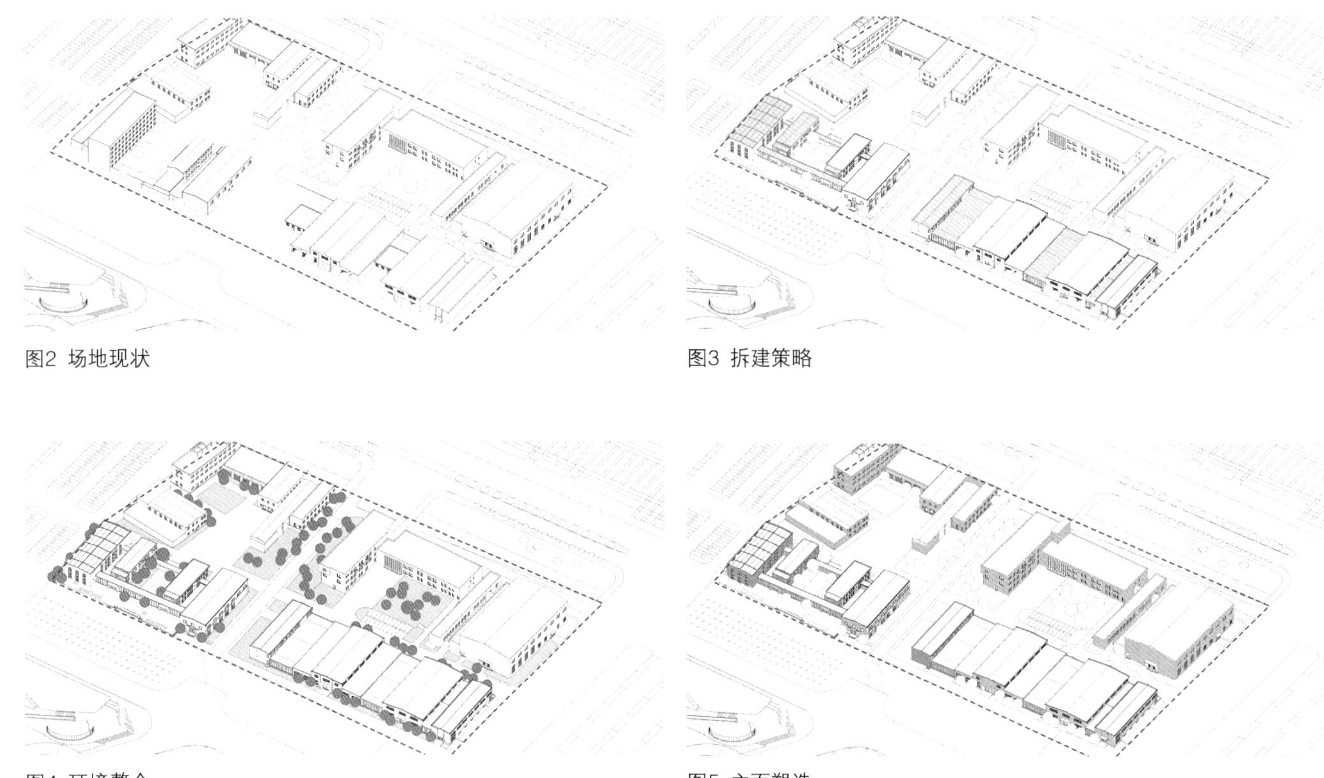

图2 场地现状

图3 拆建策略

图4 环境整合

图5 立面塑造

图6 庭院室外实景（摄影：张立全）

3 功能改造

既有厂房原为车辆加工车间，高大无柱，有少量耳房。厂区自20世纪90年代关闭后的近30年间，内部被私搭乱建成各种功能，结构、防火不能满足使用的基本要求。因此在设计初，决定将厂房内恢复成原始厂房的模样，再在其中进行后续设计。

（1）建筑布局与功能分区

结合场地北侧运动员落客区，将1#运行区功能设计为代表团接待中心和安保工作区两部分。北侧代表团接待中心用以运动员及随行官员注册证件、办理入住，满足冬奥组委抵离、注册、住房分配等业务口办公需求。南侧安保中心集中安排安保办公、会议等正常办公需求（图7）。

2#运行区功能为访客中心、礼宾中心、奥运村媒体中心等对外部门，与南侧奥运会访客停车场、东南侧升旗广场相呼应（图8）。

（2）流线分析

结合高大厂房轴线设计主通道，突出了老厂房的空间特色，且流线更加清晰、便捷。各运行区建筑连为一体，南北距离大，各厂房间减少走廊面积，流线直通、简洁。

（3）可持续利用的考虑

运行区奥运赛时为办公功能，赛后希望保留利用工业建筑遗产和奥运遗产的双重价值，将建筑再次改造为文化、娱乐、办公综合体。充分考虑到建筑空间的适用性、赛后改造的经济性，将机电用房、卫生间等保障性功能布置在建筑西侧（背侧），将北侧、东侧保留完整高大空间，为赛后改造提供有利条件。

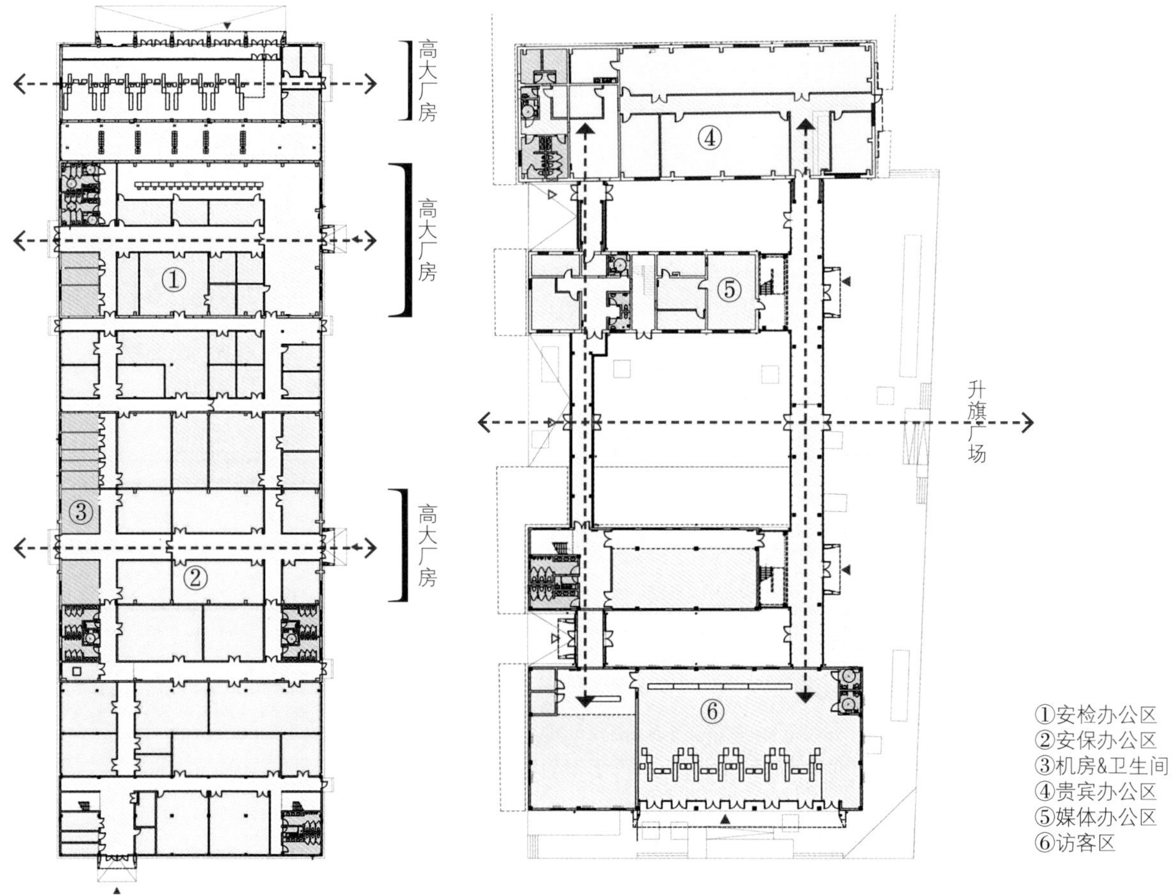

图7 1#运行区一层平面图

图8 2#运行区一层平面图

4 立面改造

4.1 加建形体

北侧注册中心入口是运行区对外的“第一印象”，入口侧为原喷漆车间厂房的正立面。用加建雨篷强化正立面的对称效果，塑造稳重大气的北立面（图9）。

场地东侧面向奥动村居住区、升旗广场，长250m，为主要形象面。采用“化零为整”的手法，新建形体补足空缺位置，整合分布零散的厂房建筑。新、老建筑融合，共同塑造出完整、大气的东立面效果（图10、图11）。

面向场地内部形体加建符合人体尺度的低矮体量，结合庭院内遍布的树木，塑造出亲切的工作氛围，亦可有效节约造价（图12）。

4.2 立面材质

高度重视老旧厂房遗产价值，突出既有建筑红砖立面效果，以唤醒对老旧厂房的记忆。有意恢复老工业厂房红砖立面意象，通过打磨、清洗等手段使原初厂房立面得以重现。除此之外，通过加入铝单板、金属漆、玻璃幕墙等现代元素点缀，使建筑焕然一新，更加精致（图13、图14）。

图9 1#运行区北立面加建

图10 1#运行区东立面加建

图11 2#运行区东立面加建

图12 2#运行区西立面加建

图13 立面实景图（摄影：张立全）

图14 立面实景图（摄影：张立全）

5 内部空间改造

5.1 轴线关系

平面改造强化高大厂房内轴线，以突出老厂房空间特色。由于本次改造功能为办公功能，希望在小空间功能体系下依然表现出高大厂房的空间特色，展示出厂房内部的红砖、大跨度结构。因此在设计时，结合各区域的主通道，用“空”的设计手法强化高大厂房的中央轴线。同时，结合轴线设计，减少了走廊面积，使得使用流线更简洁、清晰。

5.2 功能空间设计

高大厂房内用轻质隔墙加建出小型办公体量，响应了绿色、节俭办奥的理念，在回应了功能需求的同时，展示出高大厂房的空间特色。厂房内增加小钢柱、钢梁，支撑3m高隔墙。房间分隔用轻钢龙骨石膏板，上部无吊顶；仅在卫生间、设备间等需要防火、隔声区域加彩钢板顶板。

5.3 内立面设计

室内设计延续外观设计的理念，重视老旧厂房的遗产价值，充分挖掘现有建筑的空间特色，在做好保护性利用的同时，适当介入，保留厂房原本的建筑特色。保留了厂房原有的红砖墙、混凝土结构等非常具有工业感的特有元素，融入了玻璃、铝合金等少量恰到好处的当代建筑设计。恢复其独特空间品质的同时，也实现了奥运功能的要求（图15）。

图15 室内实景图（摄影：张立全）

首都体育馆“最美的冰”

竞赛场馆（改造）

Beijing Capital Indoor Stadium “The most beautiful ice”

Project Team

Client | Winter Sports Management Center of GASC

Design Team | Beijing Institute of Architectural Design

Decoration Design | Beijing Jianyuan Decoration Engineering Design Co., Ltd.

Lighting Design | Taifu Guangda Lighting Design Co., Ltd.

Sports Craft | Beijing Zhongti Architectural Engineering Design Co., Ltd.

Curtain Wall Design | Qingke RuiChuang Engineering Consulting (Beijing) Co., Ltd.

Contruction | China Construction Eighth Engineering Bureau Co., Ltd.

Project Manager | JIAO Li

Principle-in-Charge | TANG Jia, WEI Changcai

Architecture | WEI Changcai, PAN Junyi

Decoration | ZHANG Tao, SUN Ting, NIU Kai

Structure | LI Weizheng, WANG Yi, BAI Jia

Equipment | WANG Ligang, LU Dongyan, DING Chuanming

Electric | YANG Xiaotai, ZHANG Jianhui, YAO Chibiao

项目团队

建设单位 | 体育总局冬季运动管理中心

设计单位 | 北京市建筑设计研究院有限公司

装饰设计 | 北京建院装饰工程设计有限公司

灯光设计 | 太傅光达照明设计有限公司

体育工艺 | 北京中体建筑工程设计有限公司

幕墙设计 | 清科锐创工程咨询（北京）有限公司

施工单位 | 中国建筑第八工程局有限公司

项目经理 | 焦力

设计总负责人 | 唐佳、魏长才

建筑专业 | 魏长才、潘君毅

装饰专业 | 张涛、孙霆、牛凯

结构专业 | 李伟政、王轶、白嘉

设备专业 | 王力刚、路东雁、丁传明

电气专业 | 杨晓太、张建辉、姚赤飙

Project Data

Location | Haidian, Beijing, China

Design Time | 2017

Completion Time | 2022

Site Area | 9.3hm^2

Architecture Area | 45,200m^2

Structure | Reinforced Concrete Frame Shear Wall and Steel Structure

Amount of Seats | 15,233

工程信息

地点 | 中国北京海淀

设计时间 | 2017年

竣工时间 | 2022年

基地面积 | 9.3hm^2

建筑面积 | 4.52万m^2

结构形式 | 钢筋混凝土框架剪力墙及钢结构

看台坐席 | 15,233个

1 50 年历史双奥场馆首都体育馆打造“最美的冰”

首都体育馆，建筑规模4.6万m^2，建成于1968年，是由北京市建筑设计研究院设计的国内第一个室内人工冰场，运行至今已有53年历史（图1）。从1971年见证“小球转动大球”的“乒乓外交”，到2008年成为北京夏季奥运会排球主赛场，再到2016年入选“首批中国20世纪建筑遗产”名录，首都体育馆承载了厚重的历史。本次北京冬奥会，首都体育馆作为2008年夏奥会遗产，将承办短道速滑和花样滑冰两个重要项目的全部比赛，共产生14枚金牌（图2）。

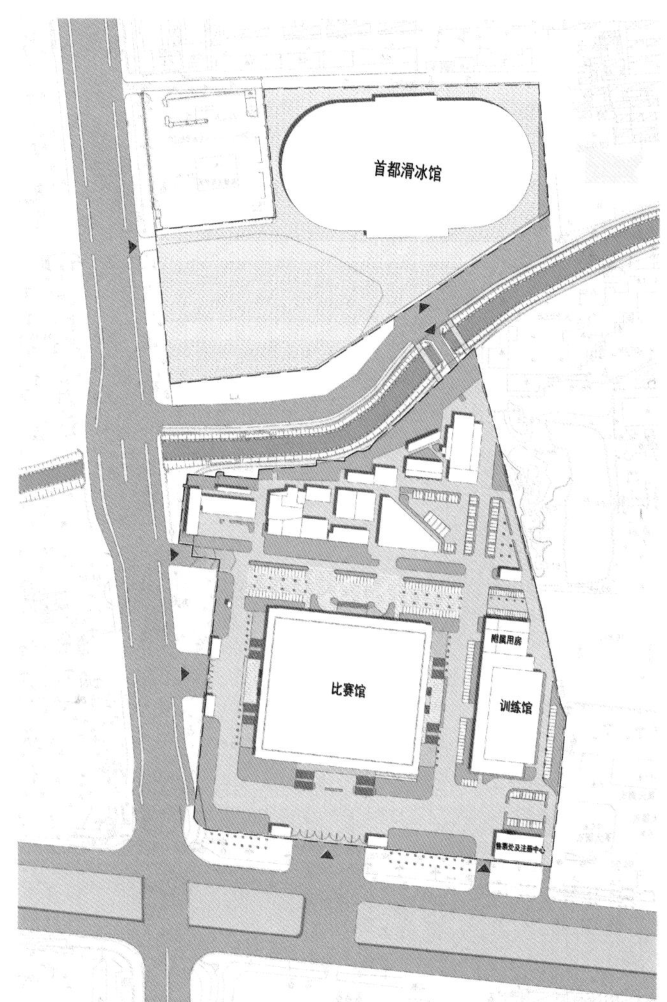

图1 原总平面图

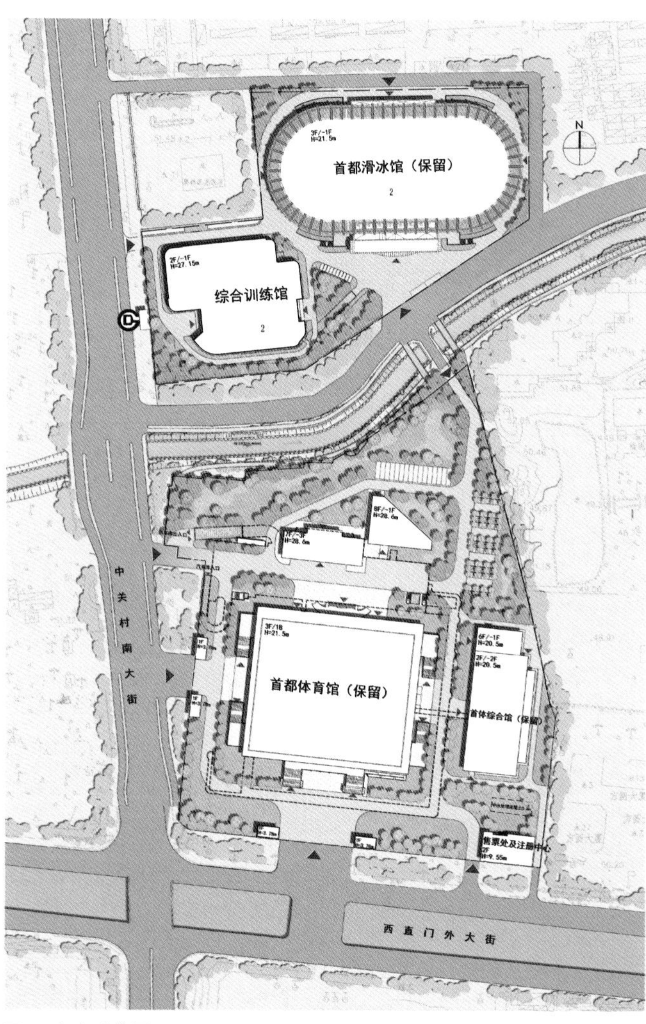

图2 改造后总平面图

对一个文化遗产类建筑进行改造，如何在传承保护建筑文化遗产的同时，为建筑融入新的活力，满足最高级别冬奥赛事需要，做到奥运遗产的可持续发展是摆在设计者面前的重要课题。

经过深入的研究论证，确定了“传承保护、确保赛时、兼顾赛后、绿色科技”的设计思路。

2 传承保护

本次改造外观保持原有建筑风貌，修旧如旧，对立面材料进行更新。在外形不变的基础上，在内侧增加保温材料，提高建筑的节能性，在墙面细节处理上采用金属嵌缝条，使整体立面更为精致耐用（图3～图6）。

入口保留了原1968年建馆时的石材铺装，保留了历史印记；内部功能上，通过BIM技术优化减少机房空间，为场馆增加约1600m^2功能性用房，缓解老场馆配套功能不足的问题。对园区进行重新规划，大面积增加绿化，补充地下停车场，极大改善了园区老旧的整体环境。

改造后的首都体育馆，除保障奥运会赛事需求，赛后既可承接各项国际、国内高水平的冰上项目赛事，还可与夏季项目实现无缝切换（图7、图8）。

图3 原建筑立面

图4 改造后建筑立面（摄影：韩金波）

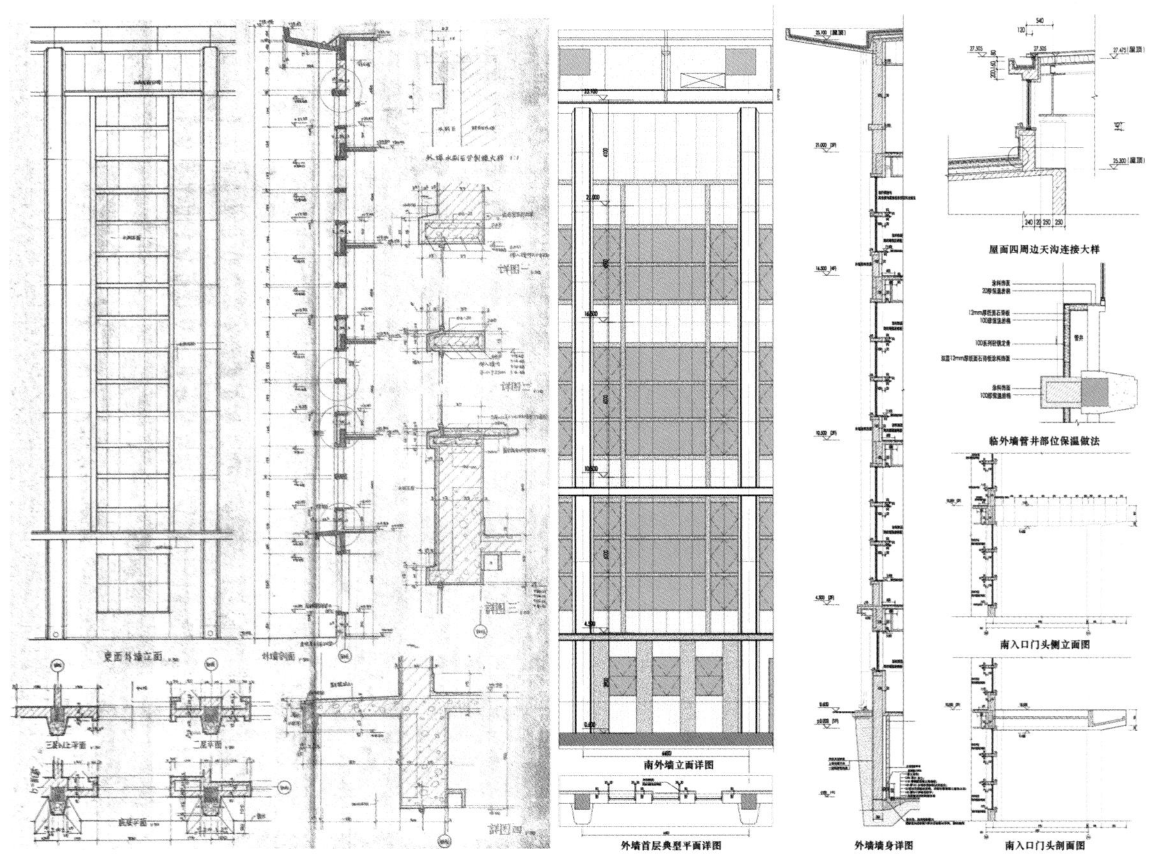

图5 原外墙节能构造

图6 改造后外墙节能构造

图7 观众厅效果（摄影：杨超英）

图8 室内场景（摄影：韩金波）

3 确保赛时

本次改造核心要在功能技术和使用体验方面满足冬奥赛时要求。功能技术方面，作为顶级冰上赛事，制冰是比赛的重中之重。本次冬奥委会首都体育馆同时承办花滑和短道速滑两项赛事，两项赛事对冰面有着不同的冰面温度和硬度要求，而且需要在两小时内实现转换。面对这样的课题，设计团队与奥组委制冰专家进行了深入的研究与讨论，最终在制冰系统上首次在大型冰场上采用了新型环保的二氧化碳跨临界直冷制冰技术，实现了制冰的快速均匀，通过先进的热回收设施进行热量再利用，用于比赛场馆浇冰热水、除湿机转轮再生等，实现废热利用，减少传统能源消耗同时变废为宝，大幅降低后期运营费用。在冰面温度转换上，在热水浇冰同时通过温度传感器时时控制制冷机组输出的制冷量，确保快速转换；通过CFD模拟技术对场地温湿度进行测算，确保赛时冰面达到奥运比赛要求（图9、图10）。

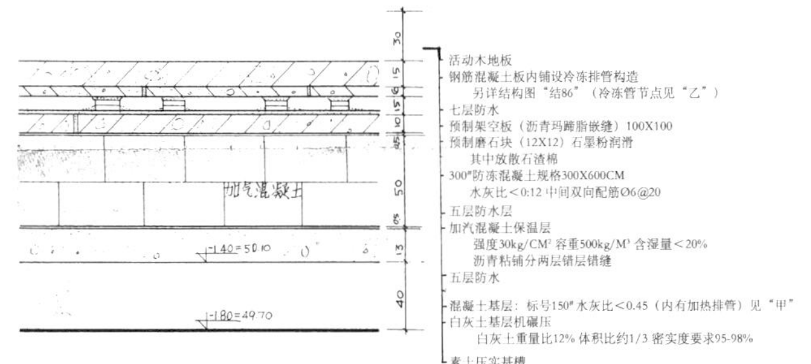

图9 原冰场构造节点剖面

图10 改造后冰场构造节点剖面

场馆体验方面，花滑和短道速滑都是最具美感和动感的冰上赛事。为呈现最“美”的观赛体验，在冰场顶部创新性地设计了由36个PTEE膜组成的1332m^{2}的巨型投影屏幕，可以通过最新影像技术实现各类动态画面，配合最新的声光电技术与冰场形成天地一体的视觉盛宴，充分表现了“最美的冰”的设计理念（图11、图12）。

观众坐席设计根据人体工程学原理，坐垫宽度进行了加长，由原来的47cm增加到55cm，采用了弹性材料，大幅提升了使用舒适性；观众席设永久无障碍席位。

图11 原建筑室内

图12 改造后建筑室内（摄影：韩金波）

作为北京的标志性老建筑，体育馆室内造型设计、功能优化、新设备、新技术设计是我们研究的重点。通过对首都历史及文化的阅读研究，我们认为首都北京要体现出传承、运动、未来的新概念。结合奥运会精神，引入“冰晶、中国红、奥运”的设计理念，将主馆二层观众出入口设计成红色奥运的主题，并通过深红色铝合金板作为墙体立面材料，墩实厚重、富有力度，酷似故宫城墙，将奥运意向和中国古老的象形文字进行了充分结合（图13、图14）。

通过这种富有创意的设计，使人产生强烈的文脉联想，极富中国文化特色。

“成片簇新的红墙迎面而立。转入比赛馆内，错落的蓝色渐变座椅蔓延开来，嵌于顶上的灯具错落起伏，如波浪般层层铺开……”这就是对室内的直观感受，整体朴素、文雅的手法绘成了一幅绝美的中国画卷。

观众厅男女卫生间比例由1：0.9调整为1：1.6，以改善女性观众的观赛体验；在运动员体验上，本次改造大幅增加了运动员休息区面积，并且设置了独立的运动员更衣区，为运动员提供了舒适的休息空间。

图13 冰晶蓝（摄影：韩金波）

图14 中国红

4 兼顾赛后

本次改造为实现可持续的办奥理念，统筹考虑了场馆赛后的使用需求。例如，比赛场地可以满足短道速滑、花滑、冰球、冰壶等各类冰上赛事的需要，以及排球、篮球等赛事的需要；大幅扩展场馆的运动员更衣室面积，赛后转换可满足对更衣室要求最高的冰球赛事的需要（图15～图18）。

场地天幕的设计，除了奥运赛时可以提供极具震撼的视觉体验，也为赛后运行提供了新的功能体验。改造后的首都体育馆，将继续作为各类冰上赛事、体育文化活动的举办场所，推动全民健身，推广冰雪运动。

5 绿色科技

在本次改造中绿色科技也是重要的关注目标。本次改造对场馆围护结构的节能性能进行了大幅提升；赛时功能区采用了开敞空间的设计，搭建临时设施，减少了固定设施的投入；制冰系统首次采用新型环保的二氧化碳跨临界制冷剂；设计中采用CFD环境模拟技术精准控制场地温湿度环境；重点区域设备楼宇自控系统结合视频监控系统可实现重点系统24小时全程可视化监控；5G网络全覆盖，为互联网云观赛、实时转播、信息实时交互等参赛、观赛新体验创造条件；高清转播系统、音响灯光显示屏集

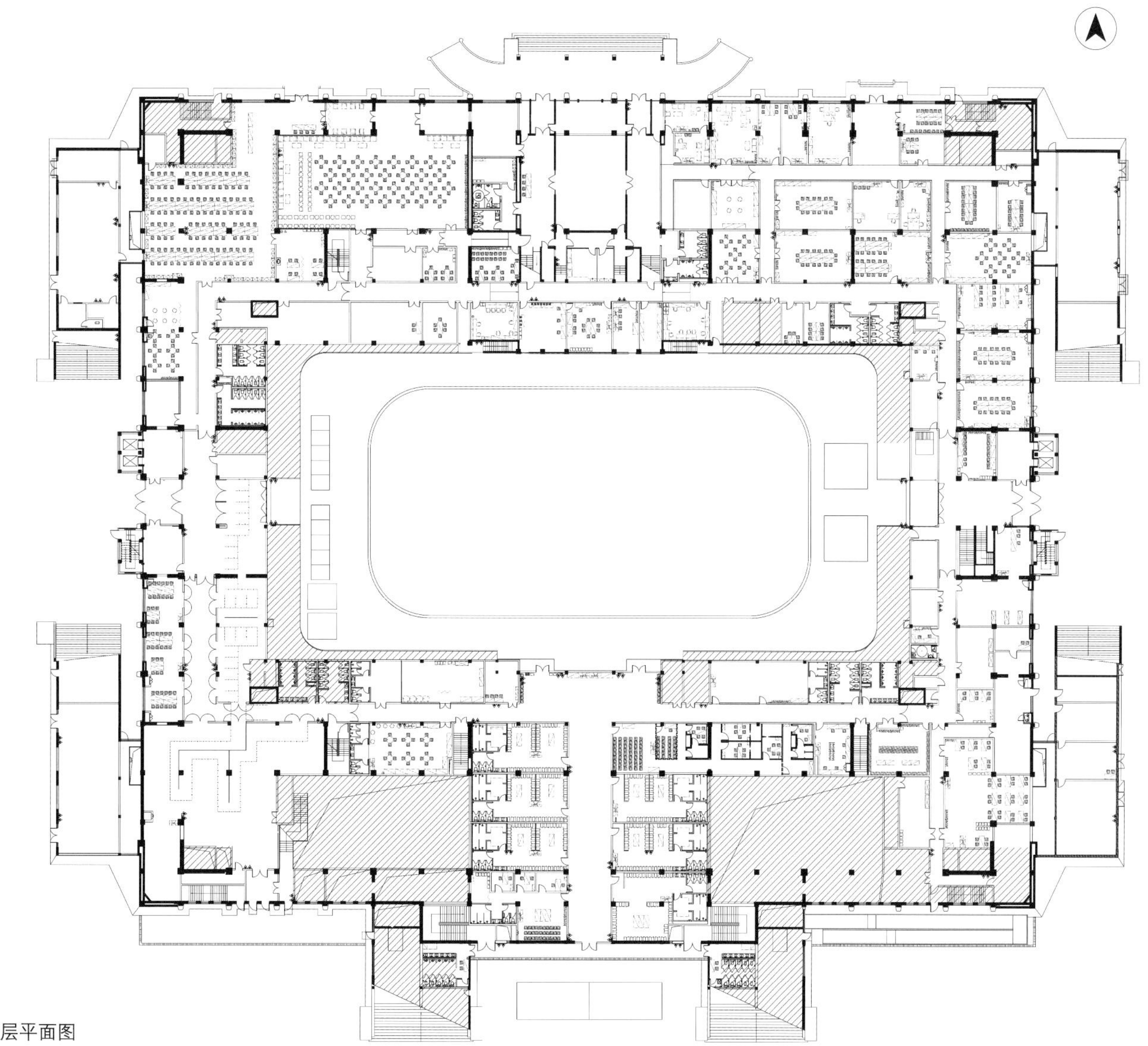

图15 首层平面图

控；场馆有线电视系统、信息发布系统，采用全面兼容高清、4K甚至8K制式信号的全光纤传输系统等，通过最新技术的应用，在场馆保护、节能环保、赛事体验、赛后运行等可持续方面得到了全面提升。

6 “最美的冰”

在习近平总书记提出的“绿色、共享、开放、廉洁”的办奥理念的指引下，首都体育馆改造从前期论证到竣工验收历时近4年时间。从国内第一块室内人工冰场到冬奥历史上第一块采用二氧化碳跨临界制冰系统制冰，从夏奥会到冬奥会，首都体育馆见证了无数历史时刻。2022年北京冬奥会将向全世界观众呈现来自中国的“最美的冰”（图19）。

图16 观众厅效果1（摄影：韩金波）

图17 更衣室效果（摄影：韩金波）

图18 观众厅效果2（摄影：杨超英）

图19 冰场效果（摄影：韩金波）

五棵松体育馆

竞赛场馆（改造）

Wukesong Stadium

Project Team

Client | Bejing Wukesong Culture & Sports Center Co., Ltd.

Design Team | Bejing Institue Of Archiitecural Design

Contruction | Bejing Urban Constrction Group Co., Ltd.

Architecture | HU Yue, GU YongHui, TAI Fangqing, LUO Hui, YOU Yapeng

Structure | QI Wuhui, SHEN Li, ZHANG Yanping, LIU Yingqiu

Water Supply & Drainage & HVAC | FAN Long, HU Youxin, XUE Shazhou, GAN Hong, CHEN Sheng

MEP | CHEN Li, SHEN Wei, ZHANG Yongli

Design Coordination Staff for 2022 Winter Olympic Games | ZHANG Xuejian, ZHANG Xinyu, LI Ying, BAI Huiwen, XUE Shazhou, SHEN Wei, ZHANG Yongli, WANG Kai

项目团队

建设单位 | 北京五棵松文化体育中心有限公司

设计单位 | 北京市建筑设计研究院有限公司

施工单位 | 北京城建集团有限责任公司

建筑设计 | 胡越、顾永辉、邰方晴、罗辉、游亚鹏

结构设计 | 齐武辉、沈莉、张艳平、柳颖秋

给水排水暖通设计 | 范珑、胡又新、薛沙舟、甘虹、陈盛

强电弱电设计 | 陈莉、申伟、张永利

2022冬奥配合设计 | 张学检、张新宇、李英、白惠文、薛沙舟、申伟、张永利、王凯

Project Data

Location | Haidian, Beijing, China

Design Time | 2003

Completion Time | 2008

Site Area | 168,000m^2

Architecture Area | 63,000m^2

Structure | Concrete Frame-shear Wall-steel Bracing

Amount of Seats | 18,000

Ice Size | 30m×60m/26m×60m

工程信息

地点 | 中国北京海淀

设计时间 | 2003

竣工时间 | 2008

用地面积 | 16.8万m^2

建筑面积 | 6.3万m^2

结构形式 | 混凝土框架-剪力墙-钢支撑

看台数量 | 18,000

冰场尺寸 | 30m × 60m/26m × 60m

五棵松场馆鸟瞰图

1 总体布局

五棵松体育馆是2008年北京奥运会遗产，在2008奥运期间作为篮球比赛馆。2022年冬奥会期间，这里将作为冰球比赛馆，承接女子及男子冰球比赛的小组赛（图1）。

五棵松体育馆位于北京奥林匹克中心区的西南部，距奥运村19km，车程约14min。五棵松体育馆的训练馆设置在首都滑冰馆，首都滑冰馆位于西南二环及三环之间，距离五棵松体育馆大约9km，车程约18min。

2 场馆基本情况

五棵松体育中心位于北京市西四环五棵松桥东北角，距离场馆园区西南侧的一号线地铁五棵松站仅有500m的距离，总占地面积28hm^2。其中，五棵松体育馆占地面积16.8万m^2，建筑面积6.3万m^2，地下3层，地上4层，最多可容纳观众约18000人，是2008年北京奥运会篮球项目主场馆。

五棵松体育中心的安检入口位于安保区的北部、西部和中间区域的南部，前院和后院进行立体划分，地面层为前院区。

3 场馆交通及内部功能分区

观众可通过平层的交通流线由四面入口快捷到达观众区。运动员、工作人员及贵宾可通过北边下沉专用通道，直达竞赛层。

在主场馆东侧有9000m^{2}的室外停车场地，作为赛时后院的内部停车场；在主场馆西侧有20000m^{2}的室外停车场，作为赛时前院的观众停车场。

图1 五棵松体育馆东北角

园区内的篮球主题公园 Hi-Park 也可作为2022年北京冬奥会主题项目展览、观众休息的区域，以吸引更多市民参与冬奥会。

主场馆共分为五个功能层。地下-10m是竞赛层，设有运动员区、媒体区、贵宾区、赛事管理区、场馆运营区；地下-10～-5m是竞赛层夹层，设有贵宾区、场馆运营区；首层和三层是观众层（图2、图3）；二层是赞助商包厢层，目前有47个包厢。

五棵松体育馆共有18000个坐席，场地四面均为可伸缩活动看台，东西侧看台收回后，可铺设一片标准的冰球场地，坐席数缩减至9000个。

作为一个专业的篮球体育馆，五棵松基本硬件配套设施，如场地、灯光、音响、斗屏、空调、消防及后台功能用房等均按照国际标准进行建设（图4～图6）。

2008年奥运会后，五棵松体育馆按照演唱会场馆标准又进行了改造，成为适合举办大型体育及娱乐活动的综合性场馆。五棵松体育馆平均每年举办200场活动，场地利用率高达80%，成为全国大型体育馆赛后利用率较高的场馆之一。

五棵松体育中心在2006年设计建设之初，就考虑了其作为职业冰球比赛场地的可能性，在场地中预埋了制冰系统，在功能房中设置了制冰机房和相应的空调、除湿机房；2016年8月，五棵松体育中心对场馆的硬件设施设备进行了大规模的改造，包括制冰系统、灯光系统、音响系统、空调系统，以满足举办高水平冰球比赛的需要；2016年9月5日，五棵松体育中心举办了首场高水平职业冰球联赛。截至目前，这里共承办了15场职业冰球联赛（图7、图8）。

作为篮球、冰球的双主场，五棵松体育中心目前可实现冰球赛场和篮球赛场在6个小时内完成转换。

五棵松体育馆还致力于打造智能化场馆，安装安格博EBMS场馆管理系统，升级场馆管理水平，使场馆运营流程化、数据化、信息化。同时实现场馆wifi全覆盖，可供给1.8万名观众无障碍广域互联网传输，增强观众体验、赛会品质和转播效果。

依据北京冬奥组委场馆改造的整体规划，以及五棵松体育中心运营计划，2019年下半年已完成场馆改造设计工作，2020年3月份开始改造施工工作，目前已完成。

图2 首层观众环廊

图3 三层观众环廊

图4 篮球场赛场内景1

图5 篮球场赛场内景2

图6 篮球场赛场内景3

图7 冰球比赛内景1

图8 冰球比赛内景2

比赛场地部分，我们将按照国际冰联标准及要求，对制冷系统、照明系统、温湿度系统以及冰面板墙等进行进一步升级改造。

功能区域将按照大型冰球赛事的具体要求，重新进行区域规划和改建（图9～图13）。

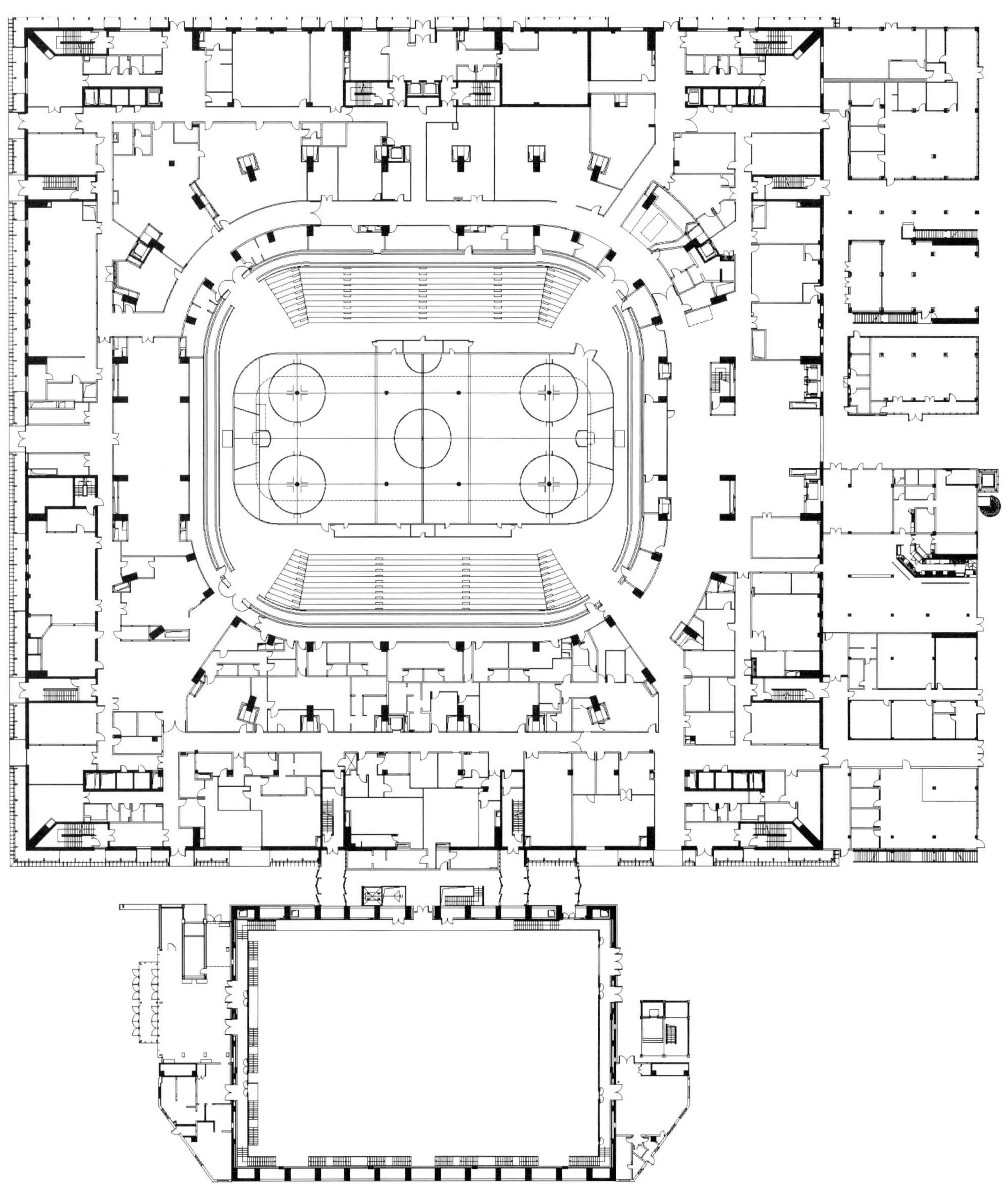

图9 场馆比赛平面图

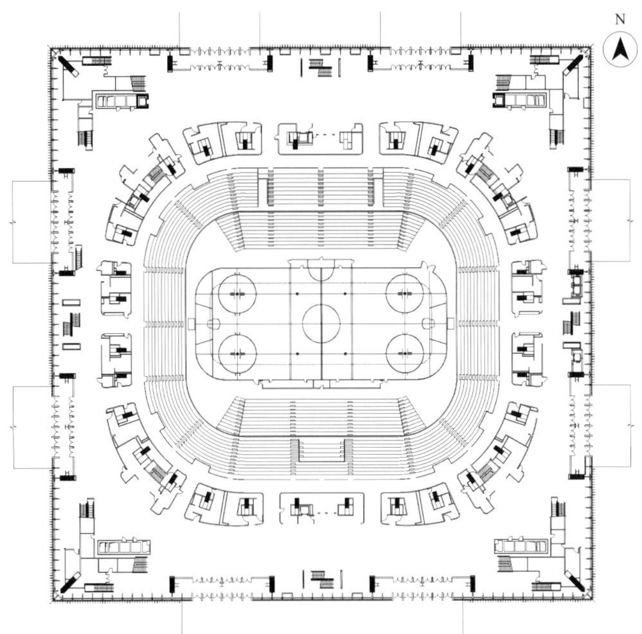

图10 场馆首层平面图

图11 场馆坐席平面图

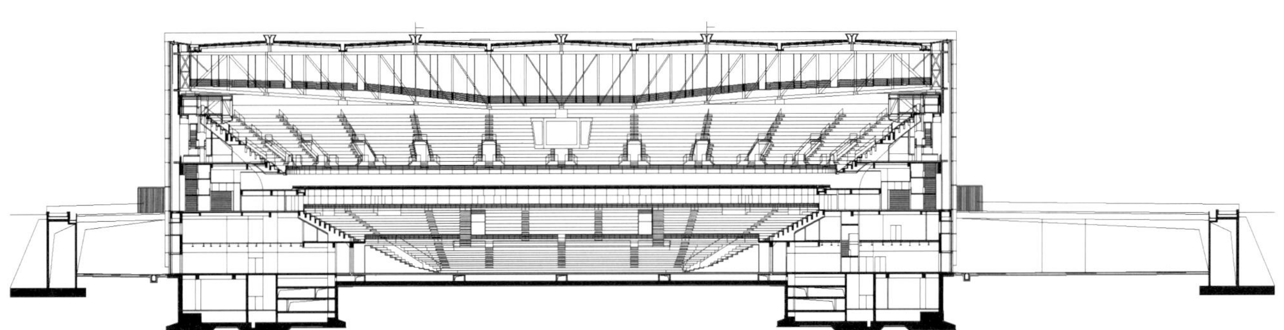
图12 场馆剖面图1

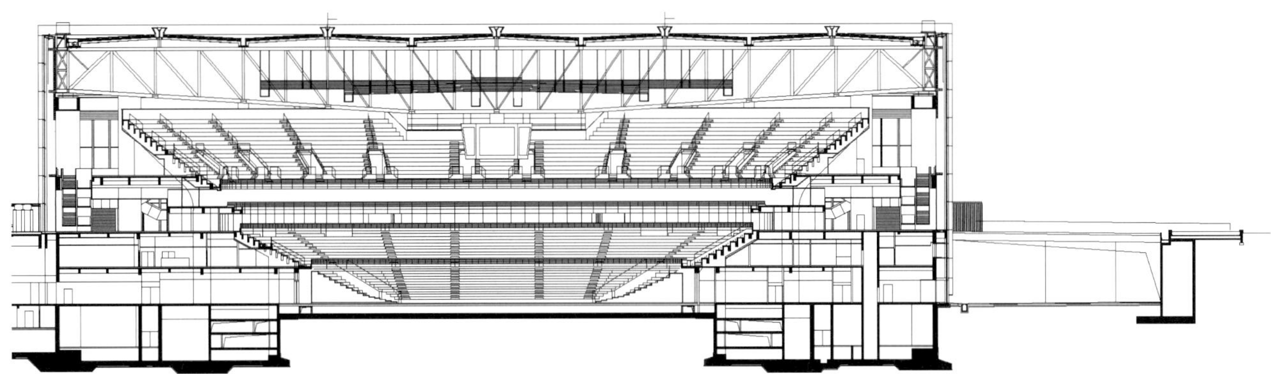
图13 场馆剖面图2

冬奥长廊仰视（摄影：张哲鹏）

五棵松冰上运动中心

非竞赛场馆（新建）

Wukesong Ice Hockey Training Center

Project Team

Client | Beijing Wukesong Culture&Sports Center Co., Ltd.

Design Team | Beijing Institute of Architectural Design

Contruction | China Constructon First Group Construction & Development Co., Ltd.

Principle-in-Charge | ZHU Xiaodi

Project Manager | WANG Dawei, CAO Yingli

Architecture | ZHU Xiaodi, WANG Dawei, ZHU Yong, ZHANG Zhepeng, SUN Yanliang, ZHANG Rengran, ZHANG Xin, HAN Shuang, JING Yang, LIU Wenjing

Structure | LIU Lijie, HAN Bo, WANG Hui

Equipment | ZHANG Jianpeng, SHI Lei, ZHOU Rui

Electric | JIANG Qinghai, WANG Shuang, CHEN Lu

Project Assistant | LI Siqi

项目团队

建设单位 | 北京五棵松文化体育中心有限公司

设计单位 | 北京市建筑设计研究院有限公司

施工单位 | 中建一局集团建设发展有限公司

项目负责人 | 朱小地

项目经理 | 汪大炜、曹颖丽

建筑设计 | 朱小地、汪大炜、朱勇、张哲鹏、孙彦亮、章礽然、张昕、韩双、景阳、刘雯静

结构设计 | 刘立杰、韩博、王辉

设备专业 | 张建朋、石磊、周睿

电气专业 | 姜青海、王爽、陈璐

项目助理 | 李思琪

Project Data

Location | Haidian, Beijing, China

Design Time | 2017

Completion Time | 2021

Site Area | 6721m^2

Architecture Area | 38960m^2

Structure | Frame Shear Wall Structure (Underground) + Steel Truss Structure(Ground)

Building Height | 17.25m

Amount of Seats | 1900

工程信息

地点 | 中国北京海淀

设计时间 | 2017年

竣工时间 | 2021年

基地面积 | 6721m^2

建筑面积 | 38960m^2

结构形式 | 地下为框架剪力墙结构，地上为钢桁架结构

建筑高度 | 17.25m

看台坐席 | 1900个

西南向外景

北冰场室内

北冰场西侧观众厅

冰场间中庭

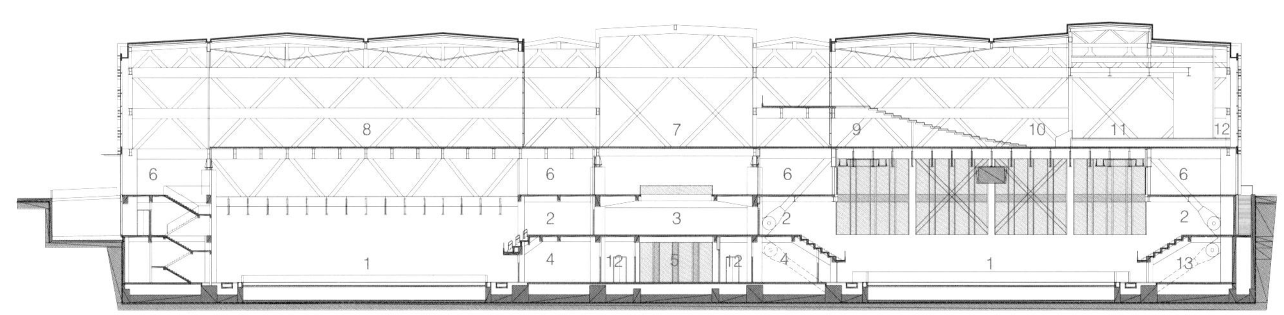

1 冰球场地　2 观众厅　3 观众休息厅　4 更衣室　5 陆地训练
6 体育文化综合配套服务　7 屋顶庭院　8 体育文化互动体验　9 剧场前厅　10 剧场
11 舞台　12 走道　13 休息室

剖面图

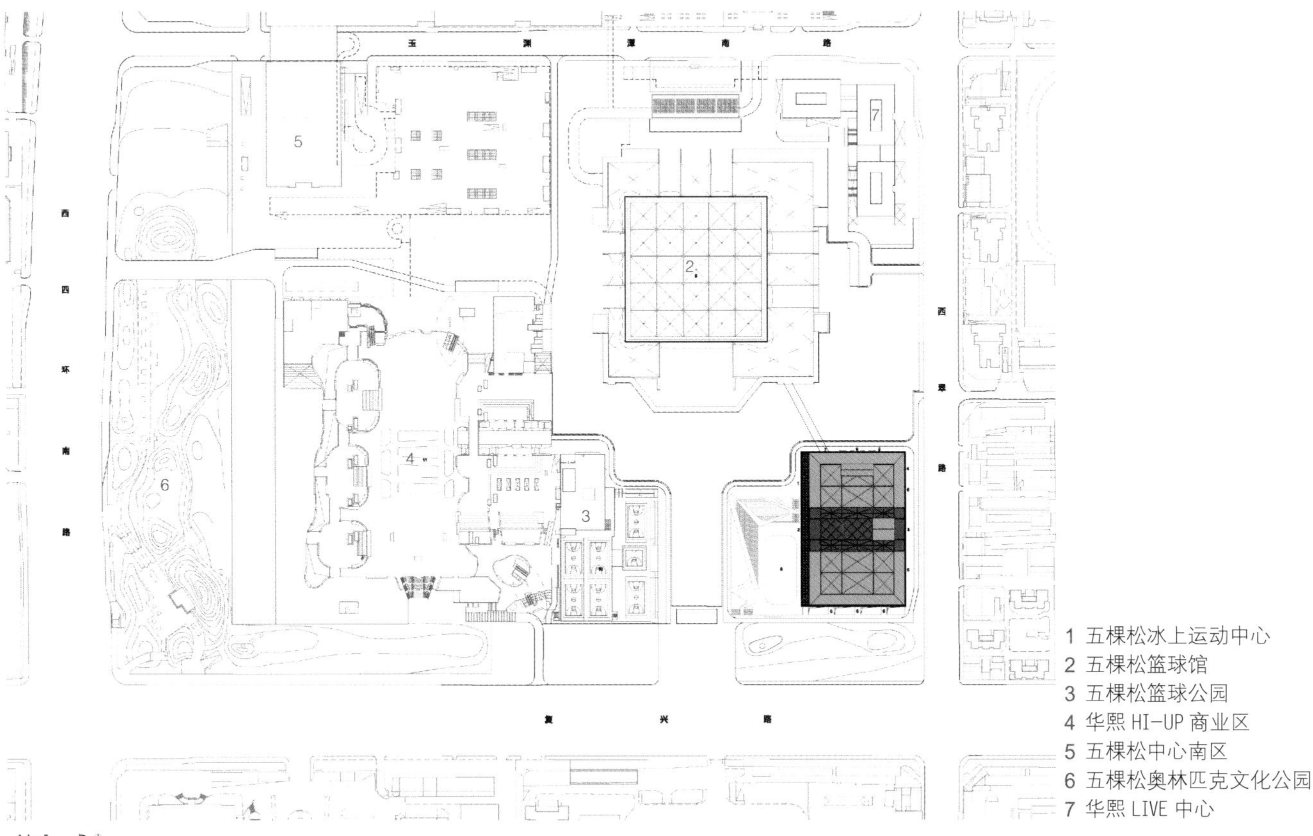

1 五棵松冰上运动中心
2 五棵松篮球馆
3 五棵松篮球公园
4 华熙 HI-UP 商业区
5 五棵松中心南区
6 五棵松奥林匹克文化公园
7 华熙 LIVE 中心

总平面图

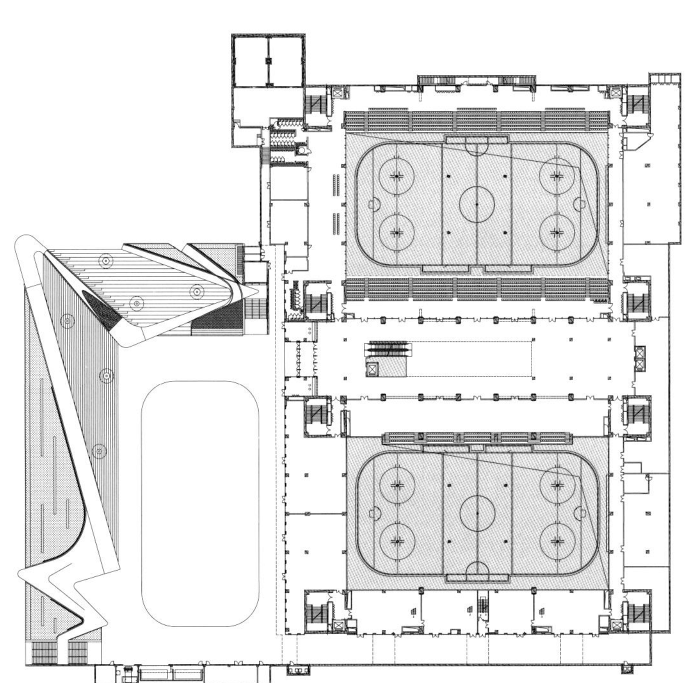

地下一层平面图

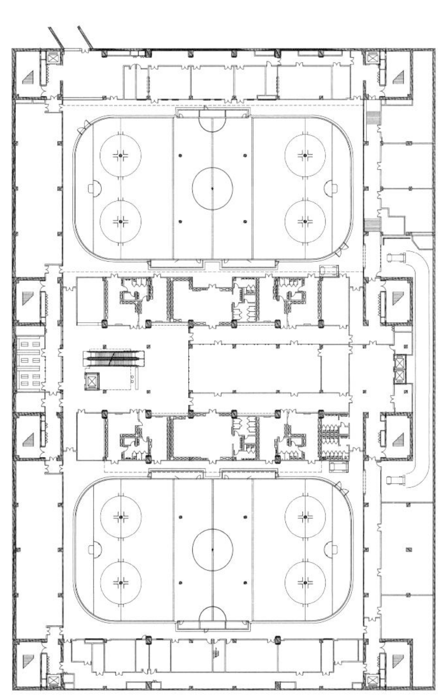

地下二层平面图

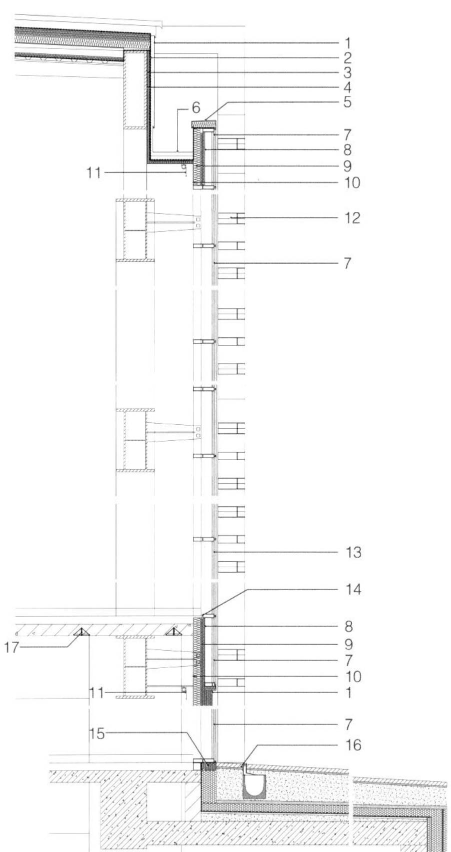

1 3mm 厚浅灰色氟碳喷涂铝单板
2 0.5mm 厚防水隔汽膜
3 30mm 厚 STP 保温板
4 1.5mm 厚镀锌钢板
5 3mm 厚浅灰色氟碳喷涂铝单板压顶
6 2mm 厚铝合金排水沟
7 超白中空 low-e 玻璃
8 2mm 厚浅灰色氟碳喷涂铝单板
9 150mm 厚防火保温岩棉
10 1.5mm 厚防火镀锌钢板
11 高反射率遮阳帘
12 浅灰色氟碳喷涂铝型材
13 超白中空 low-e 钢化夹胶玻璃
14 防火密封胶嵌缝
15 200mm 厚防火保温岩棉
16 线型排水沟
17 钢筋桁架楼承板

墙身大样图

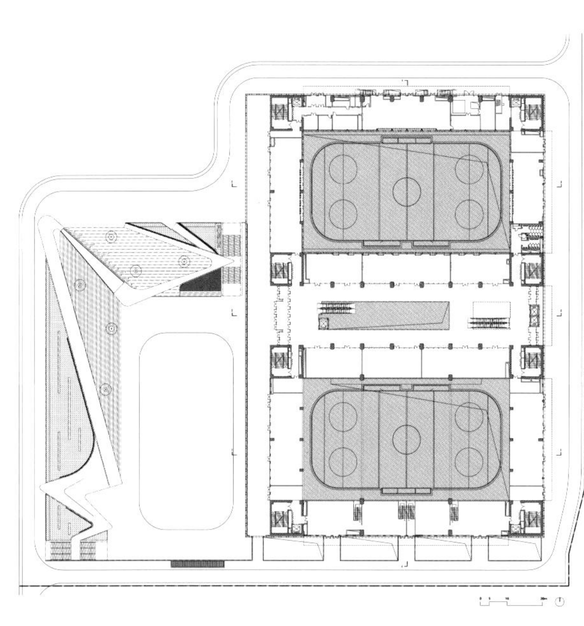

一层平面图

二层平面图

图1 西侧入口 从下沉庭院看向场馆

人类喜好运动并从运动中获得快乐源于天性。从这个意义上说，体育场馆既是运动竞技的空间，也是表达情感的圣殿。而且对于场景的体验对建筑的理解是人们在进入场馆之前，从外部就已经开始了。五棵松冰上运动中心虽然不是2022年冬奥会的主要比赛场馆，但作为奥运配套场馆，依然需要体现奥运建筑所需求的纪念和象征意义。而在奥运后，五棵松冰上运动中心作为北京最重要的冰雪主题体育建筑之一，更需要建筑本身具有能够激发这座城市市民参与冰雪运动的能量。因此我们认为，设计与冰雪世界需要建立起关联性。五棵松冰上运动中心如同一片片飘落的“雪绒花”飞舞聚合成冰雪纹理的形象，将点燃人们对冬奥会、对冰雪运动的热情与期盼（图1）。

1 场地回应

项目位于北京五棵松文化体育中心用地的东南角、五棵松篮球馆的东南侧，总建筑面积38,960m^2。五棵松冰上运动中心所处场地具有一定的特殊性：一方面，为了突出五棵松篮球馆南侧广场的对称空间序列，五棵松冰上运动中心与西侧的篮球公园围绕着五棵松篮球馆形成左右对称布局；另一方面，五棵松冰上运动中心紧邻长安街，对于建筑沿街立面有严格要求，设计中力图在保持大体量建筑空间完整性的基础上，寻求建筑立面的突破，探索建筑如何以准确的形式隐喻冰上运动的功能、氛围和魅力，契合冬奥会大型场馆和长安街沿线建筑对项目的要求，对周边区域以及长安街的边界条件进行回应，并建立友好的空间对话关系。

2 功能布局

空间功能整体划分为：地下2层是冰场及观众区；地上2层是体育文化配套空间及910座的剧场空间。地下2层共设置南北对称两块可转换冰场及1900个固定座椅观众区，围绕冰场空间布置了大量的休闲观赛区，为观众提供了更为多样的观赛方式，所有相关的配套功能空间围绕在冰场及观众空间外侧。整个建筑的被服务空间与服务空间分区明确（图2）。

设计希望能够突破传统体育场馆巨大体量形成的单调外部空间，强调公共建筑面向使用者的开放性，设计中我们在西侧共设置两个主要入口，分别位于地下一层和一层，两个入口共同形成了开放、立体的空间流线关系（图3）。地下一层入口与建筑西南侧的下沉室外活动场地连接。一层入口则消隐在建筑西侧立面的幕墙之后，观众需要通过幕墙与建筑主体围合成的“冬奥长廊”到达一层入口。这段介于幕墙与建筑主体之间的“冬奥长廊”成为有仪式感和纪念性的前序空间。阳光透过镂空的雪绒花格栅界面在地面和建筑主体立面上描绘了一幅实虚相映、光影交织的画面，让观众在进入建筑之前能够直观感受到雪绒花幕墙丰富、灵动的光影变化（图4、图5）。

2022年北京冬奥会期间，五棵松冰上运动中心将作为冰球比赛的训练、热身场地，届时将有 6 间高标准的更衣室供参赛球队使用。五棵松冰上运动中心通过地下的球员专用通道与冰球比赛场馆——五棵松篮球馆相连，参赛运动员在此训练完毕后，通过该通道可直接到达五棵松篮球馆的竞赛层运动员区。

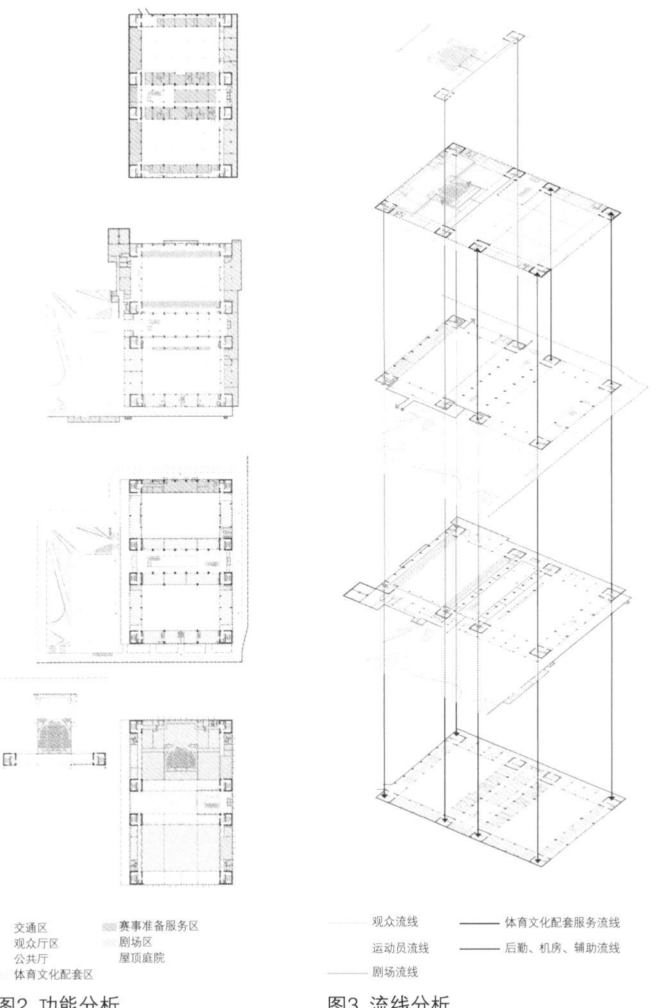

图2 功能分析

图3 流线分析

图4 西侧主入口冬奥长廊光影

图5 西侧入口冬奥长廊

3 立面设计

冰雪的肌理使人联想起相互交织的结构，这与中国传统建筑外檐中常用的花格门窗的图案具有相似性。建筑四周均采用格栅幕墙体系，形成统一的形象，斜向格栅呈45° 交叉，形成类似冰裂纹的视觉效果。格栅幕墙的处理方式形成了具有层次感的空间效果，格栅的小尺度能消解建筑本身的巨大体量，使其更加轻盈而含蓄，光影变化中也能表现出中国传统建筑的神韵。

同时我们将立面设计概念与建筑结构融合，斜向交叉的巨型桁架结构体系（图6）与立面格栅45° 斜向交叉的雪绒花元素同构，立面内侧的结构构件与雪绒花形态的幕墙格栅构件重合，让建筑结构若隐若现，使建筑整体从外部视觉到内部空间更加统一，具有严谨的逻辑和工程的美感，让使用者由内到外均可感受到冰雪意向。

为避免立面过于单调，在实施过程中我们对方案格栅幕墙的杆件进行适量删减，并将色彩运用到立面之上，通过数字化技术将色彩分布和材料编号计算出来，进行精细的编组加工，同时增加侧面杆件的颜色，使建筑立面具有丰富的色彩变化，突出体育场馆活跃与热烈的气氛。幕墙采用全新的涂装工艺，并制作了多个样板段进行研究和调试。幕墙隐藏灯具采用高压铸铝，与幕墙工艺完美结合，实现见光不见灯的效果，同时通过 DMX512 控制协议实现对每个灯具的精准控制，在夜晚形成如同雪花片片飘落的动感画面，描绘出诗一般的意境。

4 结构体系

建筑采用钢筋混凝土框架—剪力墙结构体系，在建筑角部和四边均匀、对称布置了8个9.6m×9.6m的钢筋混凝土核心筒，与钢筋混凝土框架结构和巨型平面钢桁架结合，形成完整、高效的抗侧力结构体系。将大跨度的训练场地空间置于建筑下部，其他使用功能设置于建筑上部，用纵横两个巨大的公共空间将两者连接起来。冰场上空大跨度楼盖采用了双层平面钢桁架结构体系。

图6 屋顶庭院钢结构

南、北冰场各布置八榀巨型平面钢桁架，实现了钢桁架体系内部 57.6m × 28.8m × 9.6m 的无柱大空间。在第 14 届第一批（2019 年度）中国钢结构金奖工程中，五棵松冰上运动中心荣获中国钢结构金奖。

在设计和建造过程中，我们采用9.6m的模数来进行整体控制，建筑平面采用9.6m × 9.6m柱网，建筑结构采用9.6m × 9.6m结构单元，雪绒花幕墙采用2.4m × 2.4m的分模数模块单元。统一模数便于建筑构件的工业化生产以及装配化施工，保证建筑的高完成度，同时也呈现了建筑的理性美学。

5 节能设计

五棵松冰上运动中心按超低能耗建筑理念设计和建造，从“降低需求、提高能效、开源补强”三个维度进行建筑节能设计，已获得中国绿色建筑三星标识，是目前全国最大的超低能耗体育场馆。

通过优化围护结构热工性能降低围护结构所产生的空调冷热负荷，采用排风热回收装置降低新风所产生的空调冷热负荷，采用制冰余热回收降低本项目市政用热量等技术措施降低建筑能源需求。五棵松冰上运动中心采用CO_2跨临界直接蒸发制冰系统，该系统具备优良的制冷性能和环保特性：CO_2直接被传送到场地制冷盘管中进行热交换，传热性能好，整个制冰系统换热效率更高，比传统间冷系统可节约40%以上综合能耗；具备高效的全热回收能力，热能回收后可用于地坪加热、融冰、浇冰水、冰场采暖、洗浴热水，使制冰能源在整个场馆高效利用起来。

采用高性能冷水机组、高效水泵风机、风机水泵变频措施、冰场除湿优化等技术措施，提高设备能效，降低能源消耗。在冰场建设中，除湿系统格外关键，空气中如果水量过大，冰面上容易起雾，尤其是在板墙周围容易发生结露，从而影响冰面的质量与观感。因此，赛事级别冰场都会配备除湿系统。传统冰场多采用转轮方式除湿，但五棵松冰上运动中心采用的是溶液除湿系统，该系统利用化学方式除湿。虽然都是将空气中的水分吸收、干燥，但转轮除湿效率低、能耗高，而溶液除湿效率高，能耗相比转轮除湿可以降低 50%。

采用可再生能源系统，如光伏发电系统替代一部分传统能源，降低常规能源的消耗量。五棵松冰上运动中心建筑外幕墙是国内首个传统铝合金幕墙系统，通过优化工艺设计，使其成为综合传热系数 K 值小于1.0的被动式建筑幕墙。同时还采用在屋面敷设光伏发电组件、充分利用自然能源和使用LED灯具照明减小耗电量等节能措施。

6 赛后应用

未来，五棵松冰上运动中心将以青少年俱乐部培训、体能中心、健身中心的运营管理为主体，结合精彩赛事活动和沉浸式商业业态，全方位满足市民培训、社交、娱乐等需求。华熙旗下的华熙银河俱乐部，将面向6~12岁喜爱冰雪运动的少年儿童，设置完善的冰球、花滑培训架构，凭借北美教练资源和其他高端国际资源优势，为孩子们提供个性化的冰雪运动成长方案。同时，其衍生产品——健身中心、体能中心、舞蹈培训、瑜伽培训等都将全面开放，打造集评估、分组、针对性训练、比赛、考核、评价、升级、课程推荐等为一体的全方位青训体系。五棵松冰上运动中心将进一步丰富北京稀缺的国际级别冰上运动场馆业态，成为北京冰雪文化、青少年冰雪教育的新地标。

图片来源：

图纸及分析图由朱小地工作室绘制，照片均由张哲鹏拍摄。

群明湖东岸看大跳台

群明湖北岸看大跳台

首钢滑雪大跳台中心

竞赛场馆（新建）

Big Air Shougang

Project Team

Client | Zhangjiakou Olympic Sports Constuction and Development Co., Ltd.

Design Team | Architectural Design and Research Institute of Tsinghua University Co., Ltd.

Contruction | Beijing Shougang Construction Group Co., Ltd.

Principle-in-Charge | ZHANG Li

[Big Air]

Architecture | ZHANG Li, DOU Guanglu, JIANG Xirui, BAI Xue, PAN Xiaojian

Structure | NICOLAS GODELET Architects & Engineers

Profile Design | Joe Fitzgerald, Davide Cerato

Record of Architecture Management | MENG Fanxing/CCTN Design Beijing Shougang International Engineering Technology Co., Ltd.

[Oxygen Factory Renovation]

Architecture | ZHANG Li, DOU Guanglu, BAI Xue, HU Bo, NIE Shibing

Renovation Design | Michele Bonino/Politenico di Torino

Structure | LI Guo, PAN Anping

Water Supply & Drainage | XU Qing, ZHAI Shasha

HVAC | JIA Zhaokai, LIU Huili

MEP | WANG Lei, ZHONG Xin

Lanscape | Atelier ZHU Yufan, THUDPI

Lightning | X Studio, School of Architecture, Tsinghua University (Floodlighting), MUSCO (Competition)

Project Data

Location | Shijingshan, Beijing, China

Design Time | 2017.04 – 2019.10

Completion Time | 2019.01 – 2020.07

Site Area | 33.2hm^2

Built Area | 33,000m^2

Structure | Steel Frame Structure (main body), Steel-concrete Structure (oxygen factory)

项目团队

建设单位丨北京首奥置业有限公司

设计单位丨清华大学建筑设计研究院有限公司

施工单位丨北京首钢建设集团有限公司

项目负责人丨张利

[首钢滑雪大跳台本体]

建筑设计丨张利、窦光璐、江曦瑞、白雪、潘小剑

结构设计及竞赛工艺设计丨北京戈建建筑设计顾问有限责任公司

竞赛剖面曲线设计丨乔・菲兹杰拉德，大卫・赛拉图

施工图项目管理丨孟繁星/杭州中联筑境建筑设计有限公司

施工图合作设计丨北京首钢国际工程技术有限公司

[竞赛配套设施及制氧厂北区改造]

建筑设计丨张利、窦光璐、白雪、胡珀、聂仕兵

制氧主厂房改造方案设计丨米凯利・博尼诺/都灵理工大学

结构设计丨李果、潘安平

给水排水工程丨徐青、翟莎莎

暖通工程丨贾昭凯、刘慧丽

电气工程丨王磊、钟新

景观设计丨清华同衡规划设计研究院朱育帆工作室

照明设计丨清华大学建筑学院张昕工作室（泛光照明）、玛斯科照明设备有限公司（大跳台竞赛照明）

工程信息

地点丨中国北京石景山

设计时间丨2017.04–2019.10

竣工时间丨2019.01–2020.07

基地面积丨33.2hm^2

建筑面积丨33,000m^2

结构形式丨钢结构（跳台本体），钢筋混凝土结构等（制氧厂北区）

从新首钢大桥看大跳台

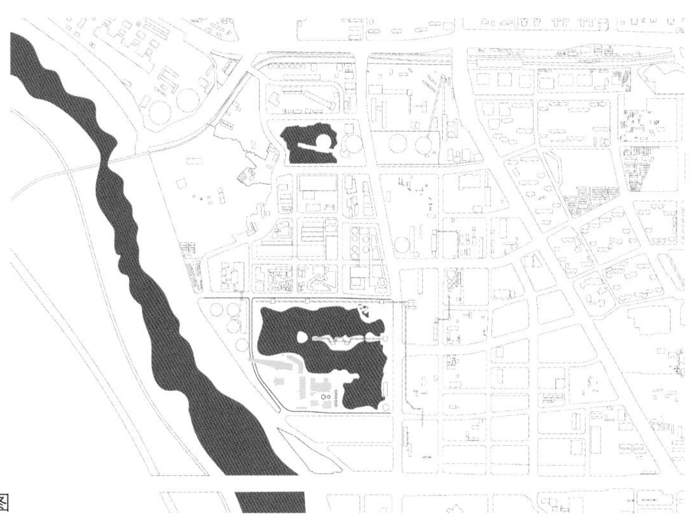

区位分析图

大跳台局部

制氧主厂房改造和看台

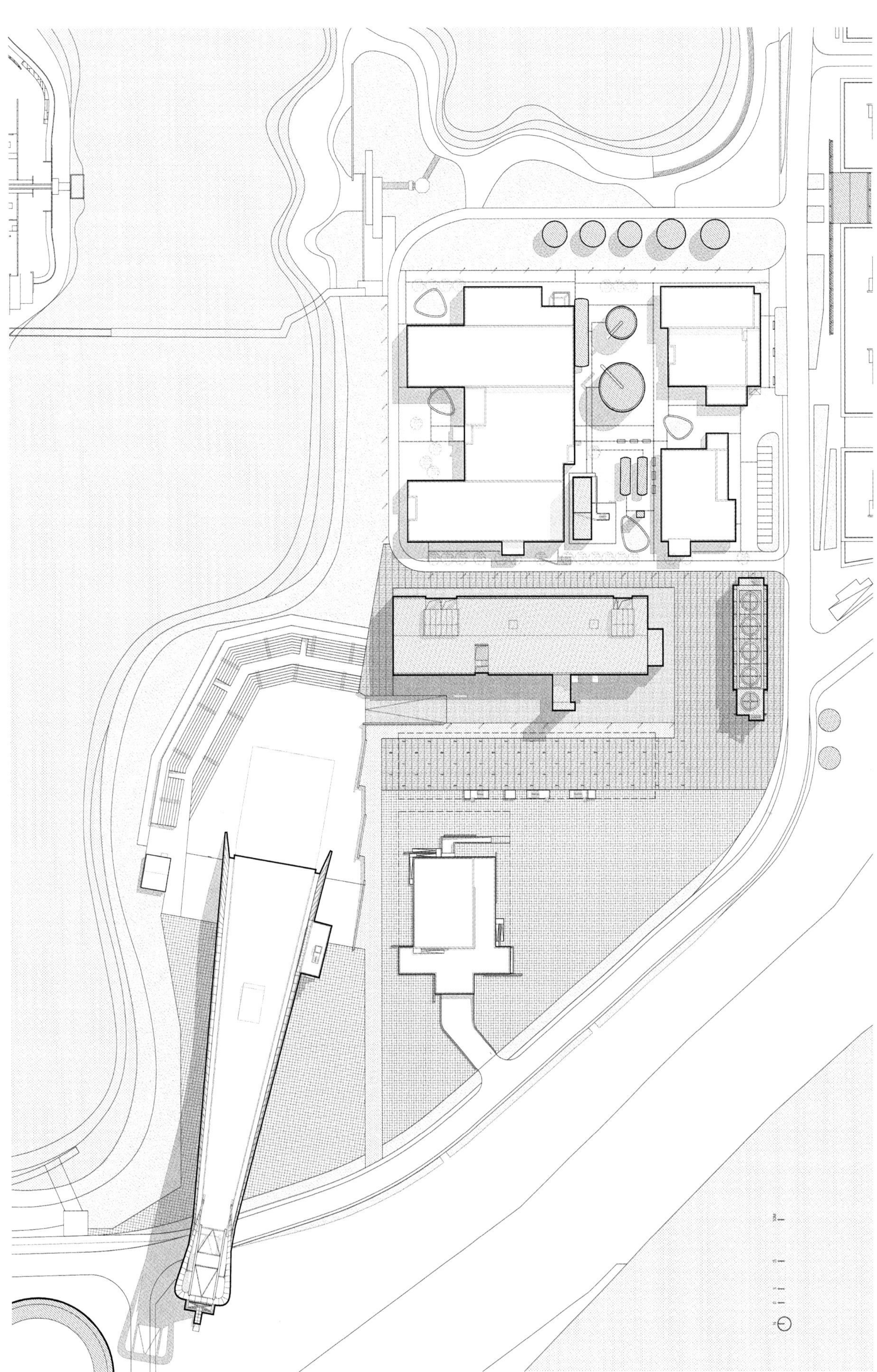

大跳台总平面图

大跳台夜景

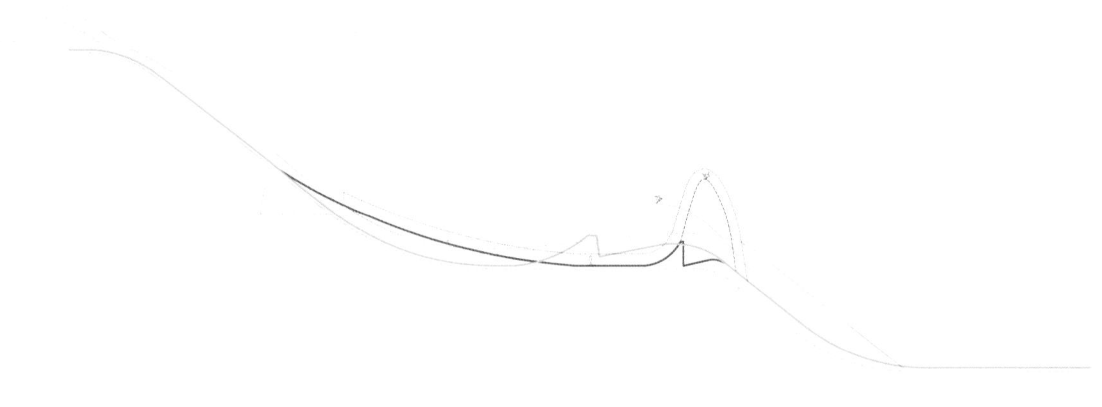

剖面分析

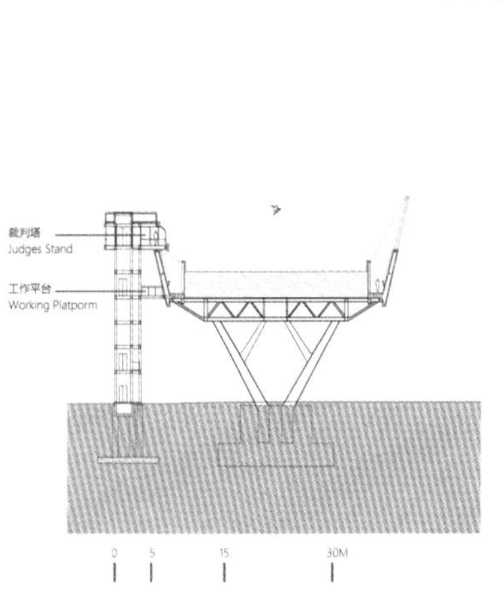
裁判塔
Judges Stand
工作平台
Working Platporm
0
5
15
30M

剖面图

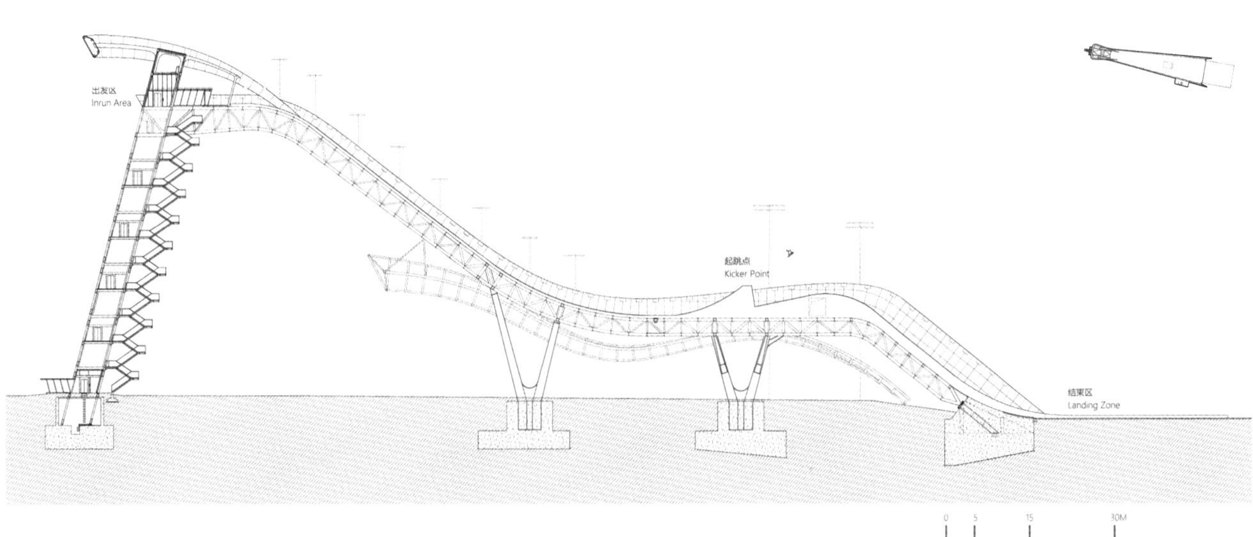
出发区
Inrun Area
起跳点
Kicker Point
结束区
Landing Zone
0
5
15
30M

大跳台剖面图

出发区鸟瞰首钢园

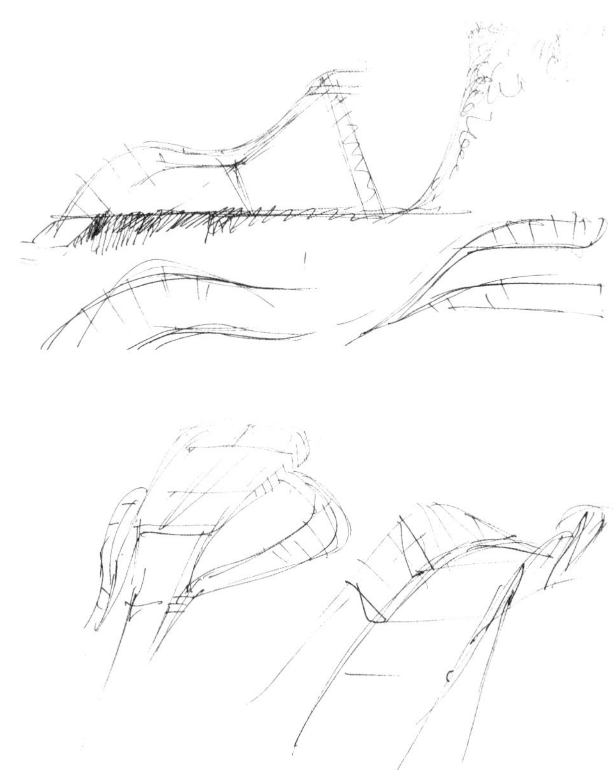

手绘草图（绘图：张利）

大跳台局部防风防护网

大跳台和改造后的制氧厂主厂房

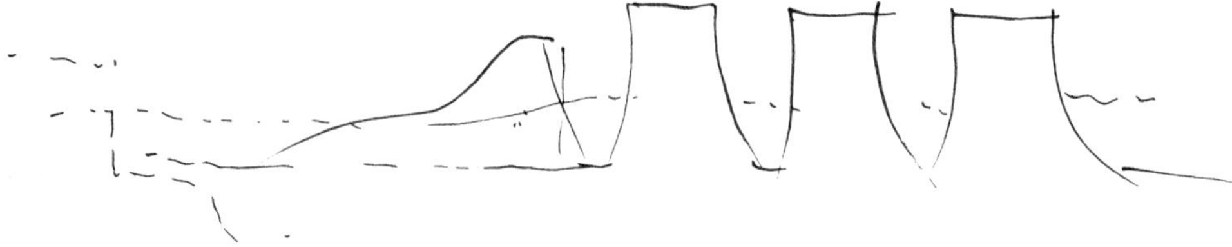

跳台与冷却塔关系示意（绘制：张利）

改造前后群明湖东岸天际线

制氧厂改造后的庭院景观 1

制氧厂改造后的庭院景观2

庭院景观局部

群明湖沿岸局部

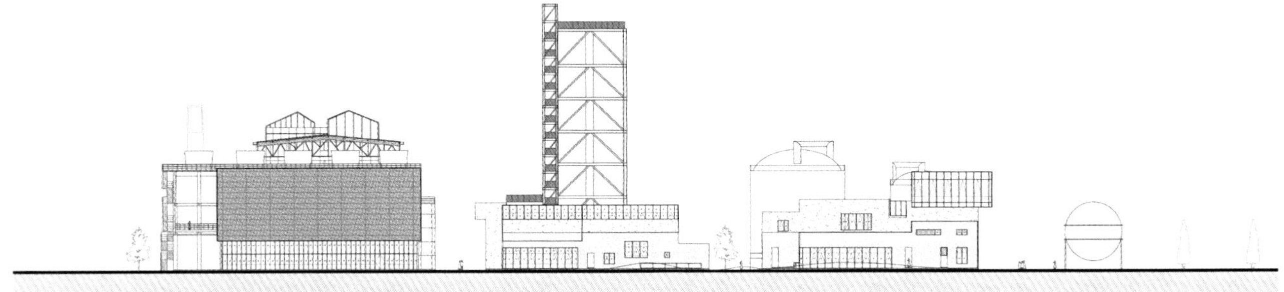

制氧厂立面图

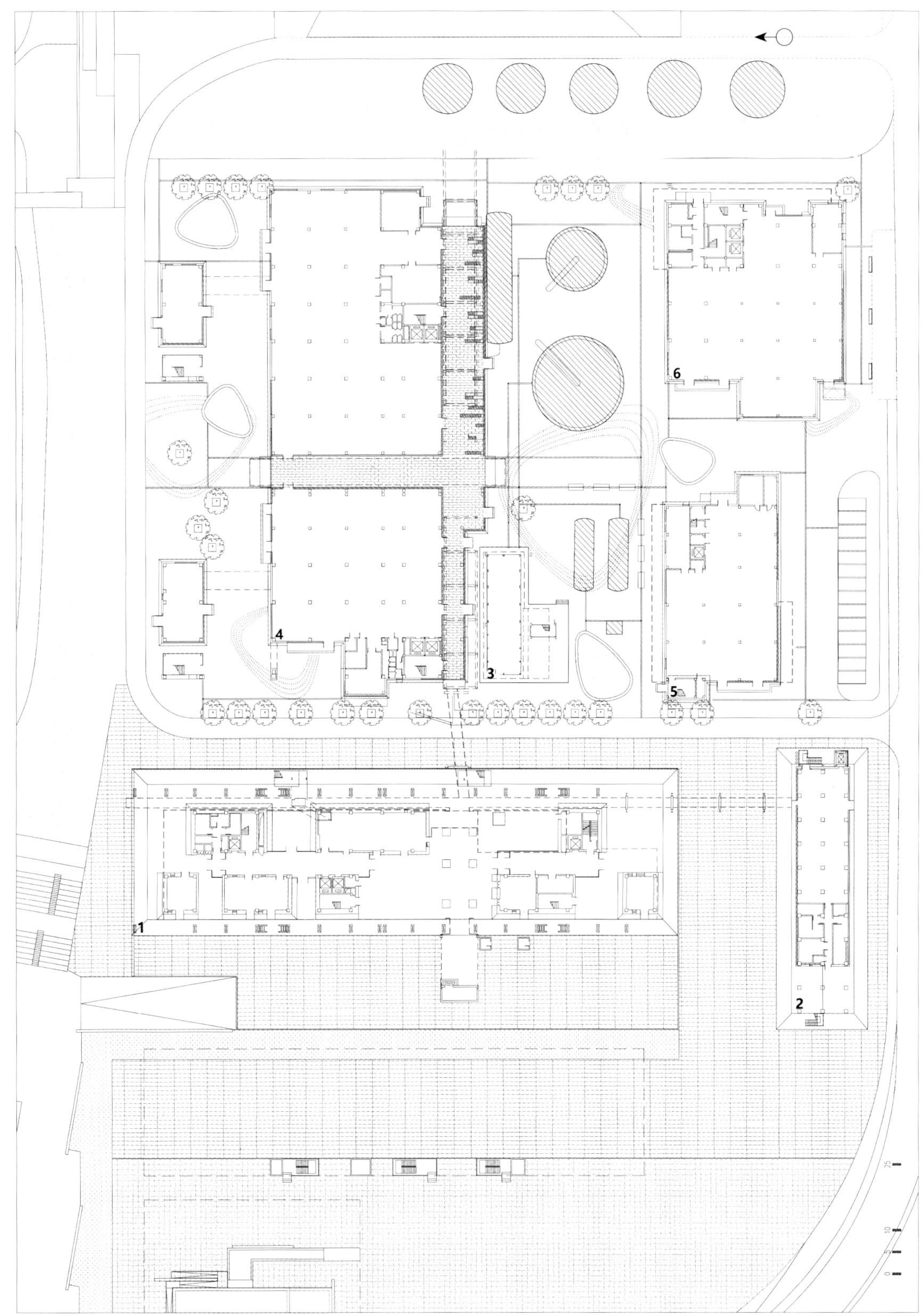

1 制氧厂主厂房
2 冷却泵站
3 空分塔
4 厂房改造 D 楼
5 厂房改造 E 楼
6 厂房改造 F 楼

制氧厂平面图

1 首钢滑雪大跳台及群明湖周边总体规划

首钢工业园区改造是中国北方最具雄心壮志的工业遗产改造项目，旨在让这座百年历史的钢厂回归市民生活，使城市与永定河重新连接起来，并恢复自然环境，对城市地区影响范围达10km^2。整个项目于2010年左右启动，计划在2030年完成，包括一系列适应性再利用和能源转换项目，以体育、休闲、文化和其他公共项目为引擎。作为北京2022年冬奥会北京赛区的场馆分区之一，首钢园区及京能园区包含一个竞赛馆和5个非竞赛场馆[1]。首钢滑雪大跳台是其中唯一的竞赛场馆，它将举办北京2022冬奥会的单板滑雪及自由式滑雪大跳台（男子、女子）比赛，产生男女共4枚金牌。

首钢滑雪大跳台是全球首个坐落在工业遗址内的冬奥会场馆，也是首个滑雪大跳台的永久性竞赛设施[2]。首钢滑雪大跳台的规划设计将冬奥会场馆与原大型钢铁厂的一个关键部分改造结合起来，其包括制氧厂、冷却泵和空分塔，沿着工业晾水池——群明湖岸线进行布局。单板滑雪赛道位于由4座标志性冷却塔形成的风影区，其结束区和近6000座观众席的一部分沉入湖中，北区制氧厂则改造为北京2022冬奥会观众服务中心（表1）。

首钢滑雪大跳台相关数据 **表1**

<table>
<tr><td rowspan="23">首钢滑雪大跳台</td><td rowspan="2">整体</td><td>改造范围（hm^2）</td><td>水面（hm^2）</td><td colspan="3">高线公园长度（m）</td><td colspan="2">环湖步道长度（m）</td><td>四个冷却塔高度（m）</td></tr>
<tr><td>34.5</td><td>21</td><td colspan="3">730</td><td colspan="2">3364</td><td>70</td></tr>
<tr><td rowspan="12">大跳台</td><td>用钢量（t）</td><td colspan="7">3000</td></tr>
<tr><td>高度（m）</td><td colspan="7">60.5</td></tr>
<tr><td rowspan="2">赛道</td><td>出发区标高高度（m）</td><td colspan="3">起跳区标高高度（m）</td><td colspan="2">结束区标高高度（m）</td><td>以跳台电梯厅
首层为标高</td></tr>
<tr><td>48.6</td><td colspan="3">12.50</td><td colspan="2">-4.50</td><td>±0.00</td></tr>
<tr><td rowspan="2">助滑道</td><td colspan="3">坡度</td><td colspan="2" rowspan="2">着陆坡</td><td colspan="2">坡度</td></tr>
<tr><td colspan="3">36.15″</td><td colspan="2">37.82″</td></tr>
<tr><td>下沉湖面深度（m）</td><td colspan="7">3</td></tr>
<tr><td rowspan="2">观赛看台（个）</td><td>永久坐席</td><td colspan="2">临时坐席</td><td colspan="2">站席</td><td>无障碍及陪同席</td><td>总计</td></tr>
<tr><td>4034</td><td colspan="2">1727</td><td colspan="2">1093</td><td>110</td><td>6968</td></tr>
<tr><td>观众区最大仰角</td><td colspan="7">10.39°</td></tr>
<tr><td rowspan="2">斜行电梯</td><td>角度</td><td colspan="4">速度（m/s）</td><td colspan="2">载重量（kg）</td></tr>
<tr><td>74.9″</td><td colspan="4">1.6</td><td colspan="2">1350</td></tr>
<tr><td rowspan="9">北区厂房改扩建</td><td rowspan="4">制氧厂主厂房</td><td colspan="2">改造前建筑面积（m^2）</td><td colspan="5">改造后建筑面积（m^2）</td></tr>
<tr><td colspan="2" rowspan="3">960</td><td colspan="5">10,041</td></tr>
<tr><td colspan="4">地上面积（m^2）</td><td>地下面积（m^2）</td></tr>
<tr><td colspan="4">9865</td><td>185</td></tr>
<tr><td rowspan="2">冷却泵站</td><td colspan="2">改造前建筑面积（m^2）</td><td colspan="5">改造后建筑面积（m^2）</td></tr>
<tr><td colspan="2">1200</td><td colspan="5">1500</td></tr>
<tr><td>空分塔高度（m）</td><td colspan="7">48</td></tr>
<tr><td rowspan="2">制氧厂车间 DEF</td><td colspan="7">总建筑面积（m^2）</td></tr>
<tr><td colspan="7">15,787</td></tr>
</table>

单板滑雪大跳台是冬奥会中一项相对较新的运动，于2018年平昌冬奥会上首度成为冬奥会的正式比赛项目，并在阿尔卑西亚跳台滑雪中心（Alpensia Ski Jump Stadium）举办。这个竞赛场馆早在2009年平昌尚未获得举办权时便已建成，用以满足申办奥运会的需求。相关研究表明，由于缺乏赛后利用计划[3-4]、缺乏场馆建设统筹[5-7]，该场馆在可持续方面饱受质疑，而跳台运动的专业性和大跳台的专门性特征，使非专业竞技者较难直接使用，亦是客观存在的可持续难点，如无前期对场馆及附属设施的可变性规划设计，极有可能出现如平昌奥运会后阿尔卑西亚跳台滑雪中心长期空置无用的现象[3]。这些“前车之鉴”促使首钢滑雪大跳台从规划、设计、建设和运营等各个方面积极回应超大型体育赛事带来的场馆规划设计的可持续问题。

2 全尺度空间干预视角下的首钢滑雪大跳台的可持续设计策略

从全尺度空间干预的视角分析，首钢滑雪大跳台及群明湖周边的规划设计大致可以涵盖宏尺度、远尺度、中尺度和近尺度4个尺度层级范围，涉及对城市独特风貌的延续、百年历史工业园区的产业转型、竞赛场馆的运营规划、对结合遗产再利用的场馆及其附属设施的设计建设，以及为运动竞技的高水平发挥的赛道剖面可变性预留等方面（图1）。

2.1 宏尺度设计策略：首钢新天际线的营造

首钢工业园位于北京市石景山区西南部，永定河畔的石景山东麓，长安街西延线的尽端，是首钢集团原北京工业园区，其近百年的发展是中国钢铁产业从无到有的缩影。2010年，在首钢集团为响应国家战略与钢铁业结构优化升级需求迁往河北后，其主厂区内留下的大量工业构筑物，具有特殊的遗产价值[8]，形成了北京城西部独特的城市风貌。首钢滑雪大跳台的设计，通过对选点、方位等多方案比较分析，选择出跳台本体与4个高达70m的冷却塔的最佳组合，使其共同构成北京西侧新的天际线。设计方案对跳台本体的高度进行了严格控制，将赛道与观众席部分下沉至水平面以下3m，使跳台最高点不高于冷却塔最高点，实现了对首钢工业记忆的延续和对北京城市西部独特城市风貌的保护。

2.2 远尺度设计策略

（1）奥运场馆选址与工业遗产直接结合

首钢滑雪大跳台是世界首个与工业遗产再利用直接结合的奥运场馆。在生产功能转移后，首钢工业园区处于空置状态，大量工业遗存情况错综复杂，遗产的保护与更新存在诸多矛盾问题亟待解决[8]。奥林匹克运动为首钢工业园区的产业转型、工业遗产的更新改造提供了契机。“奥运”冰雪产业发展与首钢工业园区相结合，带动了北京西部地区的基础设施建设和社会经济的发展，如轨道交通S1线、M6西延线以及轻轨M11、苹果园交通枢纽等①；通过冰雪运动赛事和城市文化活动的举办，首钢滑雪大跳台及其附属设施为园区带来了数以百万计的观众与游客，激活了产业园区，加强了园区与社区、城市的关联。大跳台也将成为

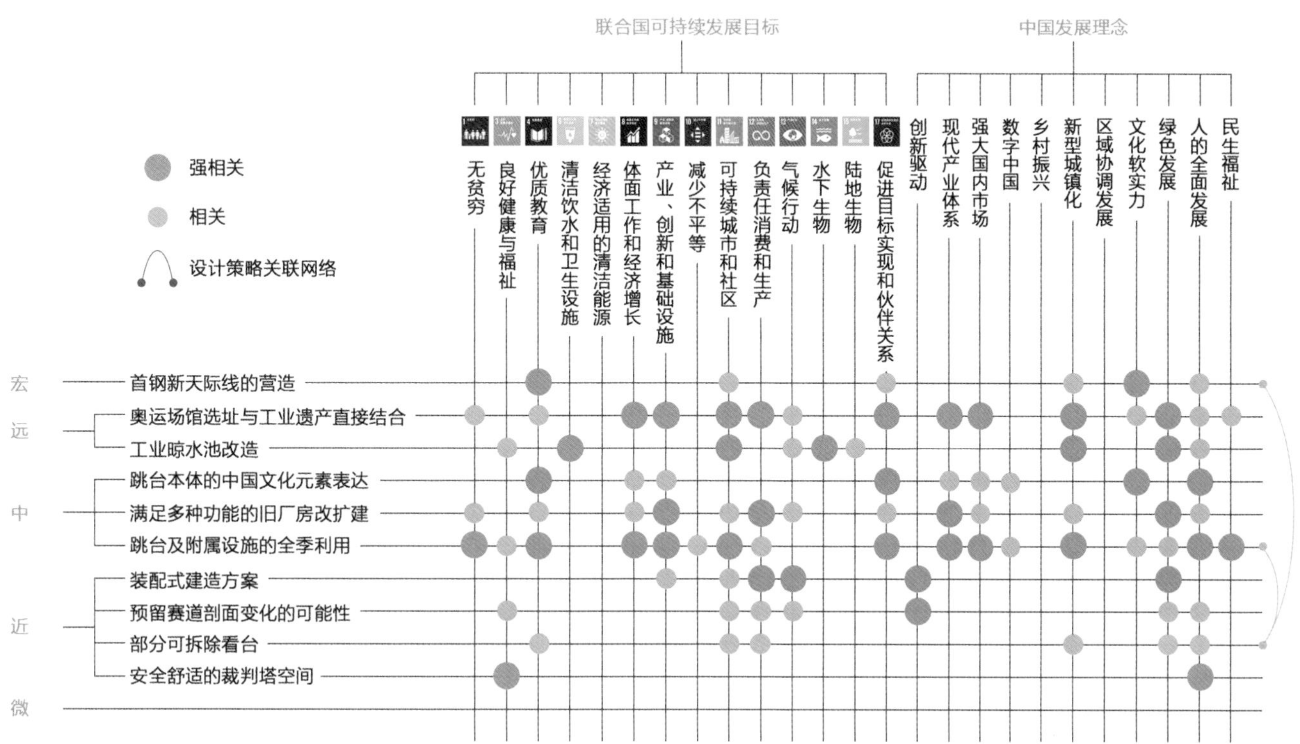

图1 首钢滑雪大跳台设计策略可持续性相关矩阵

2022年冬奥会和首钢园的重要遗产[9]。此外，首钢工业园区的地理位置与园区风貌对单板大跳台项目的举办具有积极影响，其独特的城市风貌，也为北京2022冬奥会单板跳台项目的举办以及城市文化活动等的举办增加了独特的记忆点，使其具有形成城市品牌的潜质。

（2）工业晾水池改造

首钢工业园区毗邻永定河岸，长期的工业生产对局部区域的土地与水系生态存在负面影响。因此，在首钢滑雪大跳台及群明湖周边的规划设计中，包含了对土壤修复与水体水质改善的考虑，旨在营造对城市、社区、人的健康有益的城市绿地与水环境。

规划设计涉及水域景观修复面积逾21hm^2，该水域"群明湖"为首钢园区最大的水体，是原工业生产提供水源的大型基础设施，储水量达94万m^3。结合对工业晾水池的水域生态改善，设计将原先规整方正的水岸线进行拓展变化，经过精确计算将水体面积适当缩小，增加5hm^{2}的绿地空间，形成丰富多变的群明湖景观节点序列，为城市居民提供多种形式的亲水空间[10]（图2）。同时，基于群明湖开阔的景观视野，设计围绕群明湖组织了长约3364m的健身步道，使市民在活动之余，可以领略连续且变化丰富的现代工业景观体系；结合原有的工业构筑物遗存，设计形成长约730m的"高线公园"（图3），并保留其扩建的可能性，为市民提供眺望整个工业园区的视野平台。

2.3 中尺度设计策略

（1）跳台本体的中国文化元素表达

从北京市总体规划来看，新首钢园区是北京东西主轴长安街的一级节点，是城市复兴的新地标，这对新置入的竞赛设施提出

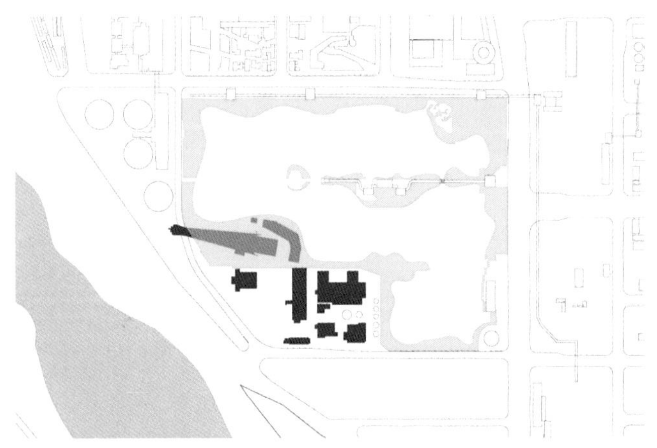

图2 新增亲水平台

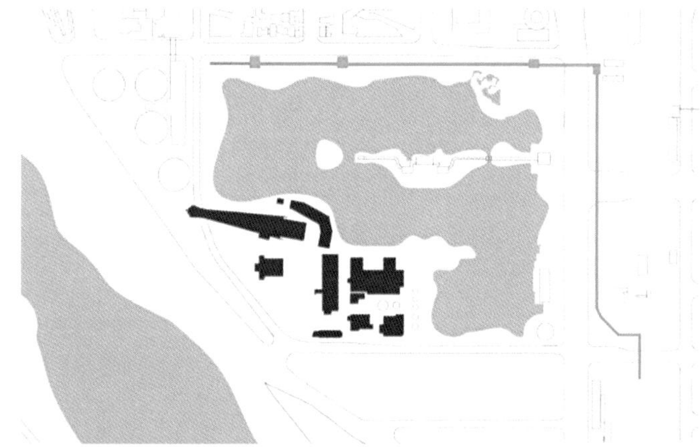

图3 高线公园

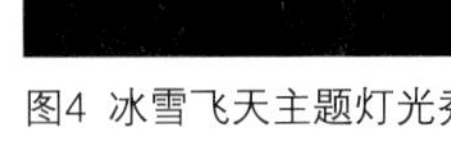

图4 冰雪飞天主题灯光秀

图5 北区制氧厂原貌

要求：融入具有一定形象辨识度的中国文化元素，以突出北京城市的文化地位。滑雪大跳台起跳点和落地区的两段弧线，形成了一条具有丰富变化的曲线，该曲线形式赋予大跳台表达中国元素“敦煌飞天”的契机[11]。在飞行曲线路径上，运动员腾空最高处两侧，要求防护网高度必须高于腾空高度2m，“飞天”飘带形式有效地兼顾了跳台两侧防风及支持防护网的作用。两段弧线飘带采用特殊的空间异形桁架结构，分段制作、管桁架胎架搭设，并采用数控技术以确保精度、减少耗材[12]。此外，奥运竞赛设施的文化元素表达，也为其与城市活动的结合创造机会。例如目前已举办的首钢园灯光秀表演便以“冰雪飞天”为主题之一，每场演出现场观众逾5000人，演出得到北京电视台、《中国日报》等大众媒体的一线报道，并在对外国际媒体上进行广泛传播，备受热议[13]（图4）。

（2）满足多种功能的旧厂房改扩建

对首钢工业遗存的修缮、改造和利用是本项目可持续的重点之一。通过详尽调查首钢老厂房和工业构筑物的价值、现存状态（图5），在最大限度保留原有建筑风貌前提下，设计将氧厂主厂房、冷却泵站和空分塔等工业构筑物转化为满足民用建筑设计规范且能够为奥运服务的建筑，改造有效实现每年减少20万t的二氧化碳排放。

其中，制氧厂主厂房的设计保留了原建筑工业面貌，在原建筑结构基础上进行加固，以延续建筑的使用寿命；原建筑地下1层，地上2层，改造后厂房内部新建6层，满足赛时的观众服务中心，以及赛后的体育办公休闲等功能。冷却泵站同样是在保留原建筑工业面貌、原建筑结构的基础上，进行加固以延续建筑的使用寿命；设计保留了原建筑设备（冷却塔）层，改造了其中4组冷却塔，服务制氧厂北区的制冷制热功能（图6）。空分塔部分，设计保留了钢框架结构，在原塔体四周新增7根钢柱，其中4根在原空分塔基础上生根，3根在新增基础上连接，为通向塔顶的室外楼梯提供结构支撑。改造后的空分塔将在赛时为OBS提供转播平台，赛后作为观光瞭望塔服务市民（图7）。

除了对必须保留的构筑物进行修复和再利用，基于原工业厂房遗址肌理研究，新建3层建筑，以延续工业记忆，为赛时、赛后提供配套设施。设计还对场地内的工业遗产构件分两类处理（图14）：①红色：将卧罐、液罐作为工业记忆予以保留，在确保原工业液罐安全性的基础上，结合构件营造一系列景观节点；②蓝色：因场地空间限制以及施工过程中对施工界面的要求，场地原有工业构件结合景观铺装进行设计（图8）。

（3）跳台及附属设施的全季利用

2018年平昌奥运会阿尔卑西亚跳台滑雪中心由于缺乏明确的场馆赛后利用计划，设计之初对空间可变性欠缺考虑，赛后，场馆与当地社区居民生活缺乏联系，以致完全闲置，高昂的维护成本也给当地财政带来负担[3-4]。另外，赛道结束区原本计划与一个足球场相连，用来举办开闭幕式，然而开闭幕式职能在开赛前改由另一新建临时场馆承担，使得总支出额外增加逾107,500,000美元（包括建设与拆除费，约合人民币691,255,000元，由于仅使用4天，日均支出达人民币172,806,250元）[5-7]，造成极大浪费。

图6 改造前后冷却泵站

图7 改造前后制氧厂北区和空分塔

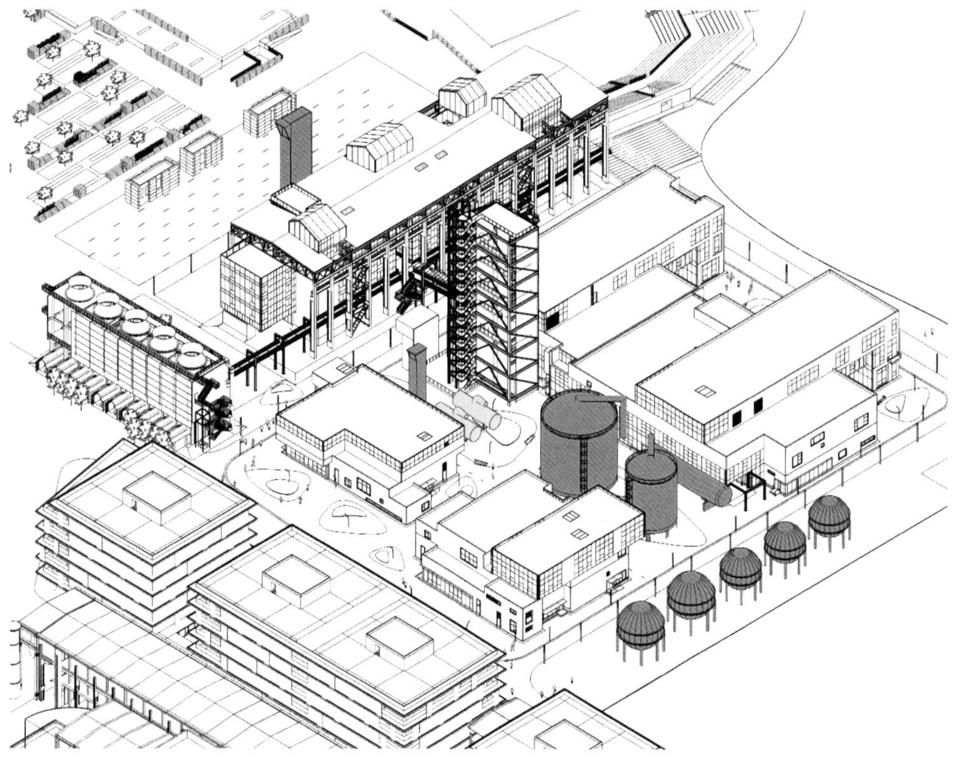

图8 制氧厂北区保留工业遗产

图9 2019年沸雪北京世界杯

在首钢滑雪大跳台及其附属设施的设计中，设计在最初对赛时与赛后的运营进行了充分考虑，以满足其长期的使用需求[14]。除了满足冬奥会比赛的各项要求，赛后滑雪大跳台还可承办如FIS沸雪世界杯[15]、世界锦标赛等国内外大跳台项目比赛（图9），为专业运动员和运动队提供全季训练场地，以及作为青少年后备人才的选拔基地、赛事管理人员的培训基地等使用、推广单板滑雪大跳台运动，服务中国冰雪产业发展。如红牛公司从2011年开始组织的名为“红牛400”的400m滑雪跳台爬坡赛跑活动，也可在此举办。与此同时，群明湖公园还将成为对市民完全开放的体育主题公园和有冬奥会标志性景观的旅游景点。设计还为赛道、看台和体育广场保留了可变性：赛道在建设时预留出水口，具有改造成滑水、滑草场地的潜力；观赛看台具有的氛围照明系统，使其举办演唱会等活动成为可能[11]；跳台下方的广场具有多种用途，如2019年全球志愿者招募活动、2021年元旦晚会分会场等，此外还包括市民自发组织的广场舞等活动，使大跳台与城市、社区生活紧密衔接，成为北京城市西部夜间休闲颇具吸引力的场所。

2.4 近尺度设计策略

（1）装配式建造方案

大跳台主体结构采用装配式钢结构体系，采用预制构件，优化钢结构计算，节省用钢量。除基础、看台、泵房结构以外，首钢滑雪大跳台中心主体结构、幕墙等均为金属预制构件、预制构件率达到87%以上，工期缩短近30%。同时采用就近选材、模块化拼装、开辟专用运输通道、提高装载效率等措施减少安装过程中产生的能耗20%。

设计选用高强度钢、耐候钢减少材料用量，最大可能使用工厂化产品与再利用材料：大跳台主体结构用钢4100t，99.55%采用高强钢，其中高建（GJD）钢637t，占比18.3%。赛道面板采用耐候钢360t，占比7.5%；裁判塔裁判层选用耐火耐候钢，占比2%，通过优化组合，节省用钢量9.75%，节省防火涂料用量27%，减少碳排量约950t，同时满足了载荷和使用寿命要求②。

（2）预留赛道剖面变化的可能性

跳台基于现有剖面实现人工剖面可变赛道，在世界杯及以上级别单板大跳台与空中技巧比赛的FIS认证剖面转化，满足不同赛事对赛道的要求，为实现基于同一场馆跳跃类项目训练、比赛共享提供技术支撑，为该项目单相组织研究赛道剖面变化提供实验场地（图10）。

设计采用新型空间四面体模块组装，通过横向转换构件与原主体结构上预留的固雪网节点连接，根据国际雪联提供的空中技巧剖面曲线，该变化曲线大约需要1100个模块组成。考虑压雪车荷载，数量较多的模块传给下部结构的荷载均匀分散，也增加了装配结构的安全性。转换技术为施工提供了便利，人工拼装可在24小时内完成赛道转换。该技术组装模块目前正在申请3项专利。

图10 可变赛道剖面转换

（3）部分可拆除看台

观赛看台设计保留了部分拆除的可能性，可移除坐席占整体看台的42.1%。除满足延续京西天际线、跳台全季利用的需求外，在中近尺度上，该策略对水域景观营造作出充分退让，以保证水岸线上人视景观的完整性和连续性，为行人提供清晰而独特的滨水视野，以充分游览、体验具有现代工业特色的遗址景观。

（4）安全舒适的裁判塔空间

作为首个永久保留的滑雪大跳台竞赛设施，首钢滑雪大跳台考虑了具有围护结构的裁判塔设计，旨在提升裁判员在比赛过程中的安全性和舒适度。大跳台的运动员起跳区南侧设计了高22.6m、落影面积112m^{2}的封闭裁判塔构筑物。裁判塔采用钢结构设计，在耗材较小的情况下，使裁判在比赛中不必受到不稳定的风环境、热环境的干扰，更加精准、高效地完成裁判工作，降低了环境物理因素对奥林匹克竞技运动的公平性的干扰。

3 结语

为了回应北京2022年冬奥会全面可持续性的诉求，首钢滑雪大跳台及群明湖周边的规划设计以首钢工业遗产的适应性再利用为契机，在远尺度上，以重构北京西部天际线、延续首钢工业记忆为目标；在中远尺度上，注意奥林匹克运动结合北京西部的经济发展以及工业园区的产业转型升级需求，以景观营造、水体养护、慢行系统构建等为核心，实现工业区域的生态恢复；在中尺度上，一方面，跳台本体的中国文化元素表达有助于增强城市居民的文化认同感与自信心，另一方面，对工业厂房的改扩建则体现了对工业遗产保护和利用问题的回应，以全季利用为运营理念，平衡奥运场馆设施建设的赛时与赛后可持续，并开放园区，以文化活动服务城市与社区居民日常生活；在中近尺度上，对赛道剖面的可变性保留、裁判塔空间的安全性与舒适性、部分可拆除看台、装配式建造方案的考虑，旨在最大程度地激发运动员的竞技水平，同时满足裁判员的安全性和舒适性需求，以致从建设与使用的各方面践行可持续理念，使首钢滑雪大跳台及群明湖周边的改造，能够为北京城市更新提供一个可供参考的积极案例。

注释：

①来自《石景山区服务保障冬奥会加快冰雪体育发展行动计划（2017—2022年）》
②数据来自《首钢滑雪大跳台绿色雪上场馆报告》

参考文献：

[1] 刘玉民，桂琳. 北京2022年冬奥会和冬残奥会场馆规划布局[J]. 北京规划建设，2021（02）:160-168.
[2] 北京2022首钢滑雪大跳台，北京，中国[J]. 世界建筑，2020（01）:114-119.
[3] Lee, Jung Woo. A Winter Sport Mega-Event and Its Aftermath: A critical review of post-Olympic PyeongChang[J]. Local Economy, 2019, vol.34（7）:745-752.
[4] 李允柱. 平昌冬奥会冰上项目比赛场馆的赛后利用研究[D]. 北京：北京体育大学，2020.
[5] Jinsu Byun, Becca Leopkey. Exploring Issues within Post-Olympic Games Legacy Governance: The Case of the 2018 PyenongChang Winter Olympic Games[J].
[6] Kim, H.-M.; Grix, J.Implementing a Sustainability Legacy Strategy: A Case Study of PyeongChang 2018 Winter Olympic Games. Sustainability, 2021（13）: 5141.
[7] The PyeongChang Organizing Committee for 2018 Olympic & Paralympic Winter Games. PyeongChang 2018: Furthering benefits to People and Nature[Z]. 2017.
Sustainability, 2020,12（9）.
[8] 刘伯英，李匡. 首钢工业遗产保护规划与改造设计[J]. 建筑学报，2012（01）:30-35.
[9] Huishu Deng, Marta Mancini, Li Zhang, Michele Bonino. Beijing 2022 between urban renovation and Olympic sporting legacy: the case of Shougang[J]. Movement & Sport Sciences - Science & Motricite, 2020（107）.
[10] 吕回，朱育帆. 后现代性想象——首钢群明湖公园后工业景观设计研究[J]. 中国园林，2020，36（3）:27-32.
[11] 首钢滑雪大跳台：台前与幕后的故事[J]. 世界建筑，2020（01）:120-125.
[12] 阮新伟，郭鹏程，杨金华，李建辉，武文学. 首钢单板滑雪大跳台飘带结构制作关键技术[J]. 建筑技术，2020，51（06）: 720-722.
[13] 魏晓昊. 北京首钢滑雪大跳台上演灯光秀[N/OL]. 中国日报网，2019-12-13，https://cn. chinadaily.com.cn/a/201912/13/WS5df34644a31099ab995f171d.html.
[14] 邓慧姝，张利. 奥运遗产前置化：2022年北京冬季奥运会新建场馆的可持续性设计策略[J]. 当代建筑，2020（06）: 26-29.
[15] 2019沸雪北京国际雪联单板及自由式滑雪大跳台世界杯精彩收官[J].体育博览，2020（01）:12.

图片来源：

所有照片、图纸来源均为清华大学建筑设计研究院简盟工作室，摄影：布雷。

延庆赛区

Yanqing Zone

延庆赛区核心区场馆及设施

国家雪车雪橇中心『雪游龙』

国家高山滑雪中心『雪飞燕』

延庆冬奥村与冬残奥村

延庆山地新闻中心

赛区基础设施

延庆赛区编写工作组

（按拼音字母排序）

曹诚　曹雷　曹磊　曹丽　曹阳　丁志强　高伟　高学文　关若曦　关午军　郝洁　郝雯雯　洪于亮　胡建丽　李欢　李甲　李茂林　李森　李虓　李毅　李正　梁艺晓　刘鹏　刘维　刘文珽　刘晓琳　刘扬　刘振　刘子贺　刘紫骐　路建旗　马萌雪　全巍　申静　沈周娅　苏晓峰　万鑫　王陈栋　王磊　王强　王翔　王旭　王悦　吴耀懿　吴哲凌　武显锋　许乃天　闫昱　杨茹　杨松霖　杨曦　杨小雨　么知为　叶平一　袁智敏　张超　张捍平　张青　张司腾　张宛岚　张晓萌　张雄迪　张一婷　周蕾　朱庚鑫　朱伶俐　朱燕辉　朱跃云　祝秀娟　禚新伦

鸣谢单位

北京市市政工程设计研究总院有限公司

加拿大伊克森（Ecosign）山地景区规划有限公司　德国戴勒（Deyle）有限公司

南京大学–剑桥大学建筑与城市合作研究中心　北京电力经济技术研究院

北京市水利规划设计研究院　北京敏视达雷达有限公司

北京市公用工程设计监理有限公司　北京市地质调查研究院

延庆赛区
核心区场馆及设施

Yanqing Zone
Venues and Infrastructure of Yanqing Zone Core Area

Project Team

Chief Planner | LI Xinggang, SHENG Kuang

Chief Designer | LI Xinggang, QIU Jianbing

Planning | WANG Meng, CUI Zhiming, WANG Xiang, ZHANG Yaozhi, LIU Chao, HU Liang, LIU Ye, ZHANG Yuting, JIANG Wenlin, ZHU Lingli

Master Plan | GAO Zhi, HAO Wenwen, WANG Xiang

Landscape | SHI Lixiu, GUAN Wujun, ZHU Yanhui, LI Qiuchen, LI Sa, WANG Yue, YANG Wandi, ZHANG Wanlan, SHEN Tao, WANG Long, YANG Heming, LI Mi, GAO Yu

Transportation | HONG Yuliang, YE Pingyi, WU Zheling, ZHAO Guanghua, GUO Jialiang, WANG Xiang, LI Junfeng

Sustainability | WANG Chendong, LIU Peng, Yi Wenting, WANG Fangfang, Wu Zhongyang, GU Yihong, LIN Bo, CAO Jianwei, ZHANG Yue, FENG Tianyuan, ZHOU Chu, HU Yilong

Economics | ZHUO Xinlun, CAO Li, DING Yu, LIU Xiaoyu, YANG Guanjie, TENG Fei, QIAN Wei, BIAN Xiaoyan, CHEN Xin, DENG Linfeng, CHEN Yongxi

Design Consortium

China Architecture Design & Research Group, Beijing General Municipal Engineering Design & Research Institute Co., Ltd., Ecosign Moutain Resort Planners Ltd., Planungsbüro Deyle GmbH

Project Consultant and Collaboration

General Environmental Consultation and Shading Strategy for NSC | DOU Pingping (University of Cambridge-Nanjing University Joint Research Centre on Architecture and Urbanism)

Lighting Consultant | X Studio, School of Architecture, Tsinghua University

110kV Station | Beijing Electric Power Economic Technology Research Institute Co., Ltd.

Pumping Stations for Snowmaking and Water Supply | Beijing Institute of Water

Weather Radar Station | Beijing Metstar Radar Co., Ltd.

LNG Station | Beijing Public Engineering Design Supervision Co., Ltd.

Geographic Disaster Governance | Beijing Institute of Geological Survey

Project Data

Location | Yanqing, Beijing, China

Design Time | 2016-2018

Completion Time | 2021

Site Area | 799.13hm^2

Architecture Area | 76.55hm^2

项目团队

总规划师 | 李兴钢、盛况

总设计师 | 李兴钢、邱涧冰

规划设计 | 王萌、崔志明、王翔、张耀之、刘超、胡亮、刘烨、张玉婷、姜汶林、朱伶俐

总图专业 | 高治、郝雯雯、王翔

景观专业 | 史丽秀、关午军、朱燕辉、李秋晨、李飒、王悦、杨宛迪、张宛岚、申韬、王龙、杨贺明、李密、高宇

交通专业 | 洪于亮、叶平一、吴哲凌、赵光华、郭佳樑、王翔、李君丰

可持续专业 | 王陈栋、刘鹏、伊文婷、王芳芳、吴中洋、谷一弘、林波、曹建伟、张玥、冯天圆、周楚、胡逸隆

经济专业 | 禚新伦、曹丽、丁雨、刘晓瑜、杨冠杰、滕飞、钱薇、边晓艳、陈欣、邓林峰、陈泳汐

设计联合体

中国建筑设计研究院有限公司、北京市市政工程设计研究总院有限公司、加拿大伊克森（Ecosign）山地景区规划有限公司、德国戴勒（Deyle）有限公司

顾问及协作设计单位

赛区环境及车橇赛道遮阳策略 | 窦平平（南京大学-剑桥大学建筑与城市合作研究中心）

照明顾问 | 清华大学建筑学院张昕工作室

110kV变电站 | 北京电力经济技术研究院

塘坝及造雪引水泵站 | 北京市水利规划设计研究院

天气雷达站 | 北京敏视达雷达有限公司

LNG站 | 北京市公用工程设计监理有限公司

地灾治理 | 北京市地质调查研究院

工程信息

地点 | 中国北京延庆

设计时间 | 2016—2018年

竣工时间 | 2021年

赛区用地面积 | 799.13hm^2

建设用地面积 | 76.55hm^2

自西南向东北俯瞰延庆赛区（摄影：孙海霆）

延庆赛区国家高山滑雪中心全景（摄影：北京城建集团有限责任公司）

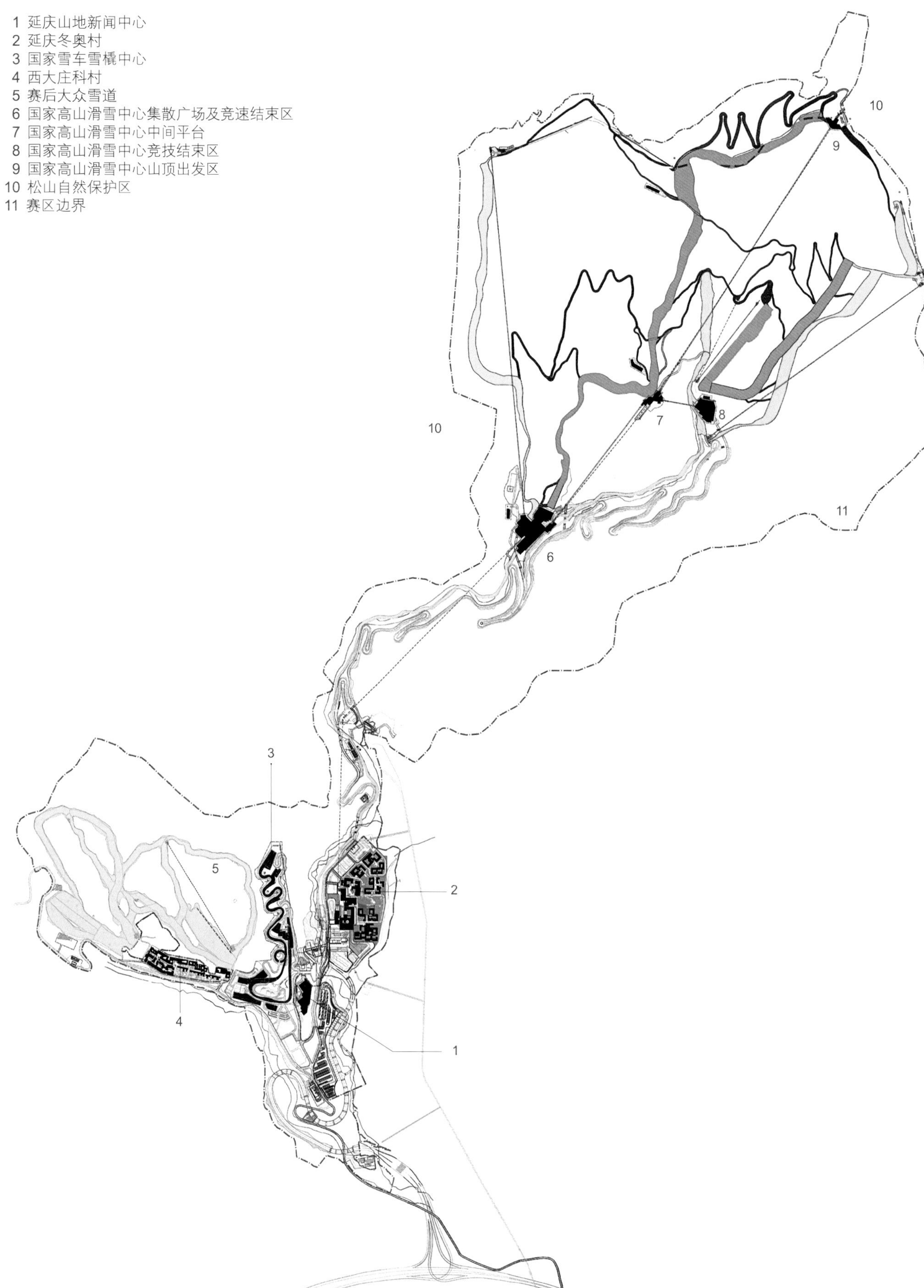
1 延庆山地新闻中心
2 延庆冬奥村
3 国家雪车雪橇中心
4 西大庄科村
5 赛后大众雪道
6 国家高山滑雪中心集散广场及竞速结束区
7 国家高山滑雪中心中间平台
8 国家高山滑雪中心竞技结束区
9 国家高山滑雪中心山顶出发区
10 松山自然保护区
11 赛区边界
0 100 200 500m

延庆赛区总平面

延庆赛区整体立面

1 赛区概况

延庆赛区作为北京2022年冬奥会和冬残奥会三大赛区之一，其核心区位于北京市延庆区燕山山脉军都山以南的海坨山区域、小海坨南麓山谷地带，南临延庆盆地，邻近松山国家森林公园自然保护区。赛区所在位置山高林密，风景秀丽，谷地幽深，地形复杂，建设用地狭促。延庆赛区主要举办高山滑雪、雪车雪橇2个大项、21个小项的比赛，将产生21块冬奥会金牌，约占冬奥会金牌总数的1/5；产生30块冬残奥会金牌，约占冬残奥会金牌总数的3/8。延庆赛区用地面积799.13hm^2，其中建设用地面积76.55hm^2，总建筑面积26.9万m^2。延庆赛区核心区将集中建设两个竞赛场馆——国家高山滑雪中心、国家雪车雪橇中心和两个非竞赛场馆——延庆冬奥村、山地新闻中心，以及大量配套基础设施，是最具挑战性的冬奥赛区。作为北京2022年冬奥会和冬残奥会的重要遗产，延庆赛区功能定位围绕打造国际一流的高山滑雪中心、雪车雪橇中心和国家级雪上训练基地，树立体现绿色、生态、可持续发展理念的工程典范，以及建设北京区域性集山地冰雪运动、休闲旅游及冬奥主题公园为一体的服务空间展开。同时，延庆赛区面临四大挑战：①场馆设计、建设、运行零经验，两个雪上竞赛场馆设计、建设高难度；②高山、深谷、密林环境所带来的规划、建设、运行的极大挑战；③环境、生态敏感和经济不发达地区的综合考量；④冬奥会高标准的赛事要求、体育与文化的融合要求及向世界展现中国文化的窗口建设要求。

2 核心理念

延庆赛区总体规划设计围绕“山林场馆，生态冬奥”，亦即“山林掩映中的场馆群+绿色生态可持续冬奥”的理念展开——通过建筑设计、景观设计和赛道设计的联合创新，力图打造具有里程碑意义的赛事场馆，最大程度丰富运动员的参赛体验、提升观众的观赛感受；最大限度减少工程建设对既有自然环境的扰动，使建筑景观与自然有机结合，在满足精彩奥运赛事要求的基础上，力图建设一个融于自然山林中的绿色冬奥赛区；同时注重奥运遗产的长期良性利用和运营，延续并保持延庆所拥有的独特的地质遗迹、历史人文和生态环境资源，践行可持续发展理念（图1、图2）。

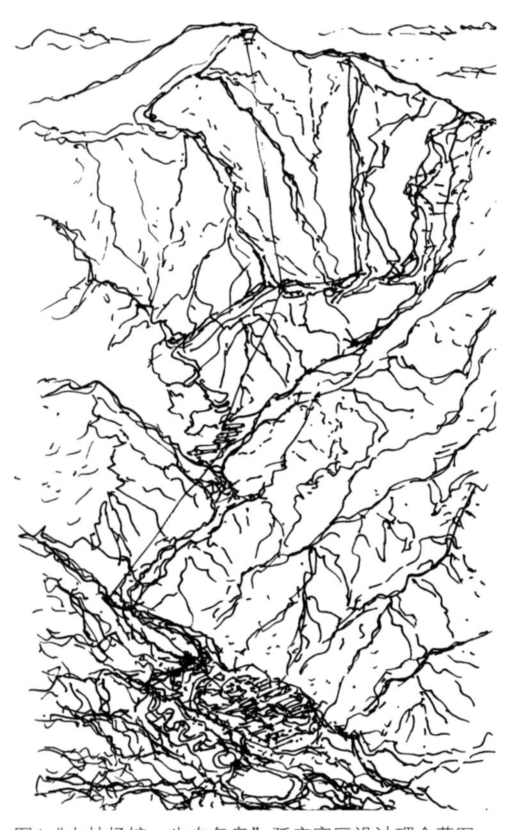

图1“山林场馆，生态冬奥”延庆赛区设计理念草图（绘制：李兴钢）

图2 从飞机上俯瞰延庆赛区（摄影：朱小地）

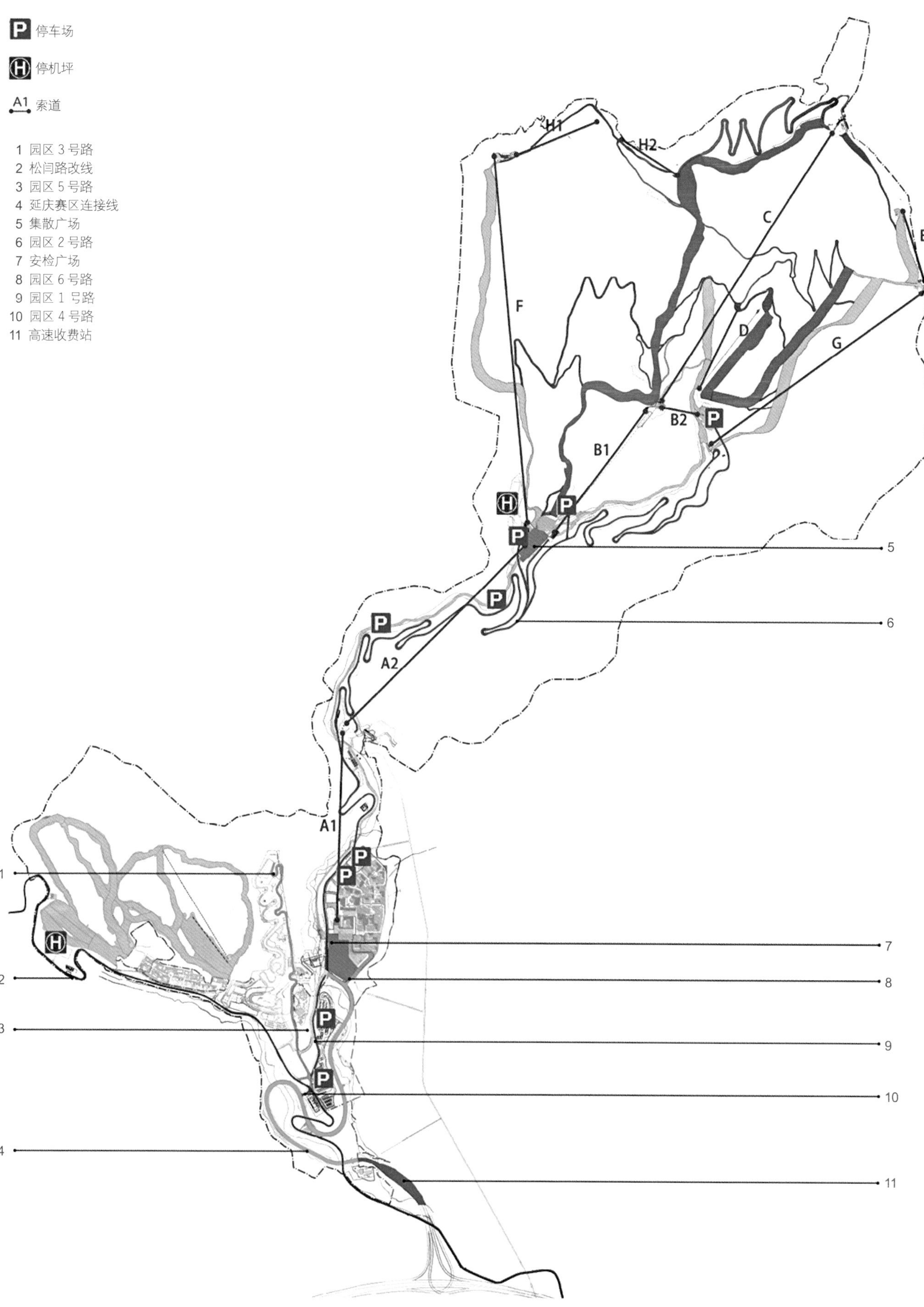
停车场
停机坪
A1 索道
1 园区 3 号路
2 松闫路改线
3 园区 5 号路
4 延庆赛区连接线
5 集散广场
6 园区 2 号路
7 安检广场
8 园区 6 号路
9 园区 1 号路
10 园区 4 号路
11 高速收费站
H1
H2
C
E
F
D
G
B1
B2
A2
A1
1
2
3
4
5
6
7
8
9
10
11

图3 延庆赛区交通系统

3 总体布局

延庆赛区总体布局分为北、南两区：以2198m高程的小海坨山顶为起始，向下经1554m（中间平台）、1478.50m（竞技结束区）、1278m（竞速结束区）及1254m（高山集散广场），沿山谷至约1050m塘坝及1041mA索道中站为北区，主要建设国家高山滑雪中心；由1050m高程沿山谷向下经1017m（雪车雪橇出发区）、913~962m（冬奥村）、900m（塘坝及隧道、西大庄科村）、907m（山地新闻中心），再沿山谷至816m（延崇高速入口）为南区，主要建设国家雪车雪橇中心、延庆冬奥村及山地新闻中心等。各功能区由延庆赛区连接线和园区1至6号路联系起来，并串联安检广场、山下交通枢纽和高山集散广场；山地索道系统由11段索道构成，由南区冬奥村西侧的山下索道站连接至北区高山集散广场、中间平台和各赛道及训练雪道出发区、结束区；各功能区分布停车设施，并配备两处直升机停机坪保障赛区应急救援等需求（图3）。

4 工作模式

北京冬奥会延庆赛区设计联合体，包括中国建筑设计研究院有限公司（总牵头单位）、北京市市政工程设计研究总院有限公司（负责市政交通）、加拿大伊克森（Ecosign）山地景区规划有限公司（负责高山滑雪雪道设计）、德国戴勒（Deyle）有限公司（负责雪车雪橇赛道及其制冷系统设计），联合体总设计师李兴钢也被任命为赛区总规划师。设计团队创新性地采用了“以场馆带规划、以设计带需求、以科研带工程”的工作模式。由于延庆赛区的特殊挑战性，传统设计工作模式无法满足工程建设需求。取而代之的是：先根据体育工艺实现满足赛事需求的关键场馆，尤其是国家高山滑雪中心和国家雪车雪橇中心两个竞赛场馆的精准落位，在此基础上带动形成整个赛区的空间规划设计；在没有详细设计任务书的情况下，设计团队通过调研考察自主形成场馆设计方案，带动奥组委相关业务部门讨论审核并逐步完善确定场馆详细使用需求；由冬奥会赛区场馆设计单位、建设单位以及高校和研究机构共同组成的科研团队，针对国内尚属空白的复杂山地条件下冬奥雪上场馆设计建造运维关键技术开展科研攻关，科研技术成果直接应用并带动本工程建设（图4）。

在赛区规划与各个场馆的设计和实施过程中，北京冬奥组委规划建设部发挥了不可替代的关键作用，刘玉民部长、桂琳处长和徐典处长等多次参加踏勘、参与设计方案的讨论和落定，与国际单项体育组织专家讨论设计和建设优化方案，协调解决建设过程中的难点问题，特别是对延庆赛区工程设计建造运行和科技研发的工作从赛道选址定型、场馆规划布局到各场馆设计关键技术乃至建造材料工法等几乎所有重大决策环节进行方向把控、妥善解决重要技术问题，对设计工作的顺利开展和完成起到了至关重要的指导和支撑作用。

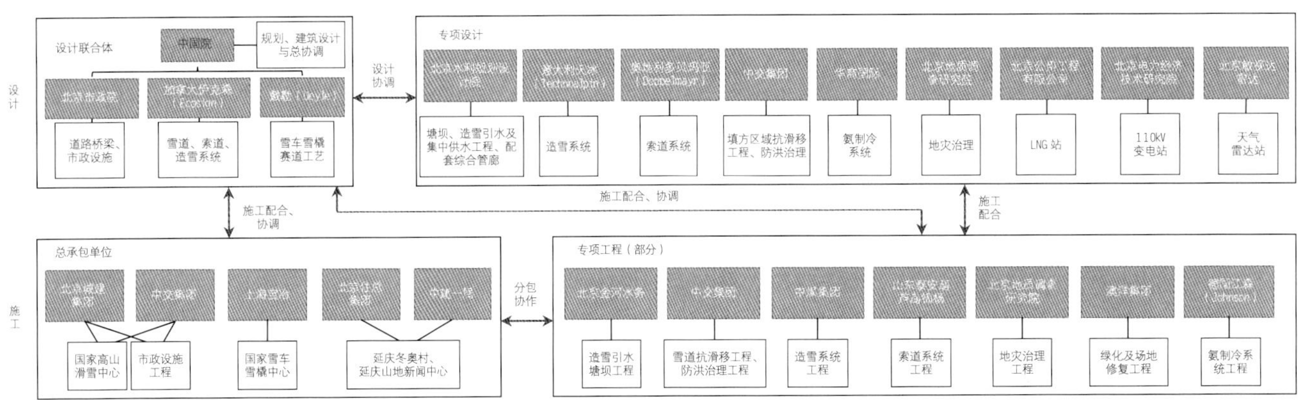

图4 延庆赛区设计工作框架（注：上述施工单位中不含独立基础设施的施工单位）

5 竞赛场馆

延庆赛区的竞赛场馆国家高山滑雪中心（“雪飞燕”）和国家雪车雪橇中心（“雪游龙”），分别作为符合奥运标准的第一个高山滑雪场馆和第一个雪车雪橇场馆，填补了国内空白，并圆满通过国际单项体育组织（国际滑雪联合会、国际雪车联合会和国际雪橇联合会）国际认证，被誉为世界领先的高山滑雪和雪车雪橇场馆。

高山滑雪项目被誉为“冬奥会皇冠上的明珠”，包括滑降、回转、大回转、超级大回转、全能及混合团体合计11个小项。国家高山滑雪中心位于小海坨山南侧中高海拔区域，高程分布自1041m至2198m，赛道拥有近900m落差、近3km坡面长度，创造山脊、山林、山槽、山湾、跳跃、峡谷等各种环境差异并存的赛道。服务于高山赛事的雪道系统和配套服务设施较为复杂，主要建设内容包括3条竞赛雪道、4条训练雪道、联系雪道、技术道路及一条利用施工道路改造而成的沿山谷滑行下山长达约4.5km的回村雪道，和高山集散广场（含媒体转播区）、山顶出发区、竞速结束区、竞技结束区和中间平台等（图5、图6），以及配套的山体工程、索道系统、造雪系统、技术道路和车行道路系统。国家高山滑雪中心用地面积432.4hm^2，总建筑面积约4.32万m^2。由南区冬奥村西侧的索道及高山摆渡大巴停车场出发，沿着曲折狭窄的山谷向东北方向行进约7.6km可抵达高山滑雪区域，各主

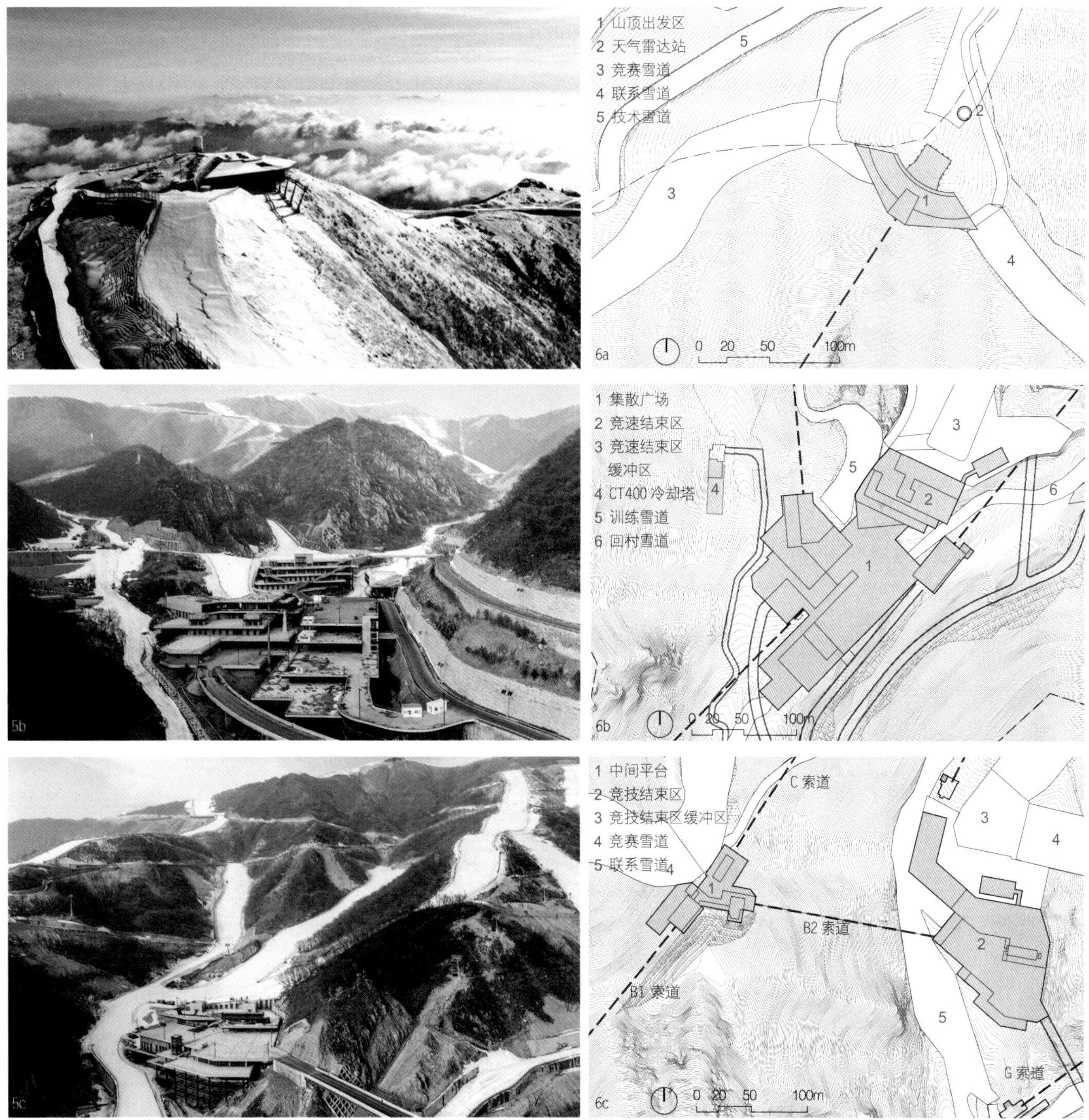

图5 国家高山滑雪中心实景：a 出发区（来源：北京2022年冬奥会和冬残奥会组织委员会），b 集散广场及竞速结束区（摄影：孙海霆），c 竞技结束区（摄影：孙海霆）

图6 国家高山滑雪中心分区总平面图：a 出发区，b 集散广场及竞速结束区，c 竞技结束区

要功能区以珠链式布局散落在狭长险峻的山谷中。位于小海坨山最高点的山顶出发区（含索道站），不仅作为竞速、竞技比赛与训练的最高出发区，同时也将成为永久性的高山旅游观光目的地，建筑形象犹如一只凌空于山顶的巨大风筝。中间平台既是一个重要的索道换乘中心，又提供了绝佳的高山竞速比赛拍摄点。高山滑雪场馆规划设计采用了“顺形势”关键技术——使赛道设计与现状地形最大程度拟合：开挖土方工程量局部平衡、赛道土方量整体统筹调配、建设全过程设计跟踪调整、赛道与地形达到70%坡度拟合度；高山滑雪的场馆设计重要特点是“弱介入”“可逆式”“装配化”——高山集散、媒体转播、各结束区等主要功能区，采取了依山就势、顺应地形等高线的板片式布局，由预制装配式结构架设成为不同高度的错落平台，形成的人工台地系统穿插叠落于山谷之中，弱化建筑形象，与山地环境相得益彰。

国家高山滑雪中心在冬奥赛后，除赛道、训练道外，回村雪道和技术道路将转换为总长度达15.3km的大众雪道；各功能区将转换为中国国家队训练基地及高山滑雪山地运动中心、攀岩活动中心、滑索活动中心、景观游廊、山地游客中心等。

雪车雪橇项目是冬奥会中速度最快的项目，被誉为冰雪运动中的F1方程式，包括雪车、钢架雪车和雪橇项目的比赛，分为男/女双人雪车、男子4人雪车、女子单人雪车、男/女单人钢架雪车、男/女单人雪橇、双人雪橇、雪橇团队接力赛共计10个小项。国家雪车雪橇中心位于延庆赛区南区中部的一块北高南低的山脊坡地，高程分布自1017m至896m，赛道垂直落差121m，赛道长度1975m，设置16个弯道（其中第11弯道为回旋弯），最高速度135km/h，最大加速度4.9g，赛道设置5个出发区（其中一个为大众体验使用），赛道制冷采用环保节能效果最好的氨制冷系统。主要建设内容包括赛道、出发区、结束区、运行与后勤综合区、出发训练道（冰屋）及团队车库、制冷机房等。国家雪车雪橇中心用地面积约18.69hm^2，建筑面积5.26万m^2，其赛道是国际雪车联合会认证的亚洲第3条、世界第17条雪车雪橇赛道。观众经由延庆冬奥村南侧的安检广场，转而向西，沿着山谷中900m塘坝上的宽阔步道及连接步行桥，抵达赛道下方的隧道口，“凌水穿山”，进入观众主广场。国家雪车雪橇中心由赛道形状和遮阳设计带来的独特建筑形态，宛如一条游龙飞腾于山脊之上，使其成为具有突出标志性特征的场馆（图7～图9）。雪车雪橇场馆设计的重要特点是研发并应用了地形气候保护系统TWPS（Terrain Weather Protection System），解决了“南坡变北坡”的设计难题，其设计理念、技术实施路径和遮阳系统的生成与设计、钢木组合结构、屋面系统等专项技术及成果都达到世界领先水平。屋顶步道游廊设计使游客在观赛之余还可以沿长长的赛道回环攀升，登高望远，欣赏赛区美景。

7

8

图7 国家雪车雪橇中心自北向南俯瞰（摄影：孙海霆）
图8 赛道回旋弯和伴随路（摄影：孙海霆）
图9 赛道和遮阳棚（摄影：姚远）

9

6 非竞赛场馆

延庆赛区的非竞赛场馆包括延庆冬奥村（“冬奥山村”）和山地新闻中心（“大眼睛”，图10）。延庆冬奥村位于延庆赛区南区中间河谷东部海坨山脚自然形成的冲积平原台地上，高程分布自906m至972m，紧邻赛区安检广场和山下索道站，东西向高差约30m，南北向高差约66m，平均坡度约10%，自然山林遍布，场地中间有一处原小庄科村落遗迹。建设内容包括居住区、国际区和运营区，为运动员及随队官员提供1430床位（不含另设的一个预留居住组团）。延庆冬奥村用地面积11.2hm^2，地上总建筑面积9.1万m^2。运营区和国际区位于西侧地势较低的台地，居住区则位于东侧地势较高的台地，通过连续回环的车行道路及纵向开阖的人行步道组织在一起。延庆冬奥村的主要特色有：一是采用山地村落的分散式、半开放院落格局，建筑、广场自南向北顺地势叠落，逐渐消解地形高差，整个“冬奥山村”的层层坡顶、平台和庭院与周围山形水系形成对话；暖廊系统利用地下及地上室内连廊联通所有居住组团和公共空间，是适应全天候的室内无障碍通道。二是修缮后的小庄科村落遗址与绿化景观水系相结合，成为冬奥村独具特色的核心公共空间。三是通过测绘和现场考察，为场地内382棵树木编制档案，对现状树木按树径进行坐标定位并开展分类与保护工作，建筑组团和庭院的布置尽量避让现有树木，使得广场、步道和建筑分布掩映于山林地貌之中（图11~图13）。延庆冬奥村赛后将转换为具备大众雪道及相应配套设施的滑雪酒店及四季运营的山地休闲旅游度假酒店，由分为两个不同标准和规模的星级酒店统一运营，可提供600余间标准间及套间客房，满足不同人群需求，为冰雪运动、山地活动爱好者及大众服务，促进冬季冰雪运动及四季旅游。

延庆山地新闻中心位于赛区南区中部、国家雪车雪橇中心东南侧一个相对独立的小山峰内，地形由北向南延伸，南北高差30m，沿台地走势依次展开，以中心的入口广场、门厅及休息厅为核心，向南北两翼延伸；包括门厅、咨询服务、快餐零售、后勤服务、新闻大厅、展示中心、多功能厅、休息区、办公区等功能空间，可为新闻媒体及赛区工作人员提供国际化、专业化的服务。建筑采用半覆土式设计，依据原有山地北高南低的走势，建筑北部掩藏于山体地貌之下（仅外露出主要大空间的屋顶天窗），南端展露出层层退台，并形成景观步道和景观平台依次相连的山顶景观系统。建筑西侧设置半下沉式“大眼睛”形状的入口广场，通过门廊等人工界面整合重塑西侧的场地边界，并与周边山体形成自然衔接。山地新闻中心作为近零碳排放的特色示范建筑，其“节流”措施包括覆土建筑——利用种植屋面和被动式技术等降低建筑运行能耗；其“开源”措施包括结合大空间天窗设计的屋顶光伏一体化系统等。山地新闻中心赛后将转换为山地温泉水疗中心，并与邻近的冬奥村滑雪度假酒店联动运营，使其成为大众休憩疗养的理想之所。

7 基础设施

建设综合管廊引入外部市政管线，包括造雪引水系统、生活供水系统、再生水系统、污水及垃圾处理系统、雨洪系统、电力系统、电信系统、热力系统等。作为基础设施系统的节点建筑——一/二级造雪引水泵站、110kV变电站、900m及1050m水池塘坝、1290m蓄水池、输水泵站及管理用房、索道站、综合管理监控中心、天气雷达站、综合管廊监控中心、LNG站房、垃圾转运站、污水处理站等（表1），都分别进行了精心慎重的选址和设计，采用针对性的策略和设计方式，使其适宜于所在的不同山地环境，在完全满足功能工艺需求的基础上，增强其公共性和景观性，并力图从尺度、结构、形态、材料等方面探讨生产/工业/工艺与生活/管理/景观两种既有差异性又有关联性的建筑类型表达方式。其中具有代表性的两个造雪引水泵站、两个110kV变电站、两个水池塘坝，作为“山林场馆，生态冬奥”不可或缺的重要组成部分，形成一种异化于城市空间的具有“山林”特色的基础设施建筑。

图10 近零碳示范建筑——山地新闻中心（摄影：孙海霆）
图11 冬奥村公共南区正南立面（摄影：张音玄）

图12 自北向南俯瞰冬奥村（摄影：姜文博）
图13 分散式山村布局的冬奥村剖面示意

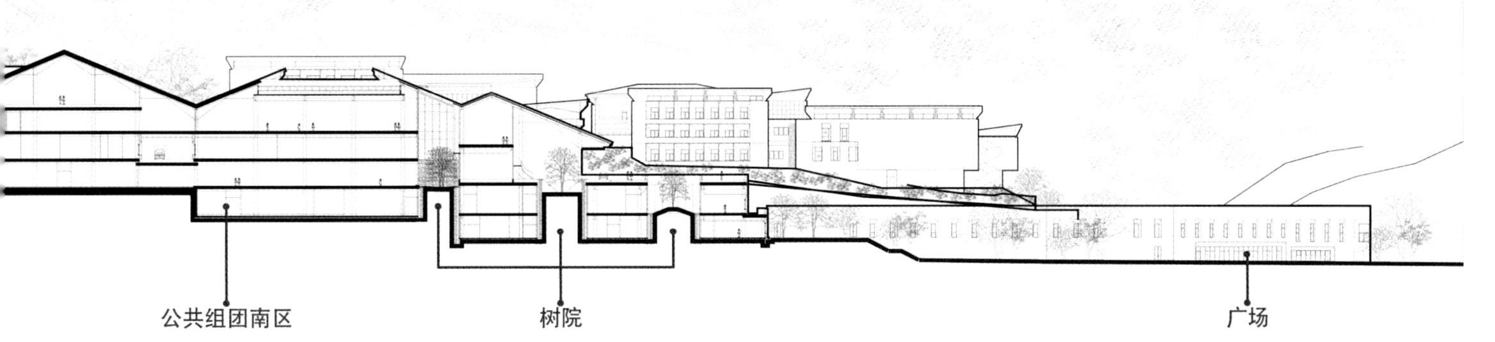
公共组团南区
树院
广场

基础设施建筑信息汇总 **表1**

基础设施系统	基础设施建筑	所在海拔区	设计策略	基地面积（m^2）	建筑面积（m^2）
交通运输	A1 索道下站	中海拔区	建筑呈现	—	1885
	A1、A2 索道中站	高海拔区	悬浮构筑	7638.57	2425.08
	A2 索道上站	高海拔区	悬浮构筑	31176.93	11
	B1 索道下站	高海拔区	悬浮构筑	31176.93	11
	中间平台（B1、B2 索道中站，C 索道下站）	高海拔区	悬浮构筑	6980.69	4164.71
	C 索道上站	高海拔区	建筑呈现	5490.75	4341.93
	D 索道下站、上站	高海拔区	融入地景	701	55
	E 索道下站、上站	高海拔区	融入地景	743.7	55
	F 索道下站	高海拔区	悬浮构筑	31176.93	30
	F 索道上站	高海拔区	融入地景	—	11
	G 索道下站、上站	高海拔区	融入地景	3302	354.49
	H1、H2 索道下站、上站	高海拔区	融入地景	—	—
供水排水	造雪引水一级泵站及水厂	低海拔区	建筑呈现	9771	6493.6
	造雪引水二级泵站	低海拔区	建筑呈现	3458	2210.4
	1 号生活泵房（附建于 A1、A2 索道中站）	中海拔区	建筑呈现	7638.57	261.81
	2 号生活泵房及 PS100 造雪泵房（附建于集散广场及竞速结束区）	高海拔区	融入地景	31176.93	1803.92
	3 号生活泵房及 PS200 造雪泵房	高海拔区	悬浮构筑	3144.45	1803.92
	4 号生活泵房及 PS300 造雪泵房	高海拔区	悬浮构筑	1574.56	2913.39
	CT400 冷却塔	高海拔区	悬浮构筑	2267.98	869.84
	900M 塘坝、泵站及管理用房	中海拔区	融入地景	15471.35	2288.08
	1050M 塘坝、泵站及管理用房	中海拔区	融入地景	12671.98	3620.22
	1290M 水池及直升机临时起降点	高海拔区	融入地景	14284.59	—
能源供应	110kV 变电站（海坨）	中海拔区	融入地景	5354	4326
	110kV 变电站（玉渡）	中海拔区	融入地景	3596	4603
	LNG 站房	中海拔区	建筑呈现	1458.99	163.51
	加油设施平台	高海拔区	悬浮构筑	—	—
	储油罐点	高海拔区	悬浮构筑	—	—
邮电通讯	气象雷达站	高海拔区	悬浮构筑	—	—
	综合管廊监控中心	低海拔区	建筑呈现	2825	1885.4
环保环卫	污水处理站	低海拔区	建筑呈现	8569.11	5219.76
	垃圾转运站	低海拔区	融入地景	—	—

国家雪车雪橇中心“雪游龙”

竞赛场馆（新建）

National Sliding Center

Project Team

Client | Beijing Enterprises J.O Construction Co., Ltd.

Design Team | China Architecture Design & Research Group

Contruction | Shanghai Baoye Group Co., Ltd.

Principle-in-Charge | LI Xinggang, QIU Jianbing, ZHANG Yuting

Architecture | LI Xinggang, QIU Jianbing, ZHANG Yuting, LIU Ziqi, ZHU Lingli, YUAN Zhimin, LU Jingyao, LIU Yang, YANG Ru, LI Bizhou, Wang Xiang

Master Plan | GAO Zhi, ZHU Gengxin

Structure | REN Qingying, LIU Wenting, LI Zheng, ZHANG Xiaomeng, LIU Xiang, LI Lubin, ZHANG Xiongdi

Equipment | SHEN Jing, ZHU Xiujuan, WANG Xu, LI Baohua, HOU Yusheng, ZHANG Yiqi, LI Maolin, YANG Hanyu, LIANG Yan, HUO Xinlin, WANG Hao, HE Xueyu

Interior | CAO Yang, ZHANG Chao, AN Shi

Landscape | GUAN Wujun, SHI Lixiu, ZHANG Wanlan, CHANG Lin

Lighting | DING Zhiqiang, LI Zhanjie

项目团队

建设单位丨北京北控京奥建设有限公司

设计单位丨中国建筑设计研究院有限公司

施工单位丨上海宝冶集团有限公司

项目负责人丨李兴钢、邱涧冰、张玉婷

建筑设计丨李兴钢、邱涧冰、张玉婷、刘紫骐、朱伶俐、袁智敏、陆婧瑶、刘扬、杨茹、李碧舟、王翔

总图专业丨高治、朱庚鑫

结构设计丨任庆英、刘文珽、李正、张晓萌、刘翔、李路彬、张雄迪

设备专业丨申静、祝秀娟、王旭、李宝华、侯昱晟、张祎琦、李茂林、杨瀚宇、梁岩、霍新霖、王昊、何学宇

室内专业丨曹阳、张超、安石

景观专业丨关午军、史丽秀、张宛岚、常琳

照明专业丨丁志强、李占杰

Project Data

Location | Yanqing, Beijing, China

Design Time | 2017-2018

Completion Time | 2021

Site Area | 18.69hm^2

Architecture Area | 52,500m^2

Structure Area | 21,500m^2

Structure | Steel Frame, Steel Frame Structure and Steel Concentrically Braced Frame, Steel Wood Composite Structure

Track and Refrigeration System | Planungsbüro Deyle GmbH

Municipal Transportation | Beijing General Municipal Engineering Design & Research Institute Co., Ltd.

Track Refrigeration Engineering | Hua Shang International Engineering Co., Ltd.

Track Lighting Consultant | Endo TRADE (Beijing) Co., Ltd.

工程信息

地点丨中国北京延庆

设计时间丨2017—2018年

竣工时间丨2021年

用地面积丨18.69hm^2

建筑面积丨5.25万m^2

构筑物面积丨2.15万m^2

结构形式丨钢结构、钢筋混凝土框架结构、钢木组合结构

赛道及制冷系统丨德国戴勒有限公司

市政交通丨北京市市政工程设计研究总院有限公司

赛道制冷工程丨华商国际工程有限公司

赛道照明顾问丨恩藤照明设备（北京）有限公司

国家雪车雪橇中心西南方向鸟瞰（摄影：孙海霆）

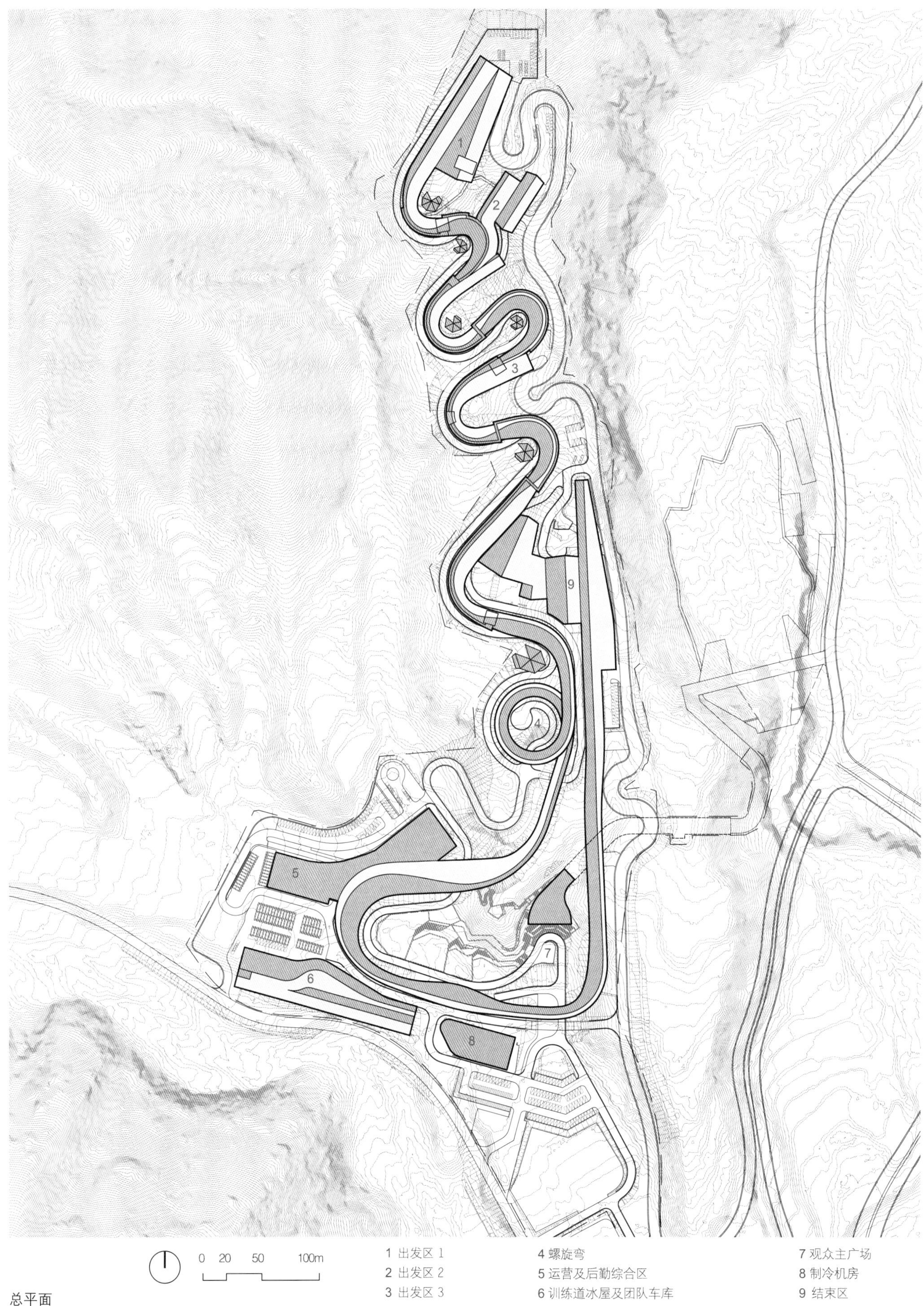

1 出发区 1
2 出发区 2
3 出发区 3
4 螺旋弯
5 运营及后勤综合区
6 训练道冰屋及团队车库
7 观众主广场
8 制冷机房
9 结束区

总平面

从冬奥村看蜿蜒的雪车雪橇中心（摄影：孙海霆）

从出发区俯瞰雪车雪橇中心（摄影：张玉婷）

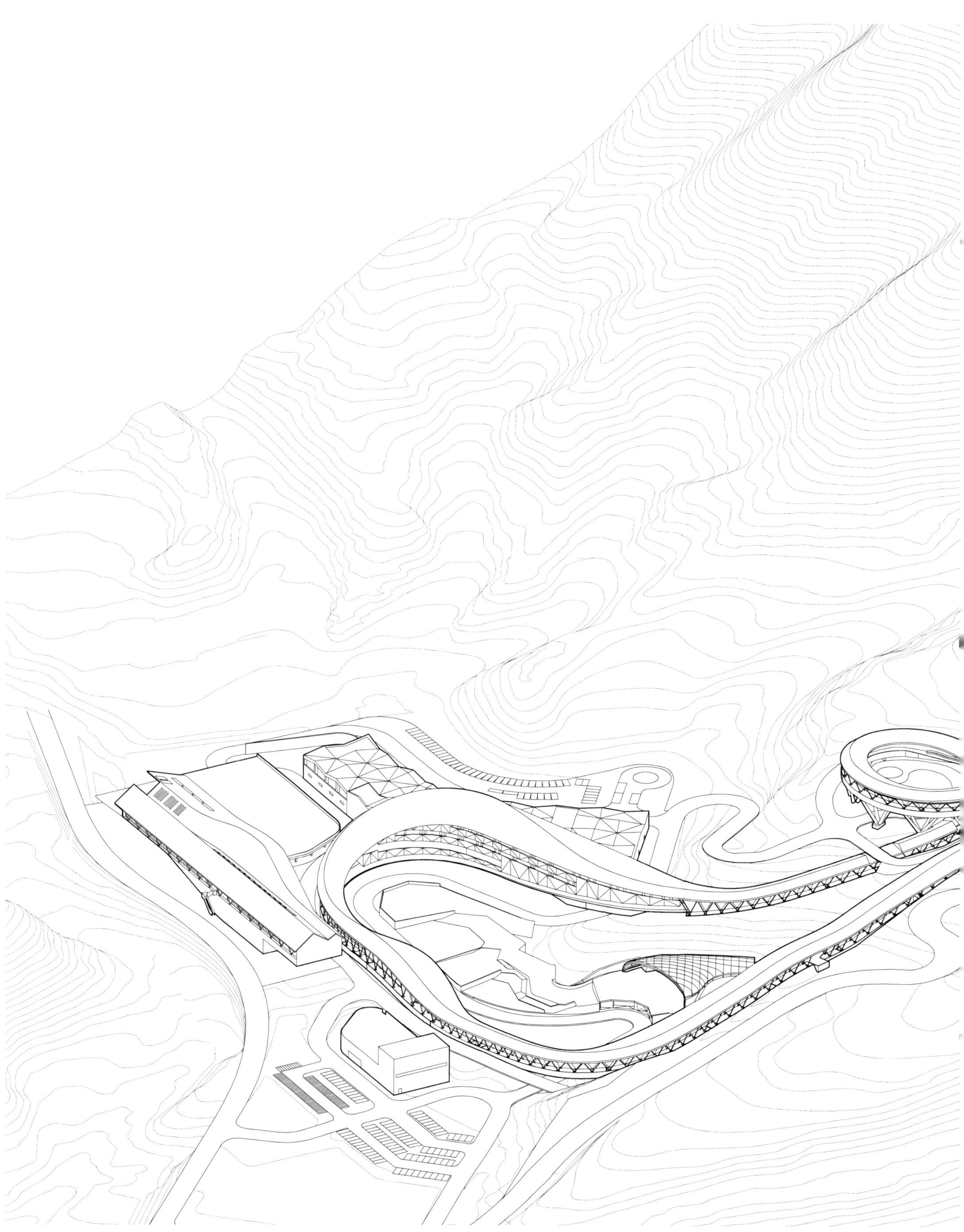

轴测

出发区

1 出发区 1 站席区
2 无障碍看台区（2 席）
3 雪车雪橇准备区
4 运动员更衣室
5 裁判员室

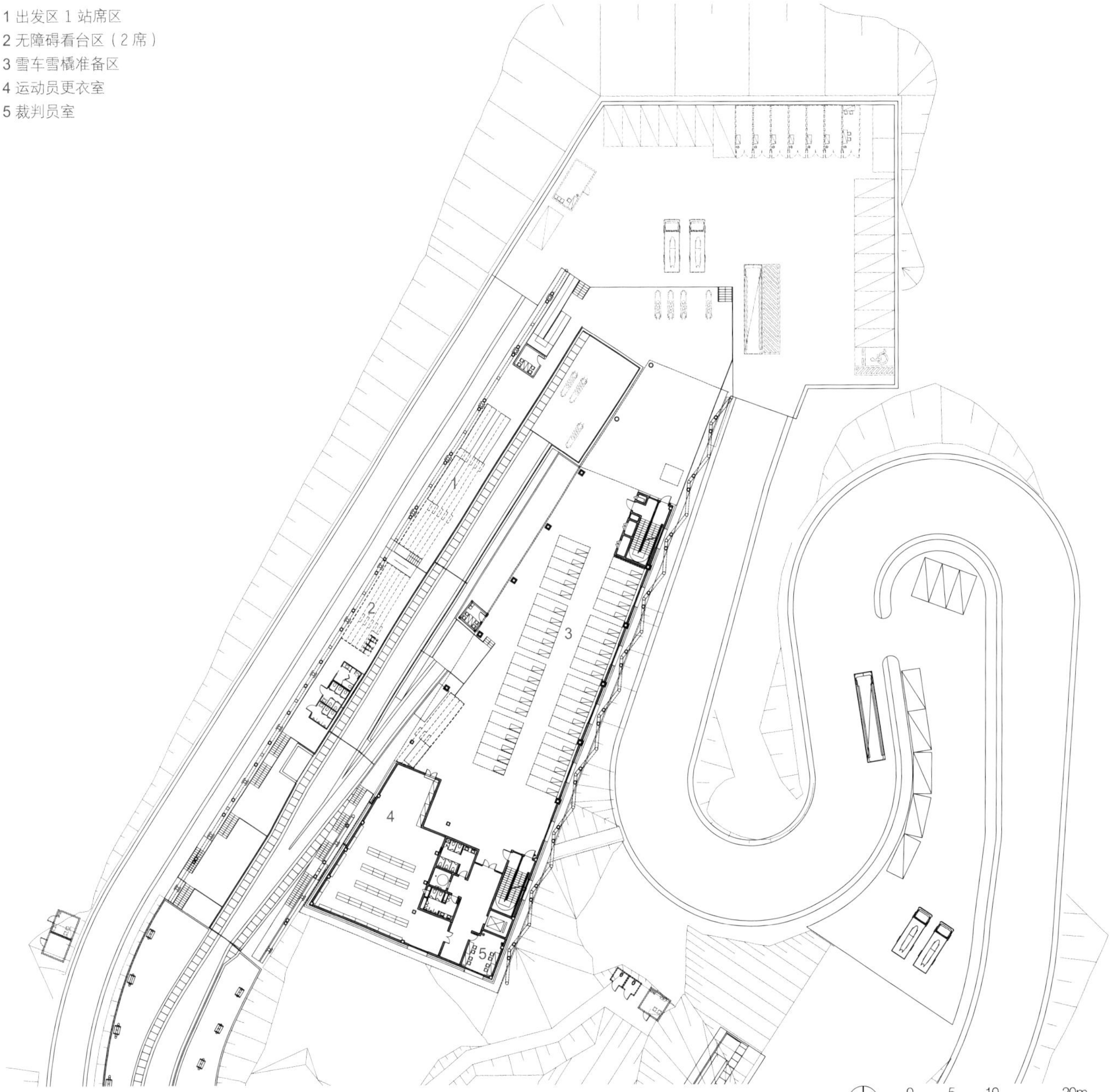

出发区1平面

0 5 10 20m

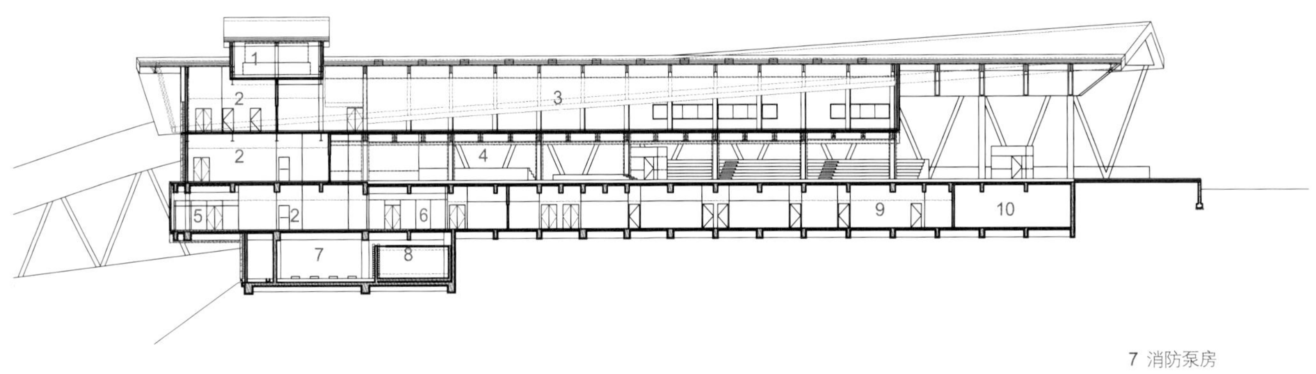

0 5 10 20m

出发区1剖面

1 水箱间
2 过厅
3 热身区
4 雪车雪橇准备区
5 运动员茶歇处
6 官员茶歇处
7 消防泵房
8 消防水池
9 走廊
10 变配电室

出发区1内景：赛道与观众看台（摄影：张玉婷）

出发区1东立面实景（摄影：孙海霆）

出发区1二层热身区（摄影：孙海霆）

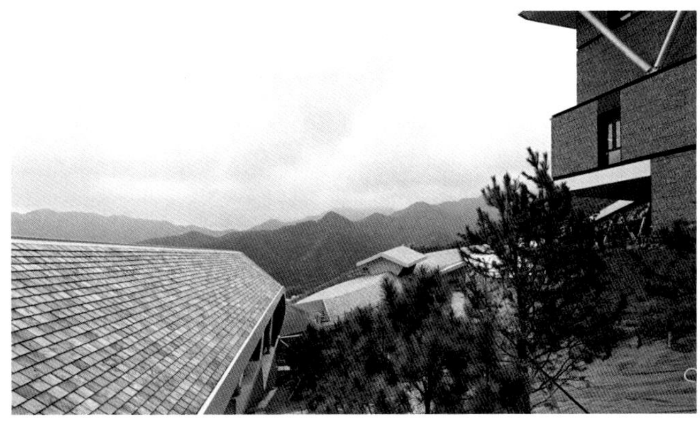

出发区1和出发区2之间（摄影：孙海霆）

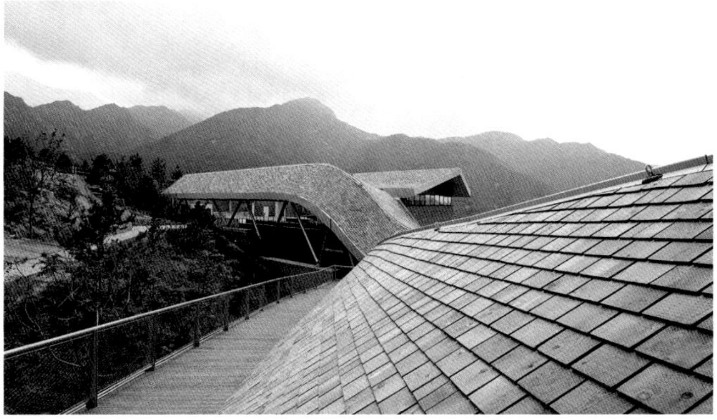

出发区2外景（摄影：孙海霆）

1 NTO 工作间
2 雪橇卸车区
3 准备区
4 出发延展区
5 雪橇出发赛道
6 观众站席看台
7 独立更衣室
8 零售间
9 热身房

出发区2剖面

出发区2平面

0 2 5 10m

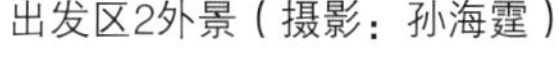

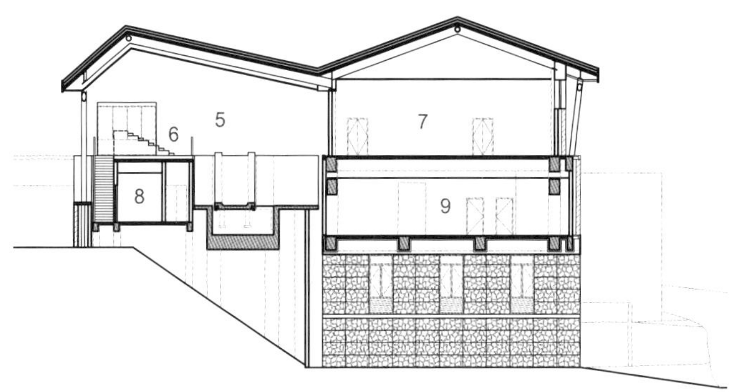

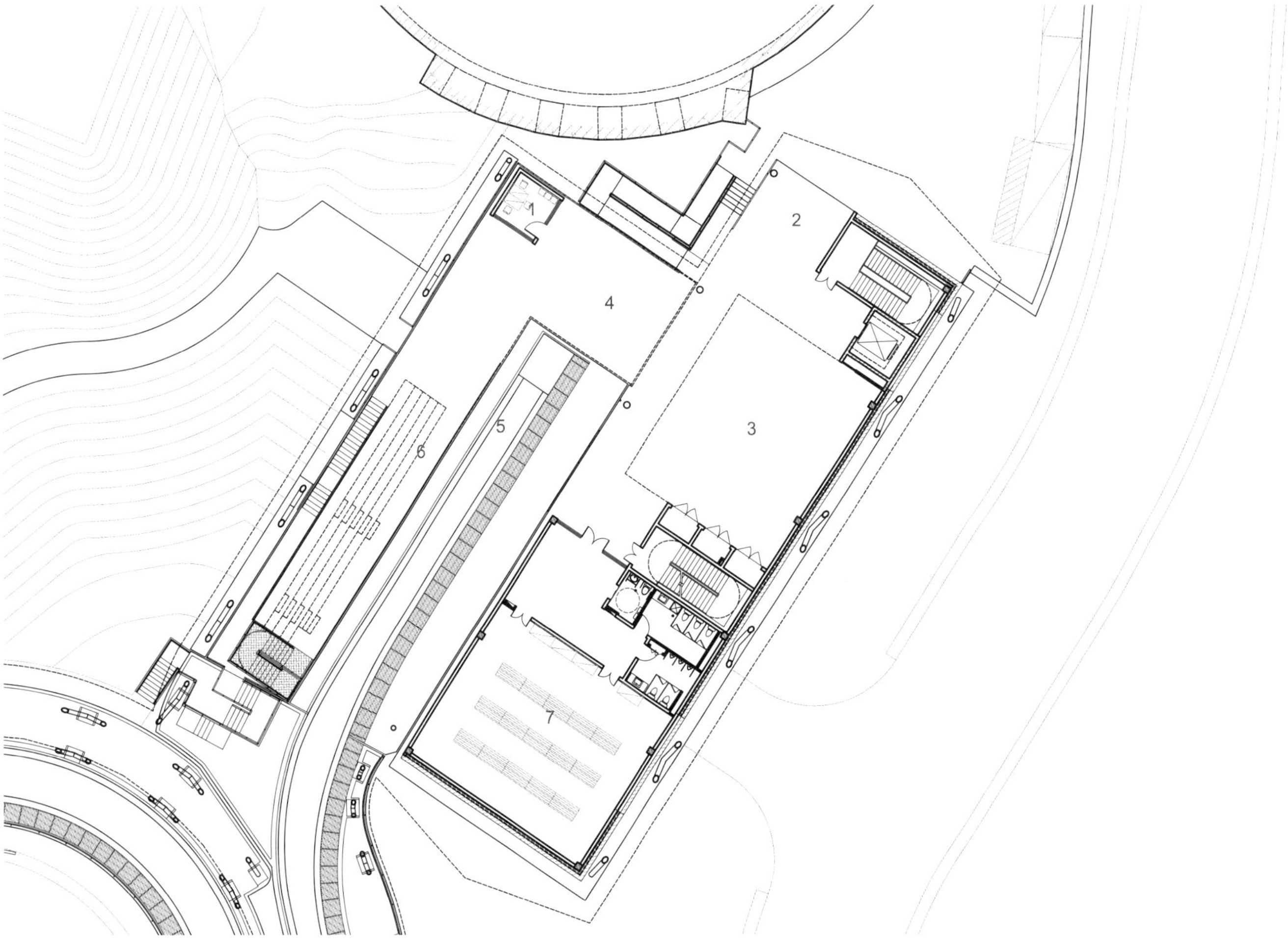

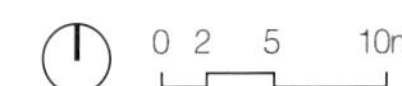

出发区1、出发区2夏景（摄影：孙海霆）

出发区1、出发区2冬景（摄影：孙海霆）

1 出发延展区
2 准备区
3 青少年出发冰道
4 门厅
5 运动员更衣室
6 遮阳篷屋脊步道

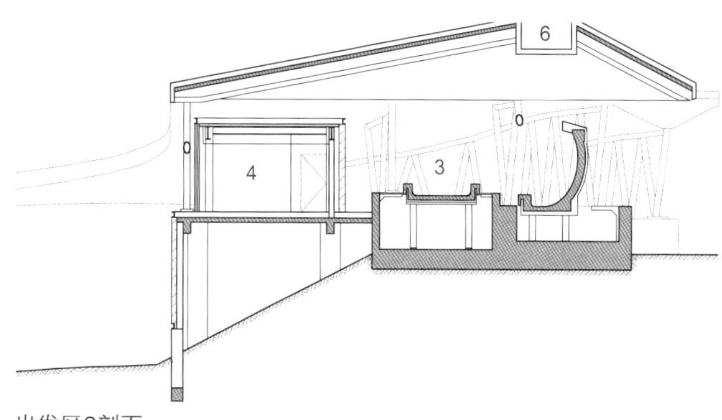

出发区3剖面

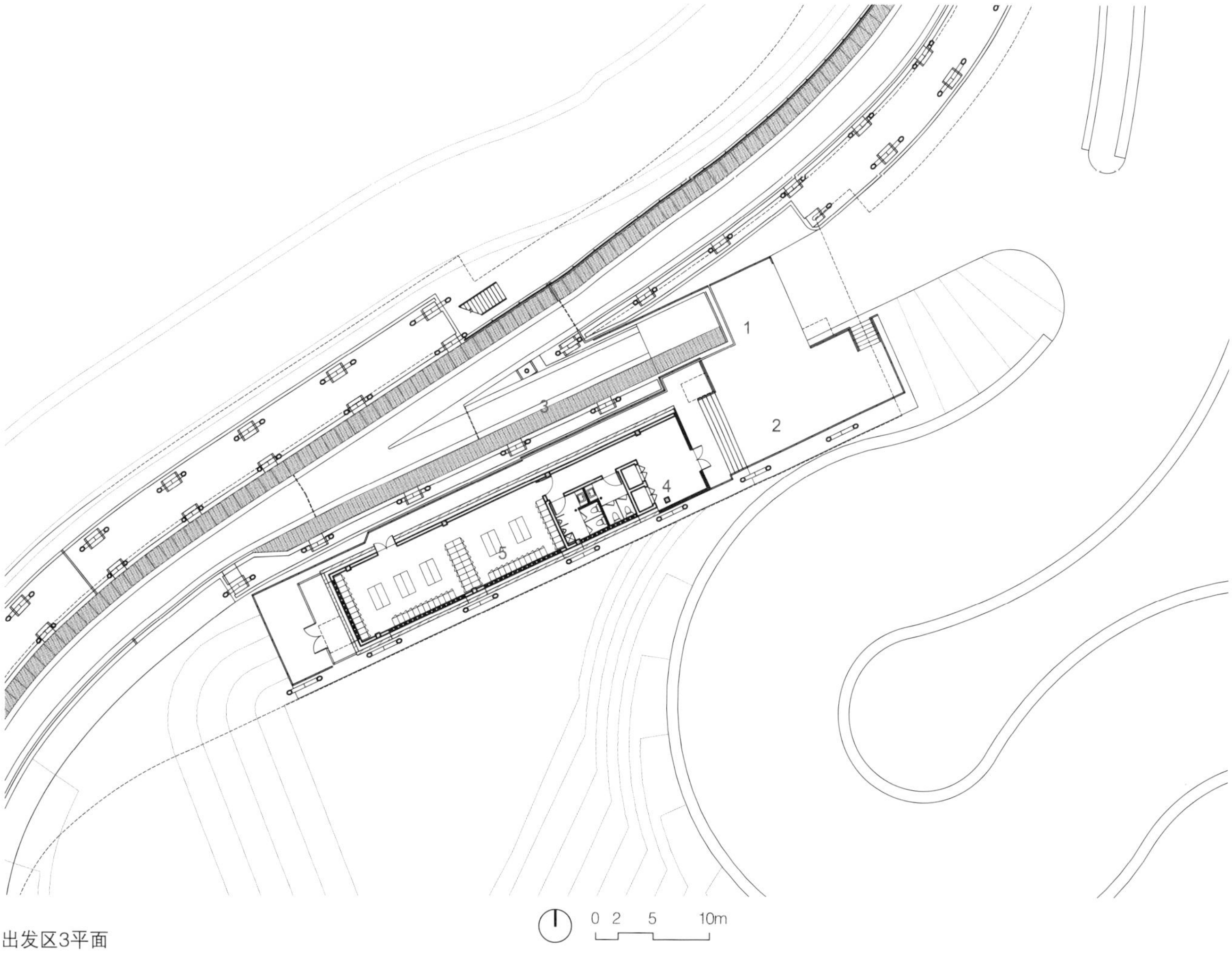

0 2 5 10m

出发区3平面

从赛道的屋顶步道看向出发区1、2、3（摄影：张玉婷）

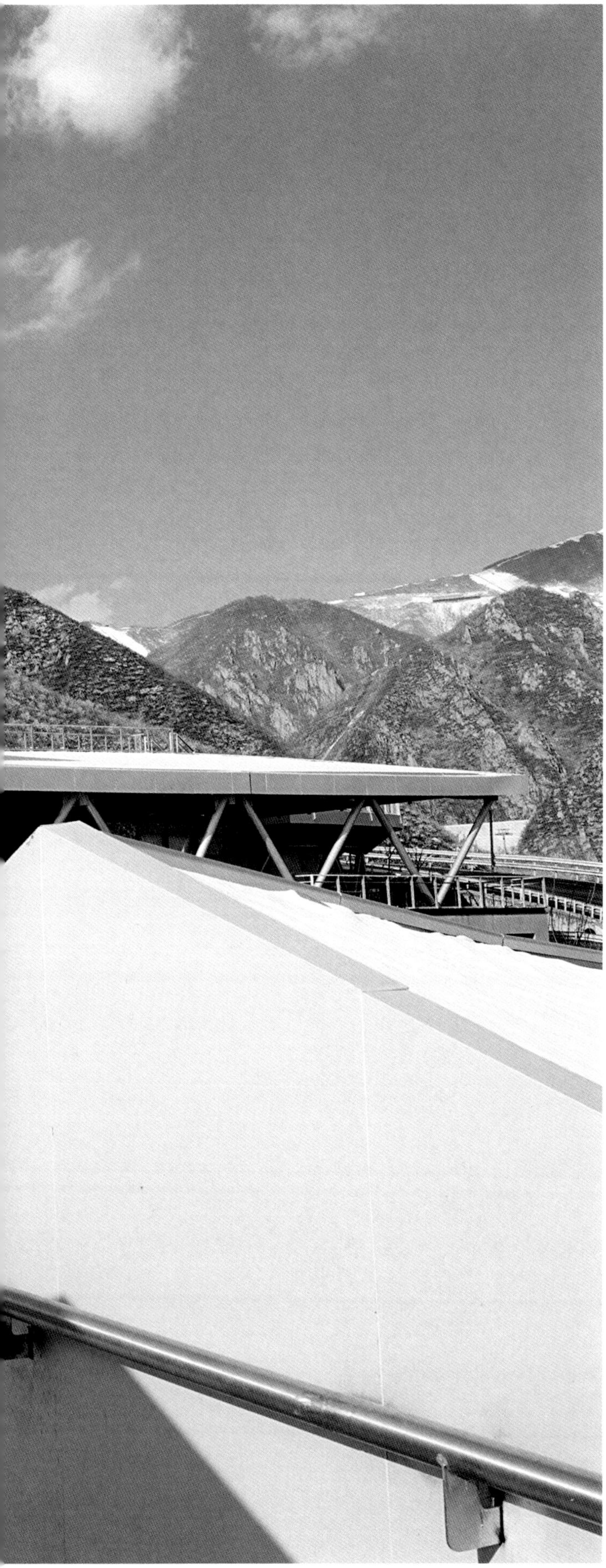

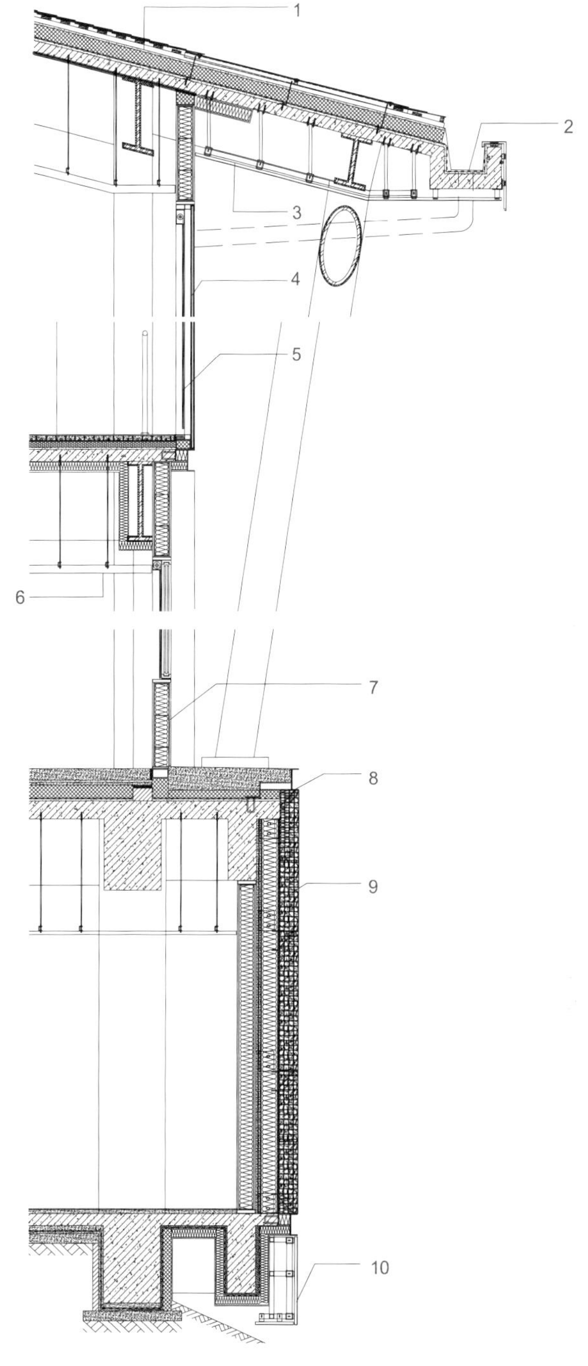

1 木板瓦屋面
2 金属天沟
3 铝单板吊顶
4 半隐框玻璃幕墙
5 内遮阳卷帘
6 铝方通格栅
7 深灰色铝板外饰面
8 槽钢
9 石笼墙
10 铝单板

出发区墙身详图

0 0.5 1 2m

赛道

从赛道檐下看运营区、观众广场及螺旋弯（摄影：张玉婷）

螺旋弯北望出发区、结束区（摄影：张玉婷）

钢架雪车在螺旋弯赛道上飞驰（摄影：孙海霆）

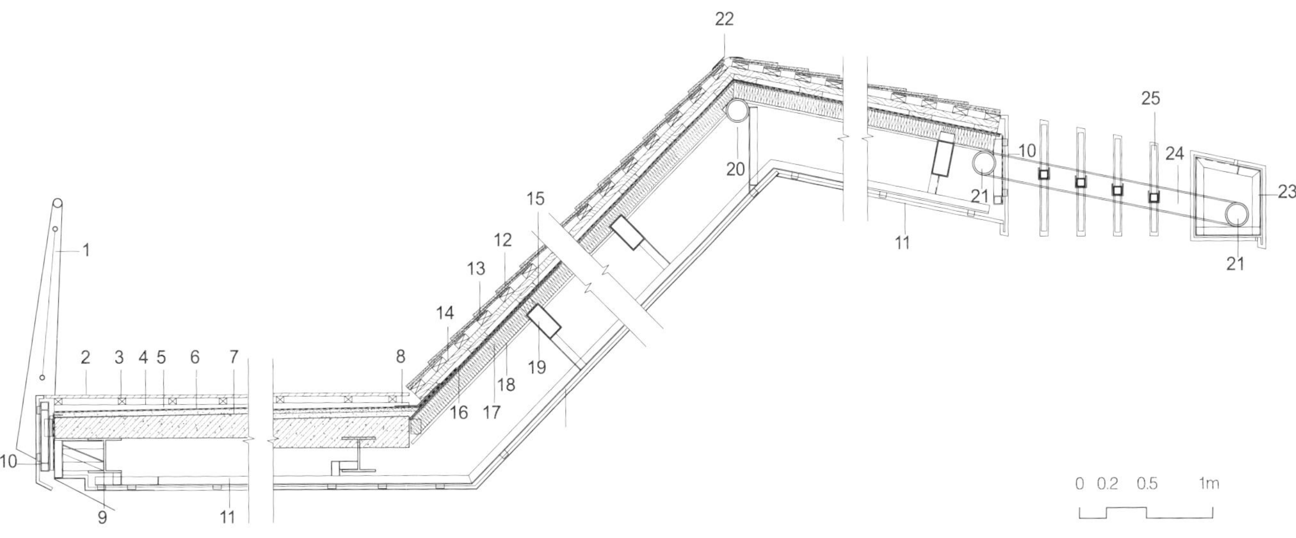

赛道屋顶构造详图

1 不锈钢扶手栏杆
2 38mm×89mm 防腐木步道
3 38mm×45mm 防腐木龙骨
4 38mm×89mm 防腐木顺水条
5 3+3 自粘性防水卷材，上覆 20mm 厚水泥砂浆保护层
6 最薄 30mm 厚细石混凝土找平层
7 最薄 120mm 厚钢筋混凝土楼板，向外找坡 2%
8 防水附加层
9 步道 H 型钢曲梁
10 3mm 厚檐口铝板饰面
11 3mm 厚铝板吊顶
12 6~16mm 厚楔形木瓦（压二钉一）
13 38mm×90mm 防腐木挂瓦条 @190mm
14（38~100）mm×140mm 厚木顺水条 @400mm
15 防水透气膜，用专用密封条封堵钉孔
16 12mm 厚 OSB 板
17 38mm×89mmSPF 木格栅 @406mm（间距内填充保温岩棉，厚度与格栅齐平）
18 12mm 厚硅酸钙板
19 木梁间钢檩条
20 屋脊弧形圆管钢梁
21 檐口弧形圆管钢梁
22 屋脊铝合金压顶
23 3mm 厚檐口铝板饰面
24 方钢管联系梁
25 檐口铝格栅

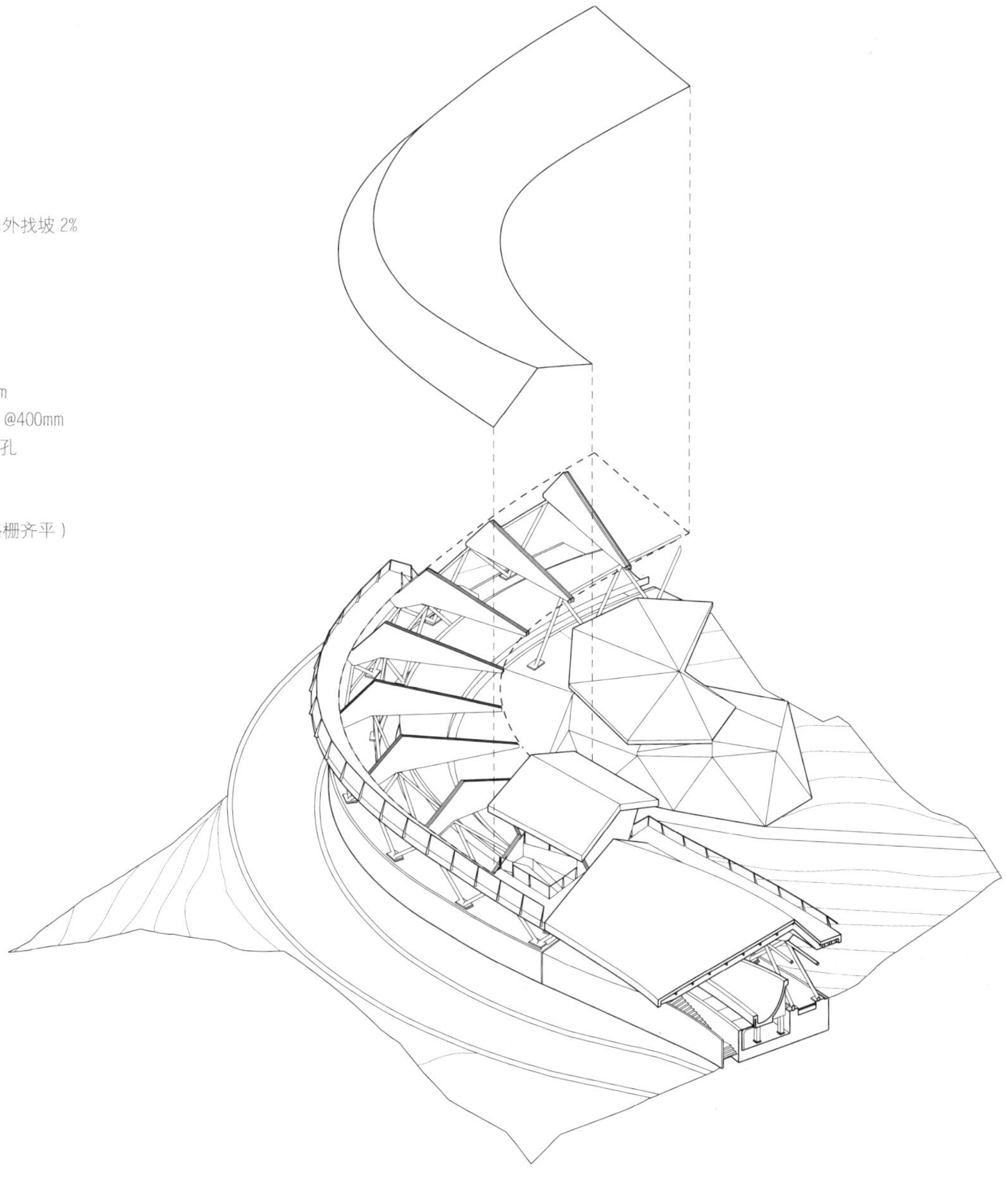

赛道局部轴测

结束区

结束区外景（摄影：孙海霆）

结束区观众席（摄影：孙海霆）

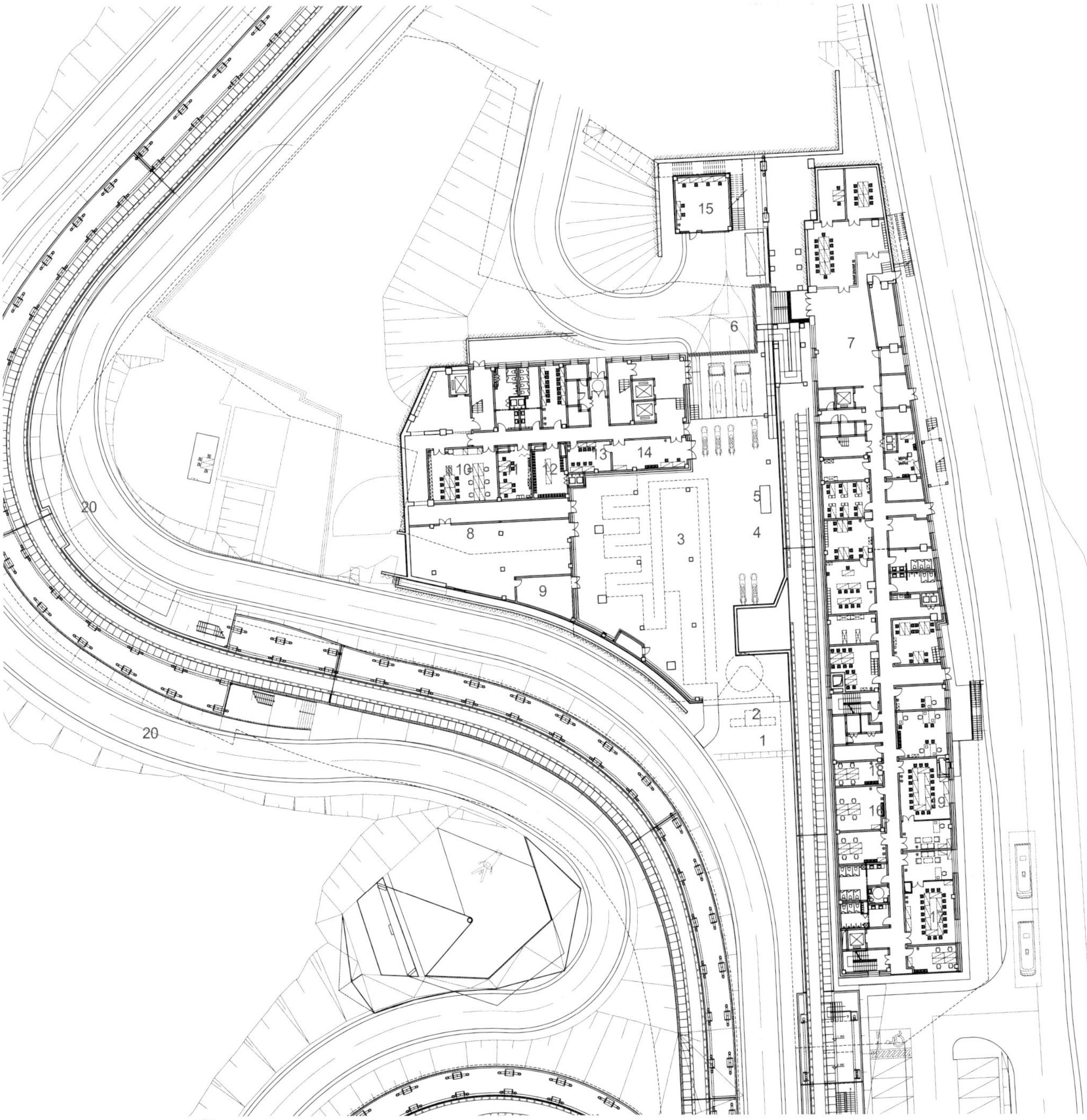

0 5 10 20m

结束区一层平面

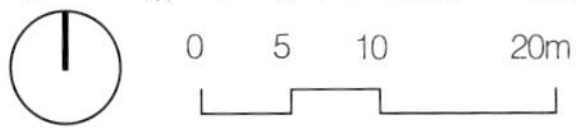

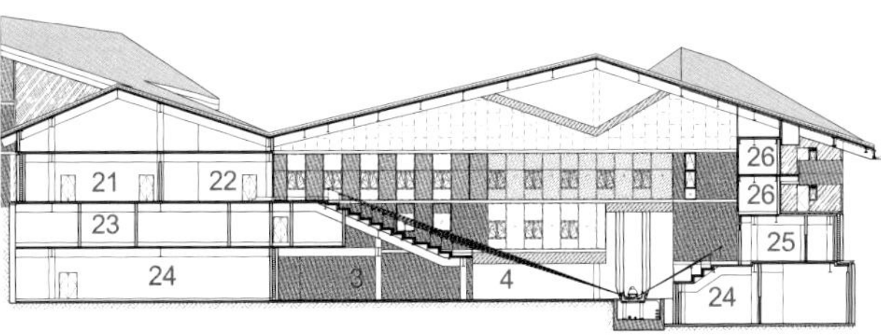

结束区剖面

1 颁奖典礼展示区
2 颁奖台
3 混合采访区
4 收车区
5 雪车称重
6 装卸区
7 仪式准备区
8 变配电室
9 值班室
10 雪橇竞赛办公室
11 运动员医疗站
12 运动员更衣室
13 雪橇测量室
14 检查控制室
15 雪车存储 / 雪车修理
16 国际雪橇联合会工作人员办公室
17 国际雪橇联合会会议室
18 国际雪车联合会工作人员办公室
19 国际雪车联合会会议室
20 伴随路
21 观众取暖区
22 体育展示娱乐室
23 特许零售店
24 颁奖办公室
25 新风机房
26 评论席

运营综合区

悬挑于赛道之上的运营综合区（摄影：刘紫骐）

运营区、观众主广场与赛道（摄影：张玉婷）

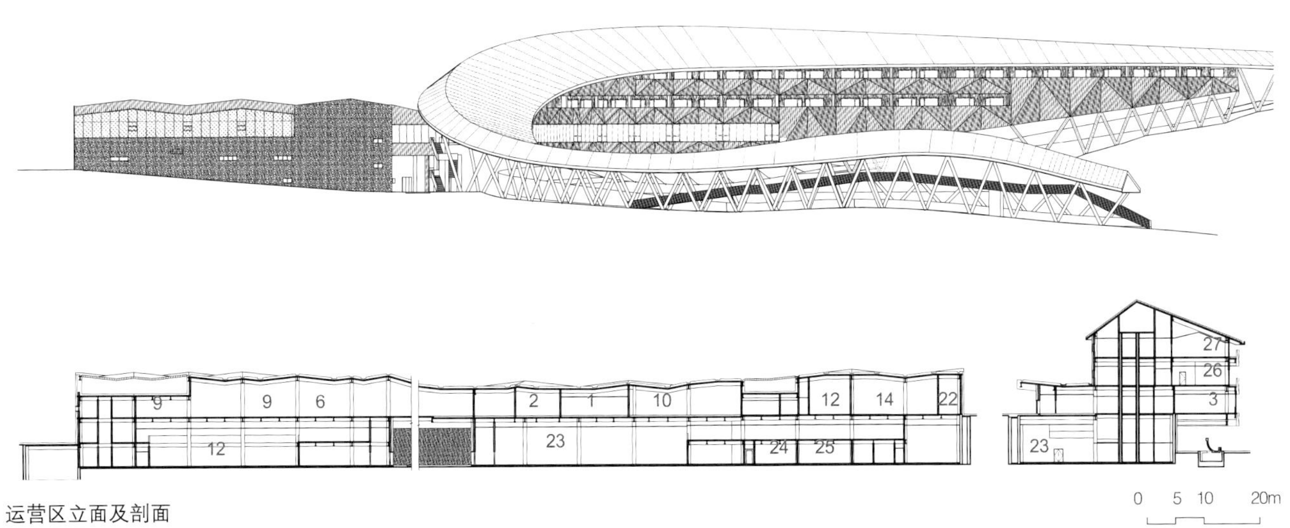

运营区立面及剖面

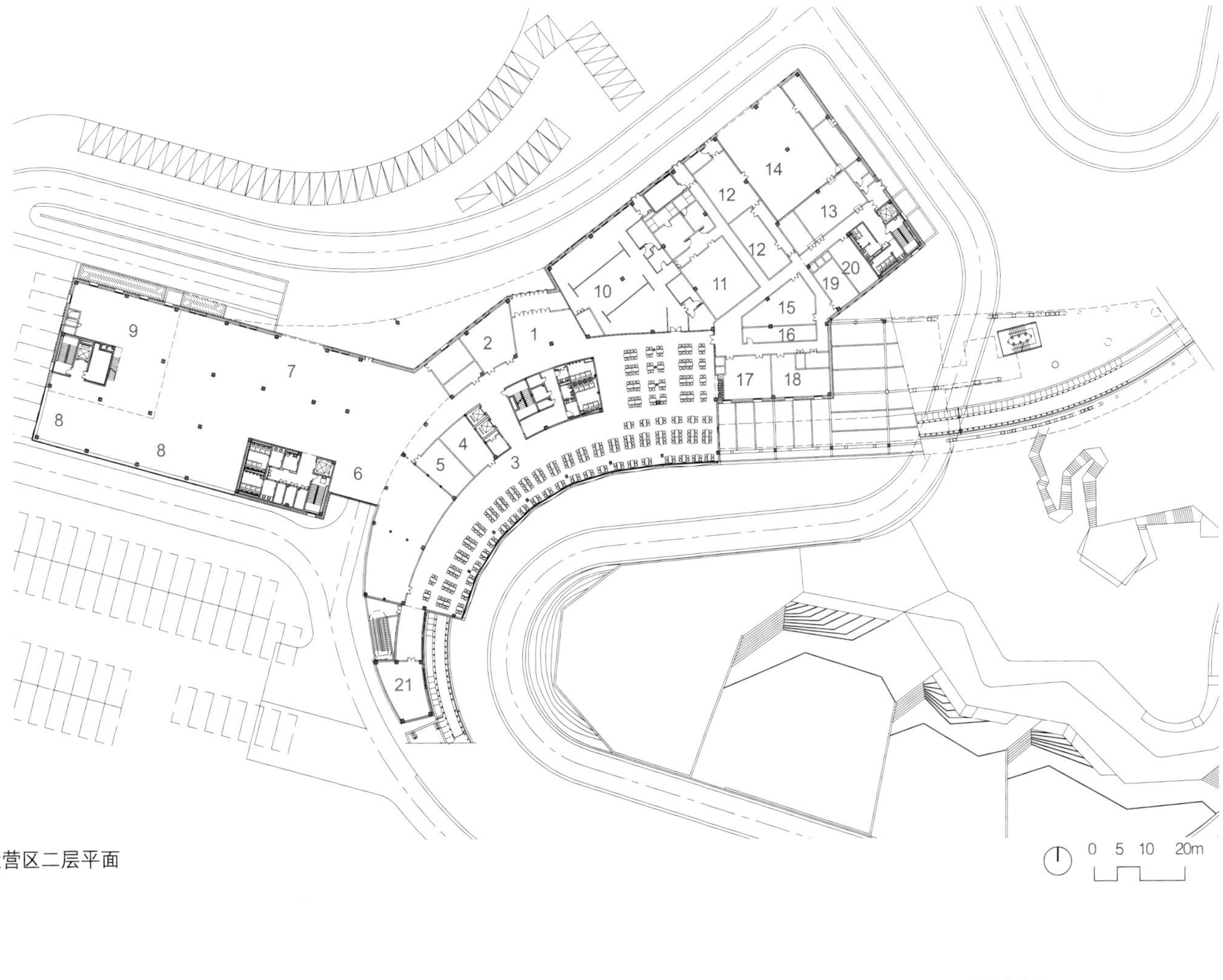

0 5 10 20m

运营区二层平面

1 入口门厅
2 临时仓库
3 工作人员餐厅
4 餐厅储藏室
5 物流储藏室
6 物流综合区
7 装卸区 / 暂存区
8 工作区域
9 施工设备安全存放区
10 厨房和备餐区
11 主副食库
12 安保房间
13 安保控制室
14 安保车库
15 餐饮垃圾
16 回收分类
17 餐盘回收间
18 经理办公室
19 保洁和垃圾承包商办公室
20 门卫存放室
21 餐厅包间
22 消防控制室
23 工作人员休息处 / 取暖站
24 场馆技术服务
25 场馆技术运行
26 BIL 工作空间
27 国家奥委会办公室

训练道冰屋

冰屋室内雪车训练道（摄影：张玉婷）

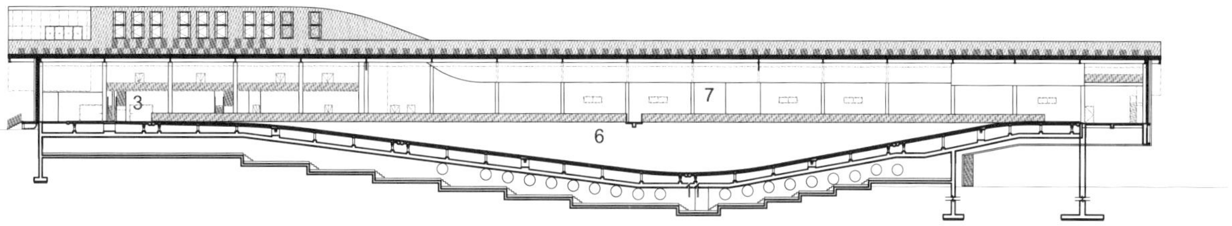
3
7
6
0 5 10 20m

冰屋剖面

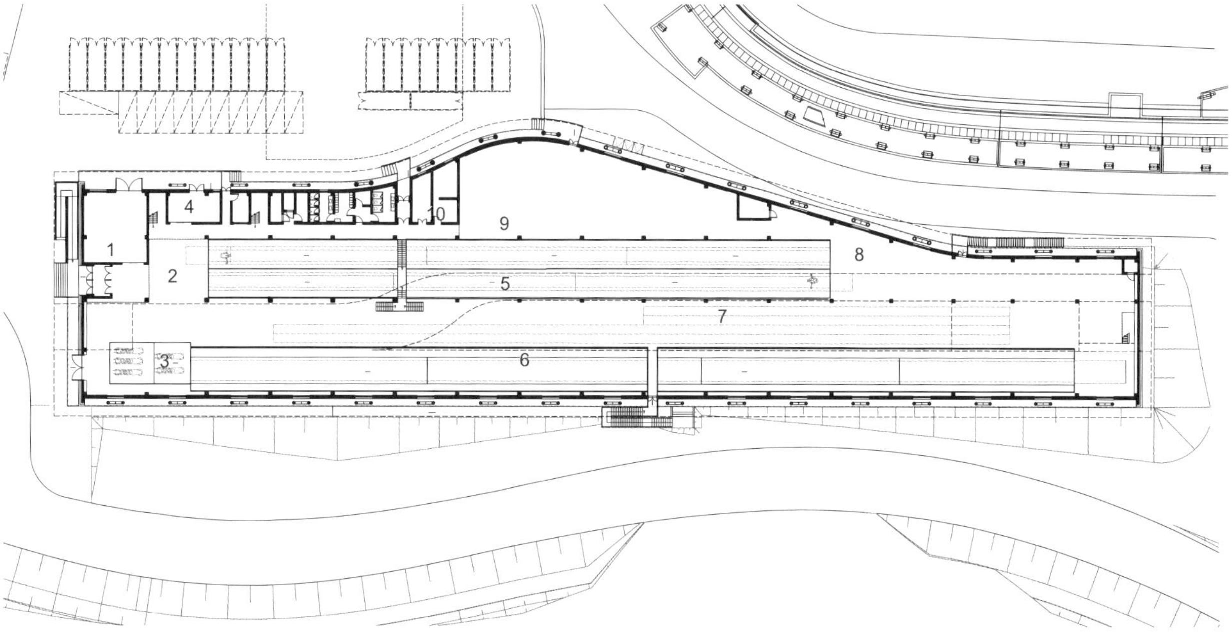
4
1
2
10
9
5
8
7
3
6
0 5 10 20m

冰屋平面

1 雪车存放间
2 雪橇 1 出发
3 雪车出发
4 雪橇存放间
5 雪橇训练道
6 雪车训练道
7 热身跑道
8 雪橇 2 出发
9 热身区
10 检查与理疗
11 管沟

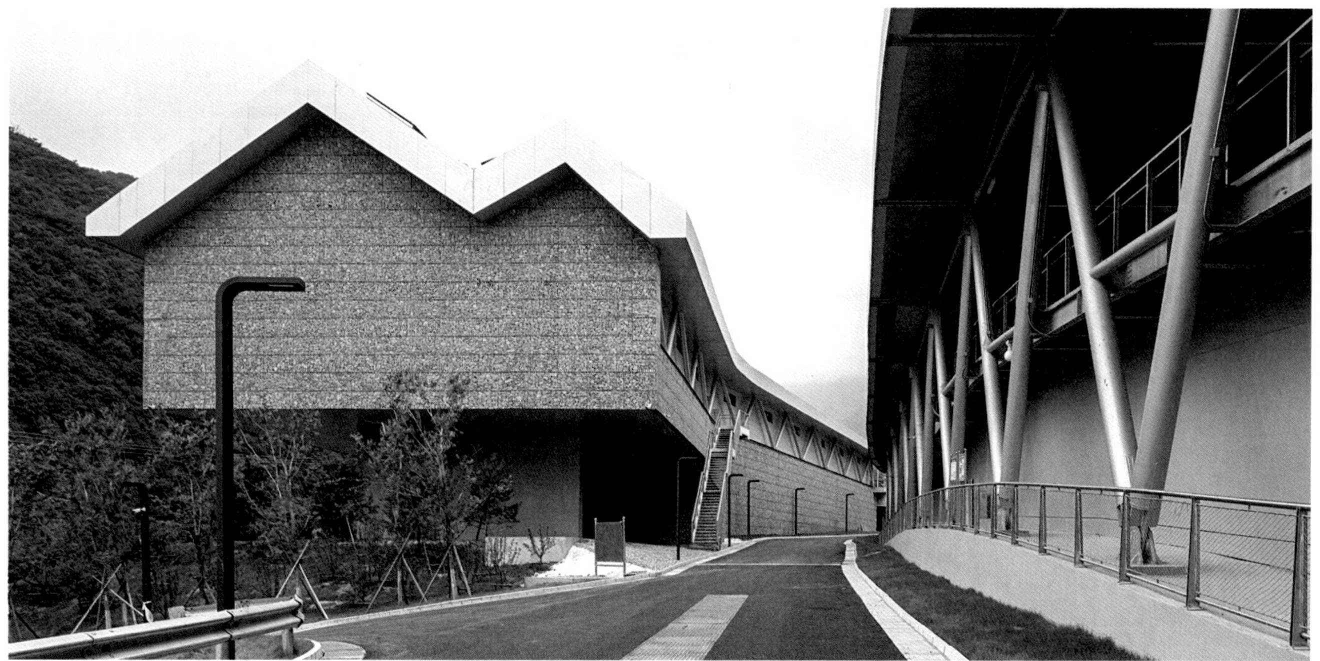

训练道冰屋外景（摄影：孙海霆）

图1 由北向南俯瞰国家雪车雪橇中心（摄影：孙海霆）

1 概况

雪车雪橇运动具有悠久的历史，它包含雪车（Bobsleigh）、钢架雪车（Skeleton）和雪橇（Luge）三项运动。在1924年法国夏穆尼举行的首届冬奥会，雪车雪橇就被列入比赛项目。最初雪车雪橇比赛是在天然冰砌筑的赛道上比赛。1960年代开始建设人工赛道，建立了赛道设计标准。同时国际体育单项组织对赛道标准也一直在进行修正，追求更加快速、更加安全、更加公平的比赛。

与常规的竞赛场馆不同，雪车雪橇运动是一个追求极限速度的体育项目，雪车雪橇的竞赛是在长度在2000m左右的覆冰赛道上进行，因此被称为“雪上的F1方程式”。雪车与钢架雪车运动员通过起跑获取初速度，雪橇运动员通过上肢滑动和扒冰获取起始速度，其余全程仅靠身体控制，利用重力加速度加速。出于对运动员安全的考虑，国际雪车联合会和国际雪橇联合会两个国际单项组织对比赛规则进行了详细的规定，限定雪车雪橇赛道的设计最大速度为135km/h，最大加速度为5g。虽然国际单项组织对竞赛规则有详细的规定，但由于赛道与场地现状地形应尽可能贴合以减少对场地的扰动，而各条赛道所处的场地条件不同，全世界各地建设的雪车雪橇赛道也各不相同。每一条赛道都在总结已建成赛道的基础上完善发展，以期达到“更快、更高、更强”的奥运精神。

国家雪车雪橇中心坐落在北京2022年冬奥会延庆赛区核心区南部，是我国建设的第一条雪车雪橇赛道，其形态宛若游龙，自北向南蜿蜒在赛区入口西侧的山脊之上（图1）。建筑场地的地形变化复杂，从北侧高点至南侧低点区域的高差约有150m，平均自然坡度超过16%。

经由国际奥委会及国际体育单项组织审核认证，国家雪车雪橇中心已达到国际同类型场馆的领先水平，2022年冬奥会期间将举行雪车、钢架雪车和雪橇的比赛，同时冬奥会后将举行国际单项协会组织的世界级比赛，也将为中国运动员的训练提供保障。在完成奥运比赛的同时，国家雪车雪橇中心也成为可持续发展的奥运遗产。

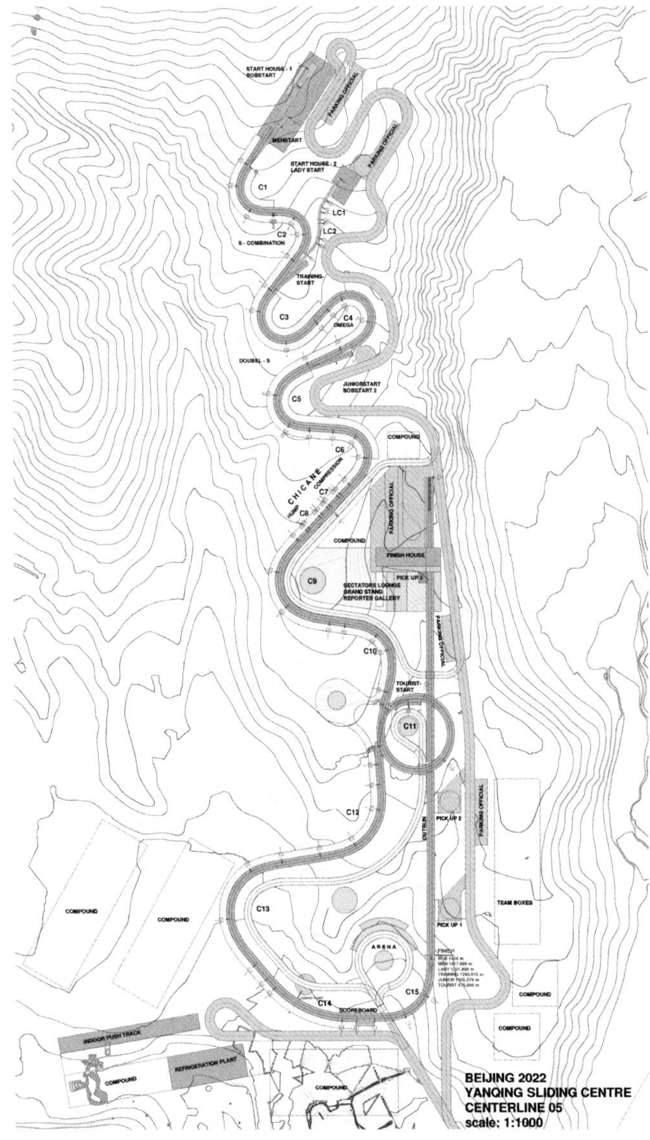

图2 第5版赛道及S2场地示意图

图3 场地夏季照片（摄影：李兴钢）

图4 场地冬季照片（摄影：张玉婷）

2 设计实践：择地而生，因地制宜，顺势而就，天人合一

2.1 场馆选址的选定

由于赛道的复杂性以及对拟选场地的技术要求，项目初始，雪车雪橇场馆选址需要在自然坡度、整体朝向、场地的长宽等方面进行论证。在赛区中的多个意向选址区域，均采用场地BIM设计，进行数据分析对比，为场址选择提供精确技术数据支撑。

国家雪车雪橇中心原有四个选址方案，分别是东西朝向的E1和E2两个选址，以及南北朝向的S1和S2两个选址，经国际奥委会、国际单项组织和赛道设计顾问的现场考察，综合考虑赛道的选址要求，最终于2017年2月确定S2地块为国家雪车雪橇中心的最终选址（图2~图4）。同时，在申奥阶段被用作雪车雪橇场馆规划方案选址的S1地块，被确定为延庆冬奥村的选址用地。

S2地块与高山滑雪中心选址、冬奥村选址和山地新闻中心选址相邻，可形成整体的赛区场馆群，赛时赛后联动设计，形成区块化发展，共赢共生。对于雪车雪橇场馆而言，从自然山体特征来看，S2地块相较其他选址有更适合的坡度，且山体在低处有相对开阔和平坦的区域，适合在最后赛道段布置观众主广场。但是该选址也不是完美无缺的，场馆选址位于山体的南坡，而非大多数场馆的北坡，相比北坡，南坡赛道的气候条件更为严苛，气候挑战问题更多。对于国家雪车雪橇中心项目的赛道而言，太阳辐射特别是直射辐射对赛道冰面的影响，会导致部分冰面软硬不一的现象，直接影响赛道的安全性和运动员的竞技水平，制冷能耗也会随之攀升，因此需要通过一切手段避免赛道被阳光直射。设计研究团队提出了让雪车雪橇场馆"南坡变北坡"的设计策略，使得处于南坡的雪车雪橇中心节能效率不低于北坡。我们结合赛道形状、自然地形和"人工地形"、遮阳屋顶、遮阳设施（遮阳帘及挡风背板）等，研发出"地形气候保护系统"（Terrain Weather Protection System，简称TWPS），有效保护赛道冰面免于受各种气候因素影响，确保赛事高质量进行，并最大限度降低能源消耗（图5、图6）。

S2地块选址的另一弊端在于其位于山脊之上，山脊东西两侧均存在陡壁，场地整体地形复杂、用地局促。针对狭促的场地条件，功能空间势必无法在平面上展开，必须利用地形高差，向三维空间发展。

S2地块用地范围南北长约975m，东西最宽处约445m，用地范围面积约为18.69hm^2。场地内现状最高点绝对标高约为1040m左右，位于北端，最低处绝对标高约为881m左右，位于南端；场地南北向平均坡度约为16.3%左右。场地现状用地多为林地，地质情况复杂，部分区域存在较厚湿陷性黄土土层，需进行相应地基处理后方具备建设条件。

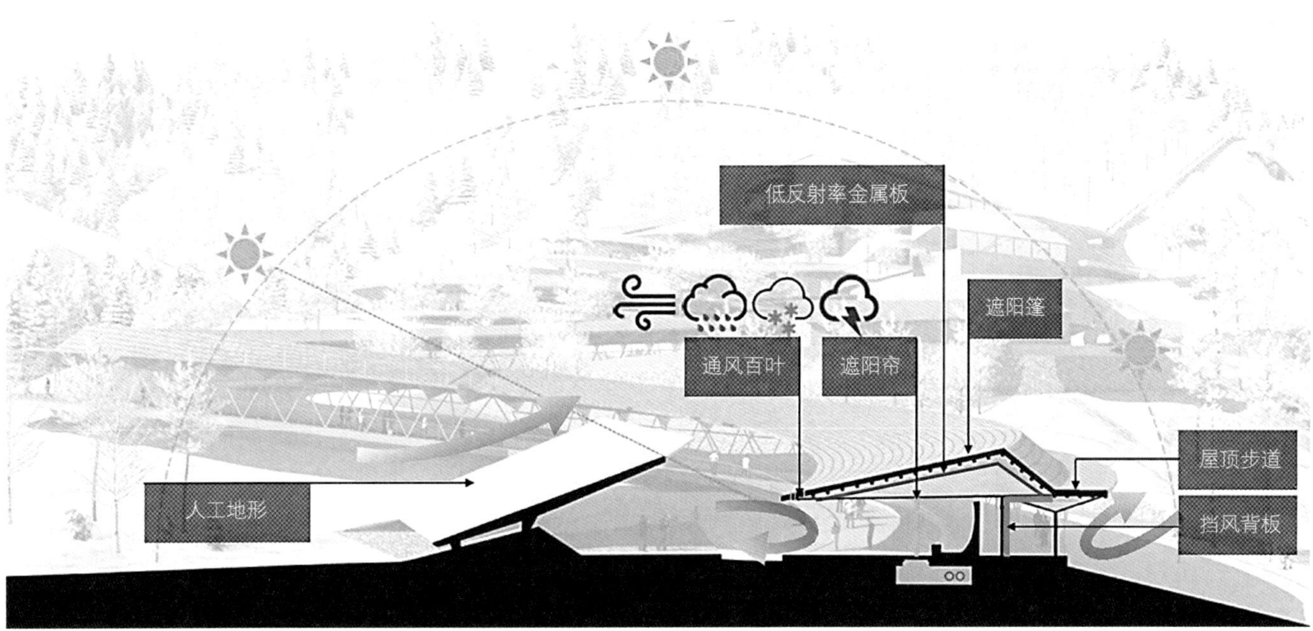

图5 “地形气候保护系统”理念图

图6 “地形气候保护系统”实景（摄影：张玉婷）

2.2 赛道中心线的确定

每一条赛道因其所处的自然条件本身存在差异，对自然条件的适应方法也各不相同，因此世界上没有两条一样的赛道。赛道中心线并非我们通常意义的标识中心的、代表数据平均值的线，而是一根具有控制性的轴线。这条线在空间坐标中定义了赛道的走向。

在赛道选址的推敲过程中，赛道中心线也在同时被设计和优化，基于第5版赛道中心线方案，S2地块被确认可行。赛道中心线的优化过程，既要对运动员的竞技水平提出挑战，又要平衡多种竞赛项目在同一赛道上的难度，还得优化赛道对山体的改造程度，尽可能地利用现状地形的特点，减少填挖方量。2017年5月，国际单项组织专家对赛道初步设计第6.5版中心线进行了认证和确认。

第6.5版赛道中心线相较第5版，在赛道长度、弯道数量、起始和最低点高程等方面均作了调整，变化最大的是将第5版中心线中被结束段直线赛道穿过的独具特色的螺旋弯改成了不被穿越的右转入弯的螺旋弯。此类调整都是在运动的安全性、挑战性、趣味性中寻找平衡，当然，也必须具备工程建设的可行性（图7）。

2.3 赛道剖面的确认

基于已确定的第6.5版赛道中心线，赛道设计师使用为赛道设计专门研发的计算软件，加载三个比赛项目的各个分项的运动模拟条件，计算出一系列运动轨迹线，再以中心线为轴，定位轨迹线的偏移范围，生成赛道平面和立面控制边界，赛道的剖面形状便可随即自动生成。国际雪车联合会和国际雪橇联合会的专家通过对每个弯道图纸的理解和判断，提出修改意

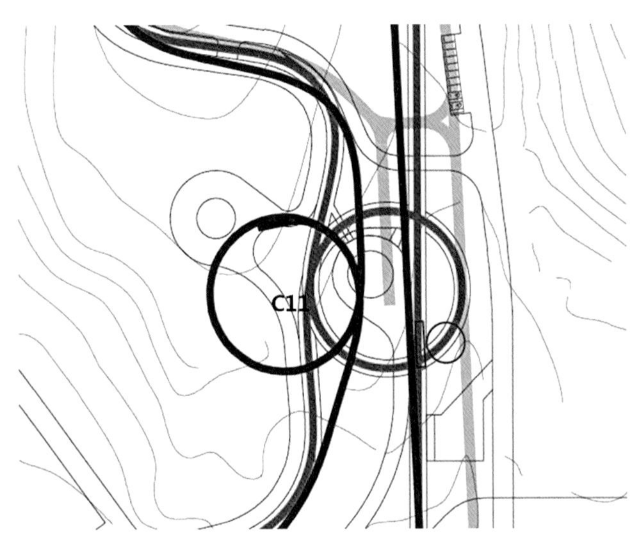

图7 第6.5版与第5版赛道中心线螺旋弯处比较图

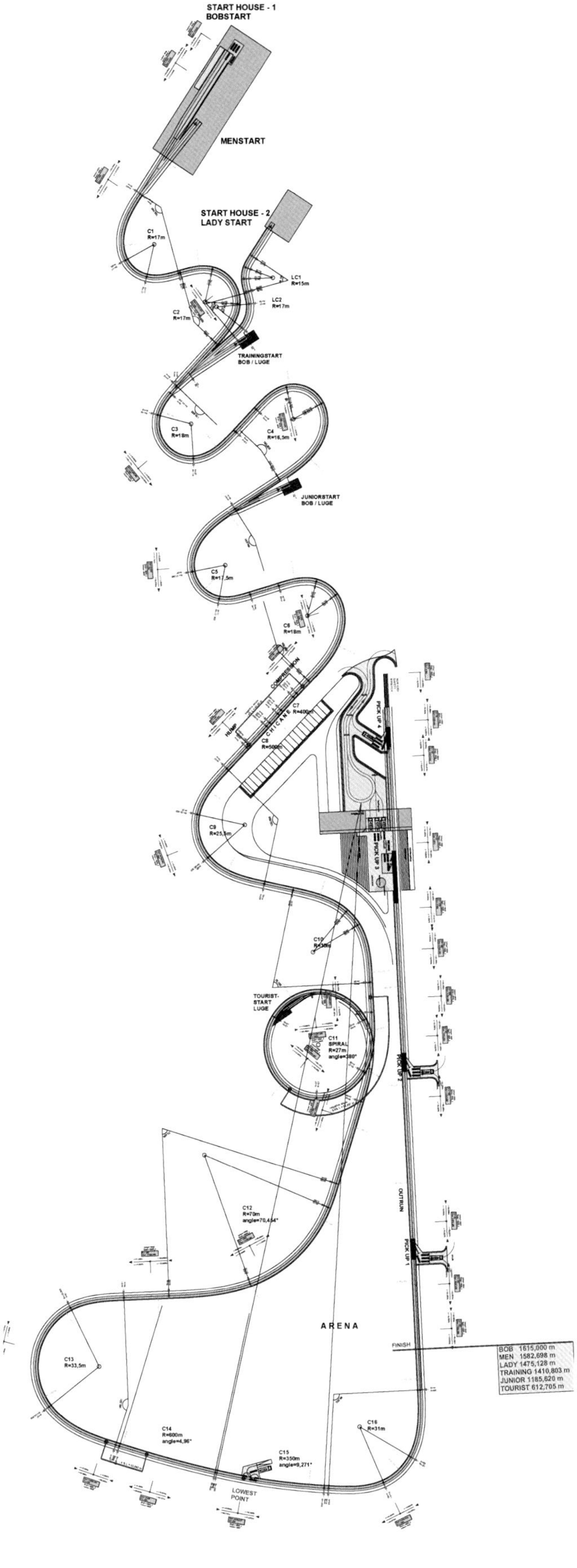

图8 第6.6.3版赛道中心线平面图

见，设计师进一步对赛道设计方案作出优化和调整。最终基于CL6.6.3版中心线的赛道设计于2017年12月得到国际单项组织专家的确认。

最终完成的赛道长度为1975m，设置了16个弯道，其中第11弯道是螺旋弯。赛道设置了3个出发区，共6个出发口，其中位于螺旋弯北侧的出发口是为赛后游客体验而设置的。赛道还设有一个最低点收车区和4个不同结束位置的收车区。之所以在不同高程位置设置出发口，是为了运动员在初期能循序渐进地熟悉赛道，由简到难地完成训练，并为以后赛事项目的发展提供可能（图8）。

赛道中心线，赛道平面、立面、剖面的确定，就可生成完整的空间三维曲面赛道表面（图9），经过结构工程师根据受力分析计算得出混凝土厚度。赛道通过固定在夹具之上的制冷管和钢筋网片一起找出赛道的几何形状，并采用喷射混凝土成型。赛道外表面非制冰范围需设置保温层，冬季比赛和训练时赛道内侧将浇筑50mm厚的冰面，赛道下部为混凝土U形槽，在U形槽中设置有支撑赛道的混凝土立柱，制冷主管敷设于U形槽内，与赛道内埋设的制冷支管相连（图10~图14）。

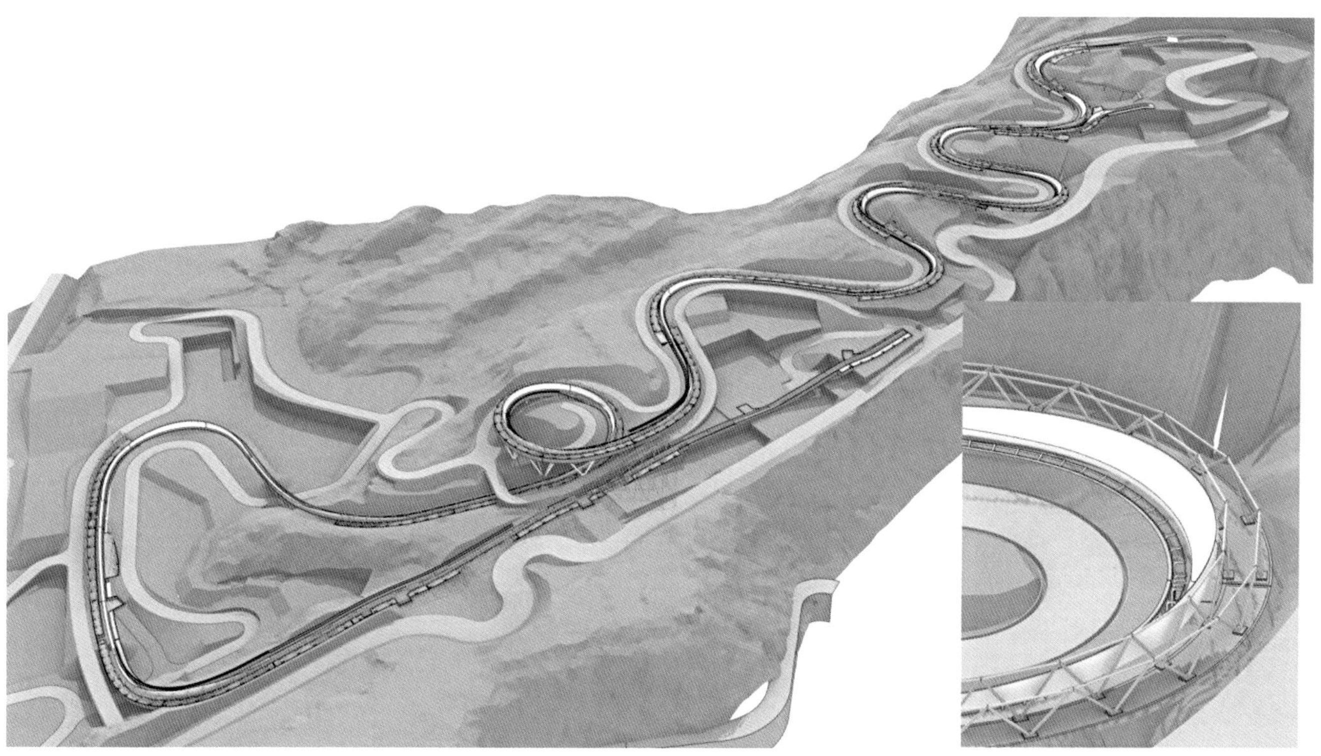

图9 赛道三维模型

图10 赛道夹具安装（摄影：张玉婷）

图11 敷设制冷管（摄影：张玉婷）

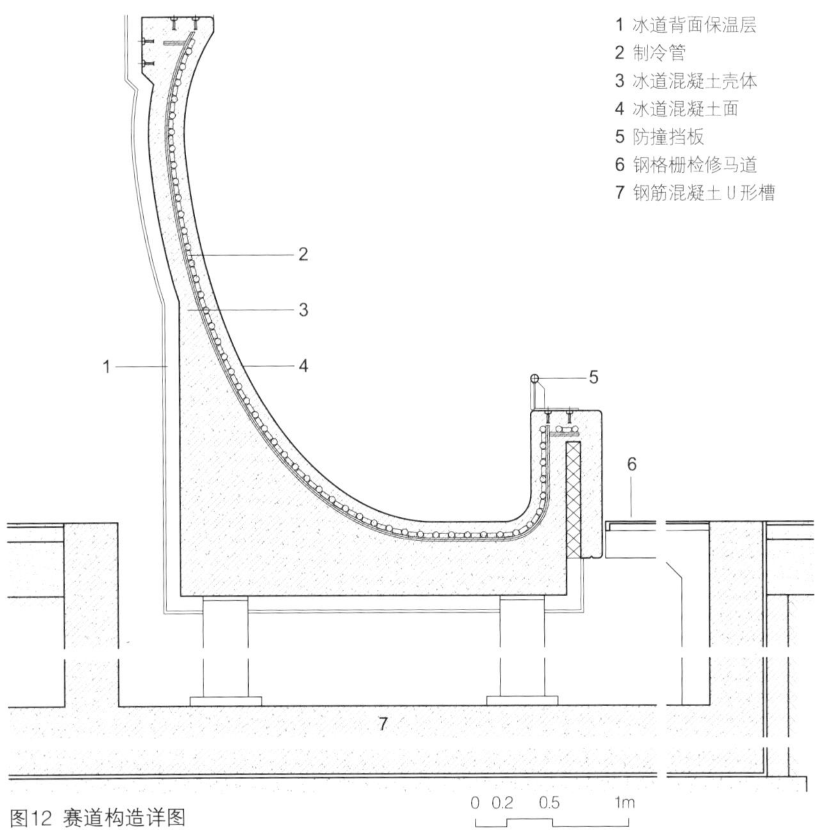

图12 赛道构造详图

图13 钢筋绑扎成型（摄影：张玉婷）

图14 赛道成型（摄影：张玉婷）

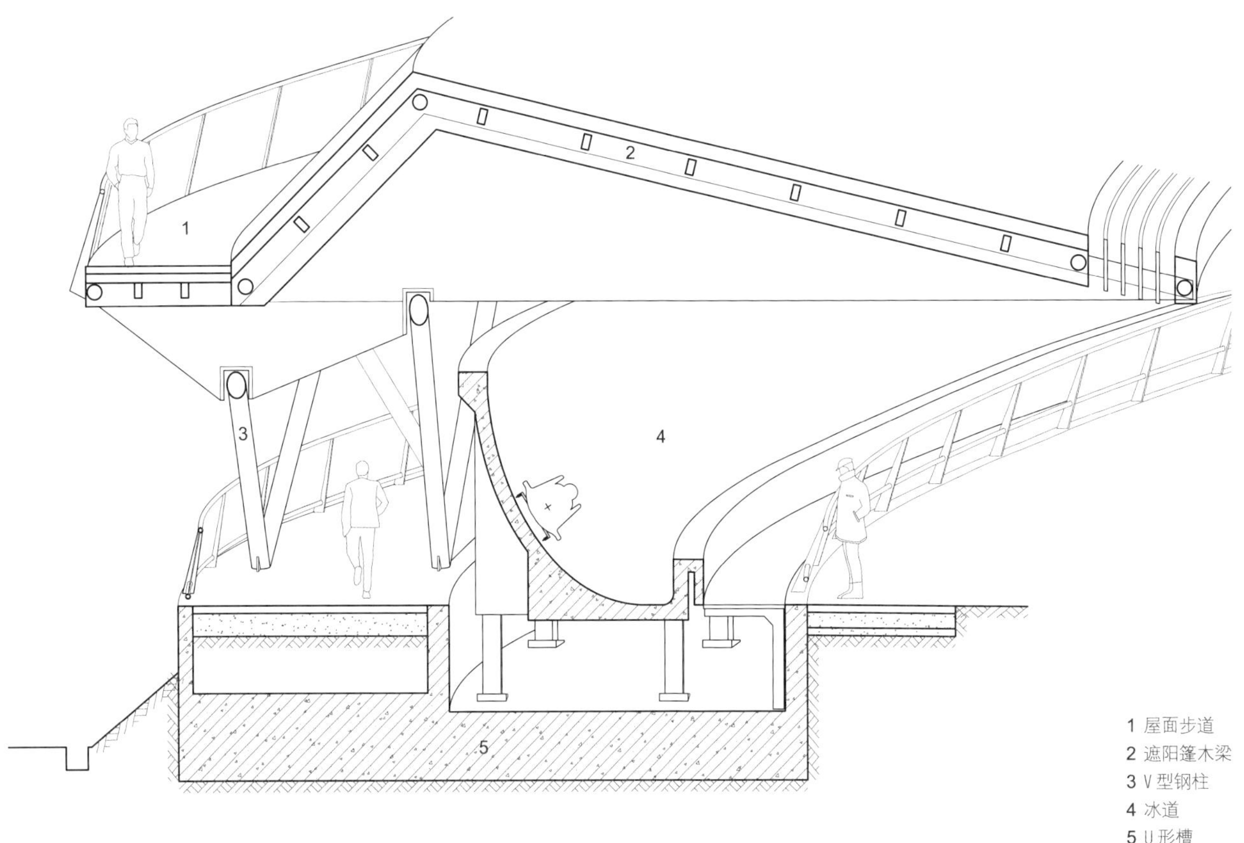

图15 遮阳篷与赛道构造

2.4 赛道保护系统及设备的设置

为延庆赛区国家雪车雪橇中心赛道专门研发的一系列赛道建设技术措施，组成了“地形气候保护系统”（TWPS）。该系统主要用于解决南坡赛道的遮阳问题，利用该系统起到赛道防风、防雨雪等改善局部微气候环境的作用。

与其他雪车雪橇赛道遮阳系统不同，TWPS系统强调了地形条件对低角度太阳辐射的遮蔽作用，通过在赛道周边堆填出人工地形和设置可供使用的构筑物，结合赛道的屋顶遮阳、构件遮阳、赛道自身遮阳等条件，将太阳直射辐射完全挡在赛道外面，保证每一段赛道都不受太阳直射辐射的影响。最终实现了本项目虽然选址在南坡，但是所受的太阳辐射的影响却不会比北坡更多甚至好于现存的大部分北坡的赛道场馆。在全球气候变暖的趋势下，如果没有在气候适应方面的进步来管理与天气相关的风险，那么很难想象索契这样的地方会获得奥运会主办权，更难想象在北京2020年9月30日的南坡场地上，国家雪车雪橇中心赛道完成了制冰工作，赛道正式投入使用。

雪车雪橇赛道区遮阳篷遵循山林场馆的设计风格结合悬挑结构体系的力学特点，主体结构采用了钢木组合单边悬挑结构体系。钢筋混凝土U形槽、V型钢柱、木梁、木瓦屋面共同组成了为冰道遮光挡雨的遮阳篷系统（图15）。V型钢柱位于冰道的背面，保证了弯道内侧的开敞无遮挡，在比赛期间，观众、转播摄像机均可一览无余地观看整条弯道的比赛画面。遮阳篷木梁采用了三明治结构，外层为两片胶合木梁，中间层为钢木组合结构，由拉索将悬挑端的拉力经屋脊传递至V型钢柱，高效地解决单边长悬挑的力学要求。木梁的悬挑长度则是采用辐射计算，确定最合理的尺寸。既能满足遮挡阳光的要求，又控制了最优的悬挑构件尺寸。在木梁的尾端根据结构的受力特点设置分散应力的倒三角小木梁。满足结构合理受力的同时，在遮阳棚的尾部形成了可沿屋面通行的屋顶步道，在赛时步道充当工作人员的通行、检修的通道，在赛后步道则作为景观步道向大众开放，游客可以在屋顶的高度欣赏到更加广阔的景色（图16）。

赛道全程安装防撞挡板，保护运动员的滑行安全；赛道上方设有照明、监控摄像、计时计分牌、广播等设备；赛道一侧设有制冰给水系统和内部通讯系统。整个赛道区域共设置5处供观众及工作人员横穿赛道的通道，包括两处结合屋顶步道的上翻天桥，分别位于C1C2弯交界处和C9C10弯交界处；一处赛道底部的下穿涵洞，位于C13弯中部。其余两处为SPIRAL弯道处的伴随

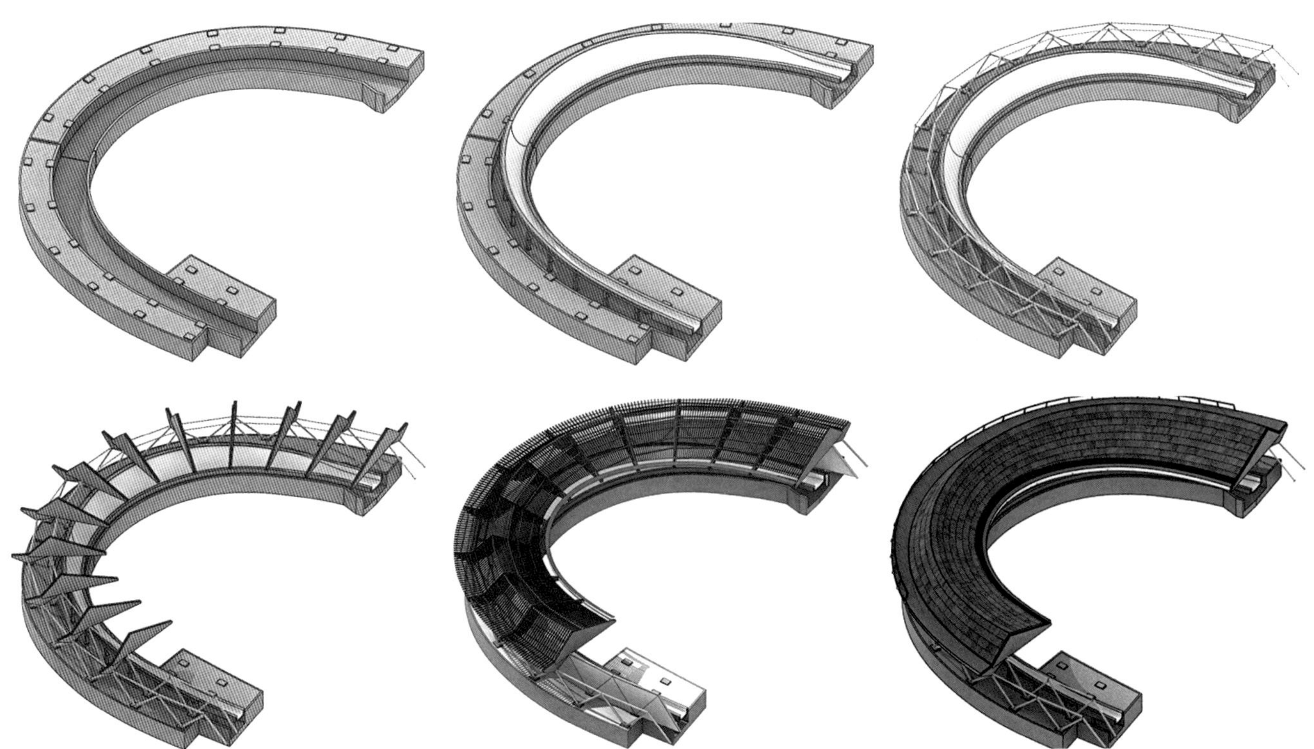

图16 赛道构造体系：混凝土U形槽、赛道混凝土喷射成型、V型钢柱、木梁单边悬挑、木屋面、倒三角小木梁形成可上人步道

路，一条下穿赛道，由南向北进入SPIRAL弯内部；另一条沿东西向跨越赛道，与进入SPIRAL弯的伴随路相连。结合屋顶人行步道，赛道区还在屋顶上方设置了5处观景亭，分别位于C2C3弯交界处、出发区3，以及C5、C6、C9弯道中部（图17、图18）。

图17 国家雪车雪橇中心总览图

图18 国家雪车雪橇中心鸟瞰图（摄影：张玉婷）

2.5 附属用房及设施的配置

分设在赛道不同位置的附属用房及设施，对应每一版赛道设计的变化也进行了调整和优化。随着我们对场馆功能、使用人群和运行模式的深入了解，从使用者的行为逻辑出发，推理空间的组织模式，甚至是用试错的方式，通过一次次的验证和修正，来达到最终的布局。

附属用房设计不仅包含与赛事直接相关的功能需求，需要国际单项组织的审核，还包含北京冬奥组委35个与场馆设计建设直接相关的业务领域对场馆提出的功能需求，并需要得到各个业务领域的认可。

无论是设计方还是项目建设单位乃至冬奥组委的各个业务领域，国家雪车雪橇中心都是一个从零开始的项目，各方都是在摸索前行，这就导致附属用房的功能一直无法最终稳定，甚至在运行设计阶段都存在修正的可能。

赛道作为场馆之“轴”，将自然分化、拆解、重塑。各部分功能空间在被加工过的自然山地上，随“轴”而生。

雪车雪橇场馆以赛道为主干，附属用房及设施如同主干上的枝叶，根据赛道功能需求均匀分布在赛道两侧。附属用房主要由三个出发区、结束区、运营及后勤综合区、训练道冰屋及团队车库、制冷机房等部分组成。

出发区1、出发区2、出发区3及结束区同赛道紧密结合，从北至南、由高至低依次分布于赛道之上，整体位于场地北侧的山脊区域，出发区和结束区作为雪车、钢架雪车、雪橇3个项目的起点和终点，承载着滑行起点、比赛终点收车的功能（图19、图20），同时设有运动员功能用房、赛道监控指挥、车橇储藏停放用房、场馆媒体中心等功能，并设置观众观赛、奥林匹克大家庭接待、仪式颁奖、体育娱乐、场馆服务等功能。由于3个比赛项目以及男子、女子比赛的不同要求，国家雪车雪橇中心设有2个比赛出发区与青少年出发区，以及训练出发口、游客体验出发口共5个出发口，以满足不同的使用需求。结束区功能复杂，建筑顺应复杂的地形条件，结合赛道工艺要求及功能空间布局要求进行布置。

运营及后勤综合区、训练道冰屋及团队车库、制冷机房等为保障赛事运行的配套建筑，分布在场地南侧山脚较平缓区域，紧邻赛道外侧。

赛道制冷系统采用氨制冷系统，制冷机房设置在便于制冷氨液回流的赛道最低点的南侧；制冷机房作为雪车雪橇赛道的“心脏”，是赛道制冷的源泉。通过制冷主管沿赛道U形槽向预埋在赛道中的制冷管输送冷媒。由于采用氨作为制冷剂，为了保证安全，国家雪车雪橇中心采取了多项安全措施。同时为便于在非赛季融冰期将制冷液回流入制冷机房内的储液罐中，将制冷机房的位置设在靠近赛道最低点，且制冷机房屋顶的绝对标高低于赛道最低点1m。

训练道冰屋及团队车库布置于其西侧，南侧紧邻松闫路；训练道冰屋是国家队运动员用于出发训练的室内训练场，设有一条雪车道、两条雪橇道，同时设置50m热身跑道和运动员用房及配套附属用房等（图21、图22）。室外相邻场地为团队车库停放区，可停放85个团队集装箱，供参赛队伍临时存放运动设备器材及修理维护使用。同时设有国家队的车库和制冰师工作间。

图19 出发区1俯瞰赛道（摄影：孙海霆）

图20 出发区1雪橇出发口（摄影：张玉婷）

训练道冰屋北侧为运营及后勤综合区，部分悬挑于赛道之上，这也是在同类场馆中前所未见的，给运动员带来全新的感官体验。

运营及后勤综合区聚集了场馆主要服务空间，布置了场馆管理、安保、技术、物流、工作人员、赛事服务、场地开发、餐饮、保洁和垃圾等服务功能。在赛后保留日常场馆运行所需必要空间的同时，运营及后勤区将改造成为生态恢复研究中心，服务于冬奥赛区及松山保护区生态修复及研究。

场地中的道路包含纵贯南北的3号路及伴随路，这两条蜿蜒的道路如同脉络，贯穿了各个建筑、广场及赛道收发车点。伴随路紧紧依偎在赛道的西侧，主要是为赛事的观众观赛、后勤、急救、通勤等功能提供服务。3号路位于赛道的东侧，主要负责出发区、结束区、运营及后勤综合区等与外部道路的连接等，为赛事提供车行交通服务。

在场地的南侧，还布置了观众主广场、媒体转播区以及相配套的停车场。其中观众主广场位于南侧赛道所形成的围合区域，并利用天然地形，形成了观众看台。媒体转播区及停车场位于赛道南侧，紧邻市政道路松闫路（图23）。

2.6 顺应环境的建造措施

国家雪车雪橇中心以赛道为核心，通过相似坡屋面将分散布置的出发区、结束区、制冷机房、训练道冰屋、运营和后勤综合区各建筑串联在一起。附属建筑与遮阳棚通过相同形式的V型钢柱、相同材料与构造的装饰石笼墙、木瓦和清水混凝土等相互呼应，将整个雪车雪橇中心的赛道与场馆整合在一起。天然材质的木梁、木瓦、石笼墙和人工材质的铝板、幕墙、钢材对比呼应，创造与环境相融的整体风貌（图24~图27）。木瓦温暖的色泽随时间渐渐沉着，使得生机勃勃的建筑展现出时间的痕迹。建筑外墙采用常规的铝板及门窗，结合贴实木皮的树脂板、重新设计的建筑装饰石笼墙以及耐磨混凝土地面和清水混凝土，构成了建筑独特的造型和外观，形成国家雪车雪橇中心标志。

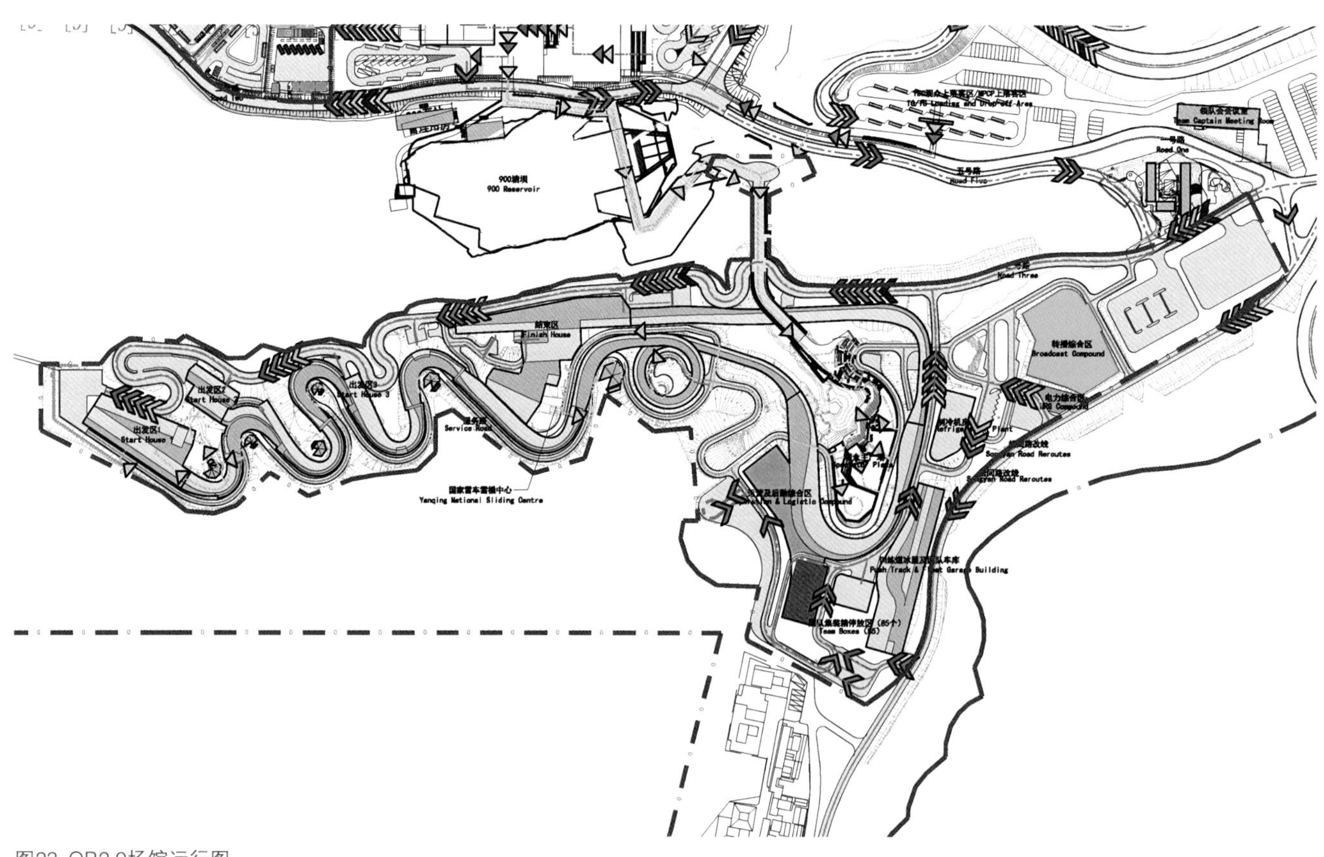

图23 OB2.0场馆运行图

图21 冰屋外景（摄影：孙海霆）

图22 冰屋内景：训练道（摄影：孙海霆）

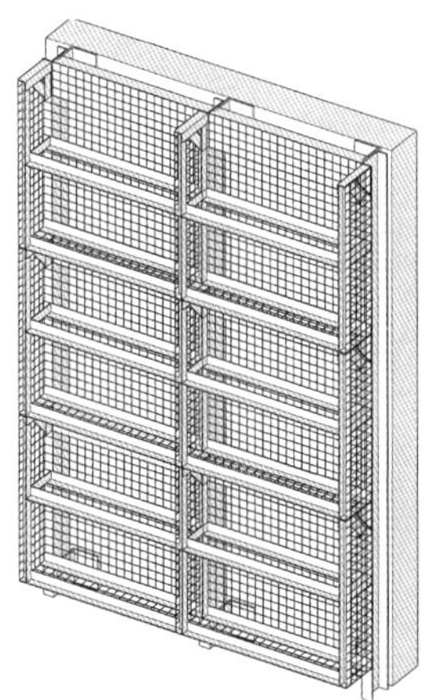
图24 石笼墙构造层次

图25 结束区外墙（摄影：邱涧冰）

图26 螺旋弯下的清水混凝土U形槽及V型柱（摄影：邱涧冰）

图27 木瓦和装饰石笼墙（摄影：张玉婷）

3 总结

延庆赛区的国家雪车雪橇中心是目前中国唯一一条的雪车雪橇赛道，也是亚洲第三条，世界第十七条赛道。通过赛道中心线设计、赛道设计、场馆布置，附属建筑设计、场地设计，综合解决了异形复杂赛道、分散布置场馆及复杂山体场地等诸多难题，最终将国家雪车雪橇中心建设成为一个高水平的竞赛场馆，通过2020年的赛道认证，得到了国际单项组织专家的高度评价。如今，国家雪车雪橇中心如一条游龙盘旋于山林之间，我们有理由相信北京2022年冬奥会期间，在此举行的雪车雪橇项目比赛将会取得巨大的成功，“雪游龙”也将成为奥运遗产的典范。

雪飞燕俯瞰延庆赛区（摄影：张锦）

国家高山滑雪中心“雪飞燕”

竞赛场馆（新建）

National Alpine Skiing Center

Project Team

Client | Beijing Enterprises J.O Construction Co., Ltd.

Design Team | China Architecture Design & Research Group

Contruction | Beijing Urban Construction Group Co., Ltd.

Principle-in-Charge | LI Xinggang, TAN Zeyang, LIANG Xu

Architecture | LI Xinggang, TAN Zeyang, LIANG Xu, LI Huan, ZHANG Hanping, SHEN Zhouya, SONG Yan, ZHANG Tao

Master Plan | LU Jianqi, GAO Wei, WU Yaoyi

Structure | REN Qingying, LIU Wenting, LI Sen, YANG Songlin, DING Weilun, ZHOU Yilun, ZHANG Xiongdi

Equipment | SHEN Jing, HAO Jie, HUO Xinlin, ZHANG Chao, ZHU Xiujuan, LIU Wei, ZHOU Lei, ZHANG Qing, WANG Xu, GAO Xuewen, WANG Hao, LI Baohua, ZHANG Hui, HE Xueyu

Interior | CAO Yang, Ma Mengxue, YAN Kuan

Landscape | SHI Lixiu, ZHU Yanhui, GUAN Wujun, LI Sa, YANG Heming, WANG Long, SHEN Tao, DAI Min, LIU Yuting, ZHAO Yunli, CAO Lei

Lighting | DING Zhiqiang, HUANG Xingyue

Transportation | HONG Yuliang, YE Pingyi, WU Zheling, ZHAO Guanghua, GUO Jialiang, WANG Xiang, LI Junfeng

项目团队

建设单位 | 北京北控京奥建设有限公司

设计单位 | 中国建筑设计研究院有限公司

施工单位 | 北京城建集团有限责任公司

项目负责人 | 李兴钢、谭泽阳、梁旭

建筑设计 | 李兴钢、谭泽阳、梁旭、李欢、张捍平、沈周娅、宋檐、张弢

总图专业 | 路建旗、高伟、吴耀懿

结构专业 | 任庆英、刘文珽、李森、杨松霖、丁伟伦、周轶伦、张雄迪

设备专业 | 申静、郝洁、霍新霖、张超、祝秀娟、刘维、周蕾、张青、王旭、高学文、王昊、李宝华、张辉、何学宇

室内专业 | 曹阳、马萌雪、闫宽

景观专业 | 史丽秀、朱燕辉、关午军、李飒、杨贺明、王龙、申韬、戴敏、刘宇婷、赵芸立、曹雷

照明专业 | 丁志强、黄星月

交通专业 | 洪于亮、叶平一、吴哲凌、赵光华、郭佳樑、王翔、李君丰

Project Data

Location | Yanqing, Beijing, China

Design Time | 2017-2018

Completion Time | 2021

Site Area | 432.4hm^2

Architecture Area | 43,200m^2

Structure | Steel Structure, Reinforced Concrete Frame Structure

工程信息

地点 | 中国北京延庆

设计时间 | 2017—2018年

竣工时间 | 2021年

基地面积 | 432.4hm^2

建筑面积 | 4.32万m^2

结构形式 | 钢结构、钢筋混凝土框架结构

国家高山滑雪中心南侧远景（近处为集散广场及竞速结束区，中部为4号生活泵房及PS300造雪泵房，远处为山顶出发区）（摄影：孙海霆）

国家高山滑雪中心山顶出发区（图片来源：中央广播电视总台）

从赛道出发区俯瞰竞速雪道、中间平台、竞技结束区（远景为国家雪车雪橇中心）

从2号路望向回村雪道、3号桥、竞技雪道

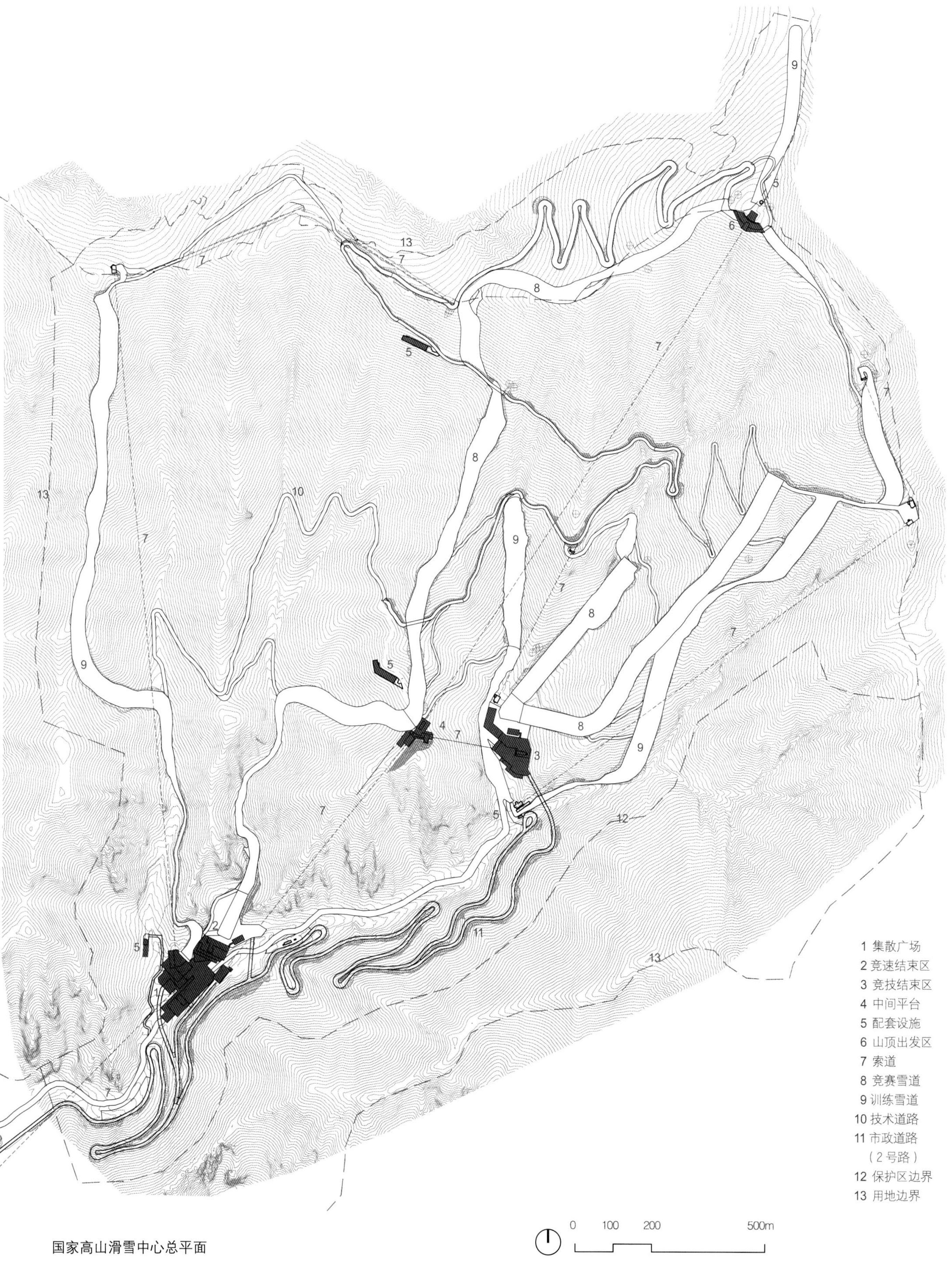

国家高山滑雪中心总平面

山顶出发区鸟瞰（摄影：孟阳）

山顶出发区

乘坐索道望向山顶出发区

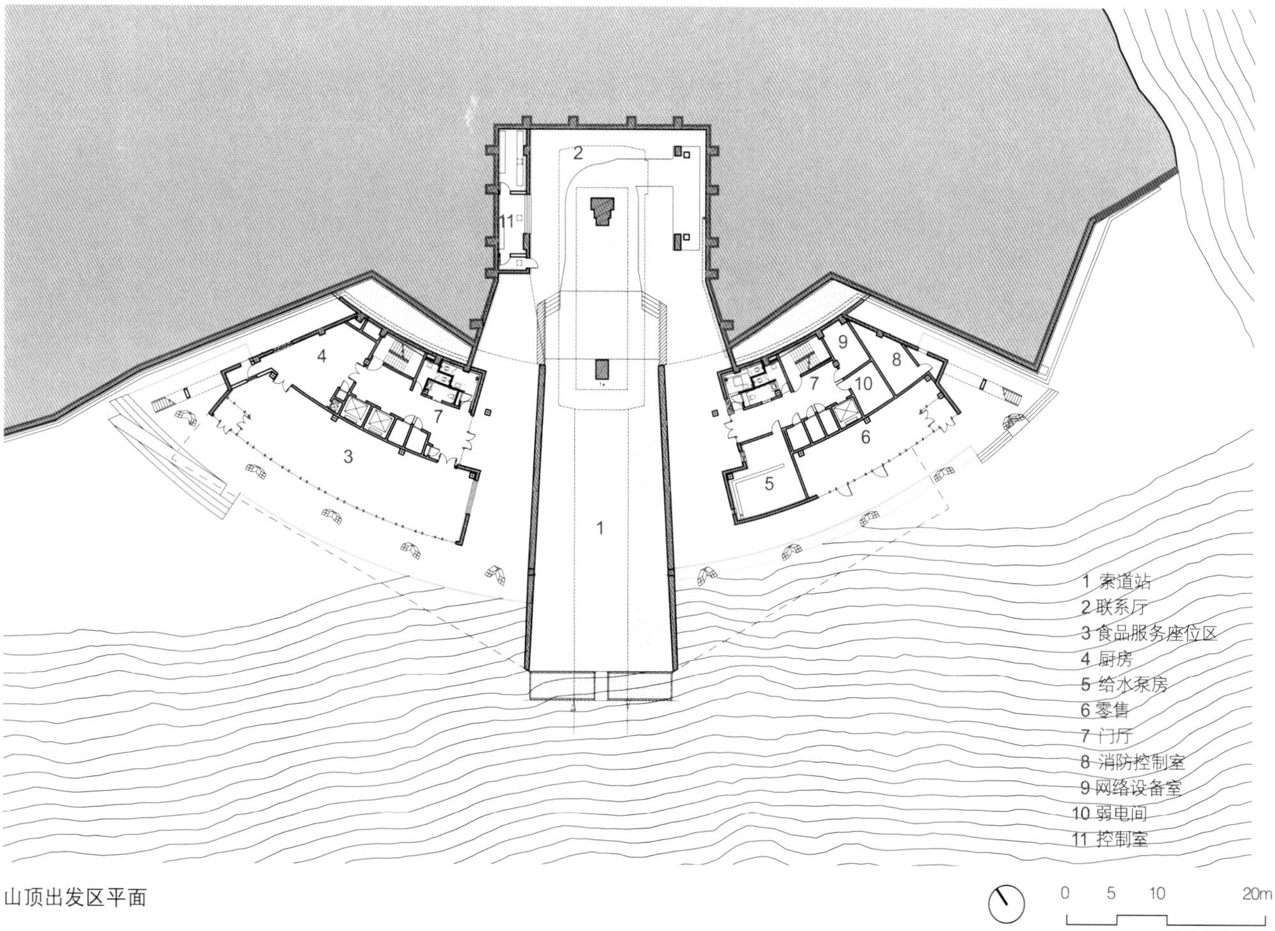

1 索道站
2 联系厅
3 食品服务座位区
4 厨房
5 给水泵房
6 零售
7 门厅
8 消防控制室
9 网络设备室
10 弱电间
11 控制室

山顶出发区平面

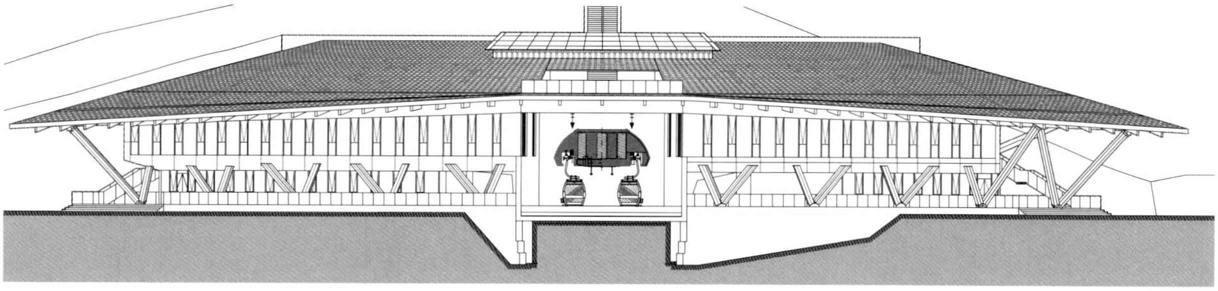

0 5 10 20m

山顶出发区立面

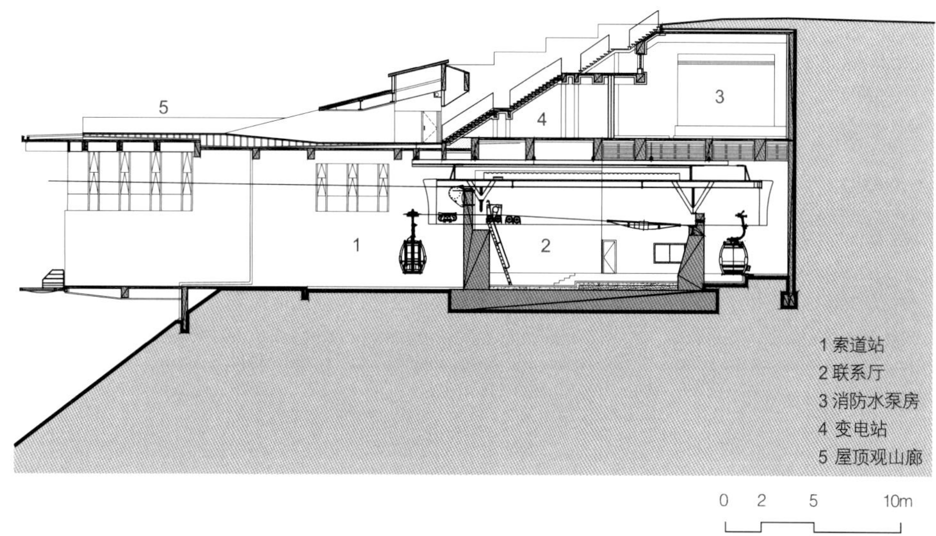

山顶出发区剖面

集散广场及竞速结束区

集散广场及竞速结束区外景（摄影：孙海霆）

集散广场平台局部（摄影：孙海霆）

集散广场平台局部（摄影：孙海霆）

集散广场及竞速结束区俯瞰（摄影：孙海霆）

集散广场及竞速结束区

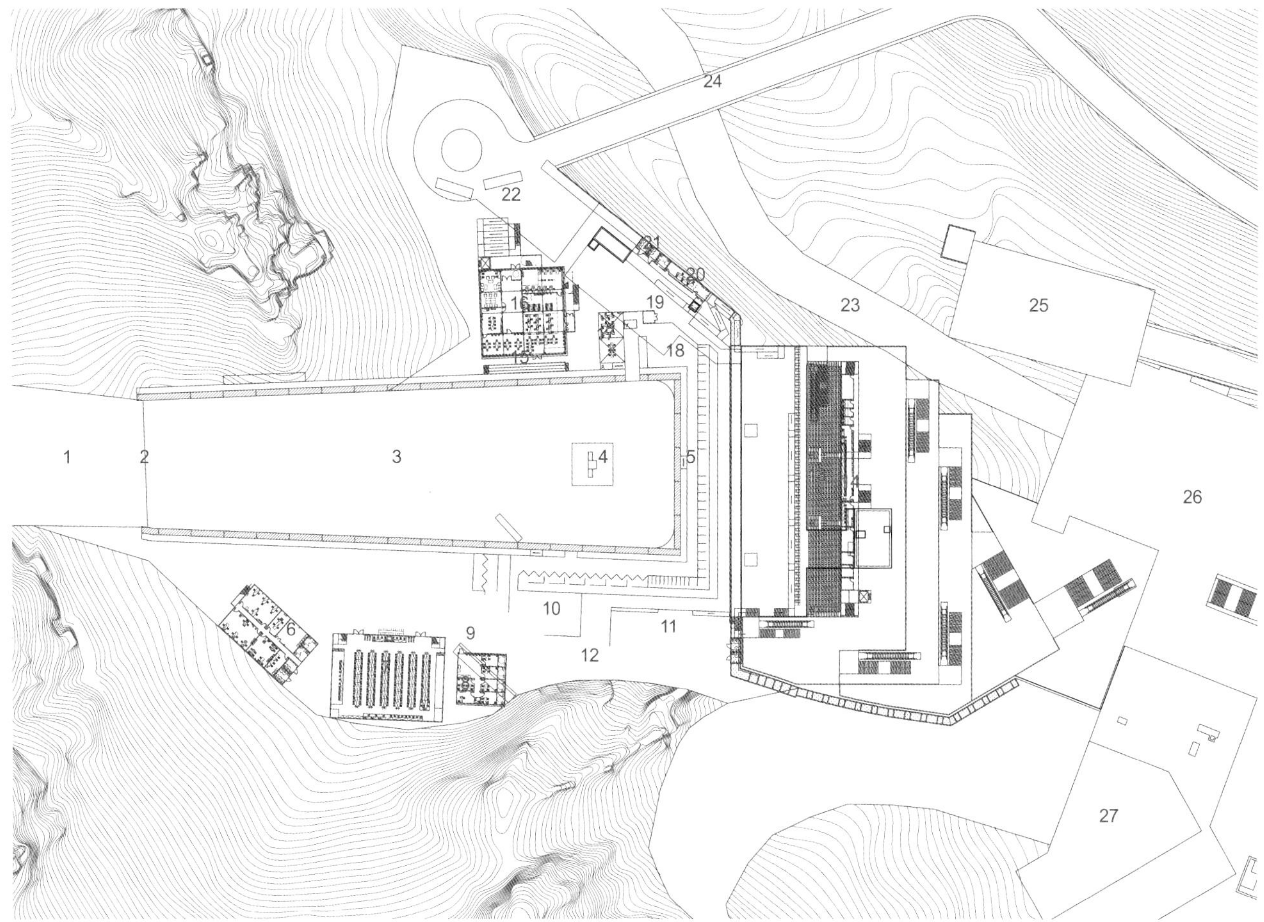

1 竞赛雪道
2 终点线
3 缓冲区
4 胜利颁奖仪式区
5 混合采访区
6 竞赛管理办公区
7 记者工作间、新闻发布厅
8 兴奋剂检查站
9 大屏
10 团队等候区
11 观众站席区
12 联系雪道
13 观众座席区
14 评论员控制室
15 摄影位置
16 仪式接待区
17 仪式办公室
18 教练员区
19 现场安保观察室
20 观众医疗站
21 卫生间
22 上落客区域
23 回村雪道
24 2 号路支线
25 B1 索道下站
26 集散广场
27 F 索道下站

0 10 20 50m

竞速结束区平面

1 2 号路支线
2 2 号生活泵房及 PS100 造雪泵房
3 集散广场
4 竞速结束区
5 赛道缓冲区

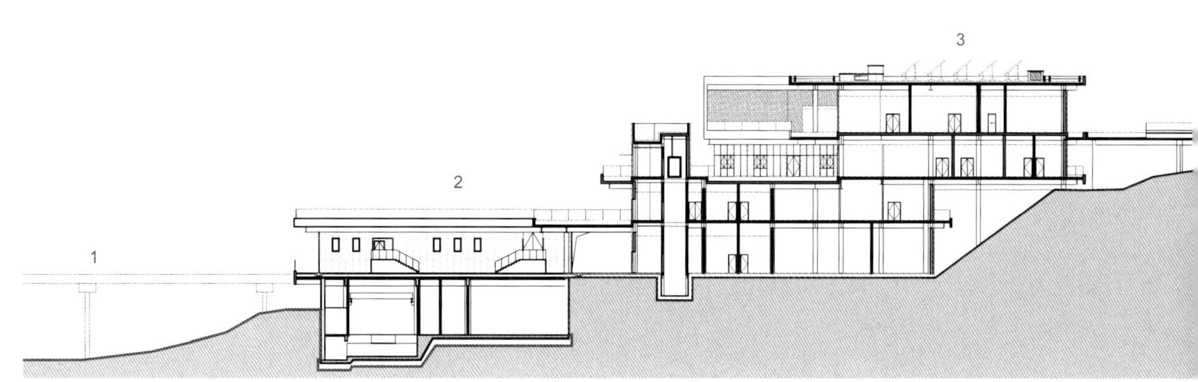

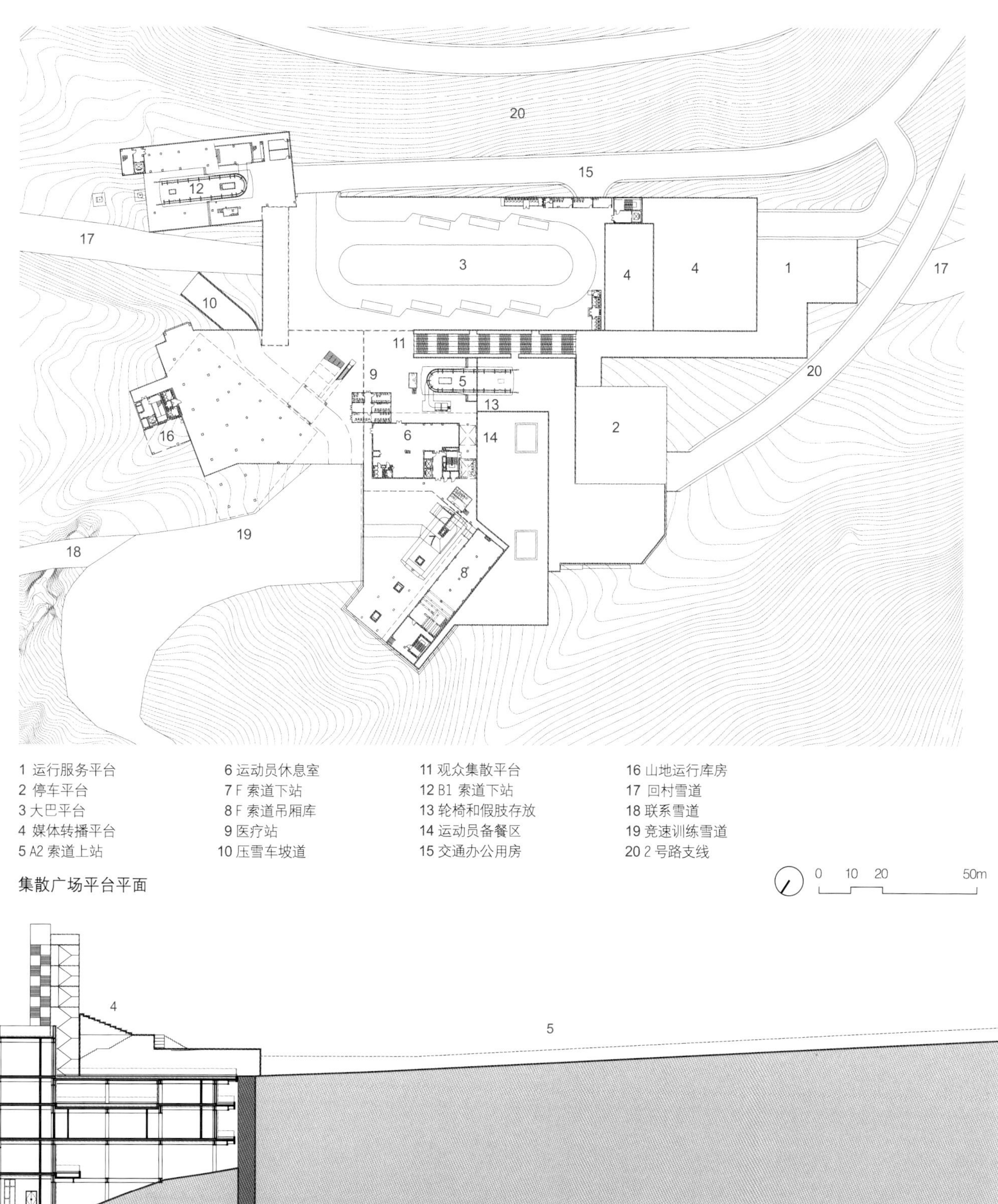

1 运行服务平台
2 停车平台
3 大巴平台
4 媒体转播平台
5 A2 索道上站
6 运动员休息室
7 F 索道下站
8 F 索道吊厢库
9 医疗站
10 压雪车坡道
11 观众集散平台
12 B1 索道下站
13 轮椅和假肢存放
14 运动员备餐区
15 交通办公用房
16 山地运行库房
17 回村雪道
18 联系雪道
19 竞速训练雪道
20 2 号路支线

集散广场平台平面

集散广场及竞速结束区剖面

竞技结束区

竞技结束区鸟瞰（摄影：孙海霆）

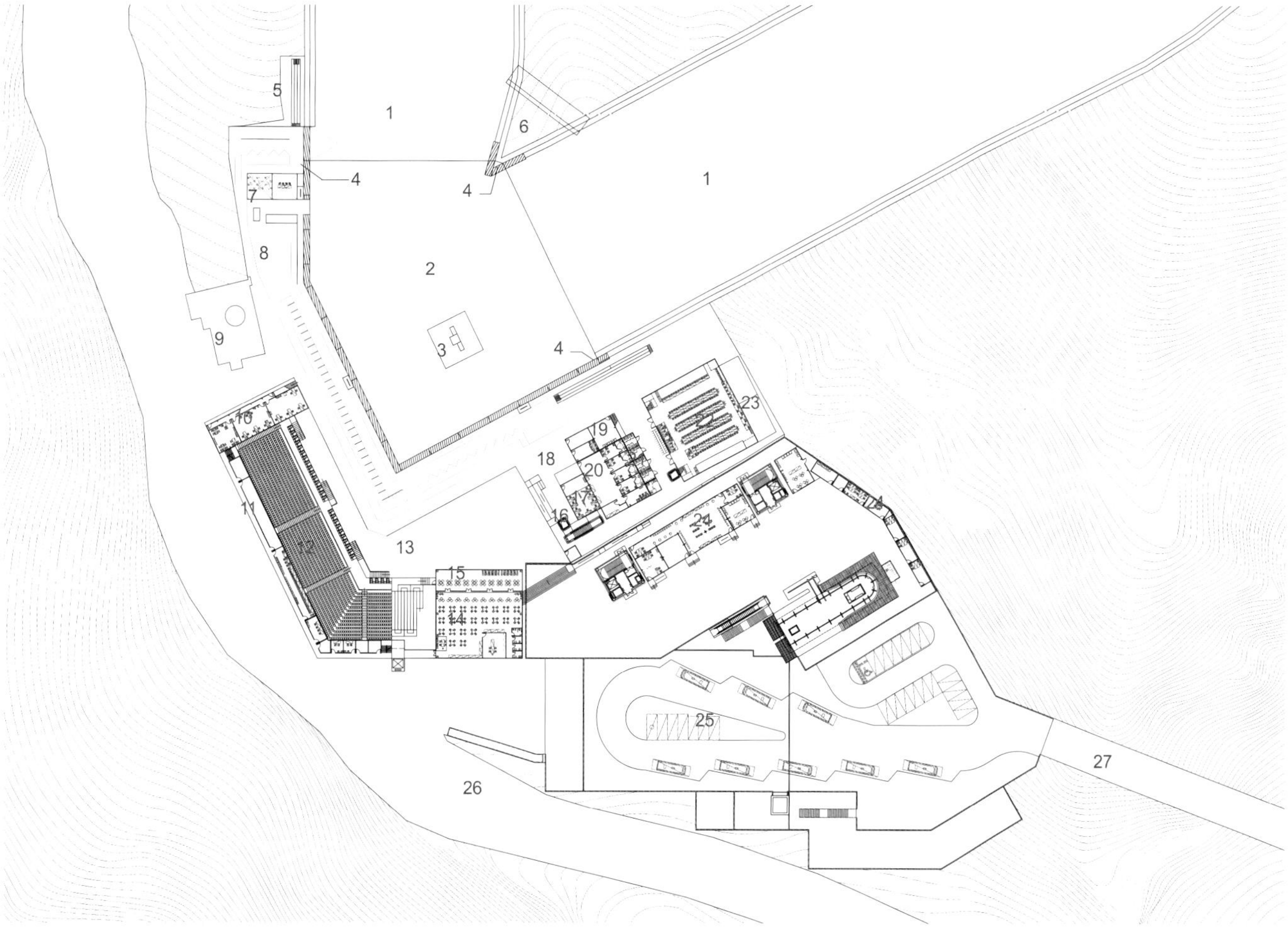

1 竞赛雪道
2 缓冲区
3 胜利颁奖仪式区
4 终点门
5 摄影位置
6 大屏
7 仪式办公区
8 教练员区
9 D 索道下站
10 竞赛管理办公区
11 评论员控制室
12 观众座席区
13 观众站席区
14 奥林匹克 / 残奥大家庭休息室
15 奥林匹克 / 残奥大家庭观景台
16 现场安保观察室
17 仪式办公区
18 运动员及随队官员席
19 计时计分区
20 兴奋剂检查站
21 卫生间
22 记者工作间、新闻发布厅
23 临时柴发及箱变场地
24 观众服务区
25 停车平台
26 联系雪道
27 3 号桥

竞技结束区平面

0 10 20 50m

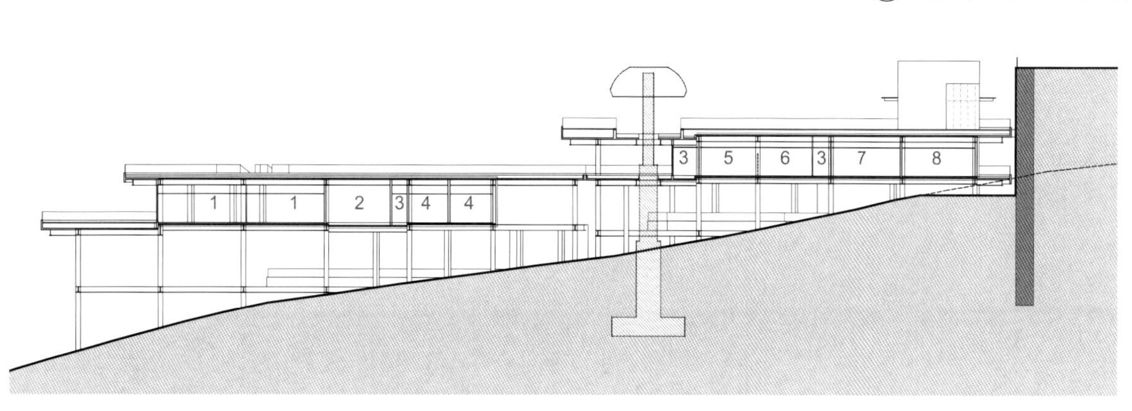

1 工作人员餐厅
2 员工休息室备餐区
3 走廊
4 卫生间
5 竞赛管理工作区
6 竞赛办公室
7 观众服务及志愿者休息区
8 新风机房

竞技结束区剖面

0 5 10 20m

中间平台、A1A2索道中站

中间平台近景
（摄影：孙海霆）

A1A2索道中站近景
（摄影：孙海霆）

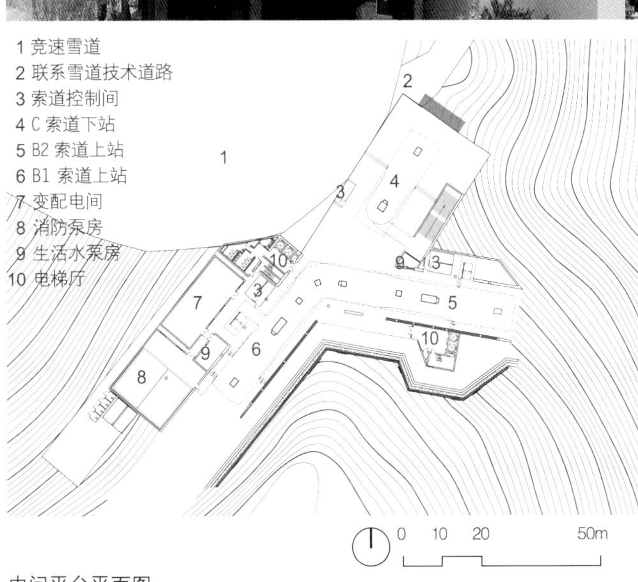

中间平台平面图

1 C 索道下站
2 B2 索道上站
3 走廊
4 索道轿箱库入口
5 检修平台
6 通风井

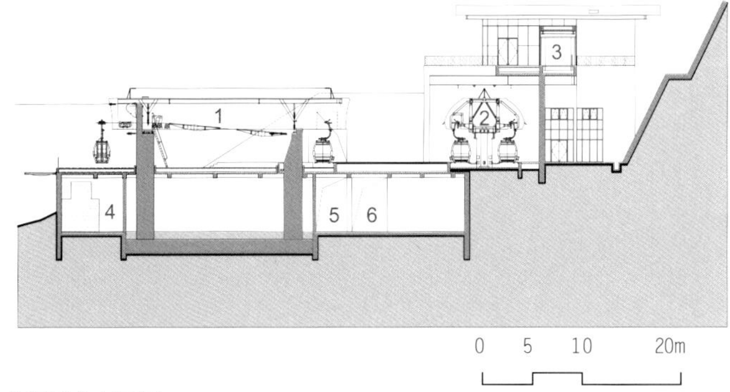

中间平台剖面图

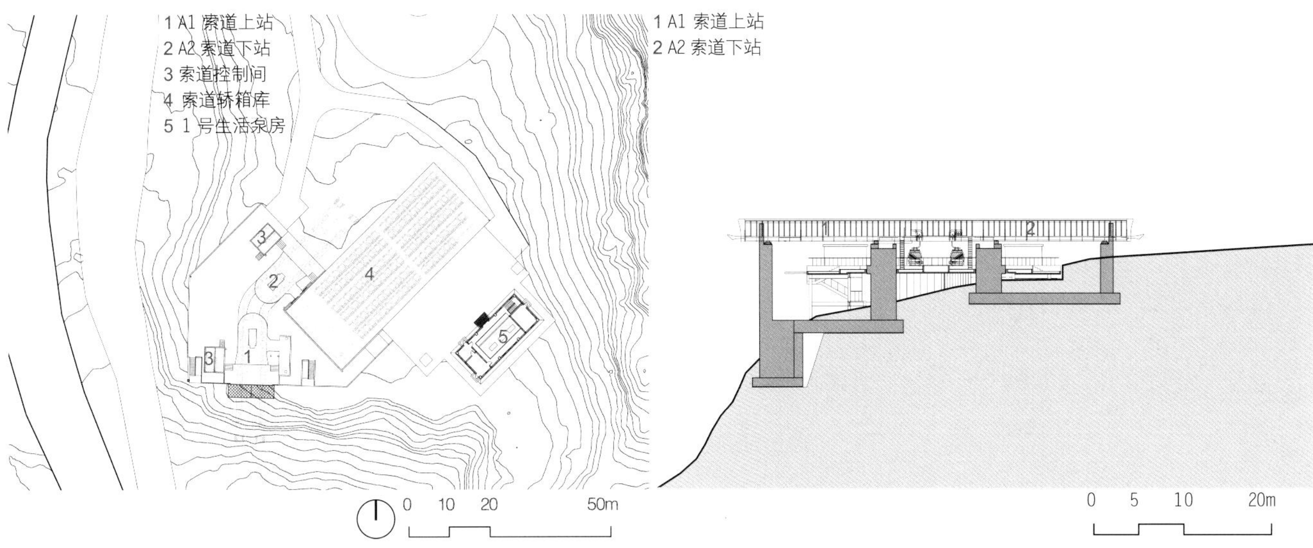

A1A2索道中站平面图

A1A2索道中站剖面图

1 成品铝合金压顶
2 龙骨及连接件
3 挤塑成型水泥板保温墙面
4 憎水型岩棉复合保温板
5 附加防水层
6 混凝土面保温屋面（不上人）
7 室内钢结构梁，厚型防火涂料
8 纤维增强水泥板墙体，无机涂料墙面
9 矿棉板吊顶
10 附加钢梁
11 钢结构连接
12 软质发泡聚乙烯棒，现场灌聚氨酯发泡
13 钢化夹胶安全玻璃
14 钢梁及排水槽，深棕色氟碳喷涂
15 断桥铝合金门窗
16 热浸镀锌单元式扁钢栏杆
17 热浸镀锌单元式通气格栅
18 预制混凝土架空板屋面（上人）
19 水泥基自流平楼 / 地面
20 预制混凝土堵头
21 清水混凝土墙面
22 成品雨水口
23 10mm 宽滴水
24 可拆底模混凝土桁架楼板
25 耐候钢梁
26 镀锌钢管雨水管
27 795mm × 795mm × 100mm 铺路用 预制钢筋混凝土板，干水泥擦缝

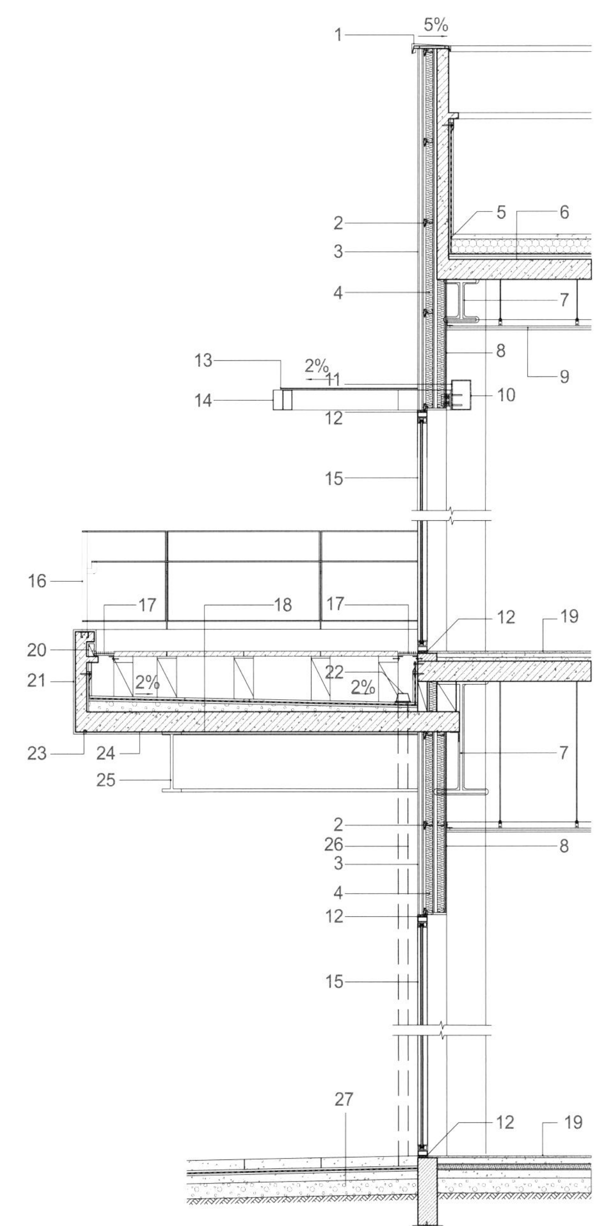

0 0.2 0.5 1m

平台墙身详图

1 打造符合冬奥赛事标准的高山滑雪场馆

国家高山滑雪中心遵循可持续理念，采用单一场馆模式、分散式布局，场馆内同时规划竞速、竞技两类场地，设有竞赛雪道及配套的训练雪道、联系雪道和技术雪道①，是国内第一座按冬奥赛事标准建设的高山滑雪场馆，将进行北京2022年冬奥会和冬残奥会高山滑雪所有项目的比赛[1]。

国家高山滑雪中心位于延庆赛区核心区北部小海坨山南麓区域，整个用地近似菱形。顶端最高点为小海坨峰（2198.38m），以此峰向西南与东南沿山脊线方向延伸，底端汇聚于佛峪口沟上口（1238m）。整个地势为各条沟谷从东北小海坨峰向下汇聚至西南角沟口，海拔高差约为960m，山体坡度大多在40%以上，满足冬奥会高山滑雪竞赛场地的需求。

国家高山滑雪中心基地面积432.4hm^2，其中建设用地约6hm^2，永久建筑面积约4.3万m^2，其中室外建筑面积（挑廊、平台、楼梯等）约1.1万m^2。根据国际奥委会（IOC）提供的竞赛场馆设计大纲（Venue Brief）②通用文件及北京冬奥组委（BOCOG）各业务领域③的实际空间需求，赛时总体空间需求5.9万m^2。设计落实各业务领域功能需求和各类人群④流线。容纳核心功能的永久建筑及临时设施分散布局，围绕雪道规划形成集散广场及竞速结束区、竞技结束区、山顶出发区等主要建设区域（图1）。赛区内共配置11条索道（编号A~H），解决从延庆冬奥村至集散广场再到各功能区的主要交通需求。同时，为提高交通运输保障能力，保证媒体转播及冬残奥会的运行需求专门设置了2号市政道路，该道路由延庆冬奥村通至集散广场及两个结束区，道路总长度约7.6km，平均坡度8%。

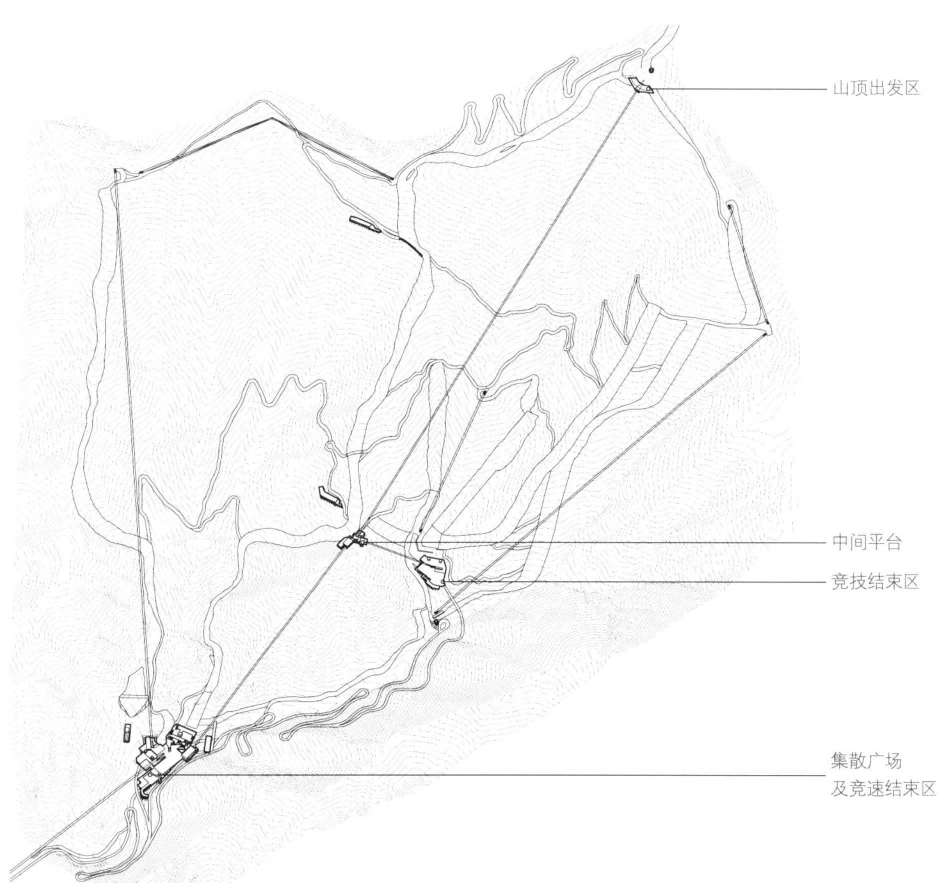

图1 国家高山滑雪中心主要功能区域分布

2 与山体地形高度拟合的赛道设计

国家高山滑雪中心秉承延庆赛区“山林场馆，生态冬奥”的总体规划设计理念，面向复杂山地条件、雪上运动和奥运赛事的复合性，努力打造成为涉及多业务领域综合立体布局的雪上项目竞赛场馆。依托小海坨山的天然地形优势，设计以“山石”作为赛道主题场地要素，创造出多种环境差异并存的赛道，以此确立在世界高山滑雪赛道中的地位，并给运动员和观众带来难忘的比赛和观赛体验（图2~图4）。

2.1 赛道规划与设计

高山滑雪比赛项目主要包括滑降（Downhill）、回转（Slalom）、大回转（Giant Slalom）、超级大回转（Super-G）、全能项目（Combined Events）、团体项目（Team Events）等，总体可归为速度项目与技术项目两大类。

图2 原始地形条件

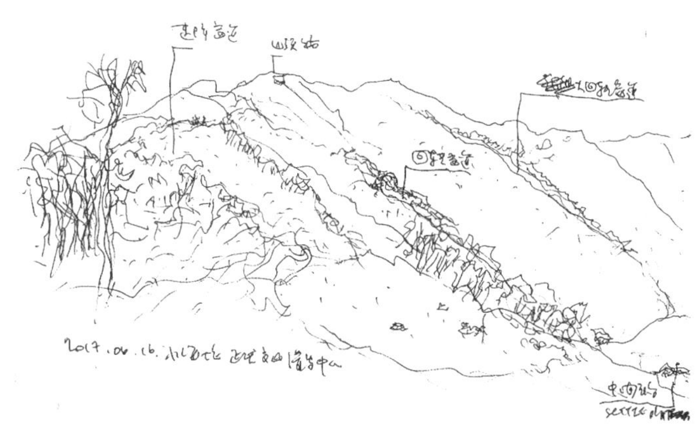

图3 设计构思草图

图4 国家高山滑雪中心南向远景（摄影：孙海霆）

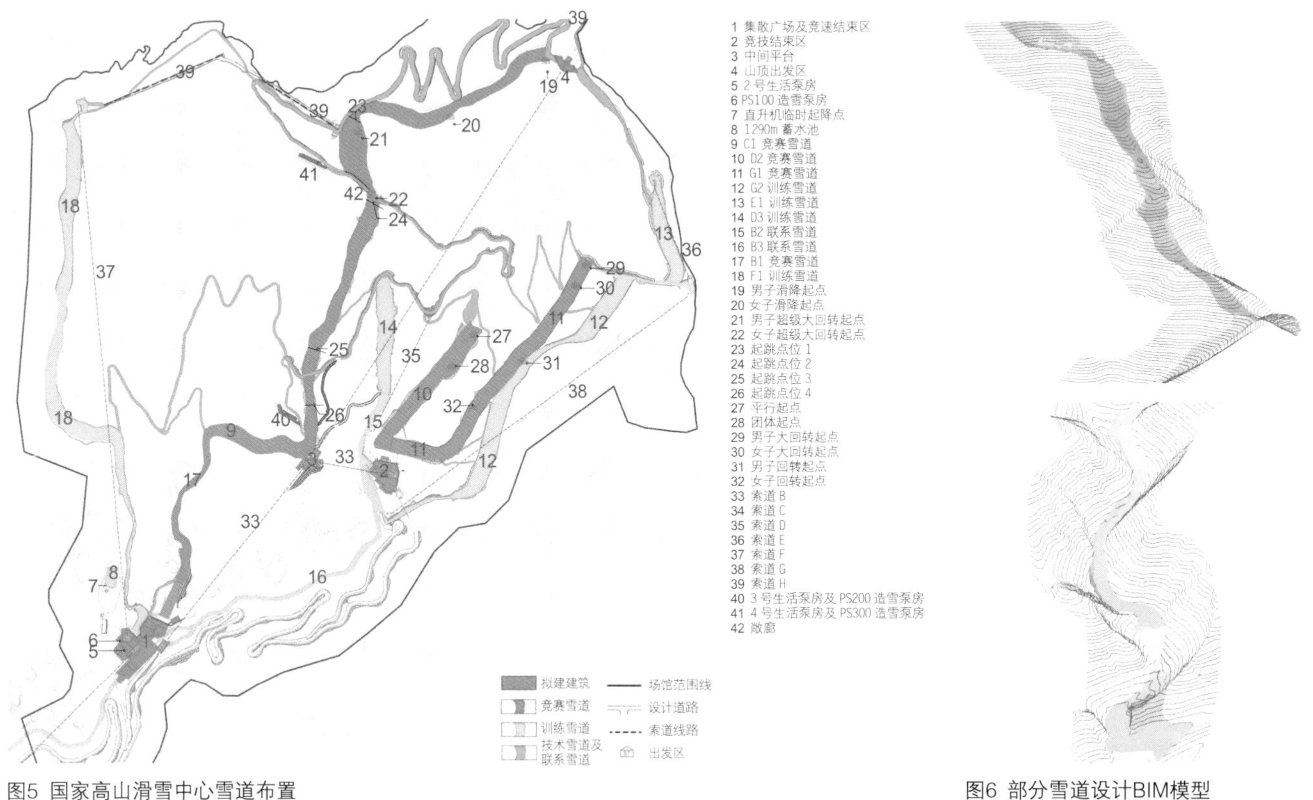

图5 国家高山滑雪中心雪道布置

图6 部分雪道设计BIM模型

国家高山滑雪中心共设3条竞赛雪道、4条训练雪道以及其他联系雪道和技术雪道，各类雪道总长度约为23.1km，最大垂直落差约925m。赛区内设置竞速与竞技两个结束区，是服务赛事的核心区域，具备竞赛终点、观众观赛、赛事组织、交通集散等多种功能，两个结束区以道路、索道及雪道相连。以往国际赛事雪道多按男子与女子技术难度不同，分设两条比赛主雪道，国家高山滑雪中心雪道设计则按竞速与竞技项目划分为两条主雪道，另加一条团体赛道，在滑降雪道中段设置了足够的空间便于滑行线路的调整，以适合男子女子共用一条雪道滑行，满足各项比赛的要求（图5）。

国家高山滑雪中心运用BIM技术进行雪道设计，利用BIM设计软件搭建现状山体与设计雪道模型（图6），推敲研究雪道与山体地形的拟合度（Fitting Degree），分析雪道各项技术指标的合理性与经济性，建立实地踏勘-模型搭建-踏勘对比-调整模型的循环工作方式，从技术、经济、施工等多方面进行统筹，达到精准设计。

图7 竞速雪道（右图摄影：张卫卿）

2.2 竞赛雪道

竞速雪道由上下两段（C1+B1）雪道组成，主要承担滑降与超级大回转的比赛，雪道位于用地的中轴对角线上，起点高程2179m，终点高程1285m，垂直落差894m，平均宽度40m，坡面长度3045m，平均坡度为30%，其中最大坡度68%，最小坡度7.2%（图7）。竞速雪道缓冲区长度140m，最宽处130m，坡度5%，场地面积约1.26万m²，满足赛事各项综合需求。

雪道上段（C1）位于山顶出发区至中间平台间，起始段位于小海坨西向山梁，然后进入山梁北侧落叶松林，此段充分利用了自然地形，同时展现了高山草甸与树林的自然风光。承上，雪道转为南向沿山脊直下，并设置4个跳跃点，此段为整条雪道最精彩之处，而且非常适合男子、女子滑降共用赛道。雪道下段（B1）从中间平台至竞速结束区，雪道自此由山脊向西转入山谷，前半程为宽阔的碗状山谷，雪道宽达50m，后半程进入狭长的高山峡谷地段，雪道宽仅15m，出峡口处为最后一个跳跃点，结束比赛。此段雪道独具特色，尤其是高山峡谷地段，为世界之独有。整条竞速雪道从草甸到松林，从山脊到峡谷，跌宕起伏，变化多端，充分展示了高山滑降运动的惊险与刺激、速度与激情，是世界最具难度和最富挑战的高山滑降雪道之一（图8）。

竞技雪道为G1雪道，主要承担回转与大回转比赛项目。雪道位于赛区东南的山脊之上，形状呈反L形，垂直落差440m，坡面长度1118m，平均宽度50m，雪道宽度满足不同滑行线路的设置需求（图9）。雪道地形起伏呈波浪形，起始部分坡度较陡，最大坡度达68%，适应于大回转比赛；雪道下段地形变化平缓，坡度主要在33%~50%之间，并设置一处转弯，以满足回转比赛要求。

D2雪道主要承担团体比赛项目。雪道要求平整宽阔，处在同一高程的地表变化与斜面坡度要基本一致，垂直落差153m，坡面长度485m，平均坡度33%，其中最大坡度40%，场地变化均匀舒展。雪道宽度均大于50m，可同时设置两条以上地形雪情条件相同的滑行线路，结束区与回转雪道合并一处，缓冲区长度大于80m。

G1与D2雪道终点汇合处为竞技雪道结束区，东西长136m，南北宽125m，坡度5%，面积约0.98万m²，为技术项目核心区域（图10）。

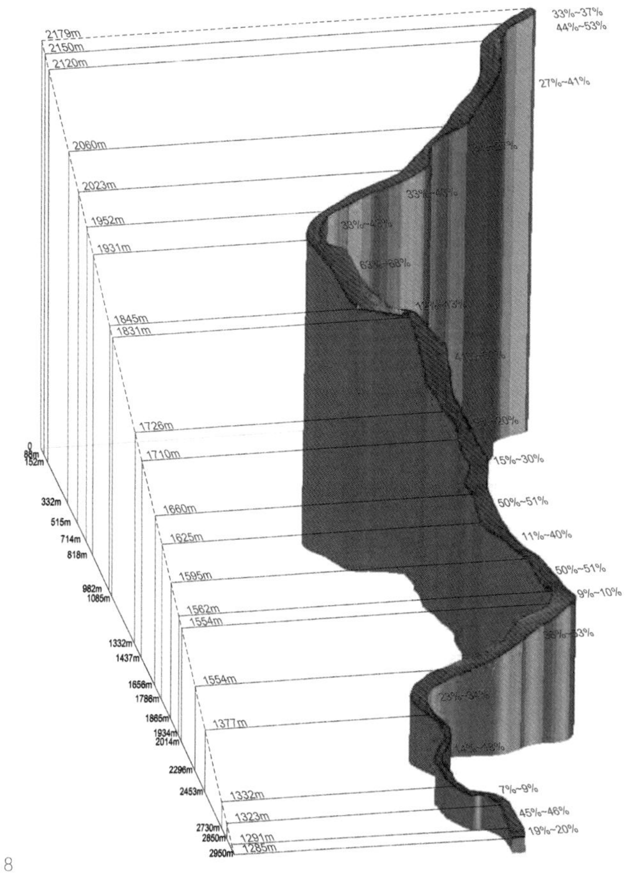

8

9

10

图8 C1+B1雪道轴测
图9 竞技雪道（来源：北京2022年冬奥会和冬残奥会组织委员会）
图10 竞技雪道结束区

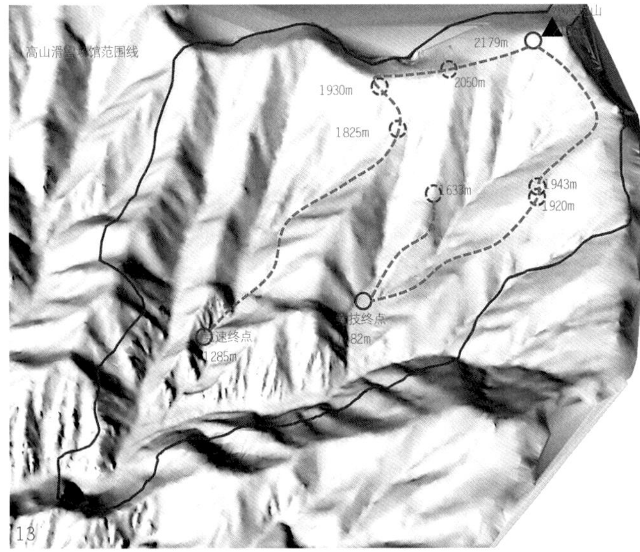

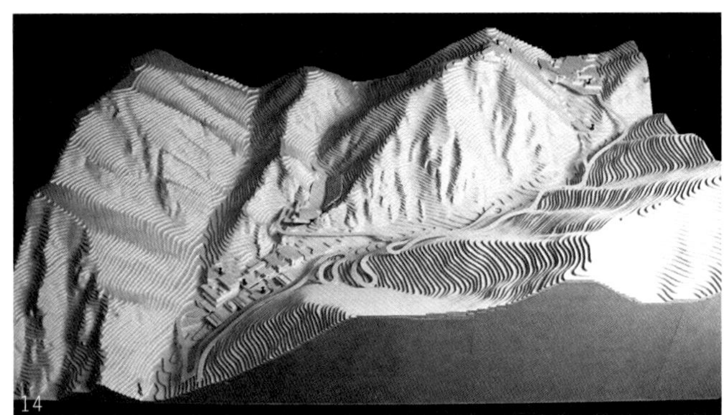

图11 竞速训练雪道
图12 技术雪道（来源：北京2022年冬奥会和冬残奥会组织委员会）
图13 小海坨山南麓地形三维数字模型
图14 结束区过程方案实体模型

2.3 训练雪道和技术雪道

与每条竞赛雪道相对应，国家高山滑雪中心同时设置4条训练雪道和1条雪板测试雪道。F1雪道为竞速训练雪道（图11），位于西侧山脊之上，垂直落差560m，坡面长度2092m，平均坡度28%，其中最大坡度68%，并设置F吊椅索道与之配套。G2为大回转训练雪道，平行紧临于G1雪道东南，垂直落差493m，坡面长度1600m，平均坡度34%，其中最大坡度73%也是整个赛区坡度最陡之处，设置G吊椅索道与G1、G2雪道配套。E1雪道为回转项目训练雪道，垂直落差153m，坡面长度485m，平均坡度33%，其中最大坡度57%，设置E吊椅索道与之配套。D3雪道为团体项目训练雪道，位于D2雪道西侧沟谷之中，垂直落差153m，坡面长度425m，平均坡度39%，其中最大坡度49%，设置D吊椅索道与D2、D3雪道配套。C2雪道上半段为雪板测试道，位于山顶出发区东南向山脊，垂直落差65m，坡面长度180m，平均坡度37%，其中最大坡度54%，下半段与E1雪道相连接（表1）。

技术雪道（图12）与联系雪道赛时为压雪车与设备转场通道，也是工作人员与运动员的滑行通道。雪道连接各雪道比赛项目的出发点、交通点和索道起始点，将赛区各条雪道连接为一个整体。技术雪道非雪季时作为维护车辆通行道路，其最大坡度为18%，雪道宽度8~10m，最小转弯半径12.5m，总长度10.5km。

3 复杂山地条件下的建筑设计

国家高山滑雪中心位于延庆小海坨山南麓中高海拔区域，各类雪道依山就势，按照竞赛组织要求成链式布置（图13）。建筑空间需要布置在出发区域、结束区域等雪道核心区域相对平缓的场地上，建筑空间形态受到自然山地环境的制约并与之形成相互依存的关系。区域内地形复杂、坡体陡峭、用地狭促，可规划的建设用地十分有限。

3.1 建设需求与场地容量的矛盾

设计始终面临着复杂山地条件下用地容量小与赛时场地规模及功能空间需求量大的矛盾。同时需要对赛道以外的场馆设施建设区域严格控制场地填挖方工程量，采取切实有效的方式减少对山林环境的破坏。

对应2018年平昌冬奥会由旌善高山滑雪中心（Jeongseon Alpine Centre）和龙坪高山滑雪中心（Yongpyong Alpine Centre）两个场馆分别承担高山滑雪的速度和技术项目比赛，

雪道技术指标 表1

雪道名称	雪道编号	海拔		垂直落差（m）	水平长度（m）	坡面长度（m）	平均坡度（%）	平均宽度（m）	水平面积（hm^2）
		顶点（m）	低点（m）						
滑降道下段	B1	1554	1285	269	933	971	29	40	3.1
滑降道上段	C1	2179	1554	625	1978	2074	32	40	7.9
竞速结束区缓冲区		1285	1279	6	130	130	5	35	0.5
回转及大回转雪道	G1	1920	1480	440	1022	1118	43	50	5.2
团队回转雪道	D2	1633	1480	153	459	485	33	50	2.4
竞技结束区缓冲区		1482	1479	3	80	80	4	56	0.5
竞速训练雪道	F1	1814	1254	560	2096	2197	27	33	6.5
回转训练雪道	E1	2103	1943	160	410	430	40	43	1.7
大回转训练雪道	G2	1926	1431	495	1326	1434	37	32	5
团体训练雪道	D3	1662	1509	153	397	425	39	46	2

两个场馆均设置集散广场，集散广场和结束区两块用地分散布置，集散广场用地主要通过填挖方的方式满足赛时用地需求，用地规模远大于延庆国家高山滑雪中心。

3.2 受到传统建筑启发的设计策略

相比之下，国家高山滑雪中心集散广场和结束区不具备只采用临时设施搭建满足赛时需求的场地容量，必须通过搭建建筑平台，增加场地面积，即采用永久建筑及平台+临时设施相结合的方式（图14）承担赛时功能空间使用需求，同时永久建筑面积要满足赛后运营的容量需求。

日本京都清水寺（Kiyomizu Temple）本堂[5]（图15）位于山腰，前端柱阵框架支撑起舞台，如同中国传统山地民居吊脚楼适应水域地形、气候条件等自然环境因素，具备较强的山地适应性。受到传统建筑形式的启发，在此基础上以吊脚——“点触式”的建造方式减少对山体自然地貌的破坏，以平台——“错迭式”的空间布置消化地形高度落差，创造人工场地，满足赛时大量的临时场地的空间需求，化解狭促山地环境下空间容量限制所带来的建设用地少的矛盾，将建筑融于自然山林中，实现场馆设计对自然环境的“弱介入”（图16）。

图15 清水寺本堂的山地适应性（来源：https://www.dreamstime.com/detail-kiyomizudera-temple-kyoto-japan-image123325115#dt）

图16 国家高山滑雪中心的“点触式”建造方式与“错迭式”空间布置

（1）结束区形态选择

两类竞赛场地共用的集散广场与竞速结束区接邻C1+B1竞速雪道终点区设置（位于海拔1278m以下的峡谷），建设用地落差高达46m。设计人员与国际滑雪联合会（FIS）专家多次现场踏勘，结合地形条件调整赛道和终点区设施布局，既要满足竞速终点区不低于140m的缓冲长度设置要求，同时还要考虑集散广场的交通服务设施与竞速结束区观众配套设施之间关系。先后经过两次调整，竞速终点区垂直下降102m，水平延伸350m，2017年10月最终方案竞速结束区与集散广场形成垂直方向的错迭布局方式（图17），解决了两者之间交通连接难题，而且通过赛道的延长，现场观众可以看到运动员在终点区跳跃场景以及完整的冲线过程（图18~图21），延长段还保留了一处独具特色的岩石山体（图22），点出了天然“山石”作为赛道主题场地要素的特质。

竞技结束区围绕G1竞技雪道和D2团体赛道合用的缓冲区设置（位于海拔1478m以下的沟坎），自身要承担一部分交通集散功能，同时还要在有限的场地内调和观众看台场地与功能用房布局的关系，也是经过多轮布局调整，至2018年6月方确定看台区

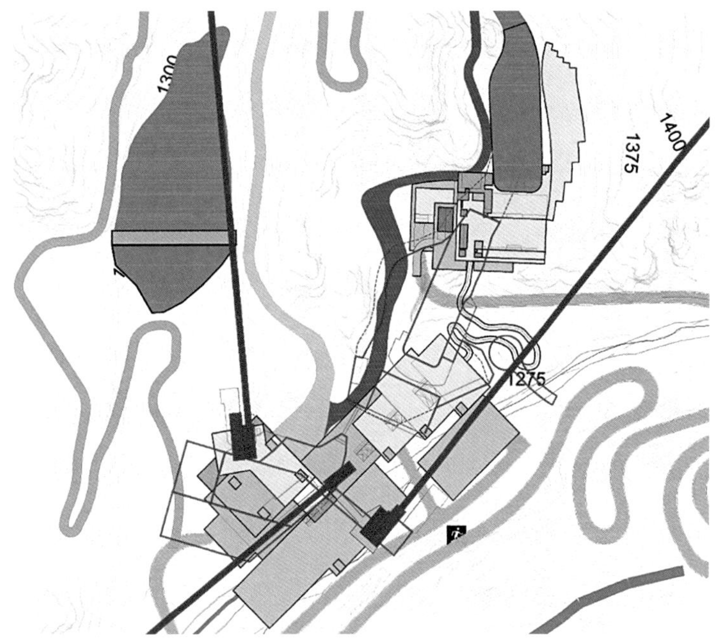

图17 集散广场及竞速结束区布局调整前后对比（灰色体块布局为调整前，红色线框为调整后）

图18 竞速结束区实景（来源：中央广播电视总台）
图19 竞速结束区赛时效果

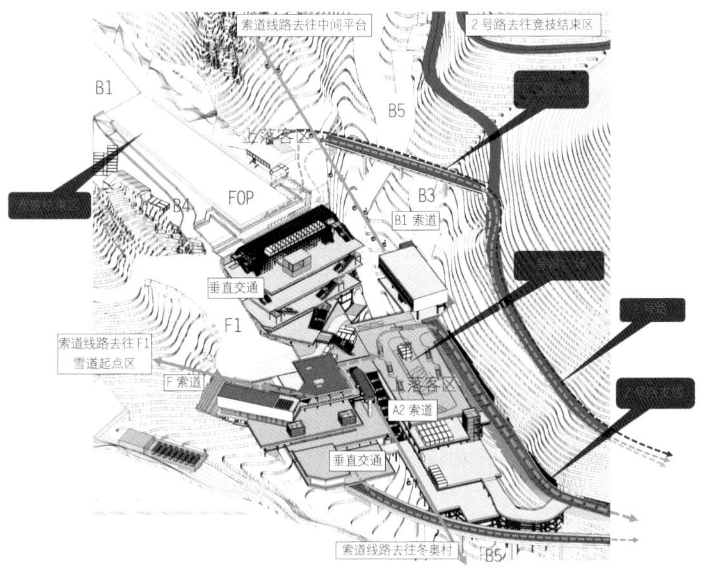

图20 集散广场及竞速结束区建筑及设施布局

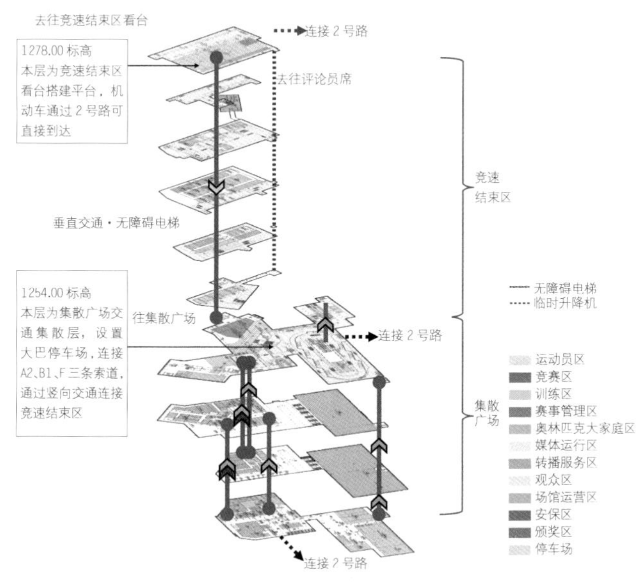

图21 集散广场及竞速结束区楼层平面分解

图22 B1雪道延长段保留的天然“山石”
图23 竞技终点区实景（来源：中央电视台）

图24 竞技结束区赛时效果

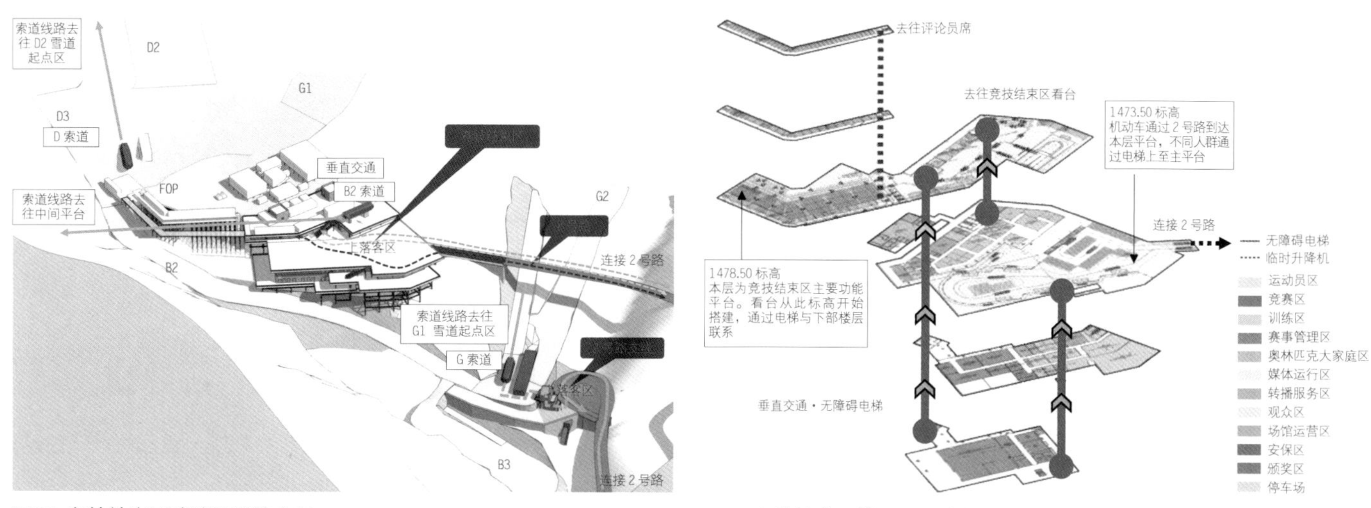

图25 竞技结束区建筑及设施布局

图26 竞技结束区楼层平面分解

与功能区平台水平并置的布局方式（图23~图26）。

（2）索道站形态选择

在两个结束区集中应用迭台形式之外，索道A、B线路各设置有中间站，A线路中站海拔标高1041m，是延庆冬奥村到集散广场之间转角站（图27），B线路中站（即中间平台，同时也设有C线路下站，在此由B换乘C至山顶出发区）海拔高度1554m，是集散广场到竞技结束区的转角站（图28）。设计将中间站视作集散广场的“延伸”，形式选择上也将其整合到上述策略中去。

3.3 回应承办国家特色的设计命题

出发区的设计策略则需要更多地引入关于奥运的文化主旨去回应承办国家特色的宏大命题。协调建筑与自然的关系就是我们文化的一部分。山顶出发区建筑内部容纳索道站并提供运动员休息空间。根据索道安全运行的场地水平长度需求，进行了适量土方开挖，形成半覆土建筑，设计控制建筑体量，最高点不高于小海坨峰顶的海拔高度，表达对自然的敬畏（图29、图30）。山顶出发区拥有独特的景观视野，外立面从外到内考虑深远挑檐、廊道露台、遮阳景窗等空间化设计方式，综合解决了功能、节能和美观等多方面需求。建筑以坡屋面回应中国传统建筑的历史渊源，以朴实的木瓦作为屋面材料体现地域及场所特征，表明本届冬奥会承办国家的文化特质，同时坡屋面造型经过了几何化操作，又赋予其一定的独特性和当代性（图31）。顶部设置的观山廊和“长卷”景窗提供了可以远眺国家雪车雪橇中心、延庆冬奥村和山地新闻中心的平远景致，一幅胜景映现于观者的眼前（图

图27 A索道中站实景（摄影：孙海霆）

图28 B索道中站、C索道下站（中间平台）实景（摄影：孙海霆）

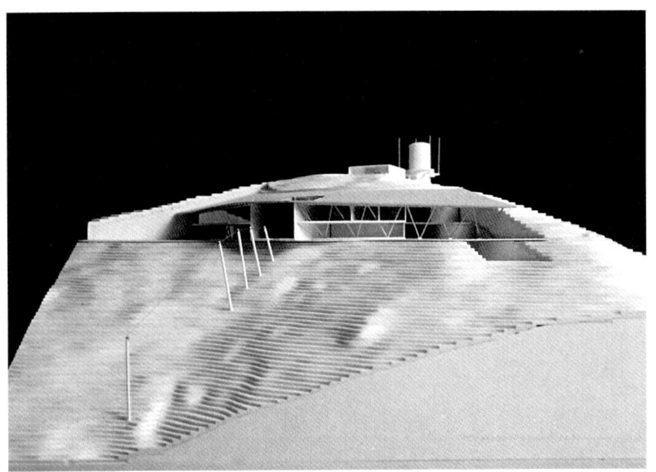

图29 山顶出发区（含天气雷达站）实体模型

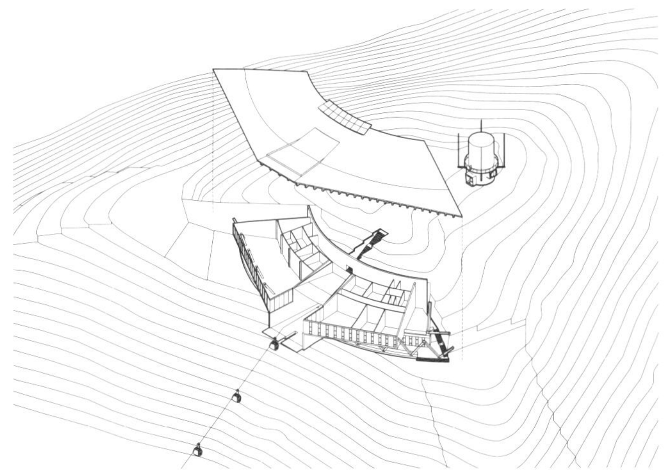

图30 山顶出发区（含天气雷达站）轴测分解

图31 山顶出发区实景（来源：北京2022年冬奥会和冬残奥会组织委员会）

图32 从山顶出发区观山廊俯瞰赛区

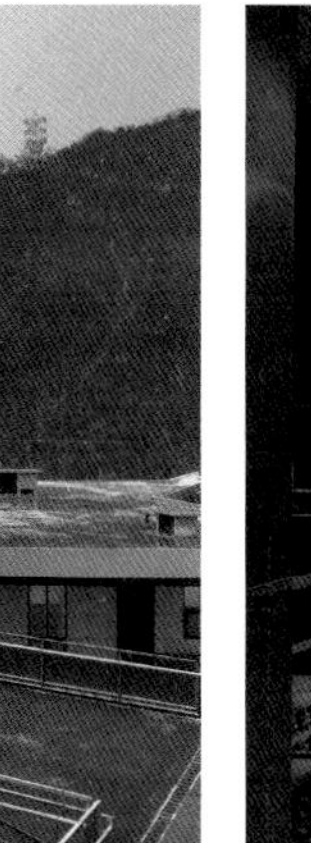

图33 集散广场室外平台

图34 网格状钢框架结构

32），错综的赛道拟合于海坨山脉，正如雏燕之形，暨场馆“雪飞燕”命名的由来。

4 可持续理念下的设计预留

设计合理配置永久建筑、临时设施和使用场地的数量和规模，贯彻场馆的可持续利用和环境的可持续发展设计理念，实现“可逆式”发展。

4.1 预先预留，功能复合的室外活动平台

结束区建筑沿山体错迭布局，利用屋面形成挑廊及室外活动平台，平台之间采用均匀分布的竖向交通系统进行交通联系，极大地化解了山地建筑对无障碍需求人群使用的不便。平台赛时满足临时设施布置及功能扩展需求，赛后可转换为室外活动场地（图33）。平台下部结构采用网格状钢框架结构，为赛后功能扩充预留可能性（图34）。平台对应摆渡车、转播车、压雪车等工作车辆停放，集装箱、板房、临时看台等临时设施设置以及消防车救援等，分别控制平台均布荷载。建筑专业相应跟进材料做法及对应考虑转换构造措施。跨越河道设置的结构平台赛时作为媒体转播用，设计使用年限5年，按照赛后拆除考虑。

4.2“临时设施，永久使用”的看台支撑结构

不同于往届高山滑雪工程在室外场地上搭建临时看台的模式，本届高山滑雪中心在环境集约化的建设条件限制下，临时看台坐落于竞速结束区（3号楼）屋面之上，看台后部的3层集装箱评论员席及站坐席区下部的脚手架下部设置装配式钢框架与3号楼永久结构预留节点进行连接，整体搭设高度12m（图35）。支撑结构作为“临时设施，永久使用”的先例，既满足了场地环境限制下尽可能容纳现场观赛人数的实际需求，也考虑到减少赛后办赛租借搭建临时脚手架的工程量。

图35“临时设施，永久使用”的看台支撑结构

5 设计联合体 + 专项设计单位的设计组织

国家高山滑雪中心服务于最高级别的奥运赛事，落实运行组织所涉的各业务领域功能和各类人群交通流线，空间容量需求庞大，用房构成形式多样，另外还有索道系统、造雪引水系统、岩土支护、市政配套、防洪地灾、生态景观等作为支撑高山滑雪场馆运行的专项工程，系统化的专项建设内容给设计组

织也带来巨大的挑战。

工程以设计联合体的方式展开场馆设施项目的规划建筑设计工作，以及岩土支护、市政配套、生态修复等作为支撑场馆设计的分项工作。设计联合体以多专业的构成方式应对复杂多面的系统性建设需求，强调专业间的职责分工与合作，形成设计“闭环”，提高工作效率。在建设方的统一组织下，联合体还要与造雪引水、索道系统、高填方抗滑移、防洪地灾治理、绿化及场地修复等专项设计单位进行对接。总体上，受制于复杂山地条件下场地容量限制的客观因素，建筑设计需要更多地与市政设施、雪道设施结合，需要处理索道设施与建筑的衔接关系等协调事项。工程分项设计、专项设计及深化设计等工作的界面划分和对设计文件深度控制都影响着设计工作的展开和工程最终呈现的结果。

6 结语

高山滑雪作为“冬奥会皇冠上的明珠”，追求技术、勇气、速度、冒险、判断力及身体素质的高度展现，是速度与技巧的完美结合，为世界广大滑雪爱好者所瞩目。新建的国家高山滑雪中心为我国高山滑雪运动创造了一个高等级的比赛与训练场所。设计基于复杂山地条件建立的多专业密切配合，与山地环境契合的系统性工作回应了雪上运动和奥运赛事的复合需求，积累了在面向高水平高山滑雪赛事场馆规划建筑设计方面的关键技术，为中国雪上运动发展和场馆设计提供了经验借鉴。

注释：

①高山滑雪赛道按照国际滑雪联合会（FIS）《国际滑雪比赛规则第四册高山滑雪联合规定》（*The International Ski Competition Rules（ICR）Book IV Joint Regulation for Alpine Skiing*），并参照国际奥委会（IOC）《场馆技术手册–竞赛场馆设计标准》（*Technical Manual on Venues – Design Standards for Competition Venues*）中高山滑雪部分相关要求进行设计。用于正式比赛的竞赛雪道需取得FIS的认证。

②场馆大纲（Venue Brief）为奥组委、举办合作伙伴和政府机构提供初步规划和技术标准。

③北京2022年冬奥会和冬残奥会组织委员会（BOCOG）最多时设有56个业务领域，负责组织、协调冬奥会和冬残奥会全部筹备和举办工作，其中与场馆设计相关业务领域约30余个。

④奥运赛事各类人群主要包括：1）运动员及随队官员；2）赛事管理人员（含技术官员）；3）奥林匹克大家庭（含贵宾）；4）新闻媒体人员；5）观众；6）赞助商及合作伙伴；7）场馆运营人员（含工作人员及志愿者）；8）安保人员。

⑤清水寺作为大体量建筑在山地环境的应用案例，其本堂及前部悬空的“舞台”依山而起，是由139根巨大的榉木柱支撑的悬空平台，是一座“悬造式”的建筑。

参考文献：

[1] 刘玉民，桂琳. 北京2022年冬奥会和冬残奥会场馆规划布局[J]. 北京规划建设，2021（02）:160–168.

延庆冬奥村与冬残奥村

非竞赛场馆（新建）

Yanqing Winter Olympic Village（Paralympic Village）

Project Team

Client | Beijing National Alpine Skiing Co., Ltd.

Design Team | China Architecture Design & Research Group

Contruction | Beijing Uni. Construction Group Co., Ltd.
China Construction First Group Co., Ltd.

Principle-in-Charge | LI Xinggang,ZHANG Yinxuan,ZHANG Zhe

Architecture | Li Xinggang, ZHANG Yinxuan, ZHANG Zhe, ZHANG Siteng, LIANG Yixiao, LI Hui, LI Xiao, ZHANG Yiting, XU Naitian

Structure | REN Qingying, LIU Wenting, WANG Lei, LIU Shuai, LIU Zengliang, LUO Xiao

Equipment | CAO Lei, YANG Xiaoyu, YU Zheng, GAO Jie, HU Jianli, SU Xiaofeng, QUAN Wei , ZHU Yueyun, ZHANG Qingkang, GUAN Ruoxi, LI Bin , GAO Laiquan, ZHANG Xuanlei

Master Plan | LIU Xiaolin, HAO Wenwen, LI Shuang

Interior | CAO Yang, WANG Qiang, ZHANG Yangyang, ZHANG Ran

Landscape | GUAN Wujun, SHI Xiuli, WANG Yue, YANG Wandi, ZHU Yanhui, DAI Min, GUAN Jieya, LI Heqian, HAN Xun, CAO Lei, LIU Zihe, ZHANG Lu, XU Yaqi, MA Yuhu

Lighting | DING Zhiqiang, HUANG Xingyue

Project Data

Location | Yanqing, Beijing, China

Design Time | 2017-2018

Completion Time | 2021

Site Area | 13.4hm^2

Architecture Area | 118,000 m^2

Structure | Underground (Steel Frame Structure and Shear Wall), Ground (Steel Frame Structure and Steel Concentrically Braced Frame)

Municipal Roads and Geotechnical Retaining Walls | Beijing General Municipal Engineering Design & Research Institute Co., Ltd.

Cultural Relic Protection Project | Beijing Cultural Artifacts Construction Protection Design Office;

Interior Design (Athlete zone 4-6 and Lobby area in Public Zone) | Wei'ersen Indoor Architectural Design (Shanghai) Co., Ltd. Cendes Design Studio, Meinhardt (Beijing) Ltd;

Energy Consultant | Beijing Energy Holding Co., Ltd.

Kitchen Washing Consultant | Ricca Design Studio, Shanghai

Ultra-low Energy Consultant | Beijing Strong Sincere Energy Conservation Technology Co., Ltd.

项目团队

建设单位 | 国家高山滑雪公司

设计单位 | 中国建筑设计研究院有限公司

施工单位 | 北京住总集团有限责任公司、中国建筑一局（集团）有限公司

项目负责人 | 李兴钢、张音玄、张哲

建筑设计 | 李兴钢、张音玄、张哲、张司腾、梁艺晓、李慧、李溙、张一婷、许乃天

结构设计 | 任庆英、刘文挺、王磊、刘帅、刘增良、罗肖

设备专业 | 曹磊、杨小雨、于征、高洁、胡建丽、苏晓峰、全巍、朱跃云、张庆康、关若曦、李斌、高来泉、张璇蕾

总图专业 | 刘晓琳、郝雯雯、李爽

室内专业 | 曹阳、王强、张洋洋、张然

景观专业 | 关午军、史秀丽、王悦、杨宛迪、朱燕辉、戴敏、管婕娅、李和谦、韩迅、曹雷、刘子贺、张路、许亚琦、马玉虎

照明专业 | 丁志强、黄星月

工程信息

地点 | 中国北京延庆

设计时间 | 2017—2018年

竣工时间 | 2021年

基地面积 | 13.4hm^2

建筑面积 | 11.8万m^2

结构形式 | 地下：钢结构框架+剪力墙结构
地上：钢结构框架和钢结构框架—中心支撑

市政道路及岩土挡墙 | 北京市市政工程设计研究总院有限公司

文物保护专项 | 北京市文物建筑保护设计所

室内（4~6组团及公共区大堂）| 维尔森室内建筑设计（上海）有限公司、华图山鼎设计有限公司、迈进工程设计咨询（北京）有限公司

能源顾问 | 北京能源集团有限公司

厨洗顾问 | 腾卡室内设计（上海）有限公司

超低能耗顾问 | 北京实创鑫诚节能技术有限公司

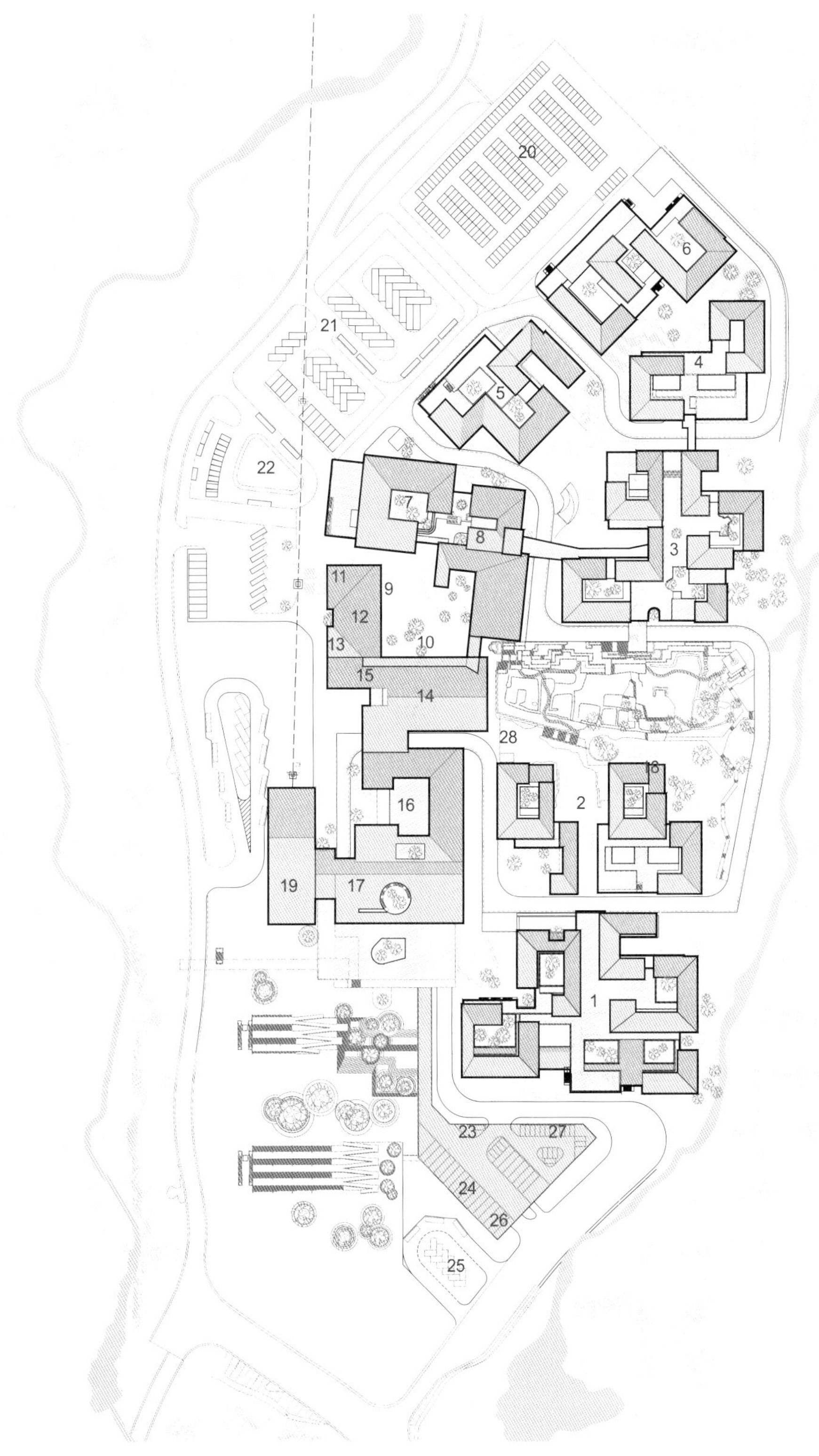

总平面　0 10 20 50m

1 运动员组团 1
2 运动员组团 2
3 运动员组团 3
4 运动员组团 4
5 运动员组团 5
6 运动员组团 6（场馆团队办公室、奥运村通信中心、交通指挥中心）
7 奥运村广场（商业）
8 健身中心、娱乐中心
9 升旗广场
10 奥林匹克休战墙 / 残奥墙
11 访客中心
12 奥林匹克 / 残奥大家庭
13 奥运村媒体中心
14 多信仰中心、代表团团长大厅、NOC/NPC 服务
15 综合诊所、兴奋剂检查站
16 运动员餐厅、员工餐厅
17 技术、安保、志愿者之家、员工中心、值机柜台前移
18 村落遗址
19 缆车站
20 NOC/NPC 停车
21 运动员班车站
22 奥林匹克 / 残奥大家庭、媒体、访客上落客区
23 应急通信停车
24 警务停车
25 礼宾停车
26 消防站
27 清废综合区
28 采样车辆停车区

从车檐隧道入口东望冬奥村（摄影：杨耀钧）

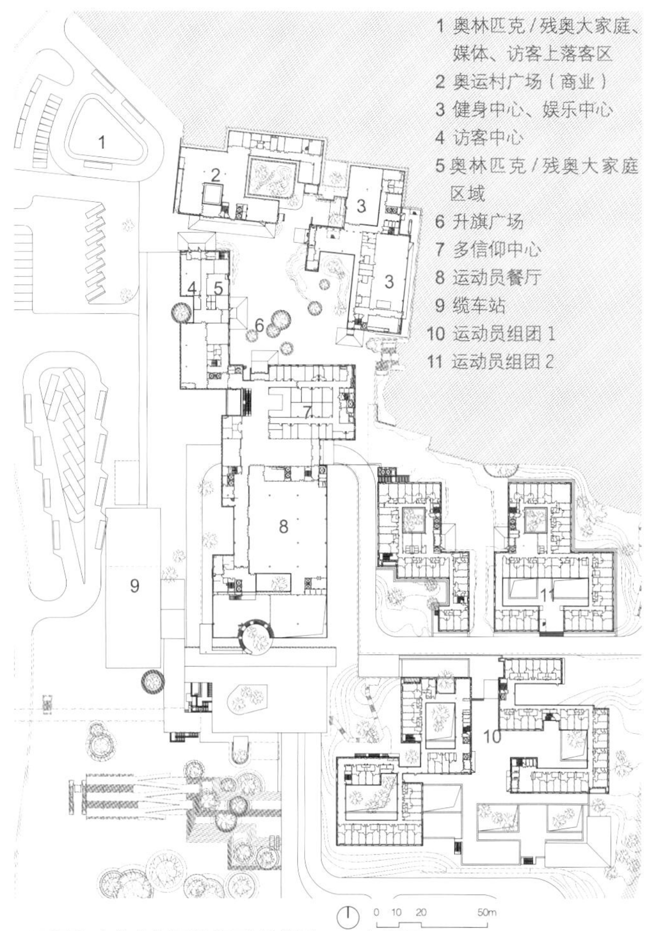

939标高（公共组团和运动员组团1、2）平面

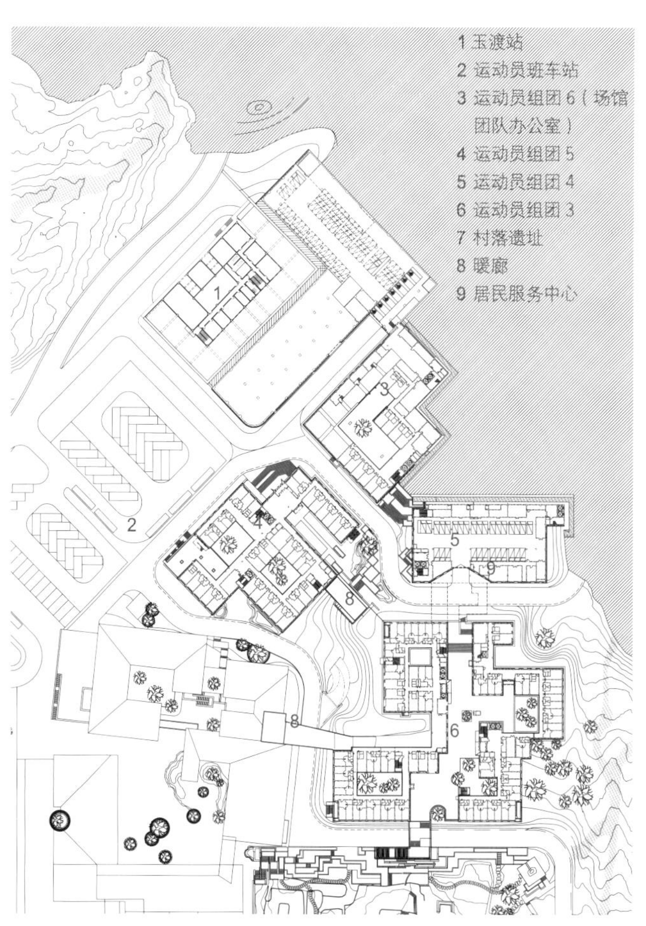

958标高（运动员组团3、4、5、6）平面

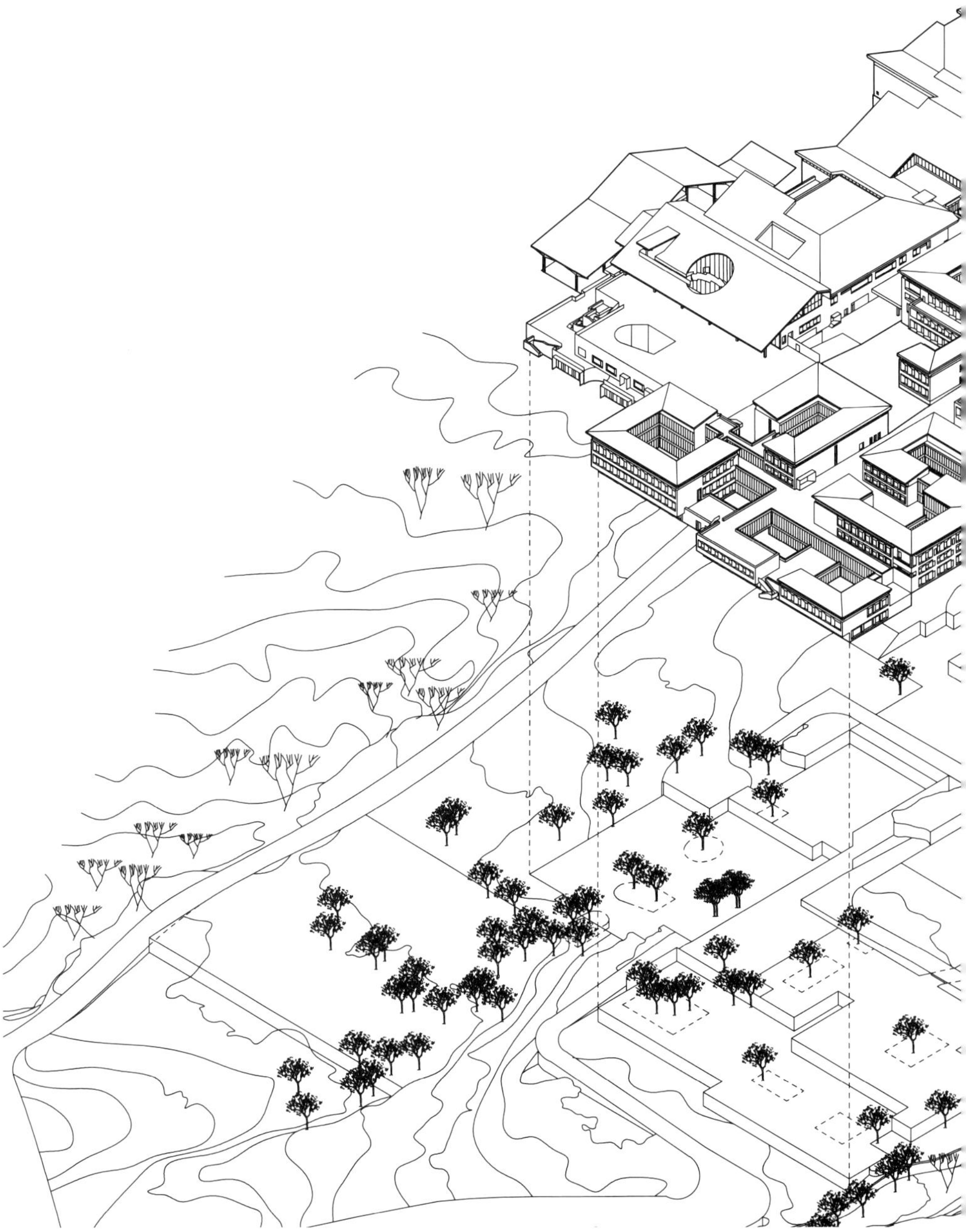

冬奥村总体轴测

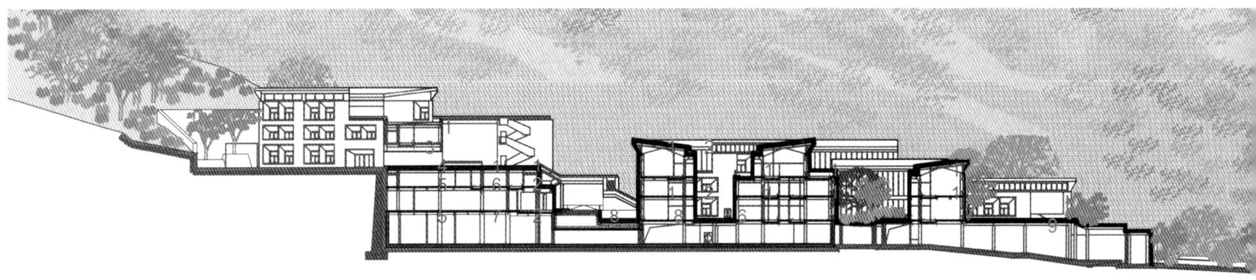

冬奥村剖面

0 10 20 50m

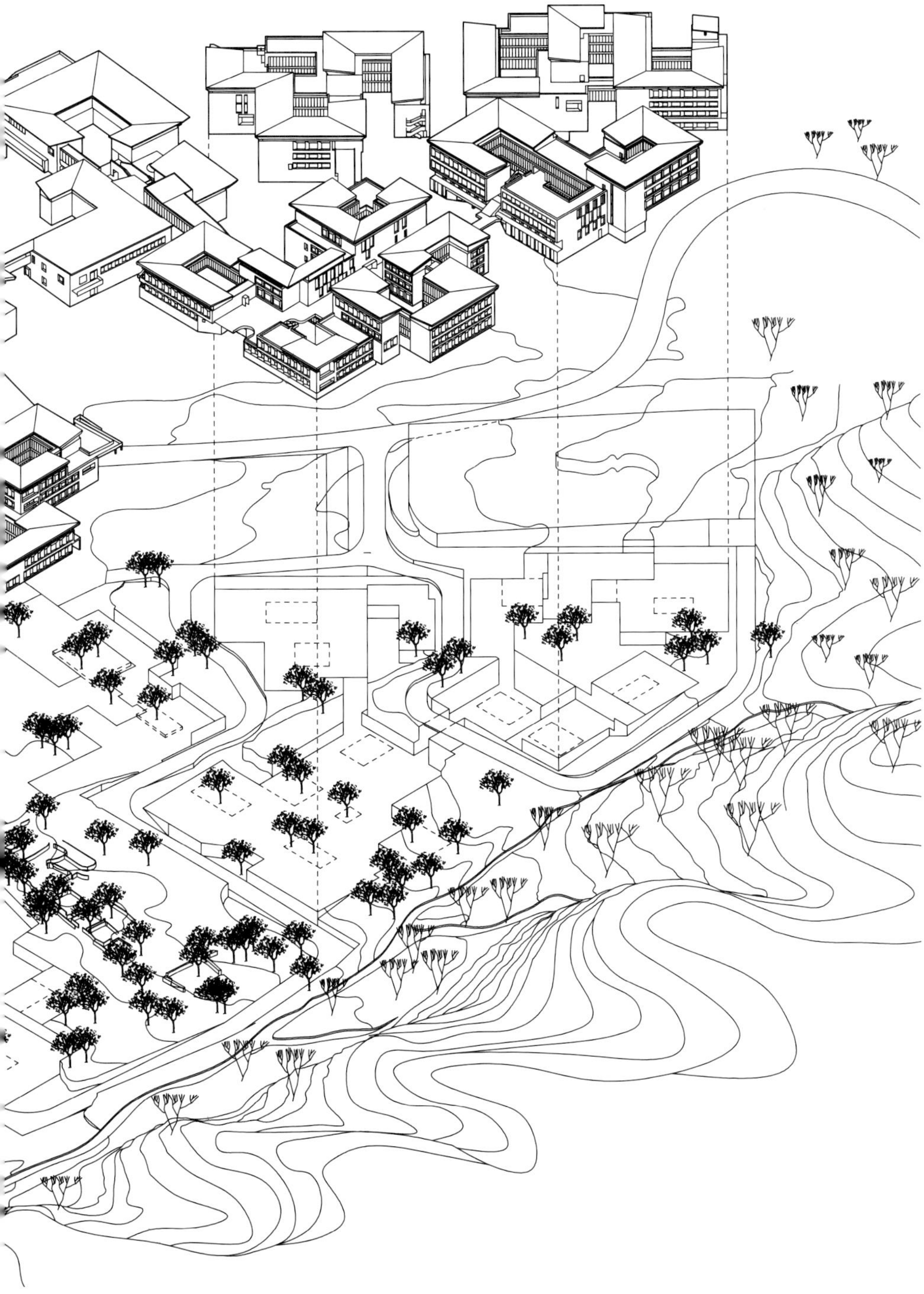

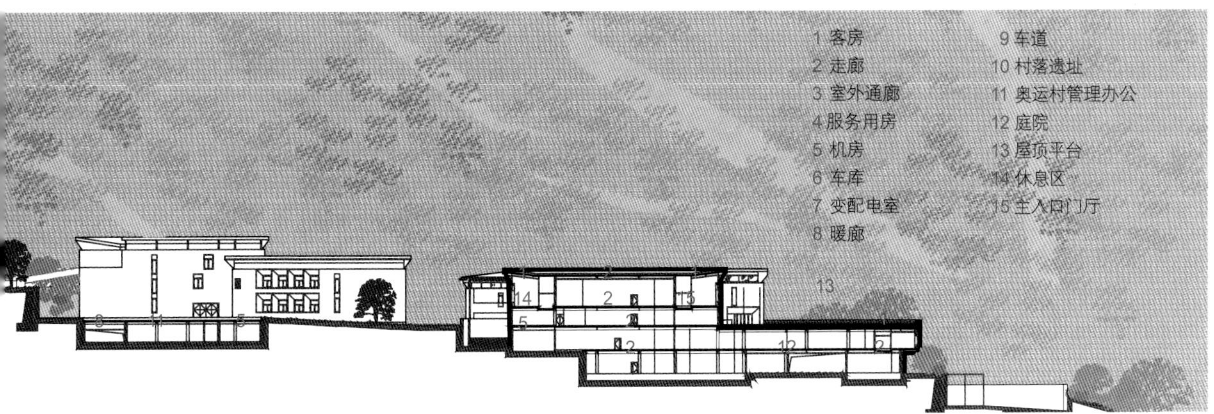
1 客房
2 走廊
3 室外通廊
4 服务用房
5 机房
6 车库
7 变配电室
8 暖廊
9 车道
10 村落遗址
11 奥运村管理办公
12 庭院
13 屋顶平台
14 休息区
15 主入口门厅

雪车雪橇望向冬奥村（摄影：张玉婷）

冬奥村立面

西北望冬奥村（摄影：孙海霆）

运动员组团间大台阶（摄影：孙海霆）

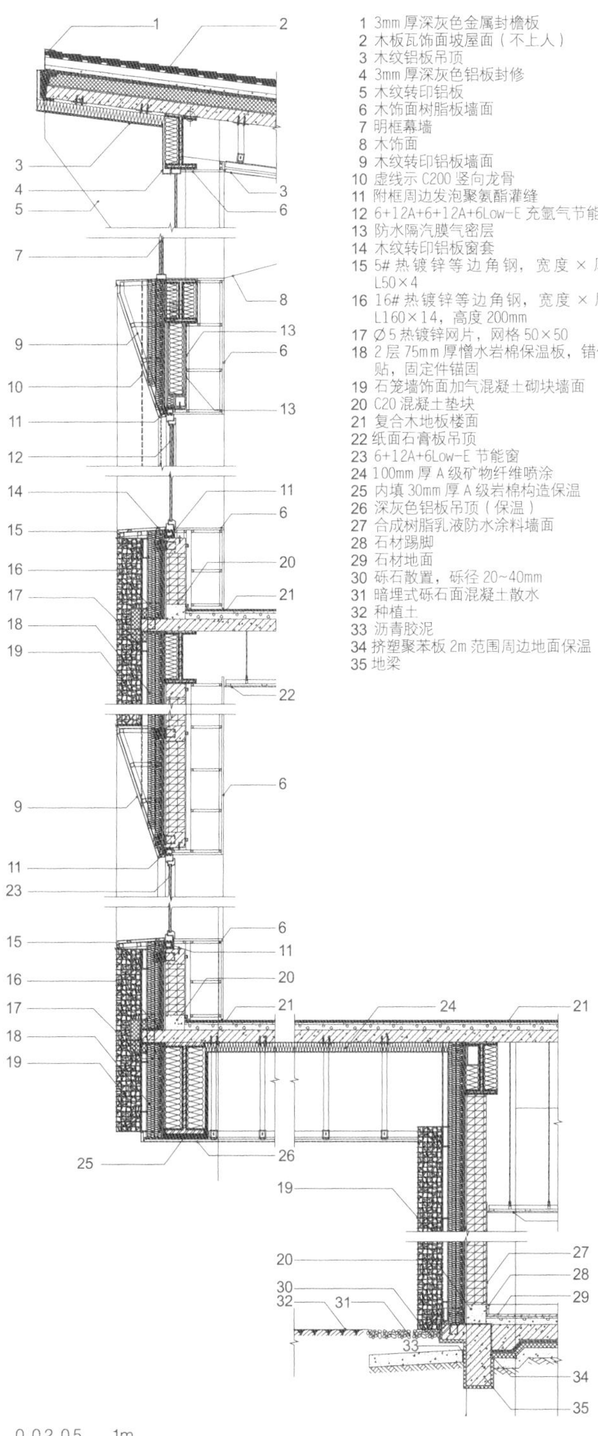

1 3mm 厚深灰色金属封檐板
2 木板瓦饰面坡屋面（不上人）
3 木纹铝板吊顶
4 3mm 厚深灰色铝板封修
5 木纹转印铝板
6 木饰面树脂板墙面
7 明框幕墙
8 木饰面
9 木纹转印铝板墙面
10 虚线示 C200 竖向龙骨
11 附框周边发泡聚氨酯灌缝
12 6+12A+6+12A+6Low-E 充氩气节能窗
13 防水隔汽膜气密层
14 木纹转印铝板窗套
15 5# 热镀锌等边角钢，宽度 × 厚度 L50×4
16 16# 热镀锌等边角钢，宽度 × 厚度 L160×14，高度 200mm
17 ∅5 热镀锌网片，网格 50×50
18 2 层 75mm 厚憎水岩棉保温板，错位黏贴，固定件锚固
19 石笼墙饰面加气混凝土砌块墙面
20 C20 混凝土垫块
21 复合木地板楼面
22 纸面石膏板吊顶
23 6+12A+6Low-E 节能窗
24 100mm 厚 A 级矿物纤维喷涂
25 内填 30mm 厚 A 级岩棉构造保温
26 深灰色铝板吊顶（保温）
27 合成树脂乳液防水涂料墙面
28 石材踢脚
29 石材地面
30 砾石散置，砾径 20~40mm
31 暗埋式砾石面混凝土散水
32 种植土
33 沥青胶泥
34 挤塑聚苯板 2m 范围周边地面保温
35 地梁

墙身详图

从公共区北区北望运动员组团（摄影：孙海霆）

升旗广场（摄影：张音玄）

运动员组团间花园南望（摄影：张音玄）

运动员组团内院（摄影：孙海霆）

1 概况：适宜环境的冬奥山村

延庆冬奥村（冬残奥村）位于延庆赛区核心区南区东部，地处海坨山脚下一块自然形成、相对平缓的冲积台地。场地北高南低延绵62m，东高西低相差30m，山林遍布，其间一处村落遗迹，在丰富地质风貌和生态环境的基础上增添了场地独特的历史人文特质。冬奥村西侧遥望国家雪车雪橇中心，紧邻通往国家高山滑雪中心的索道起点站。设计从安保上划分为居住区、奥运村广场区和运行区，功能上由公共组团和6个居住组团组成，之间通过暖廊联通。延庆冬奥村总建筑面积11.8万m^2（地上9.1万m^2），赛时为运动员和随队官员提供1430个床位及预留区，赛后转化为两个山地滑雪酒店。

2 就势：顺应山地的村落布局

山林环境是延庆冬奥村的基本场地特征，其规划布局、交通组织、建筑形态、景观营造都以这一基本特征为根本。“山”，地形高差大，层层台地，平均坡度10%；“林”，树木茂密，山石嶙峋，风景优美。提取山林环境的关键要素并加以利用是冬奥村设计的基本场地策略，即基于地形——依山就势、组团叠落；基于环境——融入山林、围合树院（图1）。

设计采用场地台地化的处理，逐渐消解地形高差（图2）。建筑体量以小组团、分散式形态适应地势。建筑朝向顺山势扭转，利用台地错落有致地布置若干合院。合院均向景观侧开敞，借四方胜景，将山林框景入院。公共组团位于西侧较低的台地，毗邻停车场、索道站和赛区2号路；6个居住组团位于东侧较高台地，紧邻林木葱茏的山脚，自北向南顺势叠落。各个组团之间通过一条曲折回环的车行道路串联，并以南北纵向开合的人行步道，利用层层屋顶、平台和庭院，将各个组团组织在一起。

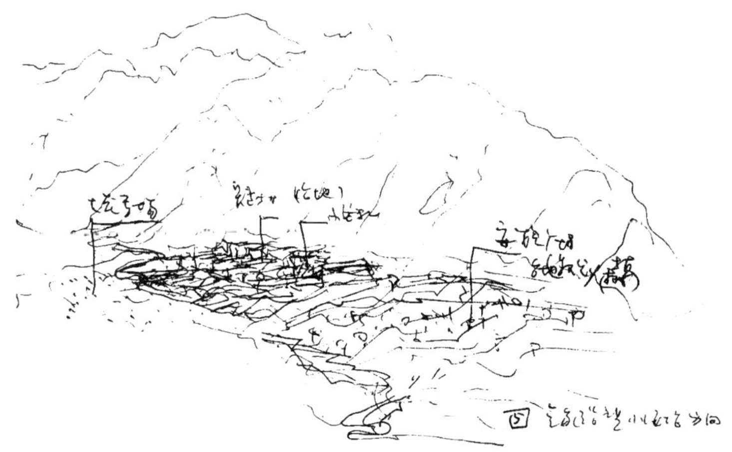

图1 隐于山林的村落尺度意向图（来源：李兴钢绘制）

3 林隐：山林掩映的建筑风貌

为使建筑呈现掩映于山林、尺度宜人的村落亲近感，设计严格控制建筑总层数不超过4~5层，沿街层数不超过2~3层，建筑高度与保留树木相仿。利用地形高差形成掉层，下层平屋面与地形融为一体，成为上层室外平台，游走其间，似乎层层是“首层”。

建筑体量均以原生树木为中心围合院落，依据树木在地标高与位置进行合理避让和方案优化。庭院根据树的标高呈台地形式分布，使建筑群掩映于林木之间，达到建筑与山林共生的状态（图3~图5）。

上层建筑犹如相互咬合的“三合院”，以半开放式的姿态环抱着树院，顶部内向的单坡屋面延绵错落，呈现出丰富的层次，挑檐下的“片梁”也让建筑更具结构表情。客房竖井作为基本竖向锚固单廊布置，各个楼层前后扭转构成基本的剖面单元，有利于不同楼层和位置的房间围绕树院向景观方向开敞，形成虚实丰富的内外界面和观景视野。由地面延伸至墙面的碎石肌理，使建筑更具“扎根于场地、掩映山林”的在地气质。

图2 依山就势、顺应地形的冬奥村（摄影：张玉婷）

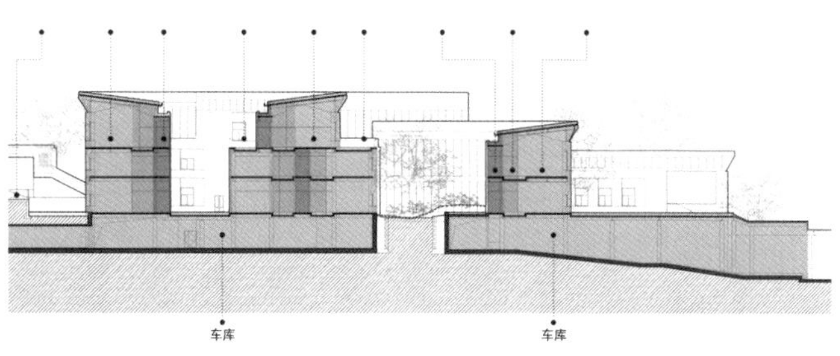

图3 平台庭院关系

图4 运动员组团内庭院（摄影：孙海霆）

图5 运动员组团内庭院（摄影：陈佳希）

4 护树：自然起点的生态环境

延庆冬奥村场地原生植被茂密，生态基础良好，山林遍布的主要是核桃楸和大果榆的混交次生林，通过初期对场地树木的调研初步统计：乔木层共有15科17属23种，木犀科、桦木科、榆科较多，其中圆叶丁香、暴马丁香、大叶白蜡、黑桦、白桦、裂叶榆、大果榆较多；灌木层主要有20科34属41种；草本层共有34科80属127种；西侧沟谷内是杂灌丛，散生着胡桃楸和水榆花楸等保护树种。

冬奥村设计以“自然”为起点，生态保护和生态修复为基础，并融入中国人文山水意境。在满足冬奥村建设的前提下，如何最大限度保护冬奥村周边及内部的现状树木成为核心目标。从景观生态学、风景园林学双重视角出发，最大限度地保留原生植被群落，是保护生态基底、保存生物多样性、保证景观效果的最佳手段。

在冬奥村总体规划前期，景观专业即进行场地全面的调研工作。首先，从生态群落、树种特征、景观美学特征、施工难度等几个方面出发，建立原状植被的综合评价体系，为总体建筑布局提供生态基础资料依据。其次，结合建筑初期功能规划布局，最终划定场地内2.32hm^{2}既有林地以及313棵既有大树作为保护对象，明确既有林木的保护范围（图6），同时提出既有林木以原地保护优先、近地移栽为辅的保护策略。然后，从景观生态学角度出发，梳理出场地内需要尽量原地保留“廊道—斑块”的生态系统结构及树木点位，为规划布局深化与专业配合调整提供科学参考依据，例如建筑围合关系、场地设计、道路设计、室外管线综合等均以保护树为前提进行了合理避让与方案优化。由于场地狭小，施工场地局促，设计还进一步研究施工过程中由于施工组织铺设的临时道路、堆料场地以及由于场地平整、建筑主体结构基坑开挖导致的原状土变化等对现状树木的不利影响，最终形成系统的《冬奥村既有林木保护与利用技术指导指南》，并以此为依据出具伐移证明，建设方、设计方、施工方、监理方四方签字监督，开展树木保护移植工作。同时提出《场地平整期间树木保护实施方案》，从多种场平实际情况出发，提出原状树的保护方法、支护方案，包括基坑支护、梯级挡墙支护等（图7~图9）。由于冬奥村建设周期较长，为此提出了树木养护管理方案，保证原生保留树木的高成活率。在原地保护树木树池的设计上也采用现场挖掘的石材，就地取材，用传统砌筑方法进行砌筑，变废为宝，融入自然。

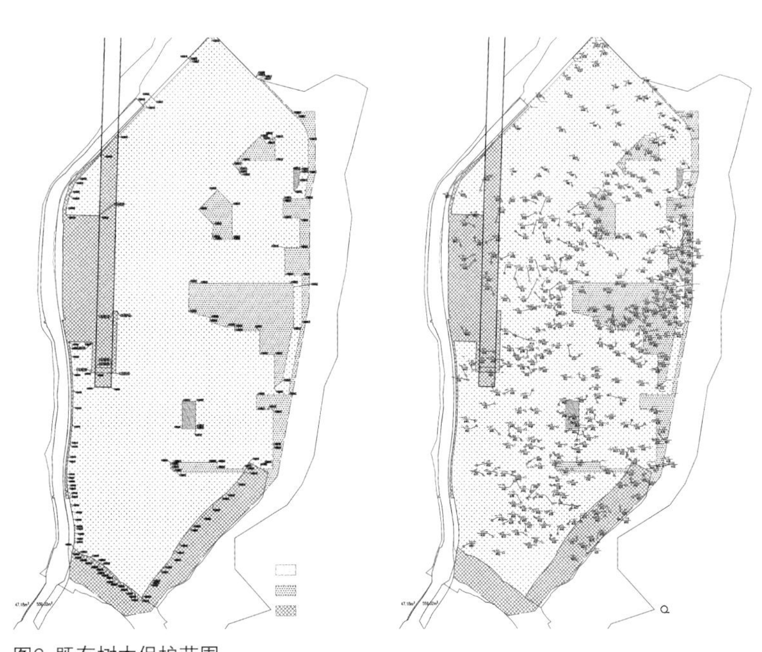

图6 既有树木保护范围

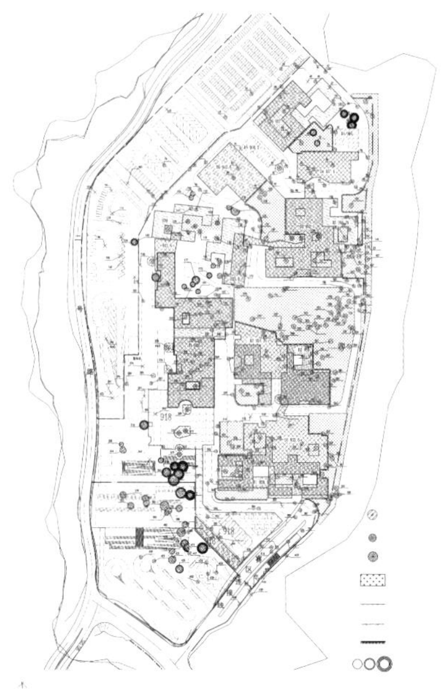

图7 支护位置和支护方式

图8 梯级挡墙设计

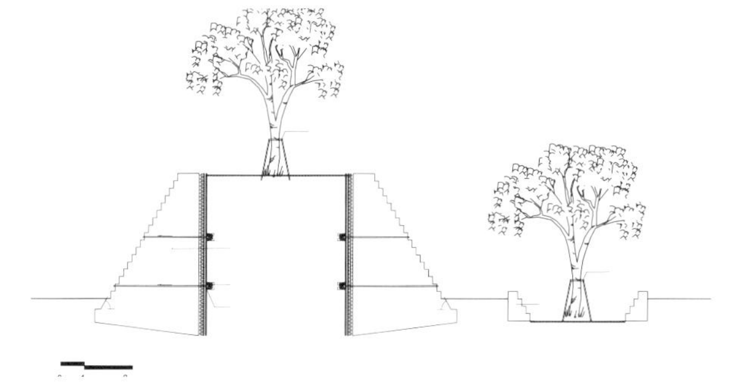

图9 梯级挡墙施工图

5 统筹：综合复杂的功能流线

冬奥村的赛时功能是以冬奥组委提供的《主办城市合同》《奥运村指南》《场馆大纲》等技术文件为基础的，内容详尽庞杂且具有弹性。其中安保级别最高的居住区包括东侧6个居住组团，提供居住、NOC办公、存储、按摩及居民服务中心等功能，西侧的公共组团提供运动员餐厅、综合诊所、反兴奋剂中心、健身娱乐中心、多信仰中心、代表团团长大厅、国家/地区奥委会服务中心等公共服务功能；奥运村广场区围绕升旗广场布置，包括商业、医疗站、轮椅及假肢维修中心等空间，是赛时冬奥村最为活跃开放的互动交流空间；紧邻升旗广场的运行区则包含访客中心、媒体中心、奥运大家庭等对外接待公共服务空间，可共享奥运村广场；后勤安保、物流、设施服务等各类停车场及临时设施保障冬奥村的正常运转（图10）。

复杂的公共组团功能采用“剖面叠加”的模式适应地形变化：不同楼层对应各功能，内部竖向联络，形成高效的内部交通组织。同时利用地势特点设置独立地面出入口，以适宜“山村”环境这样的室外漫游空间特色（图11）。

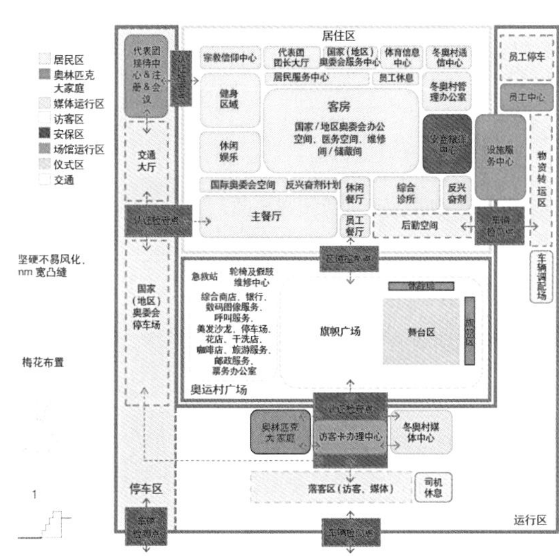

图10 赛时功能关系平面

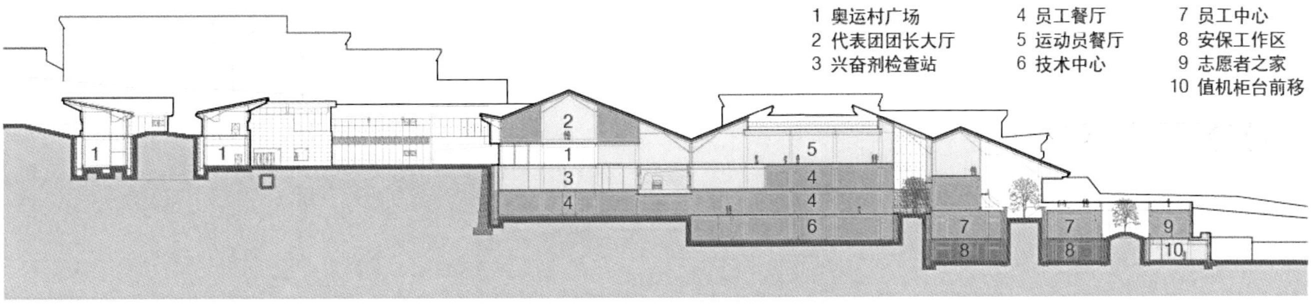

1 奥运村广场
2 代表团团长大厅
3 兴奋剂检查站
4 员工餐厅
5 运动员餐厅
6 技术中心
7 员工中心
8 安保工作区
9 志愿者之家
10 值机柜台前移

图11 赛时功能关系剖面

冬奥村的赛时流线采用人车分流的交通组织方式，从道路停车到建筑内部构成连贯的、多种方式的无障碍通行体系。车行系统依山就势，从南侧赛区6号路进入，于最南端的运行停车区（913m标高）蜿蜒向上，环绕各组团至最北端NOC停车场（966m标高），联络整个内部交通，并可通达所有组团车库；西侧入口广场和台地停车场毗邻赛区2号路，可从多个标高进入村内（图12）。室外步行系统连接各建筑出入口、重要景观节点和树院，利用屋顶平台和景观坡地消化场地高差，实现一个相对平缓、适宜缓步行走游览的系统（图13）。室内暖廊系统通过水平走廊实现整个冬奥村所有组团的内部连接，并全程满足无障碍要求。暖廊以折板形吊顶塑造出极具辨识性的空间，并结合五环色彩，使各个组团相互区分、标志鲜明（图14～图16）。

赛后功能取决于遗产运营的具体需求，延庆冬奥村由政府与社会出资方组成业主联合体，负责建设及赛后的管理和运营。因此，赛时便基本确定赛后将转化为两个不同等级高标准酒店，共提供约600余间客房。为避免重复建设，设计需要在赛时优先考虑赛后功能的匹配，统筹两种工况下复杂的功能流线，尽可能一次实施到位。公共组团在赛后转化为两个独立的酒店功能区，并共享部分后勤服务设施。临近索道站和广场区的空间在赛后转化为服务景区的旅游接待和滑雪配套设施（图17）。设计本着减少改造的原则，统筹赛时赛后的功能、空间、设备系统、装饰装修做法，在优先“一次实施到位”的前提下，采用了“分区、分级、分期、分季”的设计策略，根据功能异同和改造实施强度，对空间区分等级和梯度，区别制定设计策略。以客房区为例，两种基本开间对应不同的组团和星级。四星部分赛时赛后保持一致，改动最小；五星部分则采用大开间保证赛后具有充足的转换空间，赛时与赛后则采用分隔开间的办法来实现空间转换（图18～图21）。管井及设备系统一次到位，装修分阶段按照不同的标准实施。

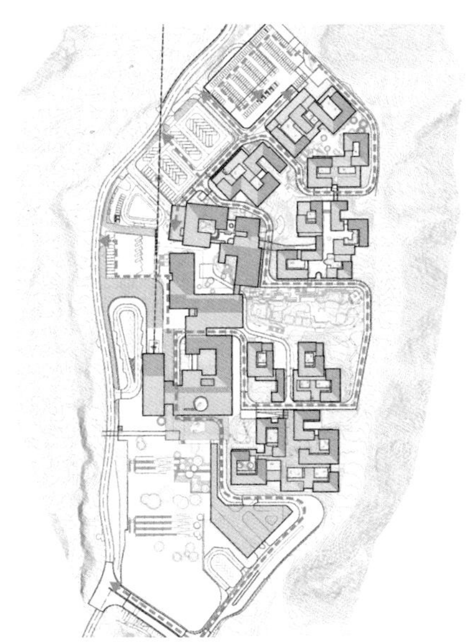
图12 赛时车行系统

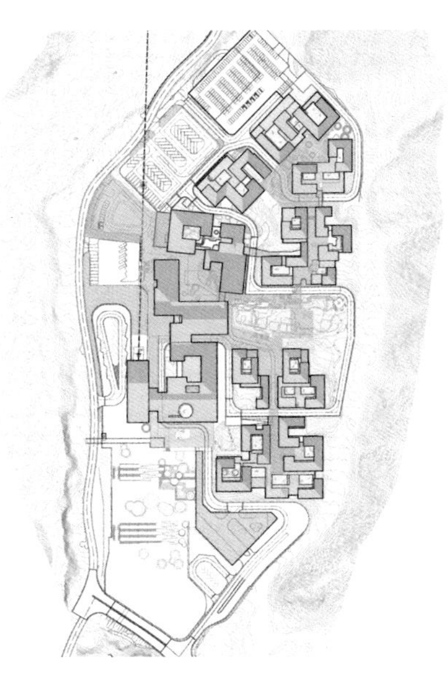
图13 赛时步行系统

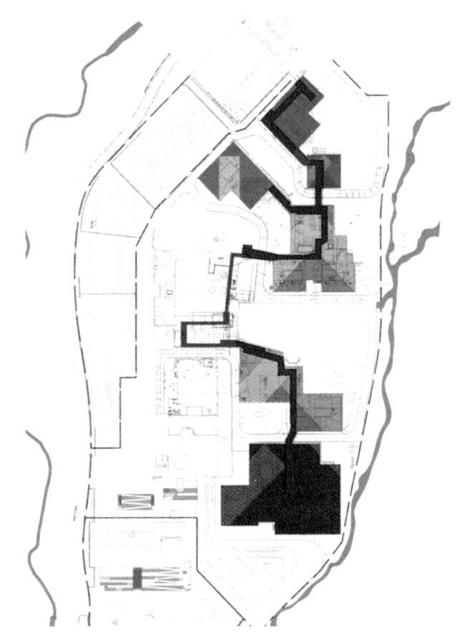
图14 暖廊及室内色彩示意

图15 暖廊室内效果图

图16 组团色彩墙（摄影：孙海霆）

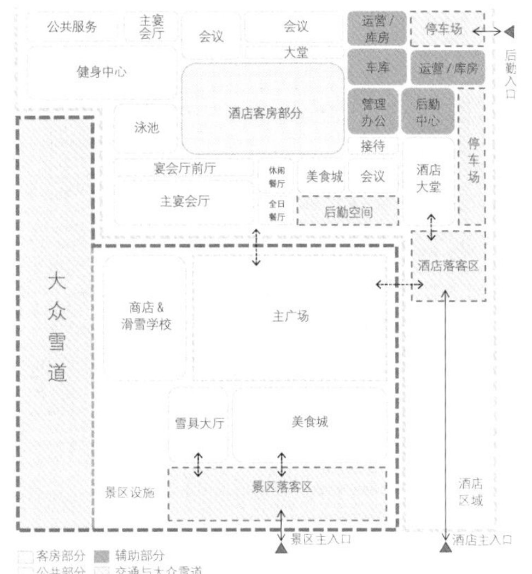

图17 赛时功能关系平面

图18~图21 尽量统筹赛时赛后所需的酒店公共空间与客房组图（图18摄影：陈佳希，图19~21摄影：孙海霆）

6 构景：山居立意的六胜之景

冬奥村在赛时为全世界运动员提供优质居住、交往空间的同时，也是向全世界展示中国文化的重要载体。建筑利用层层坡顶、平台和院落组团与周围山形水势形成对话，园林则因山就势，形成相对自由的布局，是一处“独与天地精神相往来”“辅万物之自然而不敢为”的山居作品。延庆冬奥村园林景观将“山居”作为主题立意，营造具有山林行居、田园雅居、士人园居的园林气质，更体现“虽由人作，宛自天开”师法自然的中国古典山水园林特色。

六胜，指的是“宏大”“幽邃”“人力”“苍古”“水泉”“眺望”。《洛阳名园记》有载：“洛人云，园圃之胜不能相兼者六，务宏大者，少幽邃；人力胜者，少苍古；多水泉者，难眺望。兼此六者，惟湖园而已。”古人认为兼有“六胜”的园林便是绝美园林。冬奥村的景观设计将“六胜”之意境对照运动员居住组团，使两两组团园林主题形成对仗之意。①水泉与眺望——依势造园，凡流水经过，常在庭院谷低之处（图22），寻溪仰望，多有拾级而上或高山仰止的空间意境；②人力与苍古——遗址区保留原生风貌，苍劲古朴之感与组团庭院的人工造园之美形成对比组景（图23）；③深邃与宏大——建筑夹出的廊道打造空间通幽感，与自然山林园路和周边大山大景之美形成对比组景（图24）。用中国古典园林的游线系统组织串联原生环境、建筑庭院、景观园林组团，交通流线转化为体验式游园路线，形成可行、可望、可游、可居的山居园林景观，创作出既有自然之趣、又富诗情画意的现代山居园林体系。

图22 水泉与眺望（摄影：张音玄）

图23 公共区北区之间的方地花园（摄影：张音玄）

图24 树木掩映的运动员组团与远山（摄影：张司腾）

图25 小庄户村遗迹草图（来源：李兴钢绘制）

7 传承：古址新村的人文趣话

冬奥村用地中部有一处小庄户村遗址。茂密的植被覆盖下，仅存石砌断壁残垣，散落的磨盘、石碾显示出曾经居住的痕迹（图25）。遗址具有典型的华北山地类村落特征，其院落走势、庭院布局都与山水走势形态契合，基本的建造材料也采用本地石材。人、村、自然山水契合共生。作为“聚落组织基本原型”的这种构型也正是“山村”模式下，分散式、组团式、合院式布局的天然条件和文脉基础；是“冬奥山村”传统和地域现实的传承、呼应和对话。这里将不仅是冬奥村的核心公共空间，还将成为“冬奥山村”独特的胜景之所和文脉家园。

小庄户村遗址是晚清、民国时期的一处村落遗址，遗址构成主要包括院落7处和道路3处，主要遗存年代为1900年前后至1942年之间。遗址区面积约3300m^2，反映了那一时期山区人居的历史特色，是展现地方生活聚落的重要实物（图26）。2019年6月，北京市文物局组织专家实地踏勘，一致认为该遗址资料完备、历史信息丰富、保存基本完整，符合文物的三大价值标准，建议认定为一般不可移动文物；并提出要做好该遗址的登记和公布工作，加强遗址的本体保护，同时重点做好遗址的展示工作，向国内外游客高水平展示遗址价值，增加冬奥人文内涵。

冬奥村的遗址景观设计以保护遗址原有风貌为出发点，最大限度地保留遗址的“苍古”感，但在临近遗址区的景观设计上运用古朴的设计材料结合现代的设计语言设计超尺度的片石假山以展现“人力”。在林木密布的环境中，遗址区的景观风貌整体呈

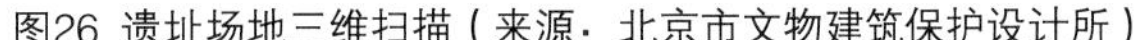
图26 遗址场地三维扫描（来源：北京市文物建筑保护设计所）

图27 修复后的遗址花园（摄影：孙海霆）

现出“苍古”与“人力”的强烈对比，但在意境上又是相互融合的，新的景观烘托出遗址的历史之美（图27）。

具体设计上，遗址景观顺应既有的村落格局，植入景观游园系统，对遗址墙体原状保留并进行必要的加固，在原有竖向的基础上开辟出游览路径，开阔处梳理出铺装广场用于举办室外活动。补充整个遗址区排水与照明设计以利于遗址的长远维护。遗址区本底植被繁密，对既有植被进行适当梳理，保留上部大乔木，清除底层杂木，不再新增其他植被。在节点处添加形式各异的说明牌、小品等，增加游览体验乐趣。赛后可植入更加丰富的儿童活动设施，通过夜间灯光效果和音响效果多重增加趣味性和探秘感。

8 延续：自然持续的技术策略

针对所处的地形和气候特点，冬奥村的场地处理、结构体系、建筑材料、设备一体化等技术措施也采取了相应的专门化策略。

基于台地化的场地特征，综合考虑地形、水文及平面布局，设计选择了合理的挡土支护策略。当挡土高度超过一层时，挡土墙与建筑物结构分别自成体系，采用独立支护体系。挡土高度较低时，主体结构与岩土体共同作用嵌入地形，兼作支护结构。设计综合场地的稳定性、结构可实施性以及造价的合理性，平衡了挖方和填方地基的处理，避免了大开挖和高填方。

层层跌落的山地掉层空间采用装配式钢框架结构体系，充分考虑山地建筑结构的特点及施工条件，具有装配率高、施工效率高、现场湿作业少的特点，较好地应对了复杂山地条件，对山林环境的影响做到最小。

建筑材料遵循保护场地生态，并尽量就近取材的需求。坡屋面采用天然防潮、防腐、防虫的红雪松木瓦，颜色会随着时间推移由暖黄色渐变为棕灰色，使得建筑整体形象呈现时间的记忆和自然的变化（图28）。同时结合木瓦，设计引入可再生能源，探索太阳能光热、光伏一体化的屋面设计。立面研发了石笼装饰幕墙系统体系，即每个石笼单元的荷载直接通过背后的竖向钢龙骨传递至主体结构。石笼填灌的石料优先来自施工现场土方挖掘中的石块，粗粝的毛石块与金属光泽的钢网共同组合成为新的整体肌理。毛石块生动随机的颜色、质感、光影，统一在石笼单元网络和钢网网格两级秩序下，形成了自然材料与现代工艺的有机结合（图29、图30）。

建筑与设备选型按照北京市绿色建筑三星级标准设计，其中D6居住组团按照超低能耗建筑进行设计和实施。从高效围护结构外保温设计、自然通风和采光设计、高效空调机组、节能智能照明、室内空气质量监测等方面作出实践，实现超低能耗、绿色生态、舒适于一体的高品质建筑体。设计开发了窗式复合节能通风系统，顶层坡屋面下高窗加强了夏季自然风导流，达到低能耗被动通风的效果。

图28 屋面与远山（摄影：孙海霆）

图29 石笼墙立面（摄影：孙海霆）

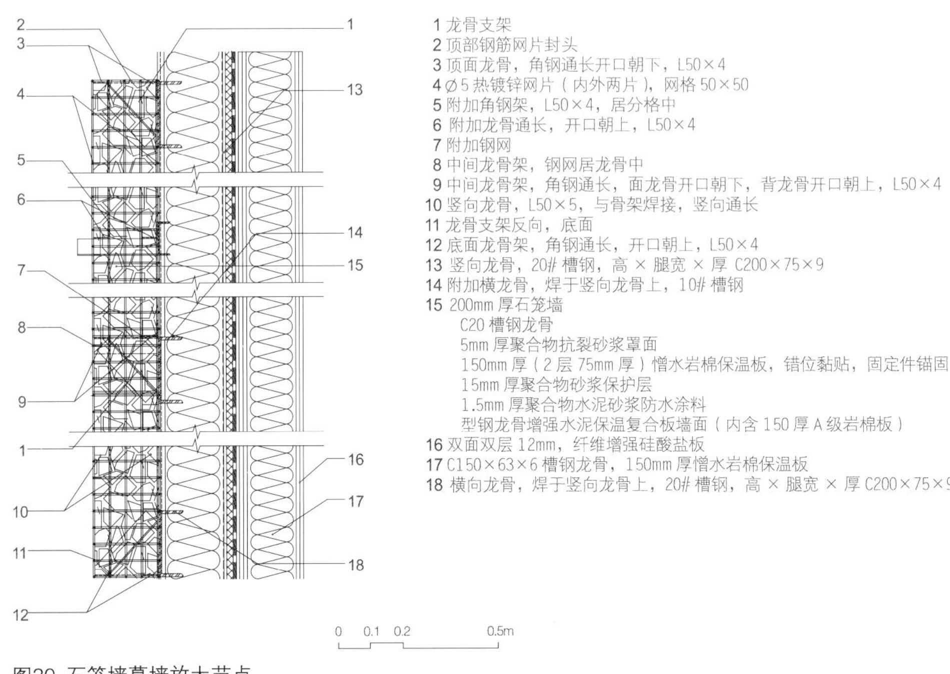

图30 石笼墙幕墙放大节点

9 结语

延庆冬奥村建筑设计在山地条件复杂、自然林木茂盛、生态气候敏感的天然条件下，通过顺应山势村落布局、掩映山林建筑风貌、统筹赛时赛后功能来适应“山林环境”；设计以“自然”为起点、生态保护为基础、“山居六胜”为人文点题，采用景观建筑一体化策略构建具有“山居”特色的现代聚落空间，契合了“山林场馆、生态冬奥”主题理念，向全世界展现“文化传承”的人文愿景；又通过各种结构材料及设备一体化适宜技术达到“自然持续”的生态目标。“冬奥山村”以自身独有的姿态提供了兼具深厚与优美的生态人文视角，体验中国式的“山林环境、文化传承和自然持续”，展现自然在地基因和中国人文精神。

延庆山地新闻中心

非竞赛场馆（新建）

Yanqing Mountain Service Centre

Project Team

Client | Beijing National Alpine Skiing Co., Ltd.

Design Team | China Architecture Design & Research Group

Contruction | Beijing Uni Construction Group Co., Ltd.

Principle-in-Charge | LI Xinggang, ZHANG Yinxuan

Architecture | Li Xinggang, ZHANG Yinxuan, YAN Yu, YANG Xi, HU Jiayuan, TIAN Tian, WANG Siying, ZHANG Zhao

Structure | REN Qingying, LIU Wenting, ZHANG Xiongdi, LI Lubin, WANG Lei, LIU Shuai

Equipment | ZHANG Qing, WANG Hao, Gao Xuewen, ZHU Xiujuan, ZHOU Lei, ZHANG Yiqi, SHEN Jing, LI Maolin, HUO Xinlin

Master Plan | HAO Wenwen

Interior | CAO Yang, LI Yi, LIU Yi

Landscape | GUAN Wujun, ZHU Yanhui, CHANG Lin, ZHANG Wanlan, CAO Lei

Lighting | DING Zhiqiang, HUANG Xingyue

项目团队

建设单位 | 国家高山滑雪有限公司

设计单位 | 中国建筑设计研究院有限公司

施工单位 | 北京住总集团有限责任公司

项目负责人 | 李兴钢、张音玄

建筑设计 | 李兴钢、张音玄、闫昱、杨曦、胡家源、田甜、王思莹、张钊

结构设计 | 任庆英、刘文挺、张雄迪、李路彬、王磊、刘帅

设备专业 | 张青、王昊、高学文、祝秀娟、周蕾、张祎琦、申静、李茂林、霍新霖

总图专业 | 郝雯雯

室内专业 | 曹阳、李毅、刘奕

景观专业 | 关午军、朱燕辉、常琳、张宛岚、曹雷

照明专业 | 丁志强、黄星月

Project Data

Location | Yanqing, Beijing, China

Design Time | 2017-2018

Completion Time | 2021

Site Area | 12,460m^2

Architecture Area | 19,300m^2

Structure | Steel Frame Structure and Arched Steel Frame

Municipal Roads and Geotechnical Retaining Walls | Beijing General Municipal Engineering Design & Research Institute Co., Ltd.

工程信息

地点 | 中国北京延庆

设计时间 | 2017—2018年

竣工时间 | 2021年

基地面积 | 1.246万m^2

建筑面积 | 1.93万m^2

结构形式 | 钢结构框架+拱形钢框架

市政道路及岩土挡墙 | 北京市市政工程设计研究总院有限公司

山地新闻中心鸟瞰（摄影：刘紫骐）

1 采光天窗
2 屋顶景观平台、步道
3 主入口
4 次入口
5 车库出入口
6 景观水池
7 入口广场
8 观众大巴下落客区
9 观众入口
10 入口隧道
11 雪车雪橇中心
12 自然草坡
13 媒体转播区

总平面图  0 10 20 50m

0 2 5 10m

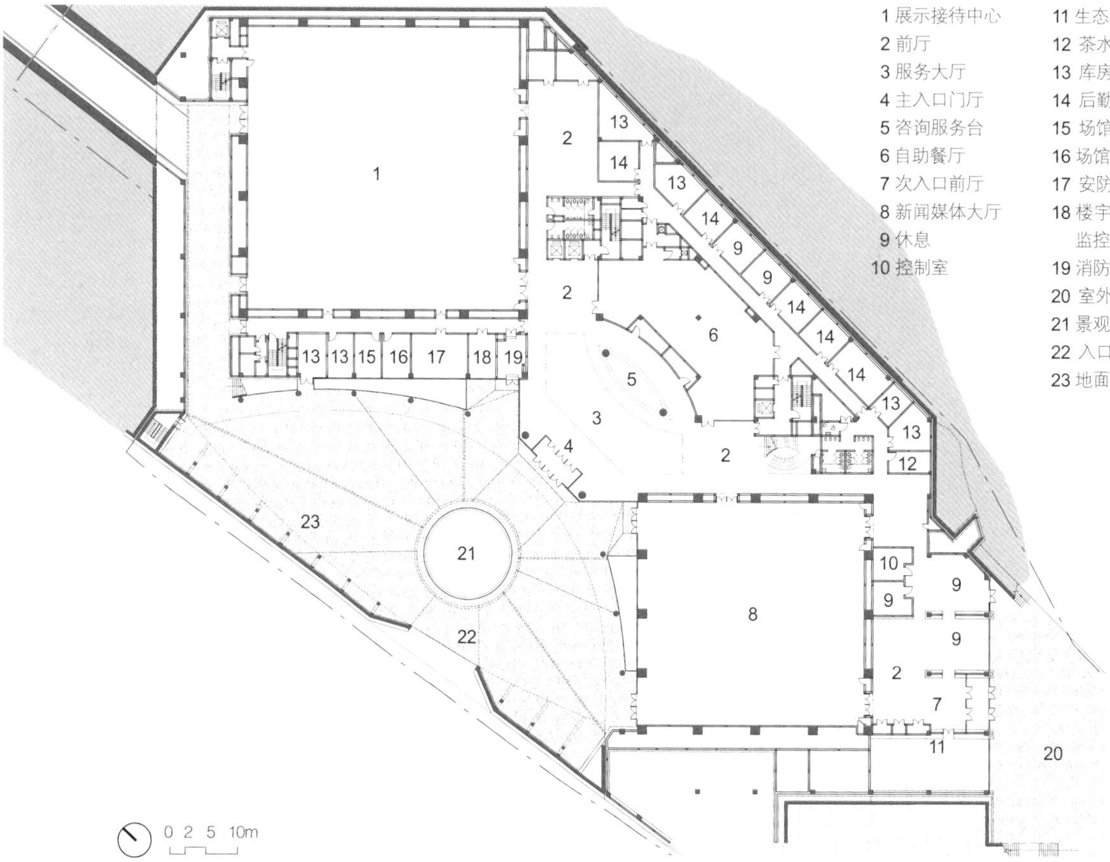

1 展示接待中心
2 前厅
3 服务大厅
4 主入口门厅
5 咨询服务台
6 自助餐厅
7 次入口前厅
8 新闻媒体大厅
9 休息
10 控制室
11 生态环境监控中心
12 茶水服务间
13 库房
14 后勤办公
15 场馆技术运行中心
16 场馆技术服务中心
17 安防控制及网络设备间
18 楼宇设备管理间及能源监控中心
19 消防控制室
20 室外景观广场
21 景观水面
22 入口广场
23 地面停车

F1平面图

0 2 5 10m

1 展示接待中心上空
2 上空
3 休息厅
4 次入口门厅
5 新闻媒体大厅上空
6 会议大厅
7 接待室
8 屋顶观景平台
9 外廊
10 排烟机房
11 管理办公
12 会议室
13 室外平台
14 冷却塔
15 广场上空

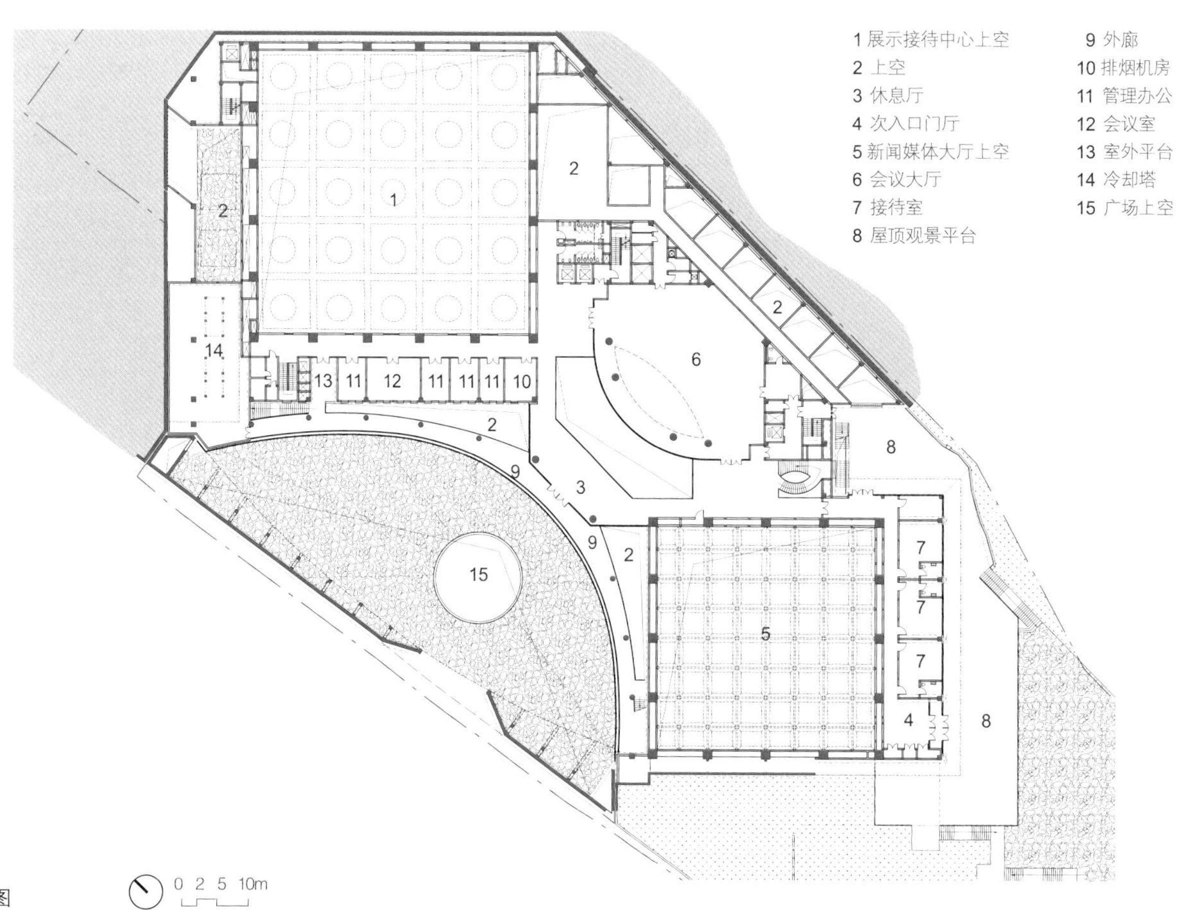

F2平面图

新闻中心鸟瞰图（摄影：刘紫骐）

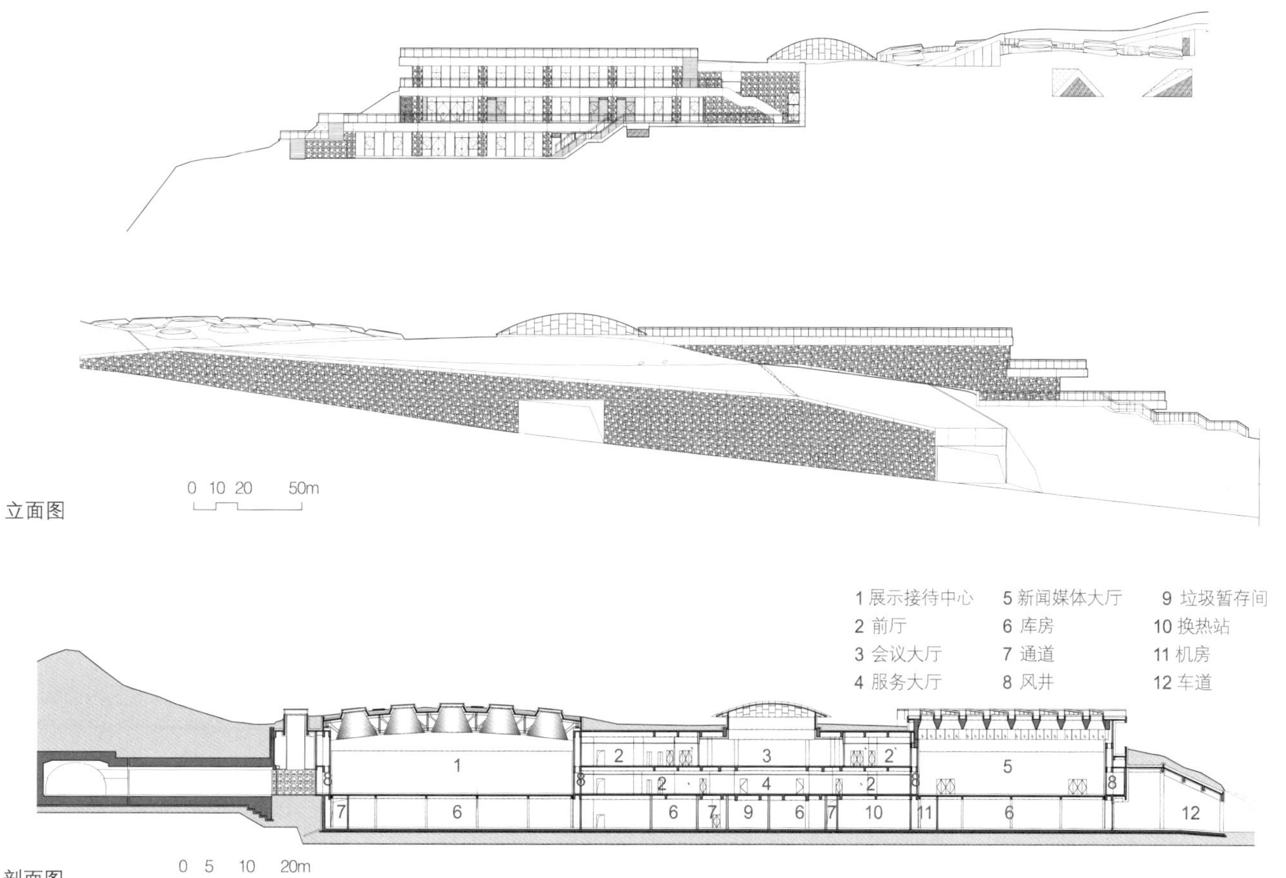

立面图

剖面图

圆形天窗的展示厅（摄影：孙海霆）

主入口广场（摄影：张音玄）

天窗（摄影：闰昱）

1 延庆山地新闻中心概况

延庆山地新闻中心位于延庆赛区核心区南区，海坨山脚下中部山谷的一块相对平缓、狭长的台地。由北向南延伸，高差约30m，平均坡度约7.6%。场地内山林遍布，地势相对平缓，视野开阔。西侧隔3号路与国家雪车雪橇中心比邻，东北隔“900塘坝”望赛区集散广场和延庆冬奥村，并可远眺海坨之巅的国家高山滑雪中心。项目占地面积1.2万m^2，总建筑面积1.9万m^2。山地新闻中心由政府出资人代表和社会资本方共同组建的业主单位负责建设和赛后运营（图1）。

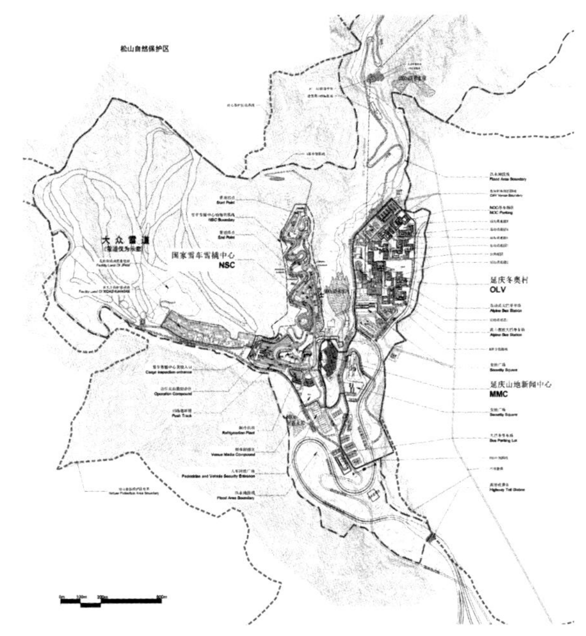

图1 山地新闻中心总平面位置图

2 消隐的建筑——建筑、山体、景观的一体化

山地新闻中心以半覆土的形态，回应延庆赛区“山林场馆、生态冬奥”的规划理念，消隐于自然山林之中（图2）。建筑北部和东部掩埋于山体之下，覆土部分与周边山体连续，最大限度契合原有地形；建筑南端展露出轻盈的层层退台，自北向南顺地势叠落，将南北山体自然衔接，展现出人工与自然微妙的互动关系；建筑西侧毗邻3号路设置主入口，并通过周边道路、门廊、广场、弧形外廊等人工界面整合重塑了西侧的场地边界（图3）。

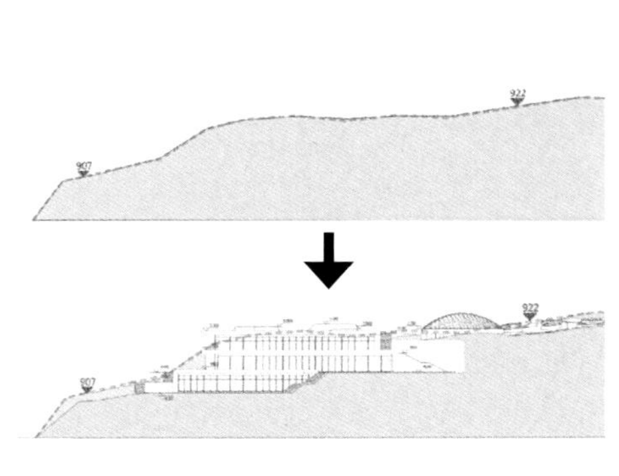

图2 建筑维持山体原有标高

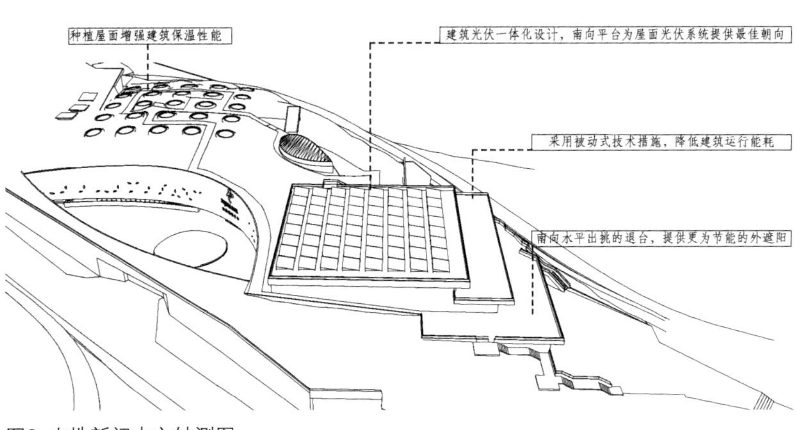

图3 山地新闻中心轴测图

图4 屋顶花园望向南侧（摄影：张音玄）

图5 弧线的半室外走廊（摄影：张音玄）

在这里，建筑即景观。山体、挡墙、建筑立面、覆土屋面的一体化处理方式，使建筑与环境充分融合，模糊两者的界限（图4）。除南侧人工化的水平挑台“插入”山体，其余建筑界面均纳入景观界面。立面石笼墙饰面自然过渡到景观挡墙；屋面覆土绿化种植与保留山体植被自然衔接（图5）。屋顶露出的方形、梭形、圆形三种简洁的天窗单元成组阵列排布，以几何元素的独特存在暗示了自然景观界面下的建筑空间。一条连接赛区安检广场——新闻中心主广场——南侧景观平台——山顶花园的山地景观步道，形成上下穿梭的立体人行系统。在不同标高、不同朝向的视野中与周围山形水势对话。可环顾、可远眺、可俯瞰、可仰望整个赛区和各主要场馆，进一步丰富了新闻中心在赛区建筑群组中的角色和功能。

3 内部的世界——由外及内的秩序世界

山地新闻中心赛时服务于新闻媒体及赛区后勤保障人员，赛后将结合延庆赛区整体运营策略围绕会议会展和娱乐运动两大主题开发。赛时赛后均有不同程度的不确定性和多功能使用的需求。为适宜多功能转换的特点，山地新闻中心设置若干大跨度厅堂空间。以西侧的中心入口广场和门厅为核心向南北两翼延伸，串联两个方形通高的多功能大厅。东、南两侧围绕主空间设置各类辅助空间，以紧凑的布局化解狭小用地的局限，并利用地形高差，在不同标高与周边道路、平台联通。两个方形主厅分别对应方形和圆形阵列天窗。清水混凝土井字格构梁和变截面圆形天窗阵列吊顶，使来自顶部的自然光成为塑造空间的主角。营造出静谧而有力量的空间氛围。这个内部的世界，是自然覆土之下的建筑展现出严谨秩序的另一面（图6、图7）。

新闻中心的下沉式主入口广场呈梭形，中部有一圆形水景，如同望向天空的“眼睛”。这一形式母题被应用到建筑内外：外立面弧形墙窗洞口、室内弧形楼梯、屋顶天窗等。“山林之眼”这一特色的形象，既是对“新闻”或“见闻”形象化的寓意，也是延庆山地新闻中心在“消隐”这一理念下，建筑形象最小化、特征化的视觉呈现。

图6 方形天窗的多功能厅

图7 施工过程中的新闻发布大厅（摄影：张音玄）

4 近零碳设计——开源节流的节能减排

山地新闻中心作为延庆赛区近零碳试验区示范建筑，坚持采用量入为出，节流开源的策略，在现有技术体系上构建整体的零碳排放的策略。

建筑主体覆在土层以下，只有少部分建筑形体裸露在室外，以尽可能减少建筑因外墙导致的热损失，进而减少建筑的采暖能耗。同时覆土层可在冬季吸收、储存太阳能热量，缓解室外低温的冲击，降低围护结构通过土壤散失的热量；在夏季利用土壤屏蔽太阳能和室外高温，夜暖昼凉、冬暖夏凉，利于降低建筑能耗。覆盖在山体之下的主要的内部空间，均采用各具特色的天窗采光，不仅是塑造空间的有效措施，大大提升了室内效果，也切实节约照明能源。东南向露出山体的辅助空间，则采用层层水平挑板，夏季有效进行外遮阳，减少太阳辐射对建筑冷负荷的影响，以降低室内空调冷负荷和能耗费用，进而通过分析和计算控制悬挑板的尺寸，确保在冬季利用入射角度较低的太阳光通过南向高处窗户，进行被动式采暖（图8）。

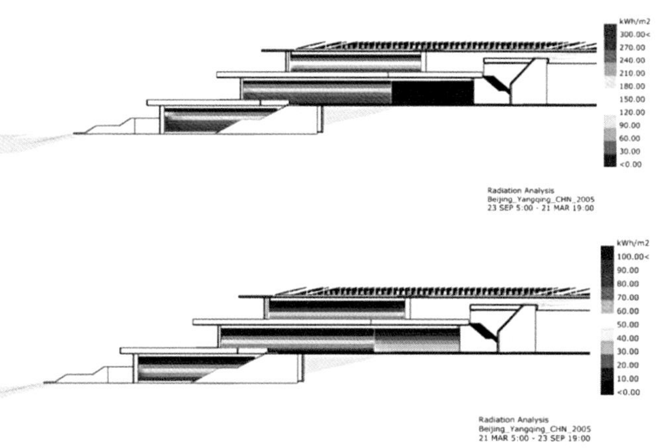

图8 冬夏两季外窗立面得热分析图

山地新闻中心采用了包括优化保温材料及门窗热工性能、增加气密性措施、无热桥设计、提高新风热回收等被动式技术措施，降低建筑运行能耗（图9、图10）。此外，还进行天窗与太阳能光伏一体化整合设计，主动产能，补充到建筑的照明或设备系统中，减少建筑对市政电力的依赖，降低电力能源费用。作为史上首届全部使用清洁能源（张家口风能和太阳能）的绿色奥运会的场馆之一，这样的能源条件也进一步降低碳排放。山地新闻中心采用这一系列技术措施，使年节电量约164.6MWh，折算项目节约标煤约为52.8t，每年可减排CO_2约为124.3t。山地新闻中心设计同时兼顾了超低能耗建筑、绿色建筑和近零碳建筑的技术要求。不仅作为“近零能耗建筑技术体系及关键技术开发”示范工程，通过了北京市超低能耗建筑示范项目评审，取得了绿色建筑三星级设计评价标识，同时作为延庆赛区的近零碳排放实验示范建筑，为低碳冬奥助力。

图9 多功能厅的梭形天窗（摄影：张音玄）

图10 隔屋面天窗远望冬奥村和高山滑雪中心（摄影：张音玄）

赛区基础设施

非竞赛场馆（新建）

Infrastructure Construction

Transportation
A1 Gondola Down Station
Client | Beijing Enterprises J.O Construction Co., Ltd.
Design Team | China Architecture Design & Research Group
Doppelmayr Transport Technology GmbH
Architecture Area | 1885m²
A1\A2 Gondola Corner Station
Client | Beijing Enterprises J.O Construction Co., Ltd.
Design Team | China Architecture Design & Research Group
Doppelmayr Transport Technology GmbH
Site Area | 7638m²
Architecture Area | 2425m²
A2 Gondola Top Station
Client | Beijing Enterprises J.O Construction Co., Ltd.
Design Team | China Architecture Design & Research Group
Doppelmayr Transport Technology GmbH
Architecture Area | 11m²
B2 Gondola Down Station
Client | Beijing Enterprises J.O Construction Co., Ltd.
Design Team | China Architecture Design & Research Group
Doppelmayr Transport Technology GmbH
Architecture Area | 11m²
Intermediate Platform(B1\B2 Corner Station,C Down Station)
Client | Beijing Enterprises J.O Construction Co., Ltd.
Design Team | China Architecture Design & Research Group
Doppelmayr Transport Technology GmbH
Site Area | 6980m²
Architecture Area | 4164m²
C Top Station
Client | Beijing Enterprises J.O Construction Co., Ltd.
Design Team | China Architecture Design & Research Group
Doppelmayr Transport Technology GmbH
Site Area | 5490m²
Architecture Area | 4,341m²
D Top Station\Down Station
Client | Beijing Enterprises J.O Construction Co., Ltd.
Design Team | China Architecture Design & Research Group
Doppelmayr Transport Technology GmbH
Site Area | 701m²
Architecture Area | 55m²
E Top Station\Down Station
Client | Beijing Enterprises J.O Construction Co., Ltd.
Design Team | China Architecture Design & Research Group
Doppelmayr Transport Technology GmbH
Site Area | 743m²
Architecture Area | 55m²
F Down Station
Client | Beijing Enterprises J.O Construction Co., Ltd.
Design Team | China Architecture Design & Research Group
Doppelmayr Transport Technology GmbH
Architecture Area | 30m²
F Top Station
Client | Beijing Enterprises J.O Construction Co., Ltd.
Design Team | China Architecture Design & Research Group
Doppelmayr Transport Technology GmbH
Architecture Area | 11m²
G Top Station\Down Station
Client | Beijing Enterprises J.O Construction Co., Ltd.
Design Team | China Architecture Design & Research Group
Doppelmayr Transport Technology GmbH
Site Area | 3302m²
Architecture Area | 354m²
H1\H2 Top Station\Down Station
Client | Beijing Enterprises J.O Construction Co., Ltd.
Design Team | China Architecture Design & Research Group
Doppelmayr Transport Technology GmbH

Water Supply and Drainage
The Primary Pumping Stations for Snowmaking and Water Supply and The Monitoring Center for The Utility Tunnel
Client | Beijing Yanqing Water Authority.
Design Team | China Architecture Design & Research Group Beijing Institute of Water
Site Area | 9771m²
Architecture Area | 6493m²
Secondary Pumping Stations for Snowmaking and Water Supply
Client | Beijing Yanqing Water Authority.
Design Team | China Architecture Design & Research Group Beijing Institute of Water

交通运输
A1索道下站
建设单位｜北京北控京奥建设有限公司
设计单位｜中国建筑设计研究院有限公司，多贝玛亚
建筑面积｜1885m²
A1、A2索道转角站
建设单位｜北京北控京奥建设有限公司
设计单位｜中国建筑设计研究院有限公司，多贝玛亚
用地面积｜7638m²
建筑面积｜2425m²
A2索道上站
建设单位｜北京北控京奥建设有限公司
设计单位｜中国建筑设计研究院有限公司，多贝玛亚
建筑面积｜11m²
B2索道下站
建设单位｜北京北控京奥建设有限公司
设计单位｜中国建筑设计研究院有限公司，多贝玛亚
建筑面积｜11m²
中间平台（B1、B2索道转角站、C索道下站）
建设单位｜北京北控京奥建设有限公司
设计单位｜中国建筑设计研究院有限公司，多贝玛亚
用地面积｜6980m²
建筑面积｜4164m²
C索道上站
建设单位｜北京北控京奥建设有限公司
设计单位｜中国建筑设计研究院有限公司，多贝玛亚
用地面积｜5490m²
建筑面积｜4341m²
D索道下站、上站
建设单位｜北京北控京奥建设有限公司
设计单位｜中国建筑设计研究院有限公司，多贝玛亚
用地面积｜701m²
建筑面积｜55m²
E索道下站、上站
建设单位｜北京北控京奥建设有限公司
设计单位｜中国建筑设计研究院有限公司，多贝玛亚
用地面积｜743m²
建筑面积｜55m²
F索道下站
建设单位｜北京北控京奥建设有限公司
设计单位｜中国建筑设计研究院有限公司，多贝玛亚
建筑面积｜30m²
F索道上站
建设单位｜北京北控京奥建设有限公司
设计单位｜中国建筑设计研究院有限公司，多贝玛亚
建筑面积｜11m²
G索道下站、上站
建设单位｜北京北控京奥建设有限公司
设计单位｜中国建筑设计研究院有限公司，多贝玛亚
用地面积｜3302m²
建筑面积｜354m²
H1、H2索道下站、上站
建设单位｜北京北控京奥建设有限公司
设计单位｜中国建筑设计研究院有限公司，多贝玛亚

供水排水
造雪引水一级泵站及水厂
建设单位｜北京市延庆区水务局
设计单位｜中国建筑设计研究院有限公司北京市水利规划设计研究院
用地面积｜9771m²
建筑面积｜6493m²
造雪引水二级泵站
建设单位｜北京市延庆区水务局
设计单位｜中国建筑设计研究院有限公司北京市水利规划设计研究院
用地面积｜3458m²
建筑面积｜2210m²
1号生活泵房（附建于A1A2索道中站）
建设单位｜北京北控京奥建设有限公司
设计单位｜北京市市政工程设计研究总院有限公司
中国建筑设计研究院有限公司
用地面积｜7638m²

Site Area | 3458m^2
Architecture Area | 2210m^2
NO.1 Pumping Station
Client | Beijing Enterprises J.O Construction Co., Ltd.
Design Team | Beijing General Municipal Engineering Design & Research Institute Co Ltd, China Architecture Design & Research Group
Site Areal 7638m^2
Architecture Area | 261m^2
NO.2 Pumping Station & PS100 Snow Pumping Station
Client | Beijing Enterprises J.O Construction Co., Ltd.
Design Team | China Architecture Design & Research Group
Beijing General Municipal Engineering Design & Research Institute Co., Ltd., ENGO Gmbh
Architecture Area | 1803m^2
NO.3 Pumping Station & PS200 Snow Pumping Station
Client | Beijing Enterprises J.O Construction Co., Ltd.
Design Team | China Architecture Design & Research Group
Beijing General Municipal Engineering Design & Research Institute Co., Ltd., ENGO Gmbh
Site Area | 3144m^2
Architecture Area | 1803m^2
NO.4 Pumping Station & PS300 Snow Pumping Station
Client | Beijing Enterprises J.O Construction Co., Ltd.
Design Team | China Architecture Design & Research Group
Beijing General Municipal Engineering Design & Research Institute Co., Ltd., ENGO Gmbh
Site Area | 1574m^2
Architecture Area | 2913m^2
CT400 Cooling Tower
Client | Beijing Enterprises J.O Construction Co., Ltd.
Design Team | China Architecture Design & Research Group, ENGO Gmbh
Site Area | 2267m^2
Architecture Area | 869m^2
900M Dam, Pumping Station and Management Room
Client | Beijing Enterprises J.O Construction Co., Ltd.
Design Team | Beijing Institute of Water
China Architecture Design & Research Group
Architecture Area | 2288m^2
1050M Dam, Pumping Station and Management Room
Client | Beijing Enterprises J.O Construction Co., Ltd.
Design Team | Beijing Institute of Water
China Architecture Design & Research Group
Architecture Area | 3620m^2
1290M Dam, Pumping Station and Management Room
Client | Beijing Enterprises J.O Construction Co., Ltd.
Design Team | Beijing Institute of Water
China Architecture Design & Research Group
Architecture Area | 3620m^2

Energy Supplement
110kV Haituo Station
Client | Beijing Electric Power Corporation
Design Team | China Architecture Design & Research Group
Beijing Electric Power Economic Technology Research Institute Co., Ltd.
Site Area | 5354m^2
Architecture Area | 4326m^2
110kV Yudu Station
Client | Beijing Electric Power Corporation
Design Team | China Architecture Design & Research Group
Beijing Electric Power Economic Technology Research Institute Co., Ltd.
Site Area | 3596m^2
Architecture Area | 4603m^2
LNG Station
Client | Beijing Enterprises J.O Construction Co., Ltd.
Design Team | China Architecture Design & Research Group
Beijing Public Engineering Design Supervision Co., Ltd.
Site Area | 1458m^2
Architecture Area | 163m^2

Post & Telecommunication
Intergrated Pipe Gallery Monitoring Center
Client | Beijing Jingtou Urban Pipe Gallery Investment Co., Ltd.
Design Team | China Architecture Design & Research Group Beijing Institute of Water
Site Area | 2825m^2
Architecture Area | 1885m^2

Environmental Protection and Sanitation
Sewage Treatment Station
Client | Beijing Enterprises J.O Construction Co., Ltd.
Design Team | Beijing General Municipal Engineering Design & Research Institute Co., Ltd., China Architecture Design & Research Group
Site Area | 8569m^2
Architecture Area | 5219m^2
Garbage Transfer Station
Client | Beijing Enterprises J.O Construction Co., Ltd.
Design Team | Beijing General Municipal Engineering Design & Research Institute Co., Ltd.W, China Architecture Design & Research Group

SA Radar Station
Client: Beijing Meteorological Administration
Design Team: China Architecture Design&Research Group
Site Area:51m^2
Architecture Area: 47.78m^2

建筑面积 | 261m^2
2号生活泵房及PS100造雪泵房（附建于集散广场及竞速结束区）
建设单位 | 北京北控京奥建设有限公司
设计单位 | 中国建筑设计研究院有限公司
北京市市政工程设计研究总院有限公司
天冰造雪设备（三河）有限公司
建筑面积 | 1803m^2
3号生活泵房及PS200造雪泵房
建设单位 | 北京北控京奥建设有限公司
设计单位 | 中国建筑设计研究院有限公司
北京市市政工程设计研究总院有限公司
天冰造雪设备（三河）有限公司
用地面积 | 3144m^2
建筑面积 | 1803m^2
4号生活泵房及PS300造雪泵房
建设单位 | 北京北控京奥建设有限公司
设计单位 | 中国建筑设计研究院有限公司
北京市市政工程设计研究总院有限公司
天冰造雪设备（三河）有限公司
用地面积 | 1574m^2
建筑面积 | 2913m^2
CT400冷却塔
建设单位 | 北京北控京奥建设有限公司
设计单位 | 中国建筑设计研究院有限公司
天冰造雪设备（三河）有限公司
用地面积 | 2267m^2
建筑面积 | 869m^2
900M塘坝、泵站及管理用房
建设单位 | 北京北控京奥建设有限公司
设计单位 | 北京市水利规划设计研究院
中国建筑设计研究院有限公司
建筑面积 | 2288m^2
1050M塘坝、泵站及管理用房
建设单位 | 北京北控京奥建设有限公司
设计单位 | 北京市水利规划设计研究院
中国建筑设计研究院有限公司
建筑面积 | 3620m^2
1290M塘坝、泵站及管理用房
建设单位 | 北京北控京奥建设有限公司
设计单位 | 北京市水利规划设计研究院
中国建筑设计研究院有限公司
建筑面积 | 3620m^2

能源供应
110KV变电站（海坨）
建设单位 | 北京市电力公司
设计单位 | 中国建筑设计研究院有限公司
北京电力经济技术研究院有限公司
用地面积 | 5354m^2
建筑面积 | 4326m^2
110KV变电站（玉渡）
建设单位 | 北京市电力公司
设计单位 | 中国建筑设计研究院有限公司
北京电力经济技术研究院有限公司
用地面积 | 3596m^2
建筑面积 | 4603m^2
LNG站房
建设单位 | 北京北控京奥建设有限公司
设计单位 | 中国建筑设计研究院有限公司
北京公用工程设计监理有限公司
用地面积 | 1458m^2
建筑面积 | 163m^2

邮电通信
综合管廊监控中心
建设单位 | 北京京投城市管廊投资有限公司
设计单位 | 中国建筑设计研究院有限公司
合作设计单位 | 北京市水利规划设计研究院
用地面积 | 2825m^2
建筑面积 | 1885m^2

环保环卫
污水处理站
建设单位 | 北京北控京奥建设有限公司
设计单位 | 北京市市政工程设计研究总院有限公司
中国建筑设计研究院有限公司
用地面积 | 8569m^2
建筑面积 | 5219m^2
垃圾转运站
建设单位 | 北京北控京奥建设有限公司
设计单位 | 北京市市政工程设计研究总院有限公司
中国建筑设计研究院有限公司

SA雷达站
建设单位 | 北京市气象局
设计单位 | 中国建筑设计研究院有限公司
用地面积 | 51m^2
建筑面积 | 47.78m^2

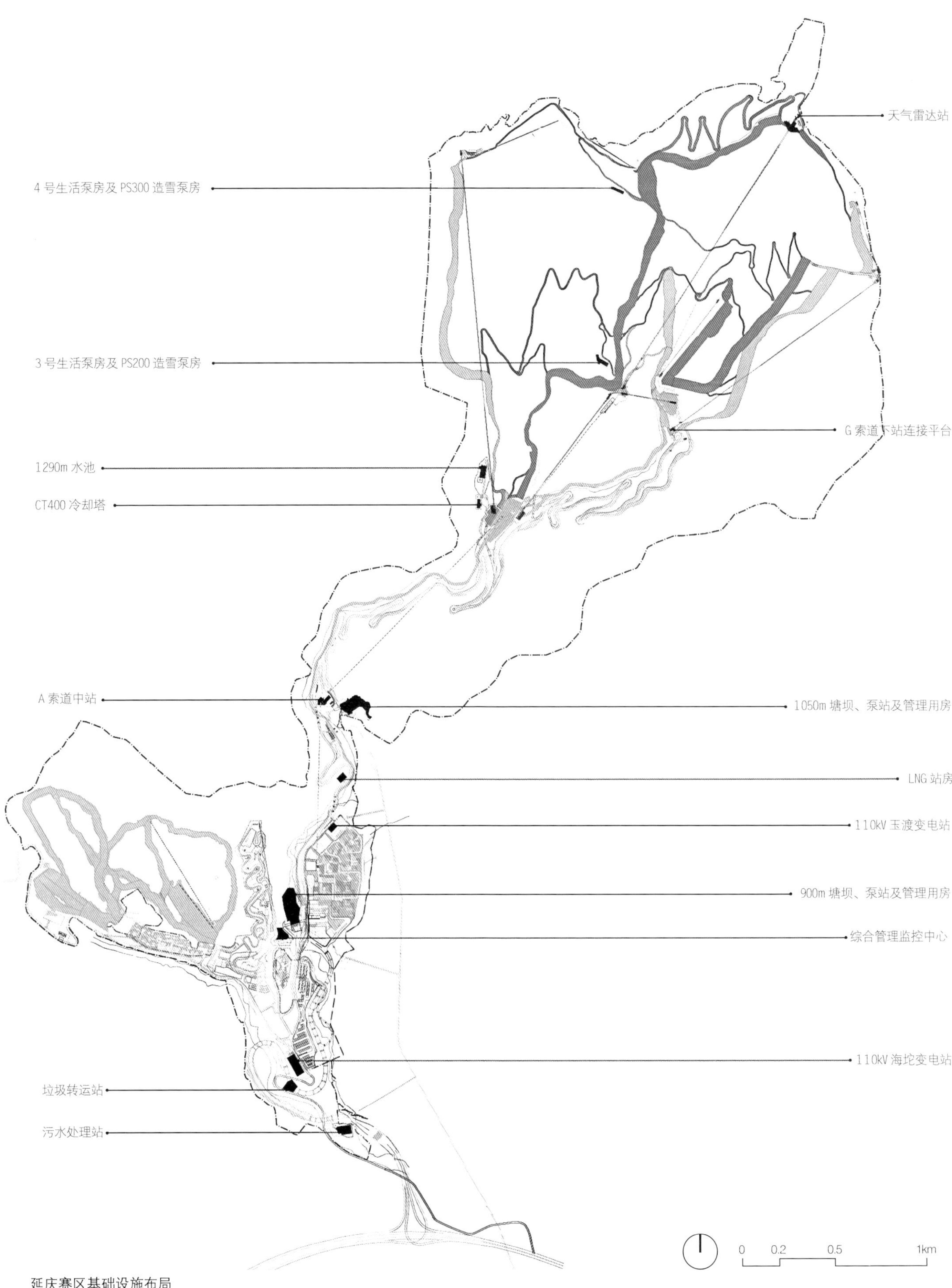
天气雷达站
4号生活泵房及PS300造雪泵房
3号生活泵房及PS200造雪泵房
G索道下站连接平台
1290m 水池
CT400 冷却塔
A索道中站
1050m 塘坝、泵站及管理用房
LNG 站房
110kV 玉渡变电站
900m 塘坝、泵站及管理用房
综合管理监控中心
110kV 海坨变电站
垃圾转运站
污水处理站
0 0.2 0.5 1km

延庆赛区基础设施布局

基础设施“山林”城市主义图景（从左到右依次为：A1A2索道中站，1号生活泵房，1050m塘坝）（摄影：孙海霆）

CT400冷却塔及1290m水池（摄影：孙海霆）

900m塘坝（摄影：张玉婷）

1290m水池及CT400冷却塔鸟瞰图（摄影：北京城建有限公司）

1050m泵房及管理用房（摄影：张捍平）

造雪引水一级泵站建筑群（摄影：孙海霆）

造雪引水二级泵站（摄影：孙海霆）

综合管理监控中心（摄影师：张玉婷）

海坨变电站（摄影：张广源）

天气雷达站（摄影：张捍平）

玉渡变电站（摄影：黄伟）

污水处理站（摄影：张捍平）

1 延庆赛区的基础设施："山林"城市主义

当代的城市营造活动往往以基础设施为先——道路先行，市政管网而后，"生"地变"熟"，建筑建造活动方可广泛开展。在当代城市的新区开发或旧城更新中，基础设施越来越多的从狭义市政工程学的概念中扩展，受经济模式变化和景观都市主义的影响，进入一种建筑设施城市主义的范畴。它主张从基础设施的工具实用理性出发，发挥以物质实践为基础的城市规划学与建筑学的学科优势，与政治、历史、经济、文化领域和第一自然从简单的二元对抗关系转变为一种动态的互补平衡关系，形成并非仅仅是视觉美学的，还是效率、生态、可持续、交互的城市景观与公共空间。

北京2022年冬奥会和冬残奥会延庆赛区选址于海坨山区，山势峻峭，植被葱郁，自山麓有小路盘旋而上并随海拔上升鲜有人工痕迹，呈现出人工聚落与自然山林朴素的共生规律。

赛区的基础设施系统包含交通运输、供水排水、能源供应、邮电通信、环保环卫五大系统。交通运输系统是基础设施介入自然山林的第一步，山腰处，将城市快速交通引入赛区的高架路构筑巨型，矗立于山体之间；山顶处，向高海拔运送物质资料的盘山路紧附于山体一侧，索道线路散点式轻触地面：这一套位于地表之上、随着海拔上升人工逐渐式微的交通运输系统，直观呈现了人群活动与机器运作的图景，是人工实体嵌入自然的"表"系统。其他系统则深埋入山体和地下的综合管廊，由山下市政管网起始，穿山越岭向山顶爬升，偶有跨过山谷形成隧道廊桥成为地表景观，其体量之大、覆盖面之广，间接反映了改造自然的巨大程度，是工具实用理性为先的、隐匿于自然之下的"里"系统。基础设施的"表"与"里"共同串联起分散于赛区各处的人工聚落，与后者共同形成一个与自然交战、交互、交织的缩微的"山林城市"。基础设施在赛区的建设量大，在自然景观环境中显现，成为赛区总体规划设计理念"山林场馆，生态冬奥"不可或缺的重要组成部分，是一种异化于城市空间的基础设施"山林"城市主义①。

2 基础设施建筑设计的意图与策略

卡奇斯·瓦尼里斯（Kazys Varnelis）在《基础设施的城市——洛杉矶的网格化生态》(*The Infrastructural City: Networked Ecologies in Los Angeles*）中，利用三种尺度来表述对洛杉矶的基础设施城市主义的研究，即为景观、肌理与物体。景观尺度研究基础设施构筑的宏观生态系统，肌理尺度研究具体的人工自然环境群落，物体尺度研究作为节点的基础设施建筑。基础设施建筑是将自然资源转化为能源的终端场所，是基础设施网络显性的"表"系统与隐形的"里"系统的交织点，亦是人工与自然的关系在具体功能、场地、文化语境下的具体呈现。

功能上，受工艺与经济性影响，基础设施建筑往往呈现出体量较大、开窗较少的黑盒子特征，建筑的布局关系相对紧凑。场地上，因道路与管廊系统和山体的嵌固关系，以及出地面节点在系统线路上的设置原则，建筑选址往往局限性很大。若出现在人群聚集的场馆区，则应避免其成为公共性"盲区"；若出现在风貌原始的自然山林中，则应避免其成为视觉"异物"，是基础设施建筑设计的两个基本意图。

设计意在挖掘各具体场地既有的自然特征与人文脉络，建立与功能和布局的内在联系，使基础设施建筑成为大地景观中的积极角色，融入整体塑造的宏观文化语境。赛区基础设施建筑设计策略分为三类：

（1）建筑呈现：多位于中海拔地区（国家雪车雪橇中心所在海拔以下的外围赛区），场地平坦，与城市功能联系密切，往往伴有办公管理等人居功能。设计以场地既有的人工痕迹出发，呈现为兼具基础设施建筑与人居生活建筑特征的整体群落意象。如造雪引水一级泵站建筑群②、二级泵站（图1、图2）。

（2）融入地景：多位于中海拔（国家雪车雪橇中心和延庆冬奥村地区）人群密集区，公共活动连续性强，或采用半埋的方式将如1050m泵站③及管理用房的屋顶塑造为攀附于崖壁的、具有公众参与性的开放活动平台，重塑为人工地景；或采用全埋的方式将封闭大体量建筑隐匿于自然环境中。如海坨110kV变电站（图3），选址于坡度较大的场地，入口设于较矮一侧并以此整平场地，建筑屋顶与较高场地接平，自公众所处的高处眺望，建筑几乎完全消隐，自低处沿路徐上石笼墙外立面④渐现，退台和混凝土层板的水平切分将建筑与坡地等高线的内在关系呈现出来。

（3）悬浮构筑：多位于高海拔地区（国家高山滑雪中心地区），山势陡峭，建筑形态封闭、功能单一，既无法作为建筑群呈现也很难融入地景，故采用“吊脚楼”的方式将建筑悬浮于山体之上，与竞速、竞技结束平台等公众活动区建立跨越功能的类型联系，形成山林中的人工织补景观系统。如分布于国家高山滑雪中心的各生活和造雪用水泵房建筑等（图4、图5）。

3 结语

基础设施建筑是以功能出发的建筑类型，“山林场馆，生态冬奥”既是宏观规划理念也是具体建筑设计意图。设计中探索功能、场地、文化表达的平衡关系，在人工与自然交战、交互、交织的过程中，基础设施建筑的独特角色魅力由此散发出来。

图1 造雪引水二级泵站南侧外景（摄影：孙海霆）

图2 造雪引水一级泵站建筑群西南外部人视（摄影：孙海霆）

图3 海坨110kV变电站（摄影：张广源）

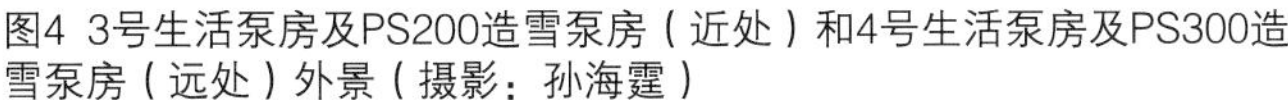

图4 3号生活泵房及PS200造雪泵房（近处）和4号生活泵房及PS300造雪泵房（远处）外景（摄影：孙海霆）

图5 CT400冷却塔（摄影：孙海霆）

注释：

①基础设施城市主义着重关注基础设施在城市中的主导性并以此进行学科建构，基础设施“山林”城市主义为其概念的扩展，着重关注处于山林自然的人工聚落中的基础设施。两者均强调基础设施对具体场地的建构及人工生态等基本主张。

②造雪引水一级泵站与水厂合建，并与综合管廊监控中心紧邻，三者整体设计、建设，故在本文合称为“造雪引水一级泵站建筑群”。

③本文中1050m泵站等各同类建筑名称以其所在的海拔进行命名。

④石笼装饰墙为赛区大部分建筑采用的外立面做法，具体为：在保温层外设置以镀锌角钢龙骨支撑、镀锌钢丝网片围护形成的笼单元，内满填工程建设中开采出的石料，就地取材并意在使建筑融入环境。

参考文献：

[1] 李兴钢. 文化维度下的冬奥会场馆设计——以北京2022冬奥会延庆赛区为例[J]. 建筑学报，2019（01）：35-42.

[2] 谭铮. 寻找现代性的参量 基础设施建筑学[J]. 时代建筑，2016（02）：6-13.

[3] 张硕松. 基于基础设施都市主义的城市空间整合设计——以南京河西南部鱼嘴地区核心区城市设计为例[D]. 南京：东南大学，2015.

[4] 戴维・莱塞巴罗. 地形学故事 景观与建筑研究[M]. 刘东洋，陈洁萍，译. 北京：中国建筑工业出版社，2018.

冬奥会延庆赛区造雪引水及集中供水工程一级泵站及综合管廊监控中心

The Primary Pumping Stations for Snowmaking and Water Supply and the Monitoring Center for the Utility Tunnel

外部西南人视（摄影：刘振）

生产院落自北向南看（摄影：孙海霆）

生产院落檐下（摄影：孙海霆）

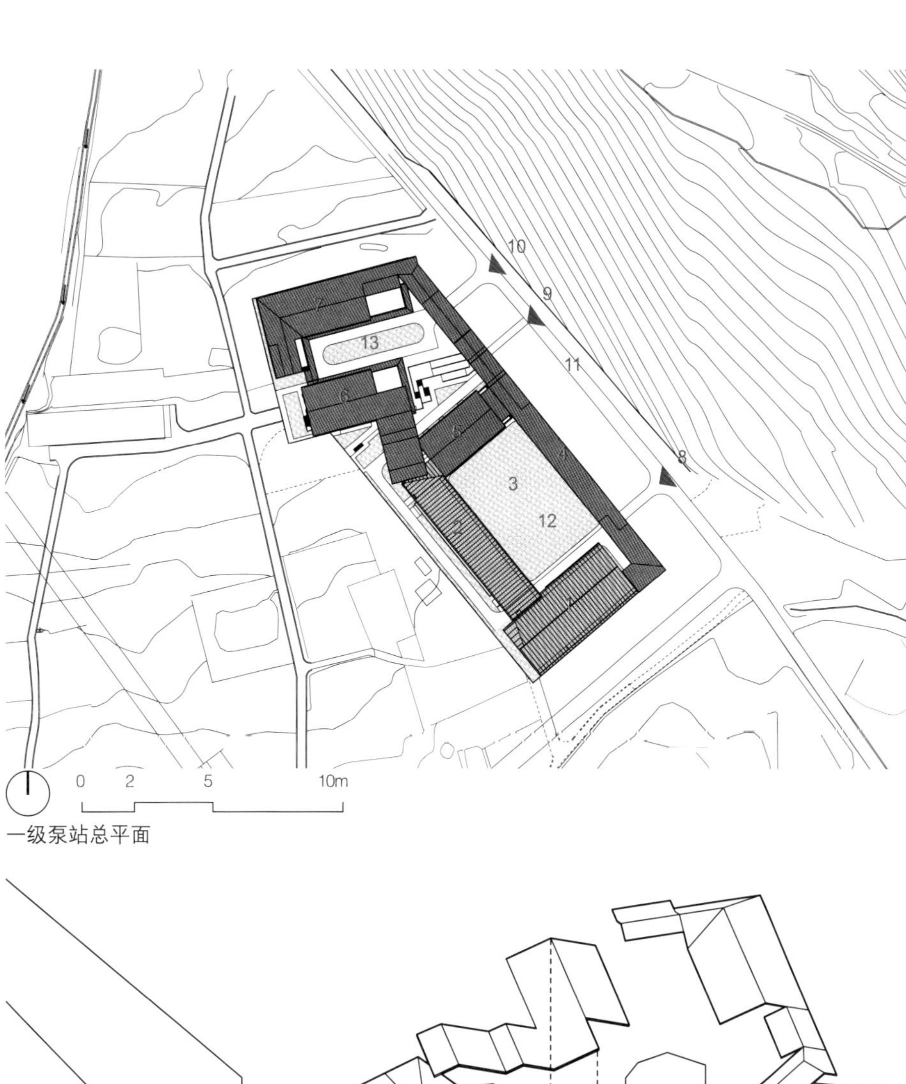

一级泵站总平面

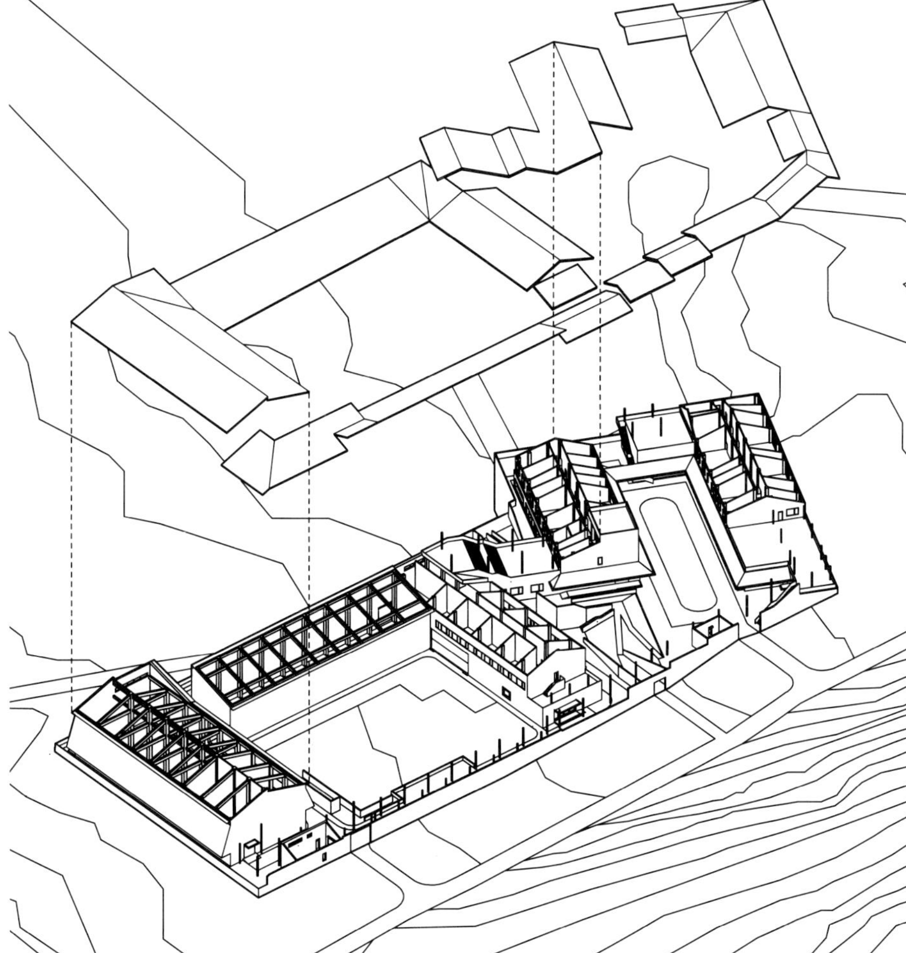

一级泵站及综合管廊监控中心总体轴测

Project Team

Client | Beijing Yanqing Water Authority
Beijing Jingtou City Pipe Gallery Investment Co., Ltd.

Design Team | China Architecture Design & Research Group Beijing Institute of Water Contruction | the Primary Pumping Stations for Snowmaking and Water Supply: China Railway 18th Bureau Group Co., Ltd.
the Monitoring Center for the Utility Tunnel: Consortium of China Railway First Bureau Group Co., Ltd. China Railway First Bureau Group Construction and Installation Engineering Co., Ltd.

Principle-in-Charge | LI Xinggang, QIU Jianbing, ZHAO Shengcheng

Architecture | LI Xinggang, LIU Zhen, QIU Jianbing ZHAO Shengcheng

Structure | REN Qingying, LIU Wenting, ZHOU Yilun, DING Weilun, ZHU Bingyin

Hydraulic design | SHI Wenbiao, XU Guanqyi, HE Qifeng

Process design of pumping station | HOU Zhi

Process design of water plant | XIE Zhengwei

Architecture electrical and automation design | XIONG Xiaoming, XIE Di, HONG Zhongda, LI Dake

Architecture water supply and drainage and HVAC design | SU Yu, CHU Weipeng

Landscape design | ZHAO Shengcheng, ZHENG Shiwen

Project Data

Location | Yanqing, Beijing China
Design Time| 2017-2019
Completion Time | 2020
Site Area | 1.26hm²
Architecture Area | 8379m²
Structure | Concrete frame, steel frame

项目团队

建设单位丨北京市延庆区水务局，北京京投城市管廊投资有限公司

设计单位丨中国建筑设计研究院有限公司,北京市水利规划设计研究院

施工单位丨一级泵站：中铁十八局集团有限公司
综合管廊监控中心：中铁一局集团有限公司–中铁一局集团建筑安装工程有限公司联合体

项目负责人丨李兴钢、邱涧冰、赵生成

建筑设计丨李兴钢、刘振、邱涧冰、赵生成

结构设计丨任庆英、刘文珽、周轶伦、丁伟伦、朱炳寅

水工设计丨史文彪、许光义、何奇峰

泵站工艺设计丨侯治

水厂工艺设计丨谢正威

建筑电气及自动化设计丨熊小明、谢迪、洪中达、李大可

建筑给水排水及暖通设计丨苏宇、褚伟鹏

景观设计丨赵生成、郑世闻

工程信息

地点：中国北京延庆
设计时间：2017—2019年
竣工：2020年
基地面积：1.26hm²
建筑面积：8379m²
结构形式：混凝土框架结构、钢框架结构

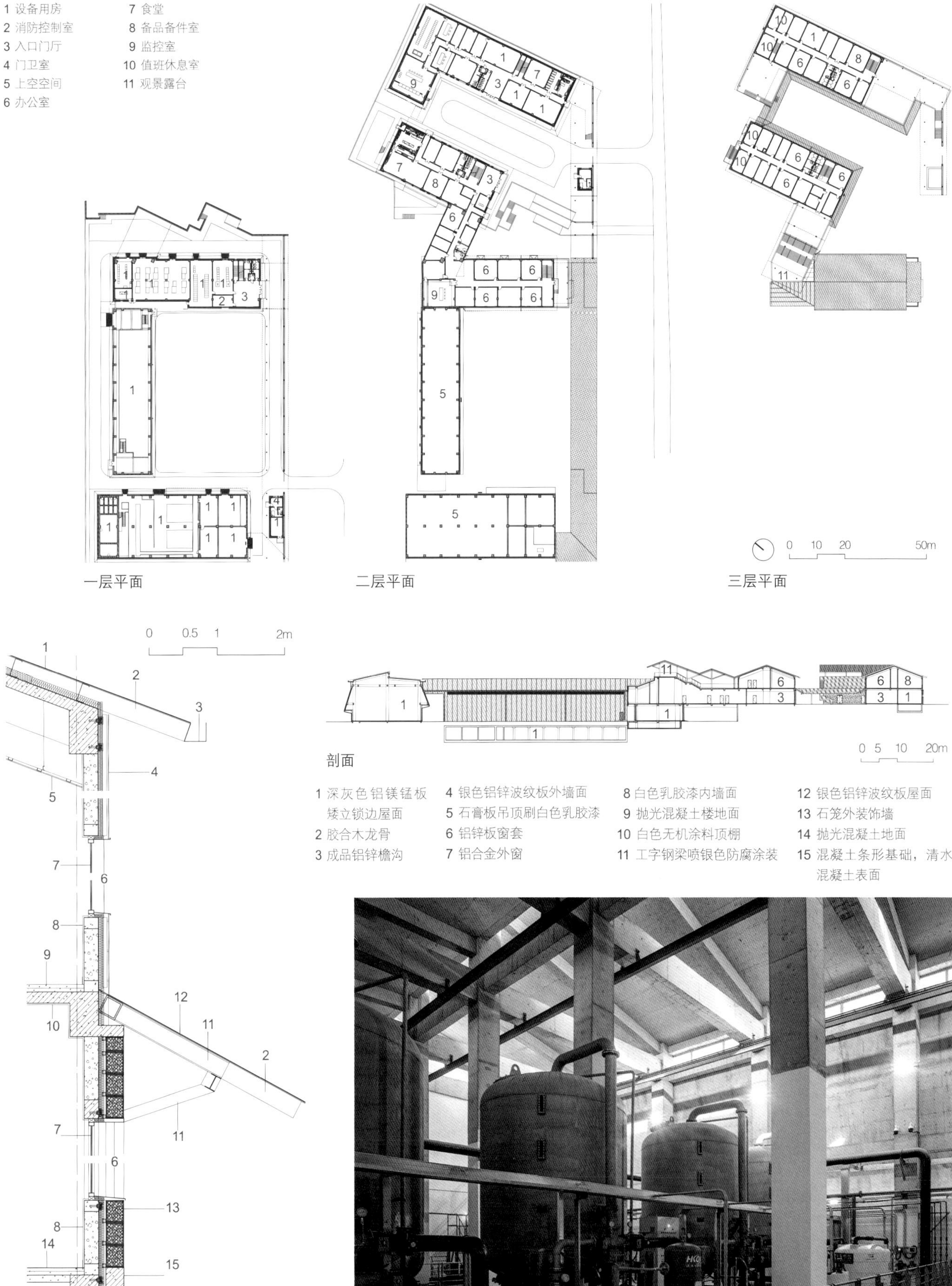

一层平面

二层平面

三层平面

墙身详图

剖面

水厂内部

监控中心露台向东俯瞰生活院落

屋顶观景露台

副厂房背侧

1 两个差异关联的院落

造雪引水一级泵站建筑群是造雪输水系统的起点端，也是延庆赛区海拔最低的基础设施建筑。项目用地位于海坨山脚下的佛峪口水库管理处，西、北、东三面被远山环抱，北有一抹人工物（佛峪口水库大坝）点缀，南可远眺张山营镇。内部车道连接北高南低的梯田果园，横向田埂分布其中。

园区主要包含两类功能：工业设备运行所需的集约与效率空间（水厂、造雪引水泵房、地下调蓄池与机电设备用房）与监控管理工作所需的办公与生活空间。设计设置了两个差异的院落：一是功能差异，一个是以水厂、泵房、设备用房三面环绕地下调蓄池的生产院落，一个是以两列内廊式办公楼并置形成的生活院落；二是高度差异，两个5m高差的院落重塑场地的坡势，生产院落在下，生活院落在上，首层与楼层转换，地面与连廊相接；三是方向的差异，生产院落与园区道路平行，生活院落与田埂平行（图1）；四是尺度差异，生产院落中的建筑是高耸的，院落也因地下调蓄池的面积限制尺度巨大，是一个辽阔的群落，生活院落中的建筑有两层楼高，楼间距离更近，是一个精巧的院落；五是气氛的差异，生产院落高耸、广袤、甚至是有身体排异性的，生活院落是近人、细腻、具有欢迎姿态的。

2 两组关联的建筑形制

基于两个院落群组的基本差异，设计塑造了两种基于尺度、形式、类型、材料、行为特征的建筑形制。生产院落的建筑形制，来源于其工艺需求的平面尺寸及高耸的空间体积。进深较浅的主泵房设置坡向院落的单坡，较深的水厂设置屋脊错动的双坡屋顶，并增设了两侧不同高度的重檐在巨大的建筑立面尺度上分别限定了设备运输入口的尺度（内院一侧）与视觉等分的尺度（厂区外立面一侧）。不对称重檐在山墙上形成了独特的几何形式①，并以清水混凝土墙体实施；正立面上少见门窗，墙面、屋面采用了同一种材质（水泥纤维板），并在分板设计上采用顺从坡势的长条尺寸（3000mm×450mm），以期望呈现其抽象的、一体化的、具有雕塑感的原型特征（图2）。而在建筑内部不仅提供了顶部、腰部不同方向的采光，其纵横交错的柱梁结构亦以最符合力学特征的方式直接地暴露在满布设备的厂房空间内。在外部，建筑是一个具有物体感的封闭的大黑块，在内部，相较于大尺度屋面墙面而显得纤细的柱梁及四处渗透的光线又将其拆解为一个与外散抗争的、包裹于离散之间的壳，建筑获得了一种内外解读差异的张力（图3）。

生活的院落建筑形制取自有人居建筑原型特征的人字坡屋顶，并以建筑腰部的檐廊环绕庭院一周，下段石笼墙体量坚实如基座，与大地锚固，上段被金属波纹板与金属屋顶连缀，轻盈漂浮，建筑形象逐渐具体，尺度逐渐细分，并向人的身体感知靠近。

消防水箱间的方形体量在生活院落的入口一侧冲破坡屋顶，塑造了具有物体感的节点标识性，将生产院落的抽象气氛引入了生活院落。同时，设置了一组兼做园区围墙的行车爬山廊，它使由建筑围合的三合院成为由坡屋顶围合的内向四合院，沿地势拾级而上成为屋顶廊亭，将不同高度的建筑屋顶连缀，钢木结构②的轻盈与温润将生活院落的亲切气氛向生产院落延伸（图4、图5）。

图1 一级泵站建筑群设计生成图解

图2 水厂东北局部

图3 水厂内部施工过程

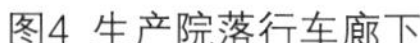
图4 生产院落行车廊下

图5 从监控中心二层屋顶露台向南俯瞰生活院落

3 两组关联的院落形制

两组院落的建筑和群组各自独立呈现其自身，但设计在两者之间塑造了连续性关系。这种连续首先集中在两个院落的屋顶坡法，除了上述提及的向院落内坡的建筑屋顶之外，还设置了作为园区围墙的行车爬山廊，它使由建筑围合的三合院成为四向坡屋顶围合的内向四合院，并沿坡地地势拾级而上，将不同标高、高度的建筑屋顶连缀在一起，至达屋顶露台得以回望，实现了建筑物与构筑物之间的转换，呈现出根植于地形的敏感与灵动，与泰然自若的主体建筑形成了对比，成为连接人工物与自然的中介。

其次，这种连续性集中于两个高差、方向转换处的副厂房管理中心建筑，它整合了生产与生活的功能，将场地影响的建筑方向性集中浓缩呈现为三角天窗，天窗光线其下的监控室作为人观察机器运作的窗口，天窗其上的屋顶观景亭作为人俯瞰建筑与环境全貌的窗口，通过身体体验将机器、建筑与自然的关系连接在一起。

至此，设计完成了院落间转换、游廊攀爬登顶的流线叙事，空间由陌生疏离逐渐向身体包裹，整个园区的人工景观与远处张山营镇的城镇景观、海坨山的自然景观连绵叠合，通过身体体验将机器、建筑与自然联系在一起，是为一级泵站的“胜景”。

注释：

①材料的选择与不同立面的建造特点相关：重檐坡屋面与墙面为矩形，纤维水泥板分板后方便干挂铺设；建筑山墙为异形，以现浇清水混凝土工艺得以完成。

②本文的钢木结构指以钢柱、钢梁形成主体框架，以顺水向的木椽条形成屋顶承重构件，用以完成半室外轻质廊、亭、榭等依附于建筑主体的构筑物。

图片来源：摄影作品除标注外均为孙海霆摄影。

冬奥会延庆赛区造雪引水及集中供水工程二级泵站
The Secondary Pumping Stations for Snowmaking and Water Supply

西侧鸟瞰

Project Team

Client | Beijing Yanqing Water Authority

Design Team | China Architecture Design & Research Group
Beijing Institute of Water

Contruction | China Railway 14th Bureau Group Co., Ltd.

Principle-in-Charge | LI Xinggang, QIU Jianbing

Architecture | LI Xinggang, LIU Zhen, QIU Jianbing, ZHAO Shengcheng XU Naitian

Structure | REN Qingying, LIU Wenting, ZHOU Yilun, DING Weilun, ZHU Bingyin

Hydraulic Design | SHI Wenbiao, XU Guangyi, HE Qifeng

Process Design of Pumping Station | HOU Zhi

Architecture Electrical and Automation Design | XIONG Xiaoming, XIE Di, HONG Zhongda

Architecture Water Supply and Drainage and HVAC design | SU Yu,CHU Weipeng

Bridge Structure Design | LI Baokuan

Landscape Design | ZHAO Shengcheng, ZHENG Shiwen

Project Data

Location | Yanqing, Beijing China

Design Time | 2017-2018

Completion Time | 2021 Site Area | 3458m^2 Architecture Area | 2210.4m^2

Structure | Concrete Frame, Steel Frame

项目团队

建设单位丨北京市延庆区水务局

设计单位丨中国建筑设计研究院有限公司，北京市水利规划设计研究院

施工单位丨中铁十四局集团有限公司

项目负责人丨李兴钢、邱涧冰、赵生成

建筑设计丨李兴钢、刘振、邱涧冰、赵生成、许乃天

结构设计丨任庆英、刘文珽、周轶伦、丁伟伦、朱炳寅

水工设计丨史文彪、许光义、何奇峰

泵站工艺设计丨侯治

建筑电气及自动化设计丨熊小明、谢迪、洪中达

建筑给排水及暖通设计丨苏宇、褚伟鹏

桥梁结构设计丨李保宽

景观设计丨赵生成、郑世闻

工程信息

地点：中国北京延庆

设计时间：2017—2018年

竣工时间：2021年

基地面积：3458m^2

建筑面积：2210.4m^2

结构形式：混凝土框架结构、钢框架结构

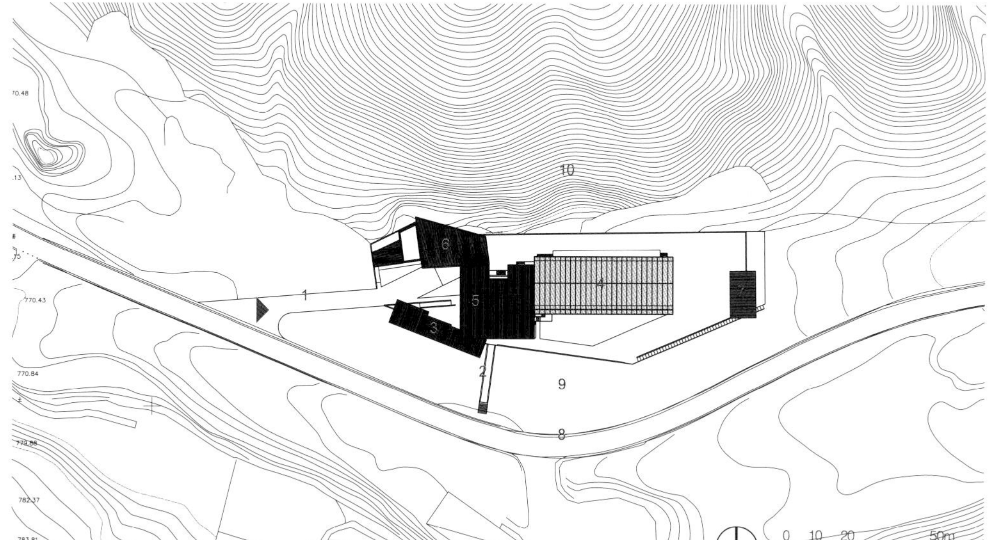

1 车行桥
2 人行桥
3 亲水水榭
4 二级泵站主泵房
5 副厂房
6 管理用房
7 观景亭
8 松闫路
9 佛峪口沟
10 松山

总平面

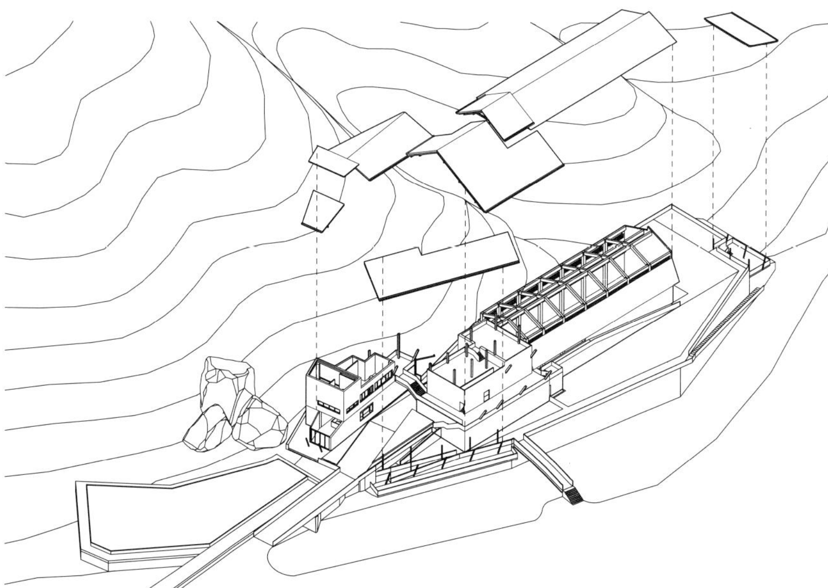

轴测

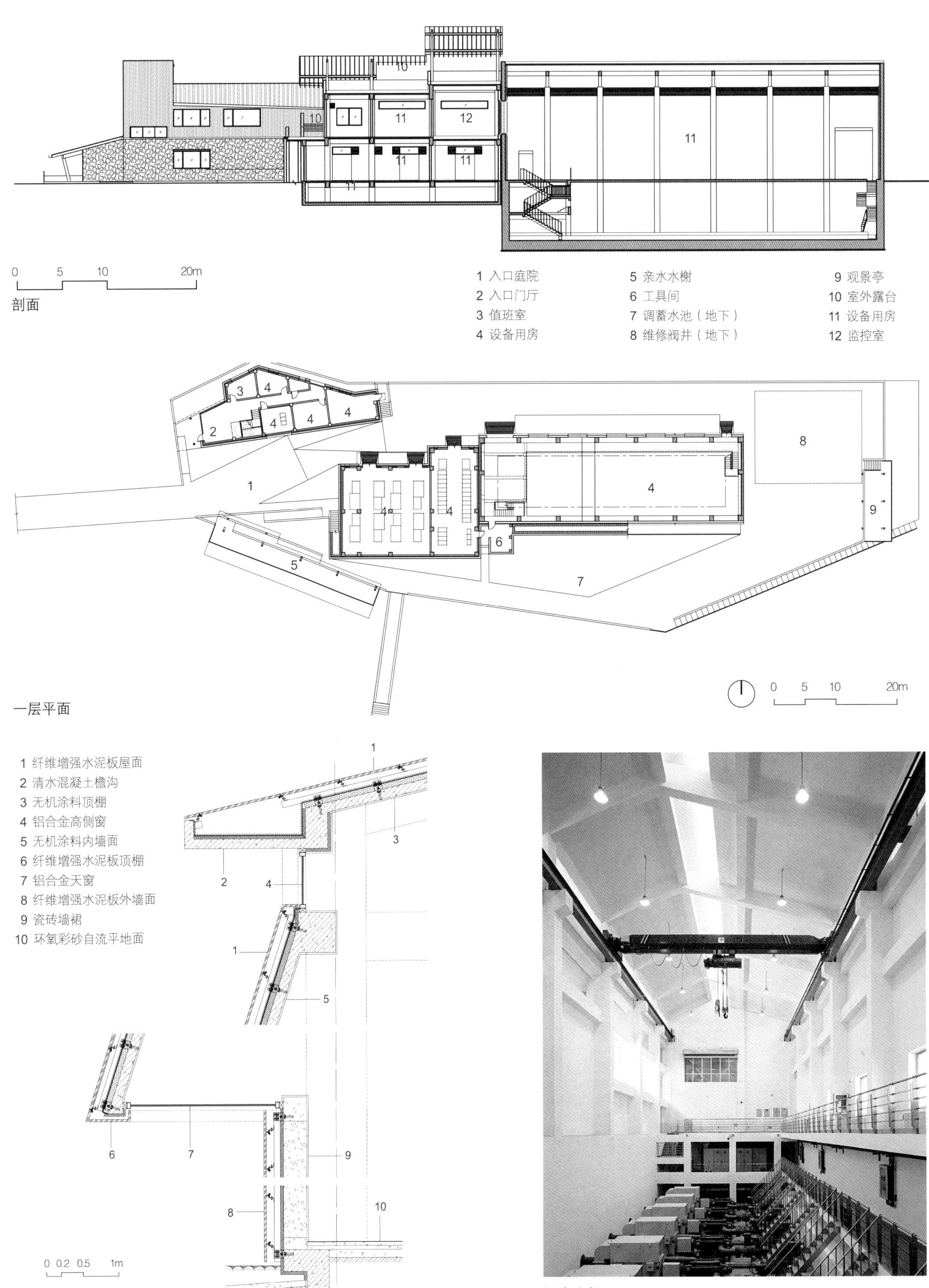

剖面

一层平面

墙身详图

泵房内部

西南半山人视

东南半山人视

入口人视

图1 二级泵站顶视

图2 二级泵站场地印象

图3 二级泵站设计构思

1 功能布局与紧缩用地

二级泵站在造雪引水系统中承接一级泵站，作为中转站，将来自山下一级泵站的造雪水输送至海拔更高的各次级泵站处。项目选址于盘山松闫路进入赛区前途经的一片山间平坦用地，有农家乐掩映于树林中依北山而建，室外亭阁朝南有小溪流过，小桥、水塘堤岸将农家乐的场地与松闫路相连，形成了一幅栖居山林的生活图景，亦是“自然而然”的朴素建造（图1~图3）。

场地西高东低，但因河边防洪要求场地需基本水平，尺度较大的泵房设置在东侧与管线来向相接，因而限定了建筑东侧的建筑体量和场地挡墙都需要呈现出一个高耸的状态。机电与监控副厂房贴附一侧共同形成一组体量，在三角形用地内“卡位”而确定朝向。管理办公用房体量则位于农家乐“原址”之上依山而坐与厂方布局形成了一定夹角，限定出向西的入口空间，西侧原为水库，即为现状路与场地。建筑体量与场地边界的不规则夹缝中，暗藏满布了调蓄池、管线检修井等设备空间，地表之上的显性建筑与之下的隐性管网均被场地挡墙牢牢包裹并呈现出一种簇拥的紧张状态。建筑体量连同复建后的“水塘堤岸”（车行桥）、“亭阁”（亲水水榭）、“跨溪小桥”（步行桥），限定出西向的入口空间群（图4），重构了一种功能化、大尺度的生产生活图景。

2 建筑群坡与山形水势

泵房的建筑形制与一级泵站的相似，沿街主立面被水泥板重檐屋顶层层铺陈覆盖，清水混凝土的不规则几何形东立面则向东豁然敞开。农家乐“原址”之上的管理用房亦采用了一级泵站管理部分相似的人居建筑原型，并在不规则用地的切割下呈现变化丰富的屋顶形态。这种屋顶形式、材料用法通过连桥延伸至与主泵房贴附的副厂房，基座将厂房层层包裹，钢木结构至屋顶向厂房攀爬飞升，形成拾级而上的架空观景亭。原亲水的农家乐亭阁位置，亦重塑了一组自场地挡墙上悬挑而出的观景水榭，并在一旁重构了原农家乐的跨河步行桥。建筑的坡屋顶群，由东侧比主泵房还高的观景亭始向西缓缓跌落与副厂房的屋顶连缀，向南陡然骤降与水榭屋顶形成屏障。屋顶覆盖之下、基座之上是一条环绕厂区各处的人行检修动线，时而局部收紧至一人的宽度，时而由几十米长的建筑长墙扩展至连接远山的平台，在身体尺度集中呈现了建筑布局的紧凑张力。屋顶的钢木结构自坚实的基座上生长出来，时而垂直于地面静坐

图4 入口空间

图5 从水榭平观小溪和人行桥

图6 在屋顶露台回望松山

图7 二级泵站眺望赛区

平眺远山，时而斜撑出陡坡低头俯瞰亲近溪水（图5），时而背向反坡仰视回望近山[①]（图6），塑造了丰富的游走体验。建筑通过对身体的包裹、对视线的控制，将场地信息与自然景观有选择性地向人呈现，身体体验亦成为人工物与自然联系的中间介质。

至此，建筑塑造了一条自西向东逐渐降低的人工地平线，它与西高东低的自然大地渐渐在西侧靠近，与宏观场地的山形水势保持了一致，又将山水尺度收紧至一个人的尺度，将抽象的第一自然转化为个体人可以感知的具体自然（图7）。

注释：

①低至亲近溪水——水榭；登高眺望远山——副厂房屋顶露台向南；被斜撑挑坡压低视线——副厂房二层半室外平台；背向反坡回望近山——副厂房屋顶露台向北。

图片来源：摄影作品除标注外均为孙海霆摄影。

海坨 110kV 变电站
Haituo 110kV Substation

变电站东南向鸟瞰（摄影：陈佳希）

Project Team
Client | Beijing Electric Power Corporation
Design Team | China Architecture Design & Research Group, Beijing Electric Power Economic Technology Research Institute Co., Ltd.
Contruction | Gaobeidian Construction Enterprise Group Company.
Principle-in-Charge | LI Xinggang, QIU Jianbing, HUANG Wei.
Architecture | Li Xinggang, QIU Jianbing, WAN Ziang, XU Naitian, LIU Zhen, HUANG Wei, JIA Yuqi, QIU Wenzhe.
Structure | WU Peihong, ZHANG Rong, ZHANG Xiaoxiao.
Equipment | YAO Sikun, HUANG Xiaomei, CAI Zuming, HE Xiaomei, YAN Han.

Project Data
Location | Yanqing, Beijing China
Completion Time | 2020
Architecture Area | 4328m²
Design Time | 2018
Site Area | 5354m²
Structure | Concrete Frame

项目团队
建设单位 | 北京市电力公司
设计单位 | 中国建筑设计研究院有限公司、北京电力经济技术研究院有限公司
施工单位 | 高碑店市建筑企业（集团）公司
项目负责人 | 李兴钢、邱涧冰、黄伟
建筑设计 | 李兴钢、邱涧冰、万子昂、许乃天、刘振、黄伟、贾宇奇、邱文哲
结构设计 | 吴培红、张蓉、张晓晓
设备专业 | 姚思焜、黄小梅、蔡祖明、贺晓梅、严晗

工程信息
地点 | 中国北京延庆
竣工时间 | 2020年
建筑面积 | 4328m²
设计时间 | 2018年
基地面积 | 5354m²
结构形式 | 混凝土框架结构

总平面图

从内部车道看建筑西立面（摄影：邱涧冰）

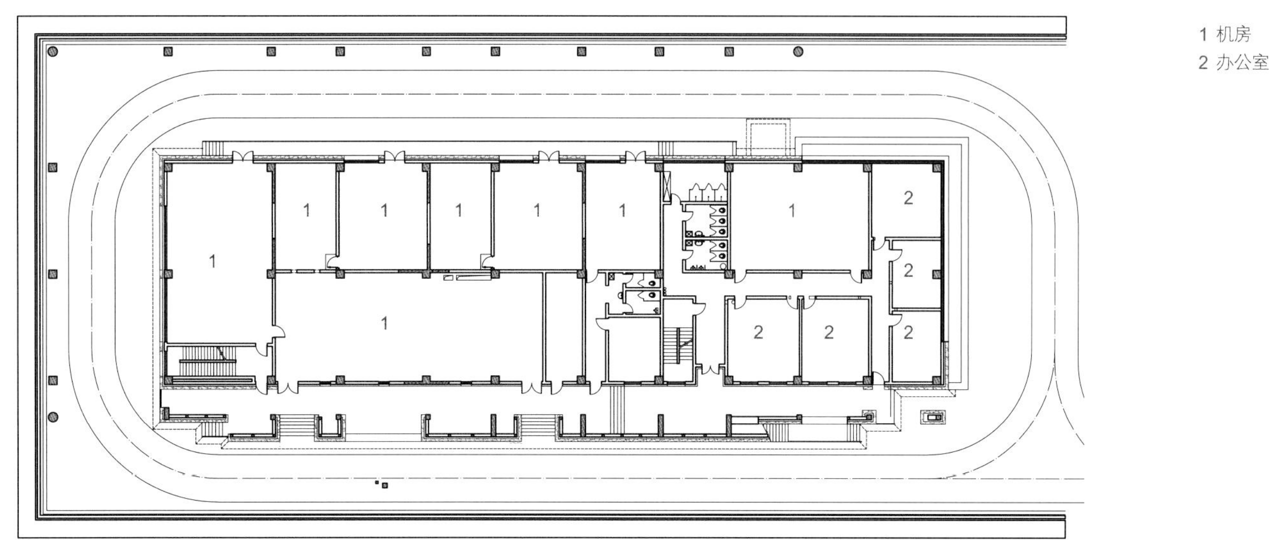

平面图

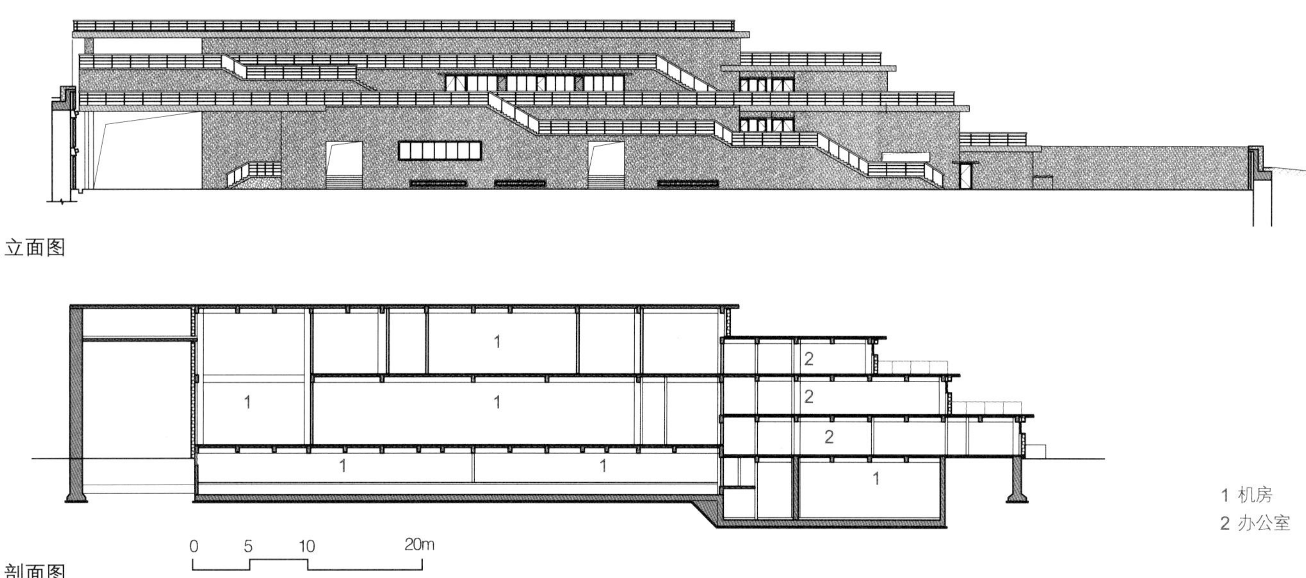

立面图

剖面图

东北沿道路人视（摄影：张广源）

1 配套基础设施

北京2022冬奥会及冬残奥会延庆赛区位于北京市延庆区海坨山的南麓，总建筑面积约30万m^2。赛区内建设有110kV变电站、污水处理站、垃圾转运站、气象雷达站、无线通信基站、LNG站房等市政配套基础设施以及900塘坝及泵站管理用房、1050塘坝及泵站管理用房、1290造雪水池、PS200造雪泵房、PS300造雪泵房、CT400冷却塔等赛区造雪引水设施，与系列索道站、直升机临时起降点、赛区综合管理监控中心一起构成了延庆赛区的配套基础设施。

为了保障北京2022年第24届冬奥会和冬残奥会赛时延庆赛区的用电安全，同时在赛后满足未来延庆地区发展建设的电力负荷需要，延庆赛区内将建设两座110kV变电站，分别是位于赛区南端松闫路边的海坨110kV变电站和位于冬奥村西北侧的玉渡110kV变电站。这两个变电站的建设有力保障了赛区各个重要电力负荷点实现双路高质量可靠供电的目标。

2 变电站功能需求

延庆赛区设置的110kV变电站均为110/10kV全户内型两级电压地区负荷变电站，分别安装31.5MVA有载调压变压器2台。地上2层，地下1层，变电站设有主变间、110kV GIS室、10kV开关室、二次设备室等电气设备房间，其中，主变间和110kV GIS室层高10.6m。

为了满足高可靠性的供电保障要求，并尽可能缩短电力应急抢修时间，及时处理突发问题，赛区内还需要建设应急抢修中心。应急抢修中心的建立将实现全面坚强电网，使延庆冬奥会供电可靠率达到99.9999%，综合电压合格率100%。

110kV变电站的建筑面积在3500~5000m^2之间。在赛区内，其建筑体量也是较大的单体建筑。如何处理好基础设施建筑与环境的关系，是赛区总体设计的重点，也是海坨和玉渡110kV变电站的设计重点。

3 设计策略

赛区的核心是竞赛场馆和冬奥村，赛区将为观众展现体育比赛的魅力，为运动员提供竞技比赛的舞台。作为赛区配套基础设施，则需要尽量隐于山林中，在满足功能需要的同时，尽可能弱化基础设施对赛区的影响，避免成为视觉的焦点。

延庆赛区位于山地，赛区内可用于建设的用地有限，对于赛区内必须建设的基础设施，充分利用场地，在满足功能的同时，使其符合赛区建设的总体要求，是设计中需要重点处理的问题。赛区的变电站的建设通过结合地形变化，采用与周边环境相融合的建筑做法，通过两种设计策略，尽量化解建筑体量的影响。

玉渡110kV变电站位于延庆冬奥村西北角，通过利用场地高差，将玉渡变电站以最集约的“窑洞式”形式嵌入规划中的位于延庆冬奥村西侧的大众雪道下部场地内，变电站按照常规地上户内站的要求设计周边消防运输环路，顶部与上部停车场之间设置间隔层，并布置与2#路相连的进场路，在隐藏于大众雪道下的同时，满足了户内变电站消防安全的技术要求。在赛时，其顶面作为延庆冬奥村的停车场使用，赛后将顶面覆土造雪，作为大众雪场使用，实现了可持续发展的功能需求转换目标。作为“窑洞式”布局变电站主立面的西侧立面设计强调水平线条，采用石笼墙饰面，形成2#路边的景观。

海坨110kV变电站位于赛区南侧入口区松闫路边，由于海坨站的用地相对宽松，应急抢修中心与海坨站合建，故海坨变电站的建设规模较大。设计中利用场地高程的变化，将变电站嵌入松闫路和赛区联络线之间，同时利用场地的坡度，尽可能将建筑放置在低位，弱化建筑物体量，通过周边的树木对建筑进行遮挡。并且利用电气设备用房和应急中心用房所需层高的差异，巧妙地将三层1000m^2的应急中心与两层的设备用房合为一体，同时顺应坡地形成层层退台，外立面采用石笼墙，利用室外通道与檐廊水平线形成水平展开的韵律，将厂房半隐在山体中，与整体山景融于一体。在厂房与松闫路之间设置层层跌落的树池和天井，折顶拟山，留树做庭，进一步将建筑隐逸在山景和绿化之中。

市政基础设施是城市的必要功能和需求，如何将市政设施建筑与城市局部区域环境相融合，延庆赛区的基础设施建设在此方面进行了尝试，也为今后类似的功能建筑提供借鉴。

延庆赛区的可持续性前景

1 可持续设计及可持续工程化

延庆赛区是北京2022年冬奥会和冬残奥会最具场地、体育及生态挑战性的赛区。常规的工程设计难以涵盖具体的生态保护措施，也缺乏概算依据，造成除土建外各类可持续因素在建设投资中无法体现的问题。为解决和应对上述问题，首次在建筑行业独创性地创立了可持续专业，对生态环境保护、能源利用、零排放、建筑可持续、监管平台建设，以及遗产保护与赛后利用方面提出相应设计要求。可持续工作内容包含环境可持续、经济可持续和社会可持续3大类、8个方向、23个要点、59个子项，共61个可持续措施（表1）。提供建设保护小区、野生动物通道、珍稀植物移栽园等具体措施将可持续设计工程化，再通过可持续设计图纸和设计说明的形式将具体措施落实到全专业，并以工作量和工程量为依据获取8亿的可持续专项工程投资，开展可持续工程化的专项设计施工（图1、图2）。

延庆赛区可持续设计方向、要点及子项 表1

3 个类别	8 个方向	23 个要点	59 个子项
1. 环境可持续	1. 生态保护和修复工程	1. 自然生态系统保护	1.减少工程占地；2.避让生态脆弱区域、敏感区；3.避让古树名木；4.避让保护物种；5.避让天然林地；6.避让重要栖息地；7. 避让土壤侵蚀敏感区；8.避让泉眼；9.保护自然溪流；10.表土资源保护和利用；11.土石方平衡和综合利用；12.管控场馆运行中噪声；13.生态标识
		2. 生物多样性保护	14. 植物就地保护（保护小区）；15. 亚高山草甸；16. 植物迁地；17. 砍伐树木利用；18. 水生生物；19. 野生动物；20. 避免外来物种入侵
		3. 生态恢复修复工程	21. 场馆临近区域森林生态系统；22. 山体边坡；23. 赛道植被
	2. 环境保护和治理工程	4. 水环境	24. 景观水体；25. 污水处理系统；26. 水污染防控
		5. 大气和室内空气	27. 减少向大气排放的污染物；28. 保障室内空气品质；29. 打蜡房室内通风；30. 特殊部位恶臭气体管理
		6. 声环境	31. 管理音响噪声；32. 建筑减噪和隔声
		7. 固废	33. 减量；34. 收集贮存中转系统；35. 危废暂存
		8. 光	36. 控制建筑玻璃幕墙用量；37. 照明管理
	3. 能源利用工程	9. 清洁能源	38. 供暖；39. 交通配套设施；40. 照明
		10. 可再生能源	
	4. 水资源综合利用和零排放工程	11. 区域分质供水	41. 非传统水源供水
		12. 区域节水	42. 分质排水；43. 雨洪利用；44. 再生水回用
		13. 赛区造雪水管理	45. 集水池；46. 造雪设备
	5. 场馆可持续工程	14. 绿色建筑	47. 认证
		15. 节能	48. 被动式建筑；49. 电器设备节能；50. 智能控制
		16. 节水	51. 卫生器具节水
		17. 节材	52. 结构体系；53. 结构优化
		18. 建材	54. 绿色建材；55. 减碳；56. 涂料和胶粘剂
		19. 赛道遮阳系统	57. TWPS 气候系统
	6. 监管平台	20. 能源监控中心	
		21. 运行消耗和碳排放管理	
2. 经济可持续	7. 奥运遗产赛后利用	22. 文物民俗	
		23. 赛后利用	58. 场馆、设施赛后利用
3. 社会可持续	8. 村民安置与生活水平生活方式转换提升		59. 生态监测样方

同时，结合国家重点研发计划科技冬奥专项《复杂山地条件下冬奥雪上场馆设计建造运维关键技术》和北京市科研项目《北京2022冬奥会延庆赛区场馆及赛事设施设计支撑技术研究及应用》的研发成果，运用室外场地与场馆BIM融合及GIS一体化协同技术、弱介入可逆式装配化高山架空平台系统、雪车雪橇赛道“地形气候保护系统”等一系列应对复杂山地条件的生态环保可持续技术，将特定的运动赛道、场馆构型、建造方式与赛场地形利用、气候控制与节能、山林环境维护等交互整合，开创性地实现了“可持续的工程化”，不仅减少了延庆赛区建设对自然生态环境的破坏，也为山地环境建设及其生态保护与修复提供了宝贵的技术经验支撑和应用示范（图3）。

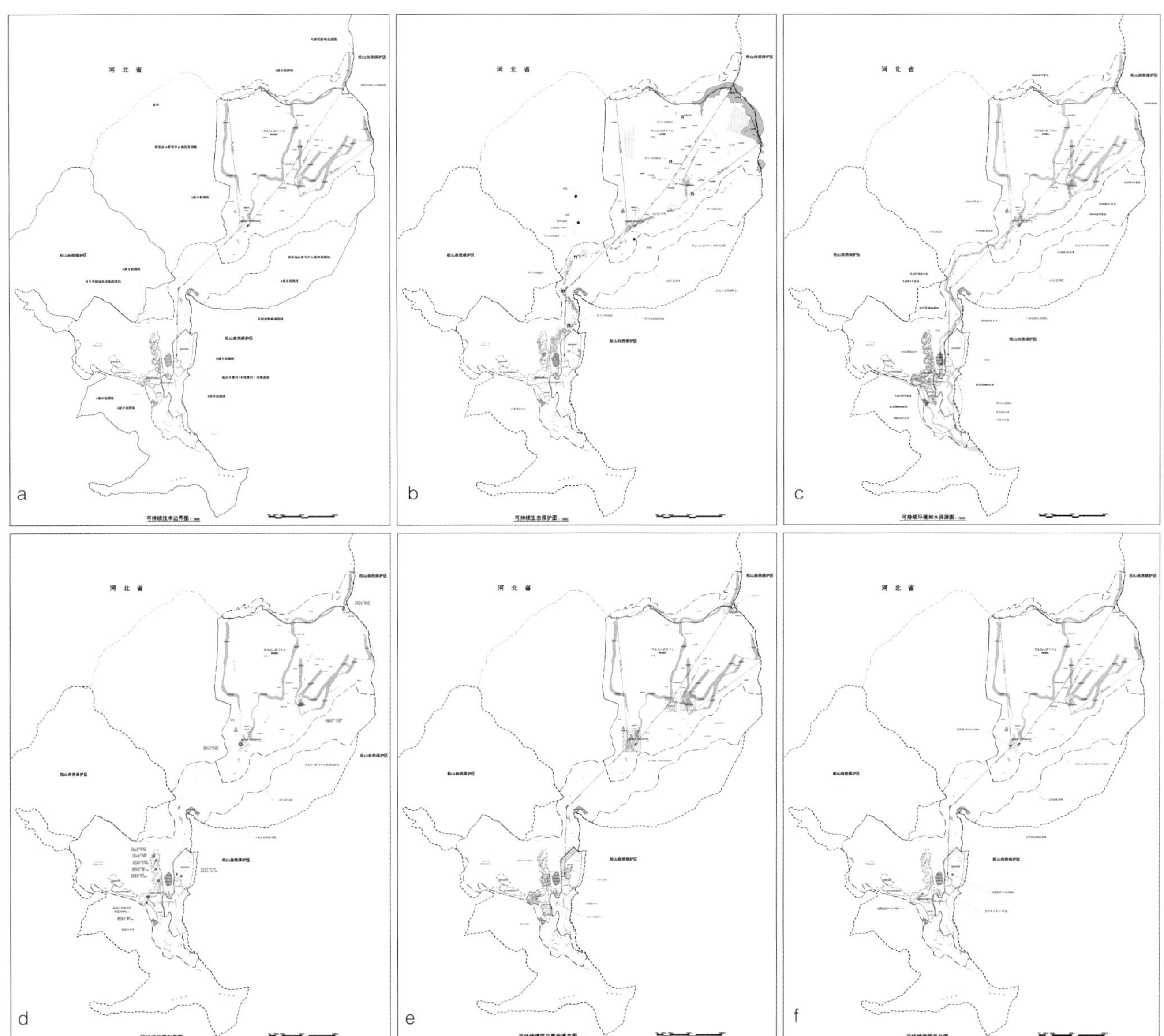

图1 可持续专业在延庆赛区的落实（a 工作边界图；b 生态；c 环境与水资源；d 能源；e 可持续赛后遗产；f 监管平台）

2 冬奥遗产与赛后利用

延庆赛区将优先确保“精彩冬奥”，赛时以运动员和冬奥会赛事为中心，同时注重奥运遗产的长期良性利用和运营；赛后转换为“北京国家奥林匹克山地公园”，打造成为国家级山地四季运动的标志性场所。场馆的赛后改造设计围绕雪上竞赛场馆的运动项目为核心活动提供设施，实现赛区协同。赛后以大众体验、冰雪运动和四季休闲旅游活动为中心。原则上保留全部赛道及场馆、交通、市政等永久性设施，各个功能片区进行赛后转换并增加适量冰雪产业、山地运动、旅游休闲设施，实现长期、良好的四季运营，为发展大众冰雪运动、促进地区发展和推动京津冀一体化作出应有的贡献。

本着“打造可持续赛事和遗产、拓展大众冰雪运动、营造冬奥新地标、塑造文化魅力、促进区域发展”的规划理念，延庆赛区的设计从一开始就是兼顾赛时和赛后的总体方案。延庆赛区作为大型冬奥主题园区，将努力实现四季运营。在滑雪季：一是依托高水平竞赛场馆，打造国际顶级雪上赛场和训练基地，承担国际雪联（FIS）世界高山滑雪锦标赛、世界杯、国际雪车、雪橇联合会（IBSF/FIL）世锦赛等高水平国际冰雪赛事；二是建设大众冰雪设施，依托雪道建设国际顶级雪上赛场和世界知名旅游度假胜地，发展全民冰雪运动，建设大众雪场、滑雪酒店，开办滑雪学校、溜冰场、大众雪橇、山顶餐厅、雪地温泉等。在非滑雪季：一是依托自然资源，建设以山地徒步活动为核心的户外运动集群，组织定向越野、发展徒步登山、滑道车、单轨过山车、滑槽、滑索、攀岩、探险、水上乐园、拓展训练基地、山地自行车营地、缆车观光、文化艺术等；二是建设高质量服务配套设施，打造京津冀休闲旅游目的地，运营度假酒店、建设汽车营地、露营基地、垂钓营地、步行商业街、休闲娱乐餐饮、奥运博物馆、主题画廊、会议中心等。

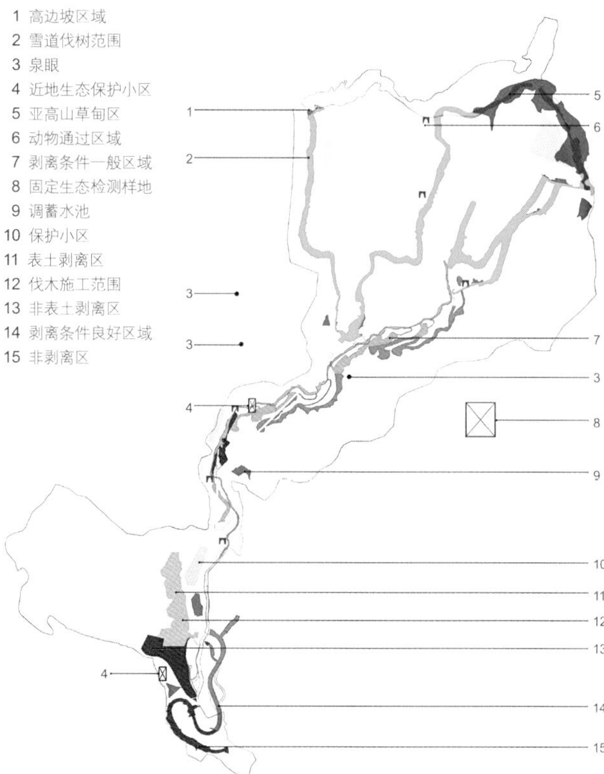

图2 可持续专业生态保护和修复工程设计图纸

同时，延庆赛区也积极落实推进社会可持续发展，借助冬奥会举办和场馆建设的契机，使延庆赛区与当地不发达地域及相关利益方共同发展，重点包括西大庄科村风貌保护和改造，村民就地妥善安置，借助冬奥会和冰雪产业转换生产生活方式、提升生活水平。

图3“表土剥离”山地生态修复技术

国家高山滑雪中心在冬奥赛后（图4），除赛道、训练道外，还将利用原有场地改建扩建大众雪道。各功能区将转换为高山滑雪山地运动中心、攀岩活动中心、滑索活动中心、景观游廊。国家雪车雪橇中心将在冬奥赛后（图5），作为中国国家队训练基地，力图成为亚洲雪车雪橇项目训练中心，并继续承办世界杯等重大国际赛事，同时亦可成为大众参观、游览、体验项目。部分场馆运营设施转换为自然生态保护、体验和观测用房。延庆冬奥村赛后将转换为山地滑雪旅游度假酒店，为冰雪运动及山地活动爱好者及大众服务（图6）。与西大庄科村东西呼应，现代与传统交相辉映于延庆海坨山水之中，借冬奥之机，成为别具一格的延庆“冰雪双村”。赛后功能包含：景区接待中心、景区美食城、大众滑雪、商业配套、会议中心、健身娱乐、酒店餐饮、酒店客房等。

3 结语

经过2016—2021年近五年的设计和建设，延庆赛区的规划、场馆及配套设施及“山林场馆，生态冬奥”理念已成功落地实施，准备迎接北京2022年冬奥会和冬残奥会的到来和赛后的长期运营的检验以及社会各界的体验和评价。“山林场馆，生态冬奥”理念在延庆赛区的实践，是对冬奥会“绿色办奥”理念的贯彻落实，是对国际社会及《奥林匹克2020议程》可持续理念的践行，是中国国家生态发展理念的有力彰显，更是自然与人工互成相生的中国文化理念的体现。

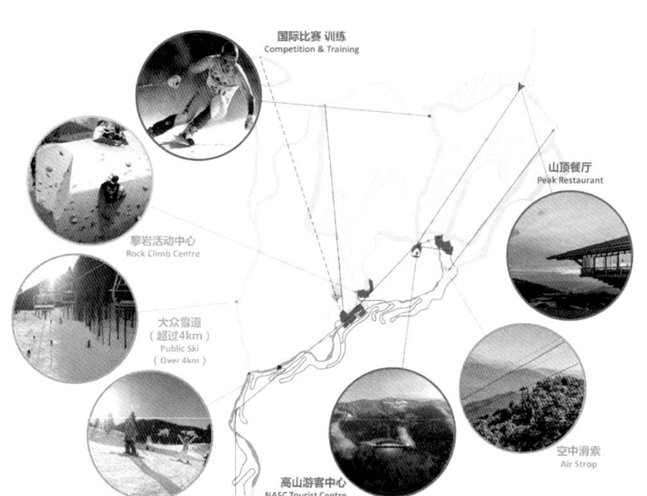

图4 国家高山滑雪中心赛后利用

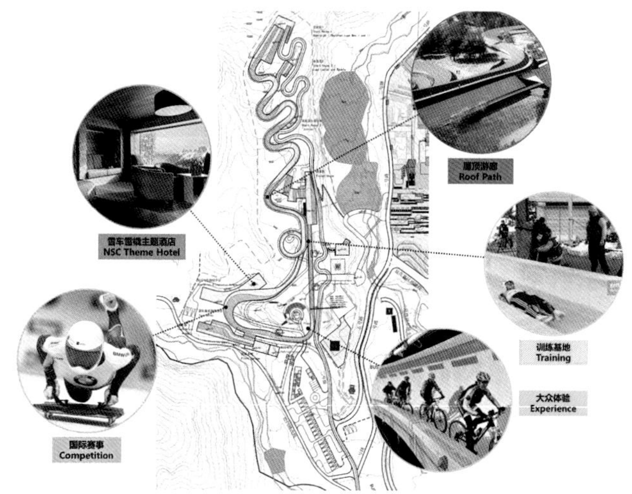

图5 国家雪车雪橇中心赛后利用

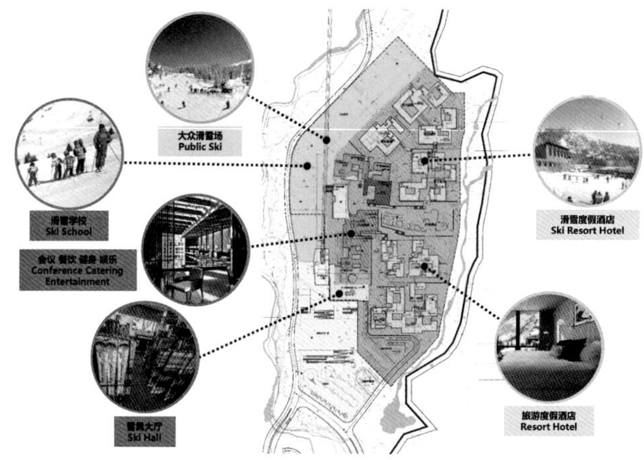

图6 延庆冬奥村赛后利用

图片来源：

图表均为作者拍摄、绘制。

张家口赛区

Zhangjiakou Zone

张家口赛区总体规划
国家跳台滑雪中心「雪如意」
国家冬季两项中心
国家越野滑雪中心
云顶滑雪公园A+B+C区
张家口冬奥村与冬残奥村
山地技术官员酒店、演播室及转播中心

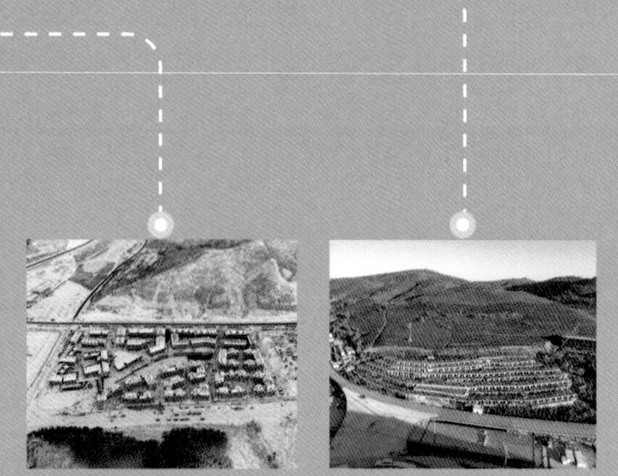

张家口赛区编写工作组

（按拼音字母排序）

艾涛　白雪　曹文涛　常卫红　常湘琦　陈威　陈矣人　崔丽君　党靖然　方迪　高艳菊　龚佳振　郭红艳　韩晓伟　侯青燕　胡珀　霍飞　贾昭凯　江曦瑞　李滨飞　李果　李静　李敏　李沁笛　李青翔　李向苡　李月明　林玉权　刘程　刘慧丽　刘加根　刘俊　刘力红　刘培祥　刘素娜　刘永彬　鲁键盈　吕回　聂仕兵　牛本田　潘安平　潘小剑　邱柏玮　曲植　沈敏霞　盛文革　孙宇彤　王冲　王丹　王磊　王石玉　王腾　王晔　王一维　王雨锋　吴雪　徐华　徐京晖　徐青　闫宝堂　阎梓寒　杨蓓　杨慧明　杨霄　杨宇滨　姚玉君　易文静　于立方　于淼　翟莎莎　张红　张葵　张磊　张涛　张维　张昭　张振洲　张志忠　赵彬　赵婧贤　赵文占　钟善　钟新　周盼　周溯　朱思羽　祝乐琪

鸣谢

北京城建设计发展集团股份有限公司　北京市勘察设计研究院有限公司
北京清华同衡规划设计研究院有限公司
中国电建集团北京勘测设计研究院有限公司　宇恒可持续交通研究中心
张家口建筑勘察设计有限公司　北京丽贝亚建筑装饰工程有限公司
加拿大伊克森（Ecosign）山地景区规划有限公司　北京新时空科技股份有限公司
玛斯科照明设备有限公司　上海创盟国际建筑设计有限公司
直向建筑事务所　南沙原创建筑设计工作室
北京戈建建筑设计顾问有限责任公司　都灵理工大学
杭州中联筑境建筑设计有限公司　北京首钢国际工程技术有限公司
汉斯马丁（Hans-Martin Renn）　约翰·阿尔伯格（John Alberg）　马克斯·森格尔（Max Saenger）
大卫·赛拉图（Davide Cerato）　乔·菲兹杰拉德（Joe Fitzgerald）

张家口赛区
总体规划

Zhangjiakou Zone
Masterplaning

Project Team

Client | Zhangjiakou Municipal People's Government

Design Team | Architectural Design and Research Institute of Tsinghua University Co., Ltd.

Principle-in-Charge | ZHANG Li

Architecture | ZHANG Li, ZHANG Mingqi, YANG Yubin, YAN Zihan, ZHONG Shan, WANG Chong

项目团队

业主单位 | 张家口市人民政府相关部门

设计单位 | 清华大学建筑设计研究院有限公司

项目负责人 | 张利

建筑设计 | 张利、张铭琦、杨宇滨、阎梓寒、钟善、王冲

Collaborators

Infrastructure Planning | Beijing Tsinghua Tongheng Planning and Design Institute Co., Ltd.

Transportation | Beijing Yu Heng Sustainable Transport Research Centre

Landscape | Beijing Northwoods Landscape Planning and Design Institute Co., Ltd.

Flood Control | Beijing Sinohydro Technology Development Co., Ltd.

合作单位

市政设计 | 北京清华同衡规划设计研究院有限公司

交通专业 | 北京宇恒可持续交通研究中心

景观专业 | 北京北林地景园林规划设计院有限责任公司

防洪专业 | 北京中水利德科技发展有限公司

Project Data

Location | Chongli, Zhangjiakou, Hebei, China

Design Time | 2016.05-2019.05

Completion Time | 2021.10

Site Area | 12km^2

工程信息

地点 | 中国河北省张家口市崇礼区

设计时间 | 2016.05-2019.05

竣工时间 | 2021.10

基地面积 | 12km^2

东南向鸟瞰

国宾山庄鸟瞰

总平面

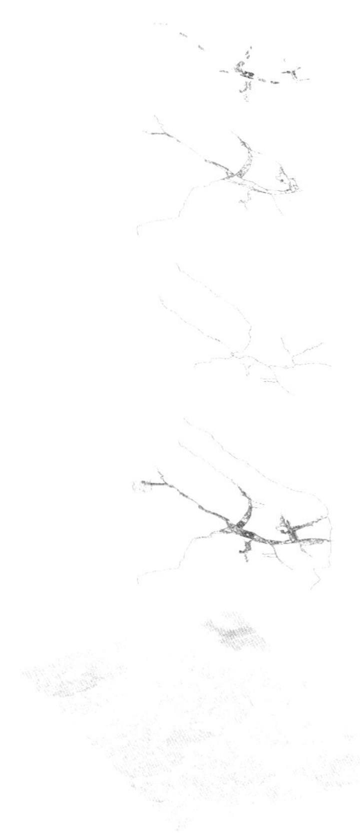

轴测分析

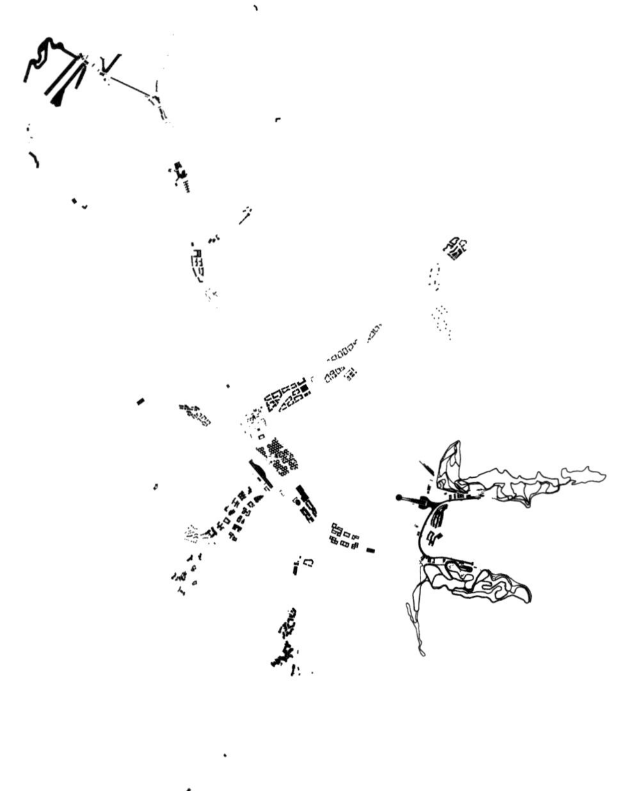

永久设施肌理分析

防洪系统分析

1 服务地方长期发展的张家口赛区总体规划设计概况

北京2022年冬奥会与冬残奥会分为北京、延庆、张家口三个赛区。张家口市地处京、冀、晋、蒙交界处山区，对外开放较晚，属经济欠发达地区[1]。2017年，习近平总书记指出，张家口市要通过筹办北京冬奥会带动各方面建设，努力交出冬奥会筹办和本地发展两份优异答卷。面对总书记重要批示和张家口市地区发展现状，张家口赛区可持续规划设计策略总体目标定位于服务地方长期发展。2015—2020年，张家口市由于奥运效应，第三产业得到快速发展[1]，2020年城镇居民人均可支配收入约为全国平均水平的81.2%，同比增长4.5%[2]，增速高于全国平均水平[3]。

张家口赛区核心区位于河北省张家口市崇礼区太子城及其周边区域，分为云顶滑雪公园、古杨树场馆群以及太子城冰雪小镇三个组团。云顶滑雪公园利用现有云顶滑雪场改造建设，承担自由式滑雪与单板滑雪比赛；古杨树场馆群为完全新建场馆群，承担跳台滑雪、越野滑雪、北欧两项与冬季两项滑雪比赛。太子城冰雪小镇规划建设集交通、住宿、购物、餐饮、会议、展示、教育、康养、医疗等功能为一体的、以冰雪为特点的旅游小镇，为赛时提供功能保障服务，为赛后地区可持续发展提供方向（表1）。

张家口赛区冬奥场馆包括云顶滑雪公园、国家跳台滑雪中心、国家越野滑雪中心、国家冬季两项中心4个竞赛场馆，以及张家口冬奥村与冬残奥村、张家口山地转播中心、张家口山地新闻中心、张家口颁奖广场、张家口制服与注册中心、张家口接待分中心6个非竞赛场馆。

张家口赛区配套设施包括太子城高铁站、冬奥换乘中心、棋盘梁P+R换乘中心、停机坪、酒店、蓄水池、变电站、消防站、自来水厂等，为张家口地区赛前、赛时、赛后全时段可持续发展提供保障。

面对联合国可持续发展目标[4]和北京2022年冬奥会可持续诉求[5]，张家口赛区总体规划、场馆设计、配套设施建设以服务地方长期发展为导向，通过全尺度空间干预的规划设计策略贡献于张家口地区环境、经济、社会可持续发展。

张家口赛区规划基本数据 **表1**

张家口赛区总体规划 Zhangjiakou Zone Masterplanning			云顶滑雪公园	古杨树场馆群	太子城冰雪小镇
			自由式滑雪、单板滑雪 云顶滑雪公园、云顶大酒店 山地媒体中心、媒体记者酒店 云顶太子滑雪小镇	跳台滑雪、越野滑雪 北欧两项、冬季两项 跳台滑雪中心、技术官员酒店 越野滑雪中心、冬季两项中心	旅游小镇 奥运指挥部、奥运村、太子城遗址公园、文创商街、太子城高铁站、会展中心、国宾山庄
经济技术指标	规划范围		$4.8km^2$①	$4.2km^2$②	$3.03km^2$③
	城市建设用地		$4.38km^2$①	$0.67km^2$④	$2.89km^2$③
	建筑面积	总计	37.5万m^2	19.6万m^2	92万m^2
		永久建筑面积	35万m^2	16万m^2	90万m^2
		临时建筑面积	2.5万m^2	3.6万m^2	2万m^2
	新建非体育建筑高度		檐口高度≤18m，建筑高度≤22m		
	高程	最高点	2085m	1771m	1680m
		最低点	1620m	1611m	1566m
	场馆数量	竞赛场馆	1个	3个	—
		非竞赛场馆	1个	1个	4个
	观众数量		10000人	9000 人	3000 人
	金牌数量		20块	31块	—

续表

<table>
<tr><td rowspan="2" colspan="3">张家口赛区总体规划
Zhangjiakou Zone Masterplanning</td><td>云顶滑雪公园</td><td>古杨树场馆群</td><td>太子城冰雪小镇</td></tr>
<tr><td>自由式滑雪、单板滑雪
云顶滑雪公园、云顶大酒店
山地媒体中心、媒体记者酒店
云顶太子滑雪小镇</td><td>跳台滑雪、越野滑雪
北欧两项、冬季两项
跳台滑雪中心、技术官员酒店
越野滑雪中心、冬季两项中心</td><td>旅游小镇
奥运指挥部、奥运村、太子城
遗址公园、文创商街、太子城
高铁站、会展中心、国宾山庄</td></tr>
<tr><td rowspan="17">基础设施[5]</td><td rowspan="2">综合管廊</td><td>管廊长度</td><td colspan="3">4km</td></tr>
<tr><td>管廊断面</td><td colspan="3">3舱断面，舱内5.1m×2.9m</td></tr>
<tr><td rowspan="6">电力工程</td><td>110kV变电站</td><td>1座</td><td>—</td><td>1座</td></tr>
<tr><td>10kV开闭所</td><td colspan="3">3座</td></tr>
<tr><td>10kV环网室</td><td colspan="3">27座</td></tr>
<tr><td>新建电力隧道</td><td colspan="3">15.3km</td></tr>
<tr><td>新建电力排管</td><td colspan="3">6.6km</td></tr>
<tr><td>新建电力线路</td><td colspan="3">10.1km</td></tr>
<tr><td rowspan="7">给排水工程</td><td>新建水厂</td><td colspan="3">1座，1万m^3/日，3.25hm^2</td></tr>
<tr><td>给水加压泵站</td><td>改建1座，1700m^2
新建1座，550m^2
扩建2座，450m^2</td><td>新建1座</td><td>—</td></tr>
<tr><td>新建供水管道</td><td colspan="3">33km</td></tr>
<tr><td>污水处理厂</td><td colspan="3">1座，0.6万m^3/d</td></tr>
<tr><td>新建污水管道</td><td colspan="3">20km</td></tr>
<tr><td>新建再生水管道</td><td colspan="3">8.1km</td></tr>
<tr><td>迁建/新建输水管道</td><td colspan="3">10.3km</td></tr>
<tr><td rowspan="2">环卫工程</td><td>新建垃圾转运站</td><td colspan="3">1座，70t/d</td></tr>
<tr><td>新建公共厕所</td><td colspan="3">17座</td></tr>
<tr><td rowspan="3">防洪系统[1]</td><td rowspan="2">防洪渠</td><td>长度</td><td colspan="3">15km</td></tr>
<tr><td>截面</td><td colspan="3">明渠采用开口宽度2.5 ~7m的混凝土箱型渠</td></tr>
<tr><td colspan="2">建设标准</td><td colspan="3">50年标准，100年校核</td></tr>
<tr><td rowspan="2">造雪</td><td colspan="2">蓄水池</td><td>28万m^3</td><td>25万m^3</td><td>18万m^3（含地下14万m^3）</td></tr>
<tr><td colspan="2">雪道长度</td><td>5km
（不含商业雪道和技术雪道）</td><td>22km</td><td>—</td></tr>
<tr><td rowspan="11">交通系统</td><td>轨道交通[6]</td><td>小火车轨道长度</td><td>—</td><td>—</td><td>1.5km</td></tr>
<tr><td rowspan="7">道路交通[6]</td><td>道路总长度</td><td colspan="3">30.7km</td></tr>
<tr><td>主干路</td><td colspan="3">12.2km，断面16m/17m</td></tr>
<tr><td>次干路</td><td colspan="3">8.1km，断面15m</td></tr>
<tr><td>支路</td><td colspan="3">10.4km，断面15m</td></tr>
<tr><td>停车位</td><td>500个</td><td>1800 个</td><td>3000 个</td></tr>
<tr><td>换乘中心</td><td>—</td><td>—</td><td>1处</td></tr>
<tr><td>P+R换乘停车场</td><td>1处</td><td>1处</td><td>2处</td></tr>
<tr><td rowspan="3">慢行系统</td><td>自行车道</td><td>—</td><td>7km</td><td>4.6km</td></tr>
<tr><td>人行道</td><td>—</td><td>2km</td><td>13km</td></tr>
<tr><td>慢行廊道</td><td>2.2km</td><td>冰玉环西半环：1.9km
冰玉环东半环：1.1km</td><td>2.3km</td></tr>
<tr><td>绿化系统[7]</td><td colspan="2">森林覆盖率</td><td colspan="3">张家口市崇礼区67%，冬奥赛事核心区80%</td></tr>
<tr><td rowspan="4">预计承载力</td><td colspan="2">常住人口</td><td colspan="3">5000 人</td></tr>
<tr><td colspan="2">新增岗位数量</td><td>200个</td><td>100个</td><td>600个</td></tr>
<tr><td colspan="2">客流量</td><td colspan="3">近期2.3万人次/d　远期6.5万人次/d</td></tr>
<tr><td colspan="2">车流量</td><td colspan="3">2.3万人/d×0.3辆/人= 6900辆/d</td></tr>
</table>

2 全尺度空间干预视角下的张家口赛区可持续规划设计策略

基于全尺度空间干预视角，张家口赛区的可持续规划设计策略在宏尺度（不适宜步行）、远尺度（步行15～30min可达）、中尺度（步行1～15min可达）、近尺度（步行1min可达）4个维度上对服务地方长期发展的总体目标作出回应（图1）。

2.1 宏尺度

对于赛区总体规划，宏尺度的设计策略以张家口地区居民群体利益和民生福祉为核心关注，主要考虑场馆建筑、基础设施、运营功能等方面的适宜规模与合理布局，以期在赛时功能得到保障的前提下，赛后仍能贡献于张家口地区居民生活与经济发展。

（1）宏尺度策略一：基于资源环境承载力的赛区规模

张家口赛区地处山区，较平原地区生态敏感度高，在山区进行大型体育赛事场馆规划建设易面临山区植被恢复、林地面积损失、水土流失等生态问题和挑战[6]。同时，大型事件面临的过度建设、资源浪费等问题[7]若发生，在经济欠发达的张家口山区将会面临更大的风险。

（2）宏尺度策略二：赛区规划组团式布局

张家口赛区分为云顶、古杨树、太子城冰雪小镇三个一级组团。每个一级组团包括若干个二级组团：云顶二级组团包括竞赛区、联系区、入口区、张家口山地媒体中心、媒体配套酒店；古杨树二级组团包括跳台、越野、冬季两项、山地转播中心、技术酒店；太子城冰雪小镇二级组团包括冬奥村、高铁站、文创商街、会展酒店、国宾山庄、康养学校、生态居住等。通过将建筑场馆按功能类别分为不同组团，组团内部紧凑布局，减少对山区土地，特别是植被覆盖区域的侵占。同时，各组团间距不小于100m，保证各组团间保留大面积原生态绿地以有效发挥更大生态功能[8]。

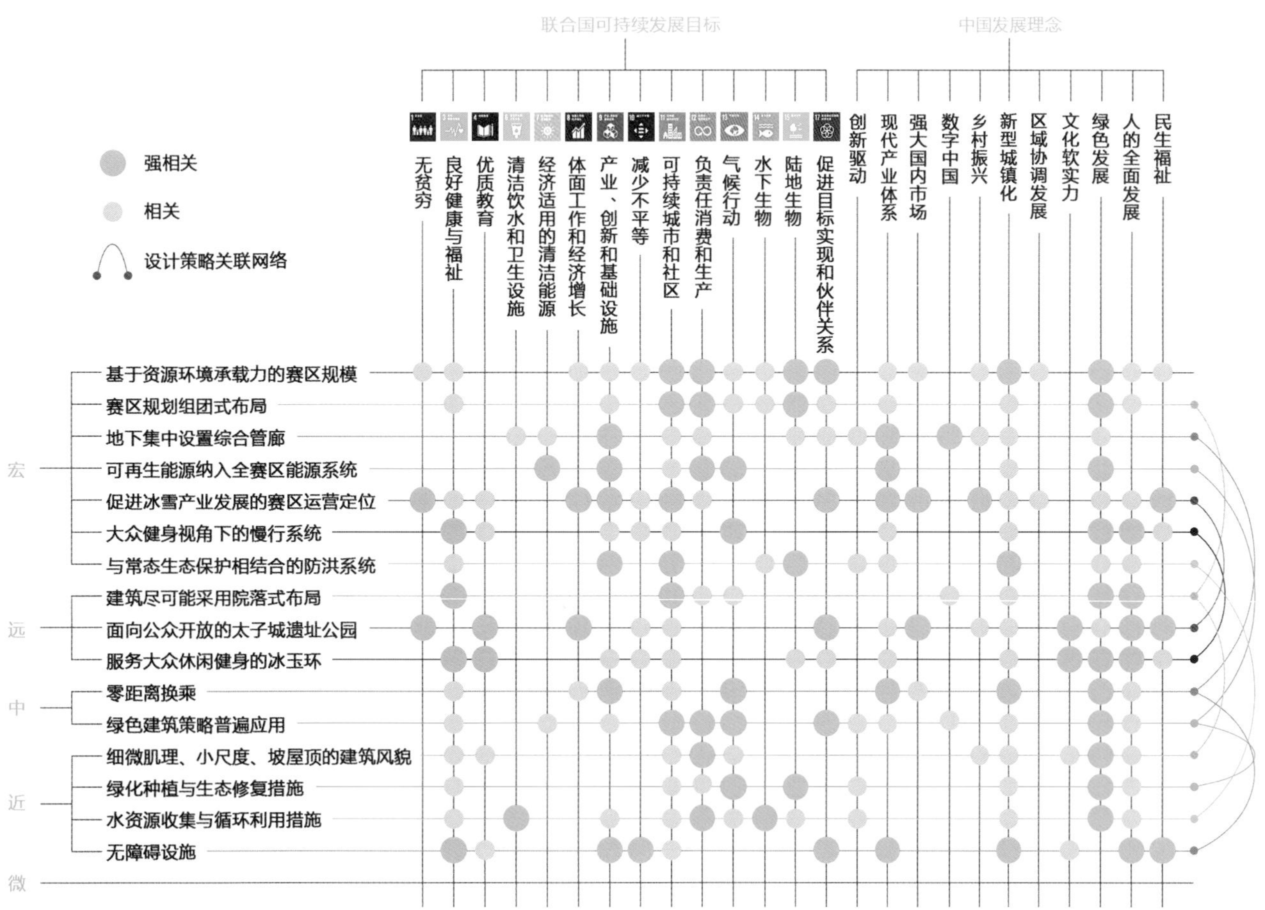

图1 张家口赛区规划设计策略可持续性相关矩阵

（3）宏尺度策略三：地下集中设置综合管廊

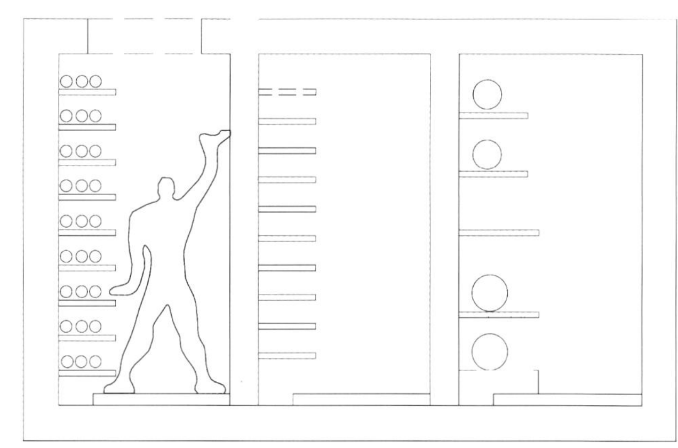

图2 综合管廊断面示意

与城市赛区相比，山地地区可建设用地狭窄，土地资源的集约利用与立体开发是山地赛区可持续建设必然面对的议题。张家口赛区利用地下空间建设市政综合管廊，将地上空间让渡给场馆、交通等功能区域，同时将多种管线集中设置，有效提升运营效率。

张家口赛区综合管廊主要设置在冰雪小镇与古杨树场馆群内，全长4km，其中通过在M2路下新建全长2km的综合管廊有效应对古杨树场馆群场地狭小、地形高差变化大、冻土深达2m、市政管线繁多等问题。管廊采用包括水舱、电力舱与电信舱在内的3舱断面，容纳近10种管道（图2），通过较强的综合性集约利用空间。同时，燃气管道、污水管道不入综合管廊，管廊配备逃生口、专用检修口、消防设施等基础运维设施和检测监控系统等智能运维设施，以保障运维的安全性和高效性。

综合管廊作为基础设施建设的一部分，有机会持续服务于张家口赛区的赛后运营，以实现对地方发展的长期支持。

（4）宏尺度策略四：可再生能源纳入全赛区能源系统

张家口地区处于华北平原向内蒙古高原过渡区域，属于多风地区，每年平均大风（风速≥17m/s）日数为63天，风电资源丰富，且有研究表明张家口地区风电开发项目建设对生态环境、声环境等影响较小[9]。张家口赛区规划设计充分利用这一特点，按照张家口市整体电力规划，赛区内建筑冬季取暖采用电供热系统，且每户温度可精准调控；将以风力发电为主的可再生能源纳入全赛区能源系统，并可外送至北京，每年节约标准煤约490万吨，减少二氧化碳排放量1280万吨，满足北京及张家口地区26个冬奥场馆的用电需求⑧。张家口赛区通过利用自身能源资源优势，采用可再生能源发电减少污染气体排放，以作用于当地环境可持续发展。

（5）宏尺度策略五：促进冰雪产业发展的赛区运营定位

将冬奥赛区、冬奥场馆作为冰雪旅游目的地是奥运遗产常见的利用方式之一，如何使这一运营定位得到有效落实，甚至有机会实现经济效益最大化，是赛区规划设计常常面临的一项问题[10-11]。张家口赛区以太子城高铁站与冬奥村为核心，联系云顶与古杨树两个竞赛组团，规划设置太子城冰雪小镇，以推动冰雪产业发展。

与往届冬奥会相比[12-13]，张家口赛区在前期规划中将包含文创商街、会展酒店、康养学校等的冰雪小镇纳入设计范围，其功能设置已考虑赛时、赛后冰雪旅游需求。张家口地区作为经济欠发达山区，冰雪产业是其近年来经济发展的驱动力之一，在包含张家口奥林匹克体育公园、云顶滑雪公园、太子城冰雪小镇的赛区运营定位影响下，2020年张家口市承办各类冰雪赛事活动143项，冰雪运动参与人数超过500万[2]，可见该策略有效促进地区产业结构调整与经济发展，并有机会持续为赛后利用提供保障。

（6）宏尺度策略六：大众健身视角下的慢行系统

慢行系统作为宏尺度绿色交通方面对于环境可持续的回应[14]，同样贡献于大众休闲健身。张家口赛区慢行系统包含连通全赛区的自行车环线、位于城市道路旁侧的人行通廊和串联冰雪小镇内主要人群聚集点的慢行游廊。自行车环线（图3）位于道路或公路外侧，与机动车道通过绿化隔离，主要为山林观光、休闲健身提供骑行路线；人行通廊在城市道路靠近建筑一侧，同样通过绿化与机动车道分隔，主要连通公交车站，为使用者提供更加快捷的慢行出行通道；慢行游廊与机动车道路分离，以倡导冰雪小镇居民、游客、运动员步行前往各目的地。

（7）宏尺度策略七：与常态生态保护相结合的防洪系统

张家口赛区按照“50年标准、100年校核”设置防洪渠，防洪系统可看作“韧性赛区”在宏尺度上的规划设计策略。防洪渠总长度约15km，赛道内雨水可顺赛道一侧的植草沟排入防洪渠，场地内的雨水部分排至防洪渠。防洪渠分明渠（图4、图5）与暗渠（图6）。为减少对山区地上空间及土地的干预，减少人工措施对自然生态的侵占，采用开口宽度2.5~7m的混凝土箱型渠以减少明渠截面，并在其表面进行景观美化处理。

2.2 远尺度

在远尺度上，张家口赛区的可持续规划设计侧重以组团为单位考虑布局定位，根据各组团地理位置、局部气候、人文资源等特征采取相应设计策略。

（1）远尺度策略一：建筑尽可能采用院落式布局

二级组团内的建筑尽可能采用院落式布局（图7）是远尺度上的平面布局策略，与宏尺度上组团式的赛区规划布局策略相比，这项策略更侧重于对局部微气候的营造及不同布局模式对人体舒适度的影响。在规划设计阶段，通过CDF模拟对组团内部进行了风速测算，院落式布局可保证区域内部风速小于3m/s，人体舒适度提升20%。从而减少防风设施建设投入，有利于更为宜居、更为舒适的赛区建设。

（2）远尺度策略二：面向公众开放的太子城遗址公园

太子城遗址位于张家口赛区奥运村内，前身为公元12世纪金章宗的泰和宫。结合太子城金代皇家行宫遗址，张家口赛区规划设置长400m、宽350m的太子城金代遗址公园。一方面，公园面向公众开放，为周边市民提供公共休闲活动场所；另一方面，通过遗址保护提供文化旅游可能性，提高崇礼地区文旅经济收入与太子城居民文化认同感，在冰雪产业之外，为张家口地区提供赛后长期发展方向。

（3）远尺度策略三：服务大众休闲健身的冰玉环

作为慢行系统在远尺度上的具体措施，冰玉环承担观众通道、赛时运行保障工作区、大众休闲健身场所等多项功能。

冰玉环分为东西两个半环。西半环从地面架起，内环长1.9km，宽15~24m，高7m，最高爬升38m，通过高架步道串联国家跳台滑雪中心、国家冬季两项中心、国家越野滑雪中心、山地转播中心和技术官员酒店；冰玉环上面为前院区，作为观众通道使用，地面为后院区，作为赛事运行保障工作区域使用；这是冬奥会历史上首次通过立体交通的方式区分前后院，集约利用土地面积约4万m^2。东半环为登山步道，建成后长1.1km，宽2~4m，最高爬升115m。

冰玉环与周边山体结合，环形高架步道形态设计呼应中国文化，利用冬奥会大型事件平台贡献于社会文明建设。赛后冰玉环作为大众休闲健身场地面向公众开放，通过奥运环形跑、文化艺术展览等群众性活动推动奥林匹克运动可持续发展。

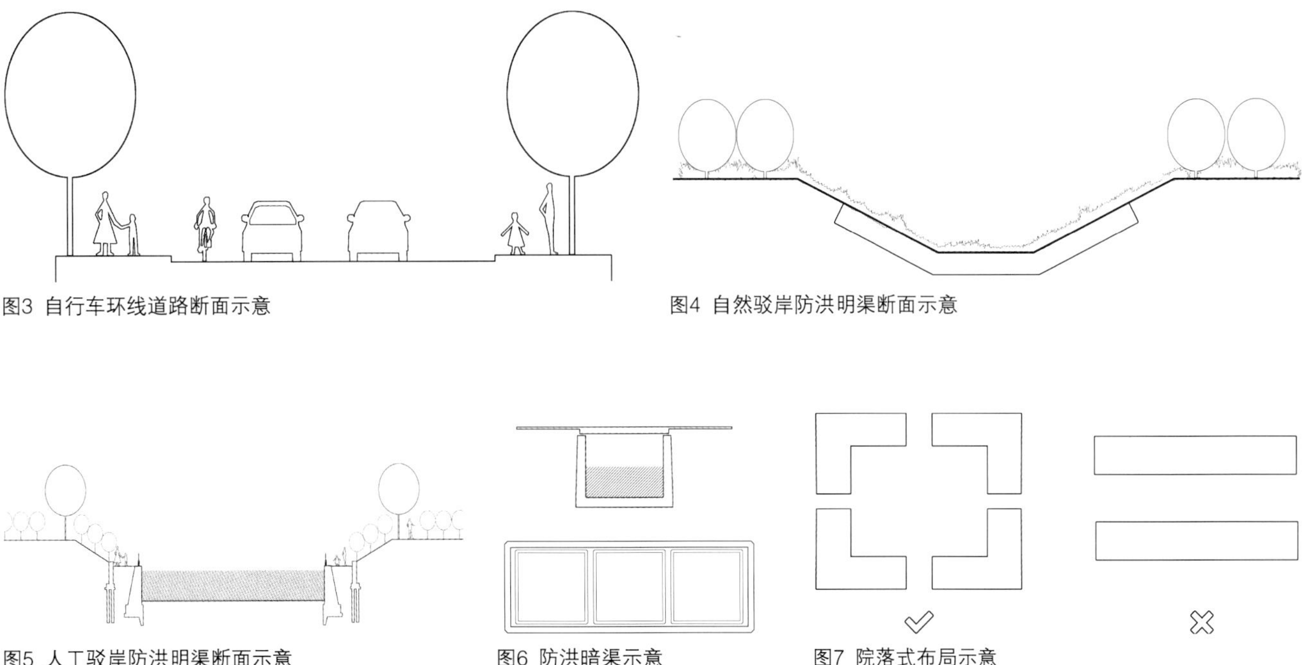

图3 自行车环线道路断面示意

图4 自然驳岸防洪明渠断面示意

图5 人工驳岸防洪明渠断面示意

图6 防洪暗渠示意

图7 院落式布局示意

2.3 中尺度

张家口赛区规划设计中尺度上的策略考虑重点有二：一是为人们提供步行的可能性与便捷性，借此倡导健康低碳的出行方式与生活方式；二是普遍应用绿色建筑策略，帮助张家口赛区环境可持续发展。

（1）中尺度策略一：零距离换乘

自冬奥会申办成功以来，我国北方十多个省份将滑雪作为旅游业新的增长点，而部分现有滑雪场交通服务设施尚有改善空间[15]。以零距离换乘作为赛区交通设施设计布局的出发点，张家口赛区以太子城高铁站和换乘中心作为交通枢纽，连接地下、地上交通（图8）；采用轨道观光小火车、步行景观通道衔接高铁、文创和会展地块；通过地上平台和地下通廊两个慢行接驳廊道连接高铁站与文创商街，满足不同天气的出行需求；在太子城冰雪小镇东侧高速口设置P+R换乘停车场站，倡导公共交通。

通过零距离换乘设计，为赛区居民、观众及游客提供步行舒适范围内可达的公共交通服务，结合慢行接驳廊道这一慢行系统在中尺度上的具体措施，倡导步行与公共交通相结合的出行方式。这一模式在回应绿色发展目标的同时，还将作为基础设施建设的一部分在赛后持续服务于赛区居民生活。

（2）中尺度策略二：绿色建筑策略普遍应用

冬奥会雪上场馆多为室外场馆，相较其他建筑，在热环境营造、运行维护、赛后利用等方面往往存在更高能耗或更高费用的问题[16]。为了应对这一争议，张家口赛区在规划时针对不同类型的建筑分别设定了不同绿色建筑标准目标，即新建建筑全部采用中国绿建三星标准，新建雪上场馆采用新编制的绿色雪上场馆三星标准。通过自然通风、自然采光、外遮阳等绿色建筑策略的普遍应用，太子城冰雪小镇获得全球首个LEED文旅项目铂金级预认证，对雪上场馆环境可持续性的争议作出积极回应。

2.4 近尺度

近尺度上的张家口赛区规划设计策略大多聚焦于可在全区域通用的具体设计标准或措施。在可持续发展的视角下，这些标准或设计为地区的赛后建设提供了可能的实践范例。

（1）近尺度策略一：细微肌理、小尺度、坡屋顶的建筑风貌

张家口地处我国华北地区，赛区建筑设计采用细微肌理、小尺度、暖色坡屋面（图9），檐口高度不超过18m，建筑高度不超过22m，以呼应当地建筑风貌。外墙材料以当地山区民居常用建筑材料石、木为主，搭配金属与玻璃，采用适用于当地的建筑工法，以减轻新建区域对当地自然环境及原有民居环境的影响，推动实现张家口山区传统建筑风貌的延续。

（2）近尺度策略二：绿化种植与生态修复措施

有别于宏尺度上为实现环境可持续发展的几项策略以减少干预为手段，近尺度上张家口赛区通过绿化种植、地表土回覆等干预措施对赛区进行生态修复。

赛区内的绿化种植与生态修复技术遵循山地原生态景观塑造的目标，尊重场地原有地形、植被，尽可能保留并利用现状植物；利用本地植被，尽可能强化林地的连续性与整体性；所有植物材料均采用本地驯化物种，保证苗源数量，确保种植成活率；对可视面及切削山体后的护坡等破坏严重面进行重点生态修复；场地土方施工前剥离表土，集中堆放，施工结束后回覆表土，并进行植草绿化。

通过对赛区内不同区域绿化状态结合建设需求进行评估，分别采取保留植被、移栽植被、种植本地植被、生态修复、地表土回覆等不同措施。在这一策略作用下，张家口市崇礼区森林覆盖率达到67%，冬奥赛事核心区达到80%以上，PM2.5年均浓度从2015年的37μg/m^{3}下降至2020年的15μg/m^3[39]。

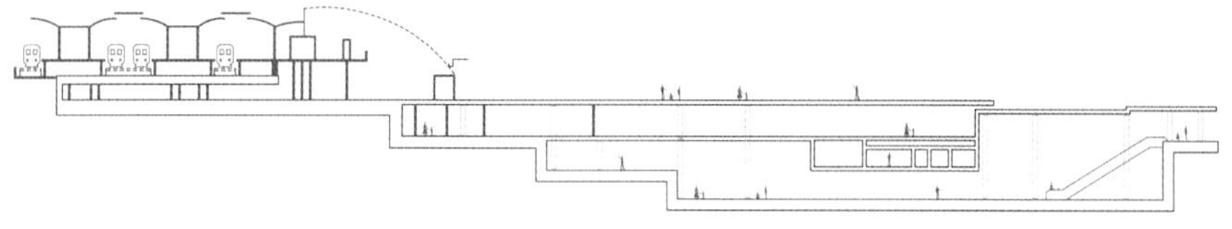

图8 零距离换乘剖面示意

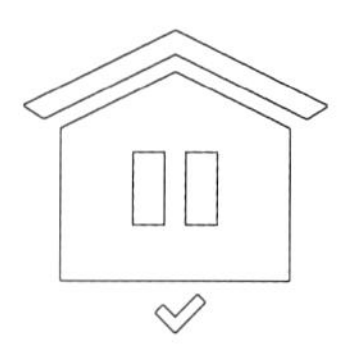

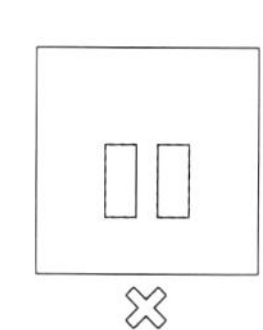

图9 建筑风貌控制示意

（3）近尺度策略三：水资源收集与循环利用措施

受气候局限，包括张家口赛区在内的雪上运动场馆需要通过人工造雪实现运营[17][18]，因此水资源的收集与循环利用是赛区为实现可持续发展目标所必须面临的议题[19]。张家口赛区以“海绵赛区”的规划理念为导向，采用“渗、滞、蓄、净、用、排”等多种途径实现雨水的合理收集利用。

人行道采用透水铺装，赛道旁设置植草沟，以实现雨水及融雪水的收集与利用；张家口赛区设71万m^3蓄水池，地表水通过防洪渠流入蓄水池，经硅砂蜂巢雨水自净化系统处理后可用于冬季造雪、夏季绿化灌溉、河道景观、道路浇洒及厕所冲洗，以实现水资源高效利用；赛区全部场馆和基础设施污水，利用赛区统一设置的污水站进行处理，以实现全收集、全处理与循环利用。

（4）近尺度策略四：无障碍设施

张家口赛区将国际残疾人奥林匹克委员会（IPC）无障碍指南[20]和北京冬奥组委无障碍设计指南作为全赛区无障碍设计的基本要求，将赛区交通系统、卫生间系统和场馆的功能房间作为设计重点对象，并在部分场馆尝试通用设计等全新的无障碍设施及设计方法，以期达到更高的包容性[21]。

无障碍设施设计作为弱势群体关怀的重要课题，服务于社会公平，是以人为核心的新型城镇化建设的重要组成部分。同时，张家口赛区的无障碍设计范围包含城市区域，将作为奥运遗产在赛后长期服务于赛区居民的日常生活。

3 结语

张家口赛区通过全尺度空间干预的可持续规划设计策略致力于服务地方长期发展。宏尺度上，张家口赛区以生态优先为规划设计的主要导向，通过按资源环境承载能力确定赛区规模、组团式布局等措施尽量减少对生态环境的负面影响；通过地下集中设置综合管廊、与常态生态保护相结合的防洪系统等保障赛时运维的安全性和高效性，并为在赛后作为基础设施持续服务地区居民生产生活提供可能；通过可再生能源纳入全赛区能源系统有效减少碳排放，帮助张家口地区环境可持续发展；通过促进冰雪产业发展的赛区运营定位带动张家口地区体育产业、旅游产业发展，贡献于地方经济增长；通过骑行、步行共同组成的慢行系统倡导绿色出行方式，作用于生态环境保护与人的健康促进。远尺度上，张家口赛区通过建筑尽可能采用院落式布局、太子城遗址公园面向公众开放、冰玉环服务大众休闲健身等策略，关注居民及观众的人体舒适、精神文明、身体健康，同时为文化旅游提供可能性。中尺度上，通过零距离换乘设计倡导健康低碳的出行方式与生活方式，通过绿色建筑策略的普遍应用为赛区环境可持续提供保障。近尺度上，通过细微肌理、小尺度、坡屋顶的设计手法呼应当地建筑风貌；通过绿化种植与生态修复、水资源收集与循环利用等措施降碳固碳、节能减排；通过无障碍设施设计服务社会公平，服务当地居民日常生活。

注释：

①数据来源：北京中水利德科技发展有限公司．崇礼区太子城区域防洪工程规划．
②数据来源：清华大学建筑设计研究院有限公司．北京2022年冬奥会和冬残奥会张家口赛区场馆布局规划．
③数据来源：清华大学建筑设计研究院有限公司．太子城冰雪小镇控制性详细规划．
④数据来源：中国城市科学规划设计研究院．古杨树场馆群控制性详细规划．
⑤数据来源：北京清华同衡规划设计研究院有限公司．北京2022年冬奥会和冬残奥会张家口赛区市政工程统筹规划．2019,04．
⑥数据来源：宇恒可持续交通研究中心．崇礼太子城冰雪小镇道路交通规划与地块交通设计．
⑦数据来源：清华大学建筑设计研究院有限公司．北京2022冬奥会和冬残奥会张家口赛区相关规划纲要．
⑧数据来源：华凌．北京冬奥会将实现100%清洁能源供电[N]．科技日报，2021-05-06．
⑨数据来源：李如意．冬奥小城崇礼完成造林109万亩，森林覆盖率提高至67%[N/OL]．京报网，2021-03-12．

参考文献：

[1] 高艳，刘金花．张家口市产业结构与经济增长的关系研究[J]．统计与管理，2021，36（04）：33-38．
[2] 张家口市统计局，国家统计局张家口调查队．张家口市2020年国民经济和社会发展统计公报[N]．张家口日报，2021-03-17．
[3] 国家统计局．2020年居民收入和消费支出情况[EB/OL]．2021-01-18．http://www.stats.gov.cn/tjsj/zxfb/202101/t20210118_

1812425.html.

[4] 王道杰，刘力豪. 国际奥委会改革理念的创新及其对北京冬奥会的启示——基于《奥林匹克2020议程》的词频统计[J]. 中国体育科技，2021，57（03）.

[5] 张利，张铭琦，邓慧姝，马塔·曼奇尼. 北京2022冬奥会规划设计的可持续性态度[J]. 建筑学报. 2019（01）：7–13.

[6] Song S, Zhang S, Wang T, et al. Balancing Conservation and Development in Winter Olympic Construction: Evidence from a Multi-scale Ecological Suitability Assessment[J]. entific Reports, 2018, 8（1）.

[7] Vanwynsberghe R. The Olympic Games Impact (OGI) Study for the 2010 Winter Olympic Games: Strategies for Evaluating Sport Mega-events' Contribution to Sustainability[J]. International Journal of Sport Policy & Politics, 2015, 7（1）:1–18.

[8] Zhen L I. Landscape Heterogeneity of Urban Vegetation in Guangzhou[J]. Chinese Journal of Applied Ecology, 2000, 11（1）:127.

[9] 范晓宏. 张家口发展风电的环境影响与效益[J]. 环境保护，2010（12）:63–64.

[10] Verbin Y I. Evaluation of The Influence of Olympic Legacy on Tourist Destination Development[C]// CIEDR 2018 – The International Scientific and Practical Conference "Contemporary Issues of Economic Development of Russia: Challenges and Opportunities". 2019.

[11] 何胜保. 北京冬奥会张家口赛区冰雪旅游开发的昂普（RMP）模型分析[J]. 山东体育学院学报，2020, v.36;No.184（05）:41–50.

[12] Weiler J, Mohan A. The Olympic Games and the Triple Bottom Line of Sustainability: Opportunities and Challenges[J]. Social Science Electronic Publishing, 2014, 1（1）:187–202.

[13] Frey M, Iraldo F, Melis M. The Impact of Wide-Scale Sport Events on Local Development: An Assessment of the XXth Torino Olympics Through the Sustainability Report[J]. Social Science Electronic Publishing, 2008, 6（4）:1–1.

[14] 赵晓楠. 城市住区慢行系统构建研究[D]. 哈尔滨工业大学，2010.

[15] Yu L I, Zhao M, Guo P, et al. Comprehensive Evaluation of Ski Resort Development Conditions in Northern China[J]. 中国地理科学（英文版）, 2016.

[16] Mackenzie J D. Moving Towards Sustainability in the Olympic Games Planning Process[J]. Masters Abstracts International, Volume: 45–04, page: 1781. 2006.

[17] 毛明策，王琦，田亮. 2022年北京冬季奥运会人工造雪气象条件初步研究[J]. 气候变化研究进展，2018, 14（06）:547–552.

[18] International Olympic Committee. Report of the 2022 Evaluation Commission[R]. International Olympic Committee, 2015:63.

[19] Yang H, Thompson J R, Flower R J. Beijing 2022: Olympics Will Make Water Scarcity Worse[J]. Nature, 2015, 525（7570）:455.

[20] IPC. Accessibility Guide[S]. International Paralympic Committee, 2015.

[21] 潘睿，邵磊. 北京2022国家跳台滑雪中心无障碍设计研究[J]. 世界建筑，2019（10）:26–33,124.

图片来源：

所有照片、图纸来源均为清华大学建筑设计研究院简盟工作室，摄影：潘小剑。

国家跳台滑雪中心“雪如意”

竞赛场馆（新建）

Zhangjiakou National Ski Jumping Center ‘Ruyi’

Project Team

Client | Zhangjiakou Olympic Sports Constuction and Development Co., Ltd.

Design Team | Architectural Design and Research Institute of Tsinghua University Co., Ltd.

Contruction | Zhongtie Jiangong Group

Principle-in-Charge | ZHANG Li

Architecture | ZHANG Li, ZHANG Mingqi, ZHANG Kui, YAO Hong, WANG Chong, PAN Rui, JIANG Xirui, WU Xue, LIU Yongbin, DENG Huishu, XIA Mingming

Structure | YANG Xiao, LI Binfei

Water Supply & Drainage | XU Jinghui, LIU Cheng

HVAC | WANG Yiwei

MEP | LIU Lihong

Profile Design | Hans-Martin Renn

项目团队

建设单位｜张家口奥体建设开发有限公司

设计单位｜清华大学建筑设计研究院有限公司

施工单位｜中铁建工集团

项目负责人｜张利

建筑设计｜张利、张铭琦、张葵、姚虹、王冲、潘睿、江曦瑞、吴雪、刘永彬、邓慧姝、夏明明

结构设计｜杨霄、李滨飞

给水排水专业｜徐京晖、刘成

暖通专业｜王一维

强电专业｜刘力红

弱电专业｜刘力红

赛道剖面｜汉斯马丁

Project Data

Location | Zhangjiakou, Hebei, China

Design Time | 2017

Completion Time | 2020

Site Area | 204.92hm^2

Architecture Area | 24200m^2

Structure | Top Club (Reinforced Concrete Frame Shear Wall and Steel Structure), Track (Side: Steel Structure; Bottom Slab: Reinforced Concrete Frame), Stand (Steel Frame with Central Support)

HS140 | 107.35m (Horizontal Distance of K Point)

HS106 | 83.14m (Horizontal Distance of K Point)

Amount of Seats | 5703

工程信息

地点｜中国河北张家口

设计时间｜2017年

竣工时间｜2020年

基地面积｜204.92hm^2

建筑面积｜2.42万m^2

结构形式｜顶峰（钢筋混凝土框架剪力墙及钢结构）、赛道（侧翼钢结构，底板钢筋混凝土框架）、看台区（钢框架加中心支撑结构）

大跳台HS140｜107.35m（K点水平距离）

标准跳台HS106｜83.14m（K点水平距离）

看台坐席｜5703个

雪如意生态修复效果

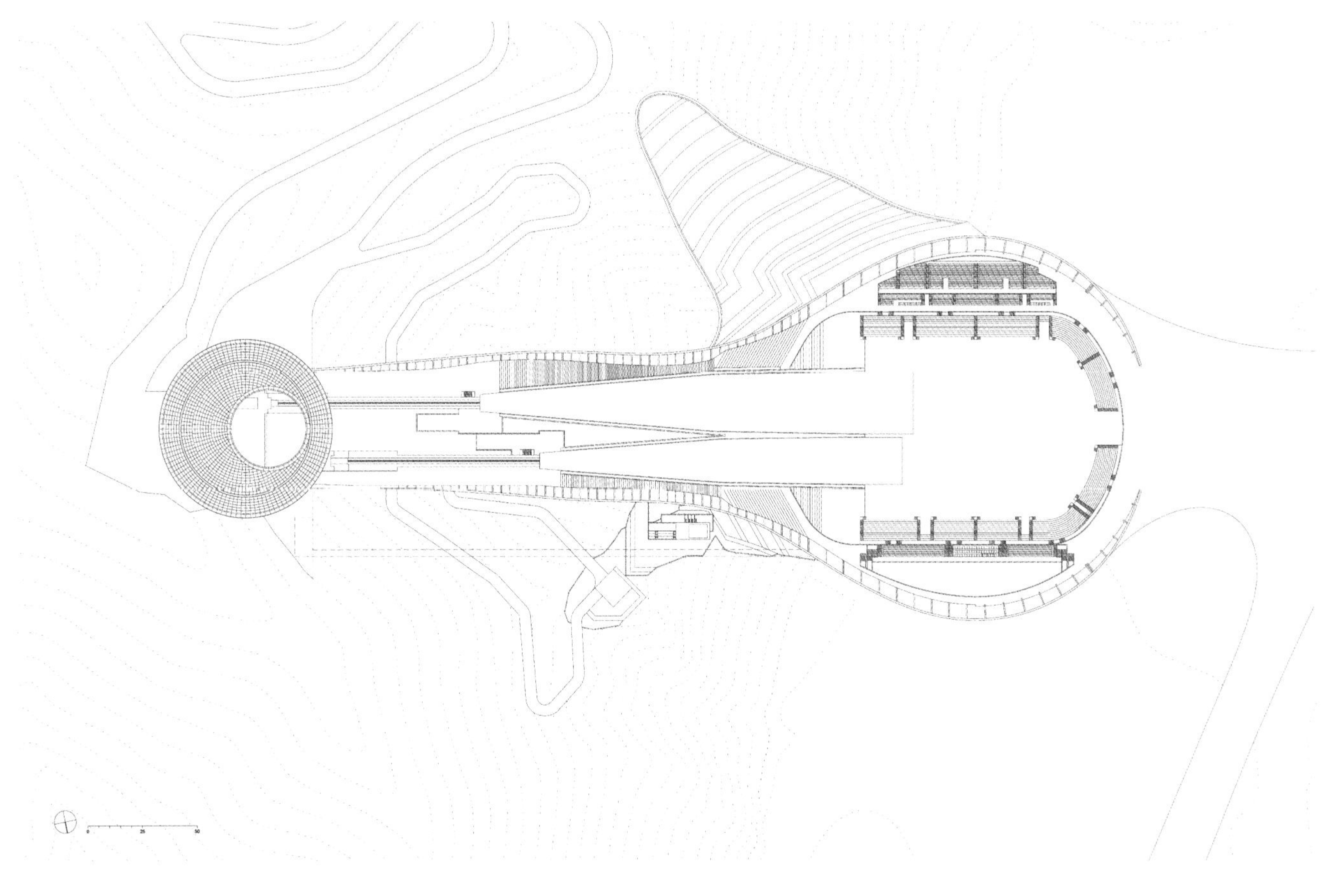

总平面

“雪如意”顶视鸟瞰

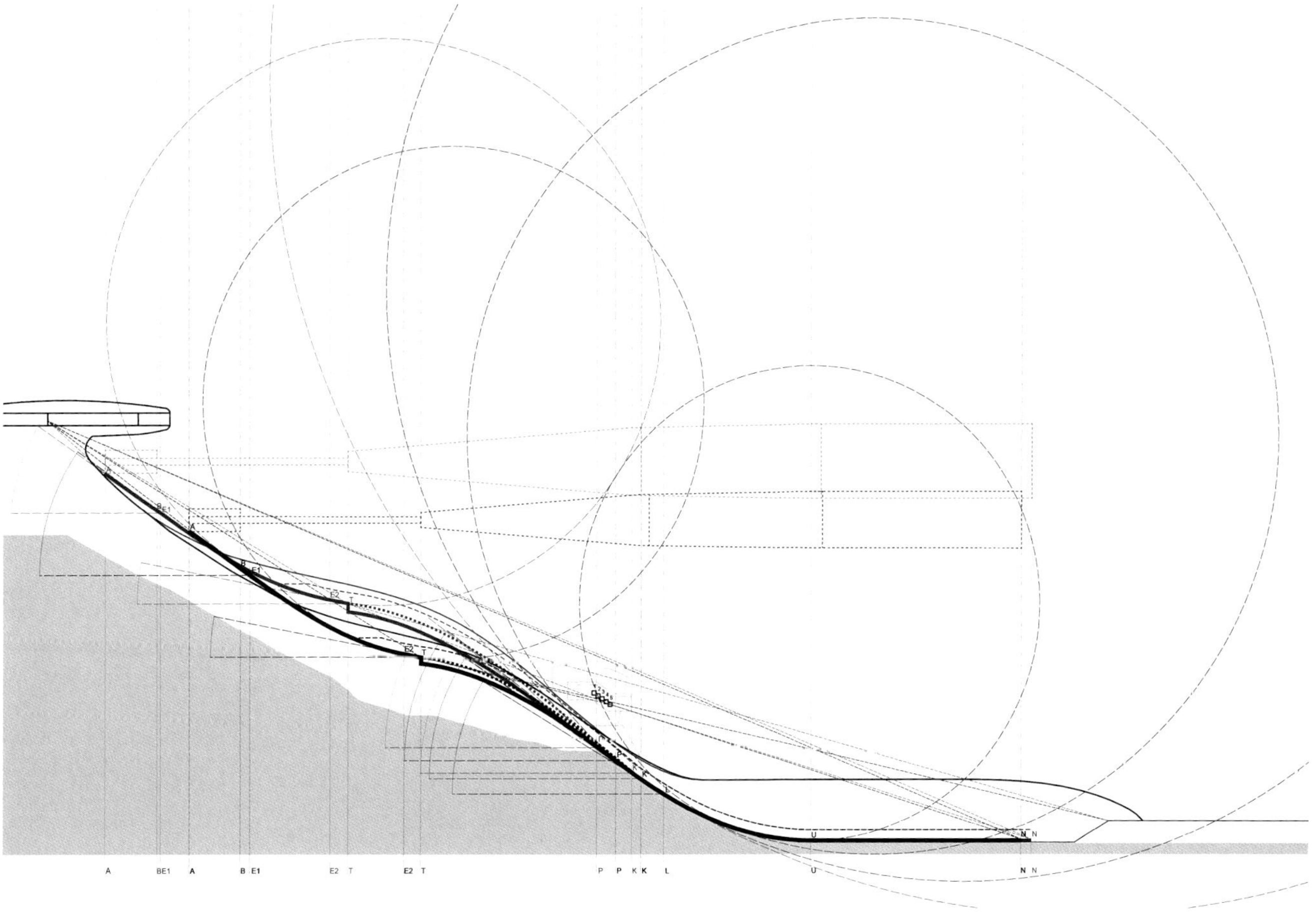

赛道曲线概念图

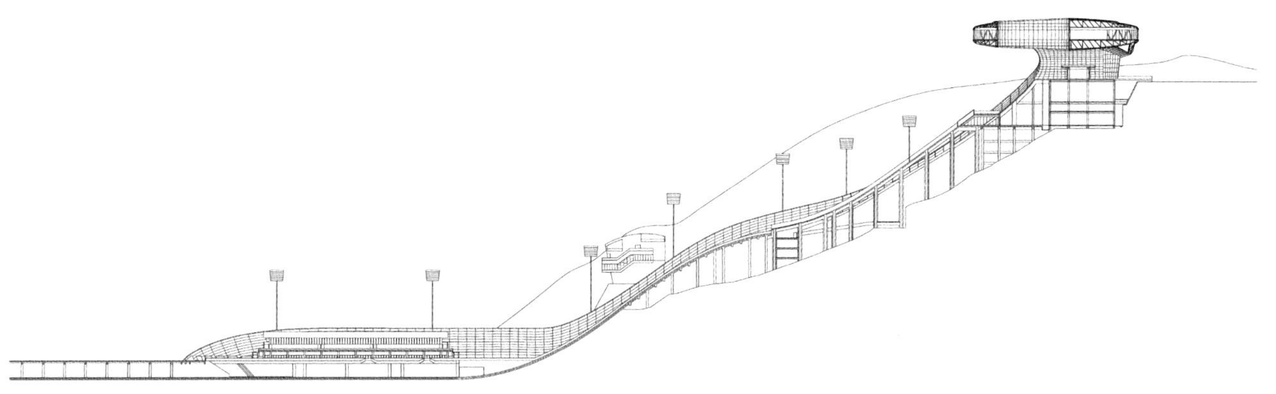

剖面

北侧鸟瞰

手绘草图（绘图：张利）

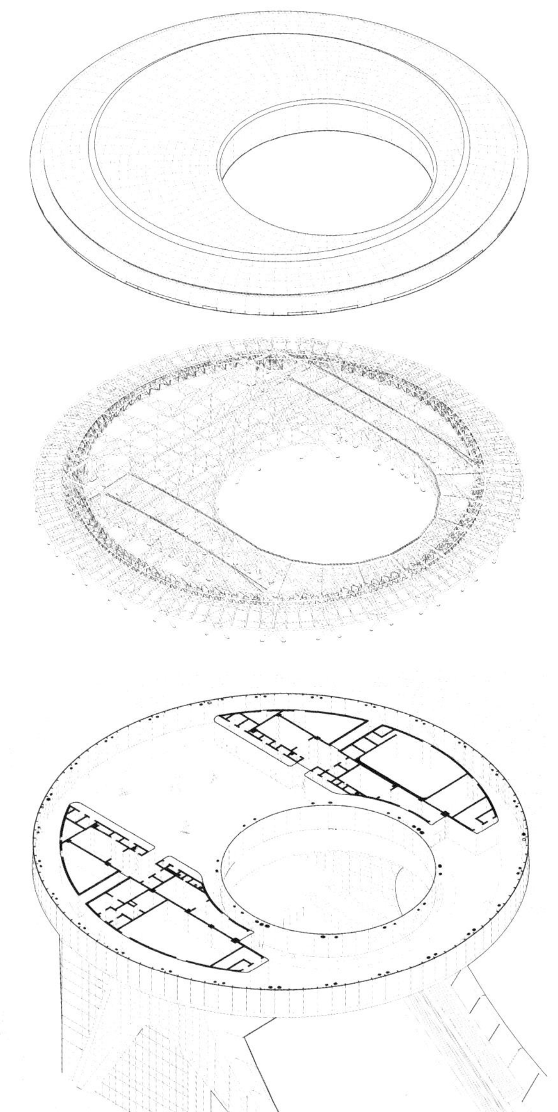

顶峰俱乐部分解轴测

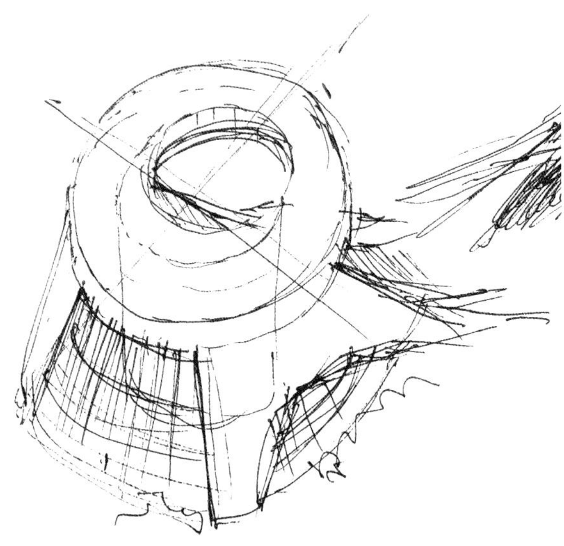

手绘草图（绘图：张利）

西南侧鸟瞰

顶峰俱乐部

从出发区看赛道

赛道局部

起跳点局部

赛道局部

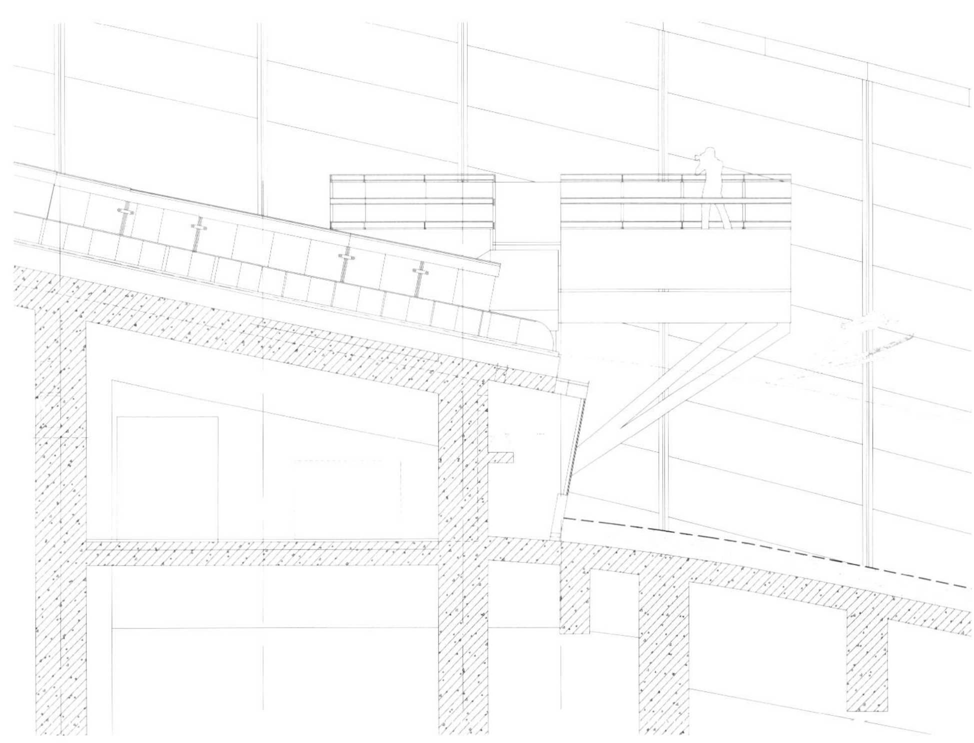
起跳点详图

1 作为山地标识性场馆的国家跳台滑雪中心

国家跳台滑雪中心“雪如意”作为北京2022冬奥会张家口赛区山地标识性场馆，占地约62hm^2，位于张家口古杨树组团的西北角，距古杨树主入口广场北侧直线距离600m。其竞赛场馆造型与中国传统饰物“如意”契合，包括山上顶峰俱乐部、山下看台区、竞赛区以及综合区等。

山上顶峰俱乐部主要为赛后的观光、会议使用。山下看台分为南北两部分：南侧看台设观众席、媒体记者席、评论员席，看台下为技术楼，奥运大家庭用房位于其中；北侧看台设观众席。竞赛区由大跳台（HS140）与标准跳台（HS106）两条赛道组成，裁判塔位于标准跳台一侧。结束区南侧设混合采访区，东侧设仪式区。在山上标准跳台出发区层设运动员综合区。山下看台区北侧设置停车场、直升机停机坪、训练跳台，南侧设置转播综合区（表1）。

山地标识性冬奥场馆的设计建造在可持续方面往往面临一定的争议[1]。如因山地区域小气候扰动[2]、林地面积损失[3-4]等造成的生态环境影响，因地形气候限制带来的建造成本增加[5]，因山地场馆非赛时利用率不足带来的资源浪费[6-7]，因赛区气温较低带来的观赛舒适度欠缺等。面对北京2022年冬奥会可持续诉求[8]及我国可持续发展理念，国家跳台滑雪中心采用场馆形态数字化设计、赛道剖面精细建造、赛后运营功能复合、竞赛观赛环境保障等规划设计策略，通过全尺度空间干预应对上述可持续争议。

国家跳台滑雪中心相关数据　　表1

<table>
<tr><td colspan="3" rowspan="2">整体</td><td colspan="2">用地面积</td><td>占地面积</td><td colspan="2">建筑面积</td></tr>
<tr><td colspan="2">204.92hm²</td><td>62hm²</td><td colspan="2">27091m²</td></tr>
<tr><td rowspan="19">竞赛赛道</td><td colspan="2"></td><td>点位</td><td>水平距离（m）</td><td>垂直距离（m）</td><td>基底绝对标高（m）</td><td>落差（m）</td></tr>
<tr><td rowspan="9">大跳台
HS140</td><td rowspan="4">助滑道</td><td>A</td><td>-92.22</td><td>48.19</td><td>1771.19</td><td rowspan="9">136.2</td></tr>
<tr><td>B</td><td>-72.56</td><td>34.43</td><td>1757.43</td></tr>
<tr><td>E1</td><td>-71.31</td><td>33.55</td><td>1756.55</td></tr>
<tr><td>E2</td><td>-6.85</td><td>1.33</td><td>1742.33</td></tr>
<tr><td rowspan="5">着陆坡</td><td>T</td><td>0.00</td><td>0.00</td><td>1722.99</td></tr>
<tr><td>P</td><td>94.16</td><td>-53.35</td><td>1669.64</td></tr>
<tr><td>K</td><td>107.35</td><td>-62.80</td><td>1660.19</td></tr>
<tr><td>L</td><td>119.31</td><td>-70.50</td><td>1652.49</td></tr>
<tr><td>U</td><td>175.62</td><td>-87.99</td><td>1635.00</td></tr>
<tr><td rowspan="9">标准
跳台
HS106</td><td rowspan="4">助滑道</td><td>A</td><td>-87.89</td><td>46.69</td><td>1749.71</td><td rowspan="9">114.7</td></tr>
<tr><td>B</td><td>-68.32</td><td>32.92</td><td>1735.94</td></tr>
<tr><td>E1</td><td>-64.70</td><td>30.39</td><td>1733.41</td></tr>
<tr><td>E2</td><td>-6.38</td><td>1.24</td><td>1704.26</td></tr>
<tr><td rowspan="5">着陆坡</td><td>T</td><td>0.00</td><td>0.00</td><td>1703.02</td></tr>
<tr><td>P</td><td>73.77</td><td>-38.27</td><td>1664.75</td></tr>
<tr><td>K</td><td>83.14</td><td>-44.98</td><td>1658.04</td></tr>
<tr><td>L</td><td>91.90</td><td>-50.61</td><td>1652.41</td></tr>
<tr><td>U</td><td>148.10</td><td>-68.02</td><td>1635.00</td></tr>
</table>

续表

<table>
<tr><td colspan="3" rowspan="2">整体</td><td colspan="3">用地面积</td><td colspan="2">占地面积</td><td colspan="3">建筑面积</td></tr>
<tr><td colspan="3">204.92hm²</td><td colspan="2">62hm²</td><td colspan="3">27091m²</td></tr>
<tr><td rowspan="17">非竞赛设施</td><td colspan="2" rowspan="2">看台区[①]</td><td colspan="3">可用看台坐席</td><td colspan="2">可用看台站席</td><td colspan="2">可用无障碍席 + 陪同席</td><td>可用席位</td></tr>
<tr><td colspan="3">2518</td><td colspan="2">3083</td><td colspan="2">102</td><td>5703</td></tr>
<tr><td colspan="2" rowspan="3">顶峰俱乐部</td><td colspan="3">悬挑长度（m）</td><td colspan="2">直径（m）</td><td colspan="2">高度（m）</td><td rowspan="2">用钢量（t）</td></tr>
<tr><td>两侧</td><td>后部</td><td>前部</td><td>钢结构</td><td>中空内圆</td><td>结构</td><td>层间</td></tr>
<tr><td>15.8</td><td>15.1</td><td>37.25</td><td>78</td><td>36</td><td>49</td><td>6</td><td>2200</td></tr>
<tr><td colspan="2"></td><td colspan="4">基底绝对标高（m）</td><td colspan="4">场地面积（m²）[②]</td></tr>
<tr><td colspan="2">顶峰俱乐部</td><td colspan="4">1789.3</td><td colspan="4">3900</td></tr>
<tr><td colspan="2">运动员区</td><td colspan="4">1749.7</td><td colspan="4">2068</td></tr>
<tr><td colspan="2">裁判塔</td><td colspan="4">1692.6</td><td colspan="4">800</td></tr>
<tr><td colspan="2">转播综合区</td><td colspan="4">1632</td><td colspan="4">3812</td></tr>
<tr><td colspan="2">看台停车区</td><td colspan="4">1634</td><td colspan="4">5277</td></tr>
<tr><td colspan="2">转播停车区</td><td colspan="4">1632</td><td colspan="4">2275</td></tr>
<tr><td rowspan="3">电力综合区</td><td>看台</td><td colspan="4">1643</td><td colspan="4">905</td></tr>
<tr><td>顶峰</td><td colspan="4">1771</td><td colspan="4">123</td></tr>
<tr><td>OBS</td><td colspan="4">1631</td><td colspan="4">1347</td></tr>
<tr><td rowspan="2">重点技术</td><td colspan="2" rowspan="2">冰助滑道[③]</td><td colspan="2">冰浆雪水比</td><td colspan="2">初始冰面温度（℃）</td><td colspan="2">剖面建造精度（cm）</td><td colspan="2">温度监测精度（℃）</td></tr>
<tr><td colspan="2">雪：水 =60% ： 40%</td><td colspan="2">−10</td><td colspan="2">2.1</td><td colspan="2">0.1</td></tr>
</table>

2 全尺度空间干预视角下的国家跳台滑雪中心可持续设计策略

从全尺度空间干预的角度来看，作为竞赛场馆，国家跳台滑雪中心的设计策略在远尺度、中尺度、近尺度、微尺度4个维度上对可持续目标作出回应（图1）。

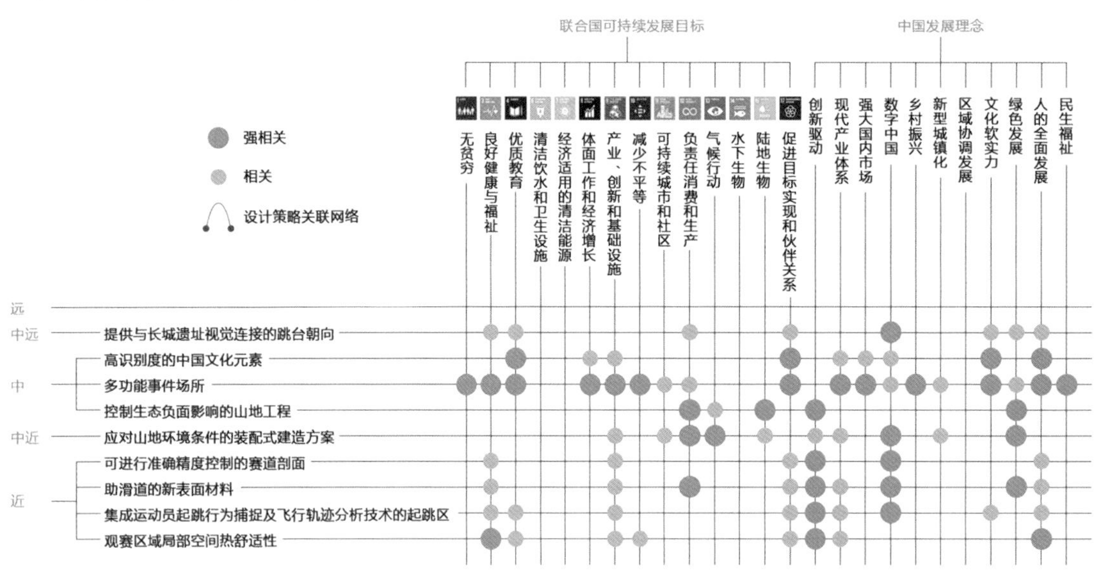

图1 国家跳台滑雪中心设计策略可持续性相关矩阵

2.1 远尺度设计策略：提供与长城遗址视觉连接的跳台朝向

国家跳台滑雪中心中远尺度可持续设计考虑的重点在于充分利用场地现有条件优势，处理跳台位置朝向与周边环境的关系。

为充分利用场地现有条件，提高运动员竞赛体验，国家跳台滑雪中心在设计过程中进行了逆时针旋转20°的朝向调整。一方面，调整过后的跳台与长城遗址形成视觉连接，运动员在跳台出发区远望可看到长城遗址，通过这一代表性中国符号帮助提升运动员对北京冬奥会中国特色的认同感。另一方面，与原朝向相比，调整后的朝向受山区风力影响较小，有效减少防风建设投入，贡献于山区生态及经济可持续发展。

2.2 中尺度设计策略

在中尺度上，国家跳台滑雪中心的设计考虑重点是对山地的形势利用和生态保护，从而在控制生态负面影响的前提下建立标识性特征，以期利用建筑语言、冬奥平台讲述中国故事与文化自信。

（1）高识别度的中国文化元素

国家跳台滑雪中心竞赛场馆的标识性建立在与中国传统饰物“如意”契合的造型上，其主体由山上顶峰俱乐部、山下体育场看台区、两条跳台赛道组成。设计充分利用跳台自身赛道剖面S形曲线，与另两部分结合，自然形成如意形象，这也正是被中外媒体广泛报道的“雪如意”一名的由来。“如意”形象侧面曲线在西北向兼具防风功能，在强化中国文化元素的同时，使得防风网建设长度降至200m以下。

“雪如意”通过其高识别度的中国元素形态设计，成为重要节庆活动取景标志物和国际奥委会赛事转播主要背景，体现了此项策略对我国文化可持续的促进作用。

（2）多功能事件场所

部分往届冬奥山地场馆因远离城市而在赛后难以得到有效利用，且竞技型雪上场馆由于项目特征明显，往往难以承载其他类别体育运动功能，赛后利用情况存在较大提升空间。

国家跳台滑雪中心计划利用自身标识性场馆特点开展发布会、开幕式等群众性文化活动，举办世界杯、世锦赛等世界级冰雪赛事。在已举办的河北省第二届冰雪运动会中，国家跳台滑雪中心作为开幕式场地，结合照明设计服务于文体表演等活动。赛事规模覆盖河北全省14个地市和54所高校，2198人参赛，总体规模、参与人数、覆盖范围均高于上届，参赛人数增长近25%[9]。

同时，山下体育场区域与足球场进行功能复合设计，足球场面向公众开放，巧妙利用“雪如意”标识性形态设计局部，实现专业性冰雪运动场馆与休闲性大众健身场所的共用。以赛时观众席容量推算，该足球场预计可为1万人次观众提供公共休闲空间。可见国家跳台滑雪中心通过多功能运营贡献于全民健身运动，利用赛事标识性场馆影响力帮助当地社会与经济可持续发展（图2）。

（3）控制生态负面影响的山地工程

为减少对山地较为脆弱生态环境的破坏，国家跳台滑雪中心山地工程采用精细爆破技术和格宾支护体系[10]。一方面，减少山体爆破量，通过毫秒延时起爆和预裂控制爆破，对原先岩体的利用率达95%，在崇礼地区气候寒冷每年施工期仅6个月的情况下节省工期1/3。另一方面，在格宾网箱上铺设带草籽的种植土，通过对建设区域的生态再造帮助山区建设用地的环境可持续发展。

同时，助滑道和着陆坡底部架空，赛道雪面距原地表最高32m，保护地表径流及植被1.051万m^2，有效应对了以往标识性建筑较大建设量与场地生态保护间的矛盾，为山区动物生态迁徙提供可能空间。

2.3 近尺度设计策略：应对山地环境条件的装配式建造方案

在中近尺度上，国家跳台滑雪中心可持续设计策略的关注点逐渐由较为宏观的概念定位转向具体的建造技术。结合山地环境条件，探索以更少消极影响带来更大积极效益的可能性。

为应对山地地形复杂、气候寒冷、施工难度较大的特点，国家跳台滑雪中心多处采用装配式结构以减少现场施工作业的工程量和建筑垃圾，从而减少建设经费投入和污染物排放。

图2 山下体育场用作足球场

跳台主体、顶峰俱乐部顶部悬挑及桁架采用钢结构，与混凝土结构相比从源头减少碳消耗。裁判塔、观众台采用预制混凝土板等装配式结构体系，其中看台预制板5100块，在建造阶段具有显著碳减排效果。顶峰俱乐部外环采用单元式幕墙体系，其中弧形玻璃156块，非透光玻璃1166块，有利于提高山地施工作业的便捷度和精度。

2.4 微尺度设计策略

相较于其他尺度，国家跳台滑雪中心近尺度上的设计策略聚焦于个人感受，主要包括运动员竞赛体验与观众观赛体验，以运动员更好成绩、观众更高舒适度回应奥林匹克运动可持续发展需求。

（1）可进行准确精度控制的赛道剖面

跳台赛道的剖面精度控制主要依靠数字点云测绘和剖面混凝土配合滑道模块调整。根据赛道与运动员的贴合关系，对助滑道和着陆坡采用不同的精度控制手段。助滑道部分的精度控制由曲面混凝土与1m长的滑道模块配合完成，助滑道模块可根据混凝土完成度对竖向龙骨进行调整修正，通过数字点云测绘确认龙骨精度后安装滑道模块；着陆坡部分的精度控制由曲面混凝土与雪面配合完成，曲面混凝土模板按1.5m模数进行拆分，用于控制完成面精度，同时赛道两侧利用混凝土翻边辅助控制冬季造雪完成面高度，以满足冬夏四季赛道的要求。

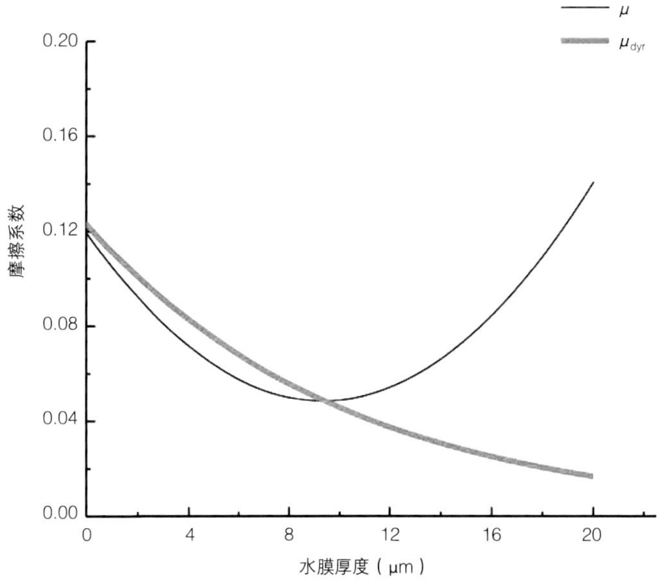

图3 水膜厚度与摩擦系数关系曲线[11]

在这一控制方式下，国家跳台滑雪中心助滑道剖面误差控制在2.1cm以内，有效控制运动员竞赛接时触面的位置和平滑程度，保障运动员竞赛体验。

（2）助滑道的新表面材料

近年来，跳台滑雪助滑道结构表面材料已逐渐由雪面转变为冰面，作为冬奥会历史上首个使用冰助滑道的大跳台，国家跳台滑雪中心施工过程中用到的冰浆作为一种固液两相材料，其雪与水的混合比例尤为重要。同时，运动员良好成绩的取得与跳台滑雪助滑道的加速性能存在较大关系。

针对国家跳台滑雪中心采用冰助滑道的材料特性，经实验研究发现，当冰浆配合比为雪：水=60%：40%时，成型冰体表面较为光滑，并且具有较高的抗压强度与抗弯强度，满足人工摊铺过程中的施工和易性。结合运动员滑行时摩擦生热的实际情况，接触面冰雪融化在滑板表面产生一层水膜（图3），当跳台助滑道冰面初始温度为-10℃时，冰面最终温度接近最小摩擦系数所对应的温度，运动员能获得更大的滑行速度[11]。同时，研发助滑道冰面准分布式智能监测系统对助滑道进行实时监测与管理，温度监测精度小于0.5℃，位移监测精度为毫米级，实现了助滑道关键技术控制指标控制由目前定性经验为主到数据驱动的转变。

国家跳台滑雪中心通过确定适宜的冰浆雪水比例保障冰助滑道施工建设，通过减小助滑道冰面摩擦系数帮助运动员取得更好成绩，以期贡献于冰雪运动及奥林匹克运动的可持续发展。

（3）集成运动员起跳行为捕捉及飞行轨迹分析技术的起跳区

国家跳台滑雪中心起跳区采用结合生物力学的压敏板和250帧/s的高速摄像机对运动员起跳进行行为捕捉和动作分析，结合运动传感器辅助对运动员飞行轨迹进行分析。通过对我国运动员的起跳高度、起跳速度等数据进行记录，帮助我国运动员在训练过程中提高成绩，从而利用冬奥会的宣传效应带动我国冰雪运动及冰雪产业的可持续发展。

（4）观赛区域局部空间热舒适性

为应对往届冬奥会观赛区热舒适度不足的问题及崇礼山地气温极低带来的挑战，在观赛区设计开发了与场馆站席、坐席及服装整体相结合的观赛人员热舒适提升措施。实验表明，上述措施可实现在-20℃体感温度下，在10s内使表面温度升至40℃以上，观众体感温度提升至-6℃以上，表面各点温差小于3℃，并能够满足差异化取暖需求[12]。国家跳台滑雪中心以人为核心，关注观众的人体舒适度，从最小尺度的人体触觉出发有效应对山地气候局限，提升观赛环境品质。

3 结语

作为山地标识性场馆，国家跳台滑雪中心通过全尺度空间干预贡献于可持续发展。远尺度上，国家跳台滑雪中心通过提供与长城遗址视觉连接的跳台朝向等策略，以期帮助文化传播；中尺度上，主要关注高识别度的中国文化元素形态、多功能事件场所定位、控制生态负面影响的山地工程等，注重文化可持续、经济可持续与生态可持续；近尺度上，国家跳台滑雪中心通过装配式建造方案应对山地复杂地形与严寒气候带来的施工难题；微尺度上，聚焦个人感受，通过可进行准确精度控制的赛道剖面、助滑道的新表面材料、集成运动员起跳行为捕捉及飞行轨迹分析技术的起跳区等设计帮助运动员提升成绩，通过提升观赛区域局部空间热舒适性升观众观赛环境品质，从而贡献于冰雪运动及奥林匹克运动的可持续发展。

注释：

①数据来源：北京冬奥组委。其中可用看台坐席、可用看台站席为待确认官方数据。
②数据来源：北京2022冬奥会和冬残奥会运行设计OB6.0。
③数据来源：人工剖面赛道类场馆新型建造、维护与运营技术2020年度科技报告。

参考文献：

[1] Jean-Loup Chappelet. Olympic Environmental Concerns as a Legacy of the Winter Games[J]. The International Journal of the History of Sport, 2008, 25 (14) : 1884-1902.

[2] 张洪，李中元，李彦. 基于生态安全的山地城镇土地可持续利用模式研究——以云南大理市为例[J]. 地理研究，2019，38 (11)：2681-2694.

[3] Bernier N B, Belair S, Bilodeau B, Tong L Y. Near-Surface and Land Surface Forecast System of the Vancouver 2010 Winter Olympic and Paralympic Games[J]. Hydrometeorol, 2011 (12) : 508-530.

[4] Song S, Zhang S, Wang T, et al. Balancing Conservation and Development in Winter Olympic Construction: Evidence from a Multi-scale Ecological Suitability Assessment[J]. Entific Reports, 2018, 8 (01) : 14083.

[5] 张茜. 冬季奥运会生态可持续发展经验及其对2022年冬奥会的启示[D]. 华中师范大学，2019.

[6] 姚小林. 2002—2022年：冬奥会举办城市体育场馆规划发展趋势[J]. 武汉体育学院学报，2016 (03)：35-41.

[7] Müller M, Wolfe S D, Gaffney C, et al. An Evaluation of the Sustainability of the Olympic Games[J]. Nature Sustainability, 2021, 4 (04) : 340-348.

[8] 张利，张铭琦，邓慧姝，马塔·曼奇尼. 北京2022冬奥会规划设计的可持续性态度[J]. 建筑学报. 2019 (01) : 29-34.

[9] 杨帆，金皓原. 河北省第二届冰雪运动会开幕，“雪如意”初亮相[N]. 新华社，2020-12-21.

[10] 唐福尧，姚爱军，等. 岩质高切坡生态再造格宾支护结构大型现场试验研究[C]. 第十二届全国边坡工程技术大会论文集，2020: 360-367.

[11] Sun Yazhen, Guo Rui, et al. Research on the inrun Profile Optimization of ski Jumping Based on Dynamics[J]. Structural and Multidisciplinary Optimization, 2020 (09) :1-10.

[12] DENG Yue, CAO Bin*, LIU Bin, ZHU Yingxin. Effects of Local Heating on Thermal Comfort of Standing People in Extremely Cold Environments[J]. Building and Environment, 2020, 185: 107-256.

图片来源：

所有照片、图纸来源均为清华大学建筑设计研究院简盟工作室，摄影：布雷。

国家冬季两项中心

竞赛场馆（新建）

National Biathlon Centre

Project Team

Client | Zhangjiakou Xing Yuan Investment Management Co.

Design Team | Architectural Design and Research Institute of Tsinghua University Co., Ltd.

Contruction | Zhongtie Jiangong Group

Principle Architect | ZHUANG Weimin

Principle-in-Charge | ZHUANG Weimin, ZHANG Wei, ZHANG Hong

Architecture | GONG Jiazhen, ZHAO Jingxian, LI Xiangyi

Structure | Architectural Design and Research Institute of Tsinghua University Co., Ltd.

Record of Architecture | GONG Jiazhen, ZHAO Jingxian, LI Xiangyi, GONG Zhonglin, LIU Peixiang, XU Qing, JIA Zhaokai, WANG Lei, GUO Hongyan

Collaborators | Max Saeger, Len Apedaile

项目团队

建设单位丨张家口兴垣投资管理有限公司

设计单位丨清华大学建筑设计研究院有限公司

施工单位丨中铁建工集团

主持建筑师丨庄惟敏

项目负责人丨庄惟敏、张维、张红

建筑设计丨龚佳振、赵婧贤、李向苡

结构设计丨清华大学建筑设计研究院有限公司

施工图设计丨龚佳振、赵婧贤、李向苡、巩忠林、刘培祥、徐青、贾昭凯、王磊、郭红艳

合作丨马克思·森格、雷恩·阿贝代尔

Project Data

Location | Chongli, Zhangjiakou, Hebei, China

Design Time | 2017-2018

Construction Time | 2018-2020

Site Area | 132hm^2

Architecture Area | 8795m^2

Structure | Reinforced concrete frame + steel structure

Materials | GRC panels, glass

工程信息

地点丨中国河北省张家口市崇礼区

设计时间丨2017—2018年

施工时间丨2018—2020年

基地面积丨132hm^2

建筑面积丨8795m^2

结构形式丨钢筋混凝土结构+钢结构

材料丨GRC板材、玻璃

赛场核心区东向鸟瞰

赛场全景鸟瞰与赛道中的小型湖泊

1 国家冬季两项中心

国家冬季两项中心是北京2022冬奥会张家口赛区主要比赛场馆之一。国家冬季两项中心赛时将承办冬奥会冬季两项和冬残奥会冬季两项、越野滑雪的全部比赛，产生11块冬奥会金牌和38块冬残奥会金牌，是2022北京冬奥会和冬残奥会合计产生金牌最多的场馆。场馆占地面积132hm^2，赛道场馆技术楼建筑面积7644m^2，赛道总占地面积11.3万m^2，总长度1.3万m，最高海拔1766m，最低海拔1657m。项目在冬奥会后将作为国家队的训练基地使用。冬季两项是越野滑雪和射击结合的项目，在1924年法国夏慕尼举行的首届冬奥会上就被列为表演项目，在1960年美国斯阔谷冬奥会成为正式比赛项目。该项目将滑雪的速度和射击的激情巧妙融合，极富挑战性和观赏性。

从空间上看国家冬季两项中心由场馆赛场部分、场院区及技术楼组成。赛场部分可分为周边赛道和核心区两部分，核心区包含靶场、起点与终点区、处罚圈等场地；场院区按照使用人群划分为场馆运行区、运动员区、安保区、新闻媒体区和转播服务区；技术楼临近赛场核心区，与观众看台结合，容纳了奥运大家庭、赛事管理、技术官员办公等功能[1]。冬季两项中心的赛道部分由冬奥会赛道和冬残奥会赛道两部分组成，其中冬奥会赛道有1.5km、2.0km、2.5km、3.0km、3.3km、4.0km几种不同长度，而冬残奥会赛道则分为0.9km、2.0km、2.5km、3.0km、5.0km几种不同长度。

2 可持续 3E

可持续"3E"是指可持续发展的"环境—社会—经济"三支柱要素体系：环境（Environment）、公平（Equity）、经济（Economy）[2]。如何在这三者中寻找平衡和共鸣，一直是可持续发展的核心议题[3]。对于国家冬季两项中心的规划设计，从环境角度最重要的是最小化自然干预，公平角度则是提升残障人士的参赛和观赛体验，从经济角度来讲则着重强调节俭奥运思想的涌现[4]和场馆赛后未来可持续运营。我们用可持续"3E"（表1）和全尺度空间干预来构建国家冬季两项中心的可持续设计策略框架，并将该框架植入张家口赛区整体可持续规划设计策略之中（图1）。

基于可持续"3E"和全尺度空间干预的国家冬季两项中心可持续设计策略 表1

整体	环境（Environment）	公平（Equity）	经济（Economy）
远尺度	人工赛道与自然环境融合 热身赛道与明长城交相辉映 人工湖泊化整为零循环利用	冬残奥赛道满足多样化需求	人工赛道的赛后利用
中尺度	因山就势、因地制宜的核心区规划	便于运动员穿越的下沉通道	装配式临时设施的场院功能区
近尺度	让出明长城和雪如意的布局	技术楼遵循无障碍设计指南	技术楼通用空间弹性可变换 可拆除的 3000 座临时坐席
微尺度	冲刺赛道防弹玻璃设计	气步枪和电子步枪转换 残奥会人工雪槽控制	当地材料的运用

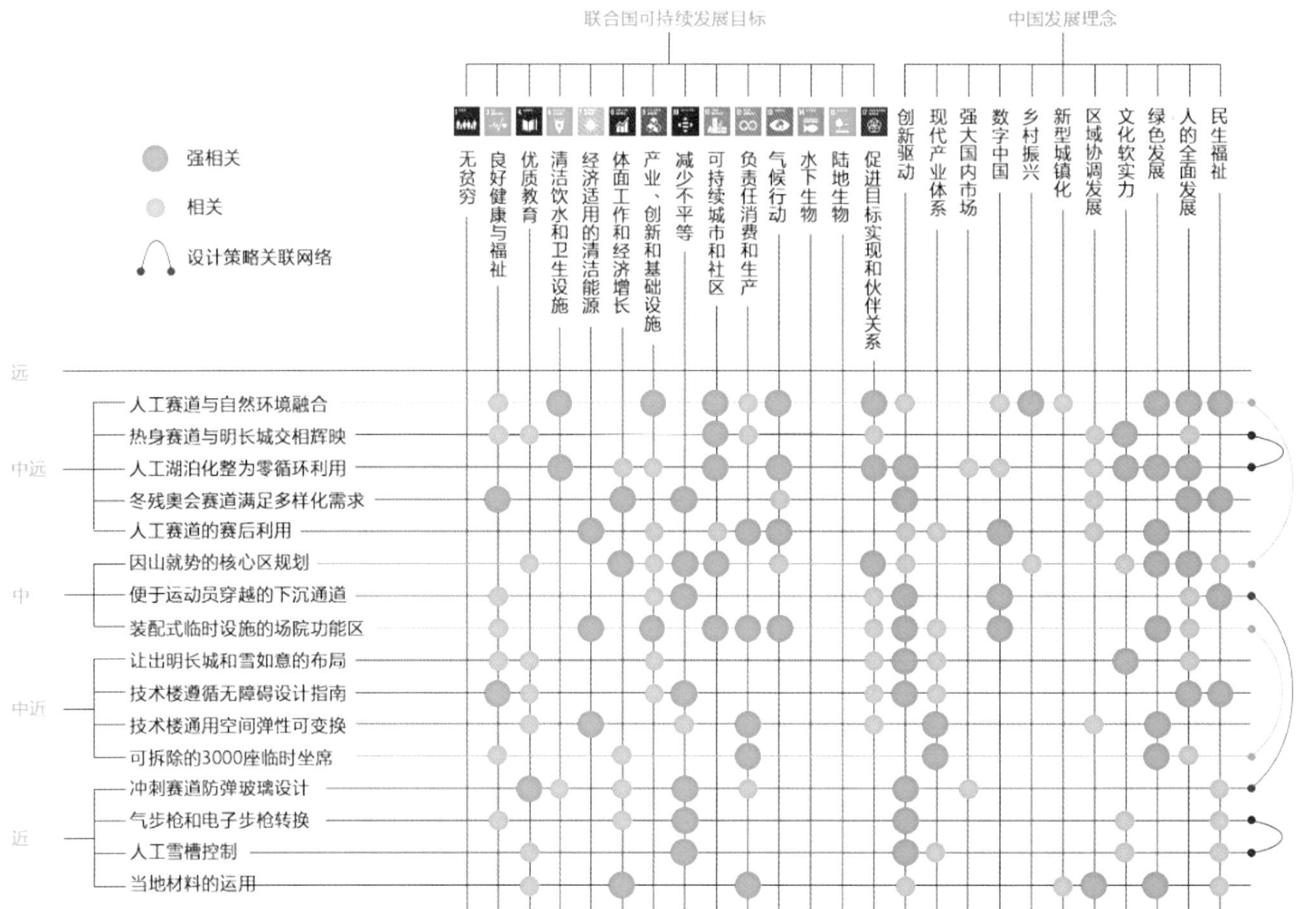

图1 国家冬季两项中心设计策略可持续相关性矩阵

3 全尺度视角下的可持续设计策略

3.1 远尺度

（1）人工赛道与自然环境融合

在奥运会的历史中，长久以来存在一个现象：夏奥会更面向大都市，冬奥会更面向自然和村镇，给予山区及其特有的生活方式以“自豪的机遇”[5]。为体现冬季两项起源于“雪中狩猎”的激情与野趣，在赛道的设计中充分利用原有自然地形，保留原有树木与溪流。为了保留靶场北侧山体上的一棵大树，设计过程中特意将赛道作出微调并设计了一个有趣的弯道。人工赛道与自然环境融合，既体现了这项运动“雪中狩猎”的野趣，也为这一场馆增加了地域特色[6]（图2）。

（2）热身赛道与明长城交相辉映

在赛场用地踏勘期间，我们欣喜地发现了东侧山脊上有“全国重点文物保护单位”明长城的古杨树段。虽然宏伟的城墙已不在，但长城的部分砖石和基础仍然遗存。出于对长城遗址保护的考虑，我们很克制地从赛道外引出一条热身赛道通往长城遗址。这一做法符合“长城保护不改变原状”原则、“最低程度干预”原则，同时让长城文化元素与奥运精神交相辉映，为外国运动员了解中国传统文化创造机会，与国际奥委会的《2020议程》第26条“深入融合体育与文化”不谋而合[7]。

（3）人工湖泊化整为零

为了满足冬季造雪的用水需求，雪上场馆通常需要设置巨大的蓄水池。在初始设计中，冬两中心的蓄水池选址位于赛道东南侧山坡上，其巨大体量和施工过程中都会对原有山体造成较大破坏，同时带来地质灾害隐患。在景观设计的优化过程中，设计团队采用化整为零的策略，将一个大型蓄水池调整为若干小水池，穿插设置在赛道之间，结合原有溪流在低洼处形成小型湖泊。这一做法既满足了冬季造雪需求，也提升了场地的全季景观品质。

（4）冬残奥赛道满足多样化需求

冬残奥运动员分为坐姿、站姿和视觉障碍运动员三种，后两种运动员使用冬奥会赛道，为满足残奥运动员使用需求，在局部陡坡处做出缓和的衔接段。坐姿运动员则使用山谷西侧的专用赛道，即所谓的“残奥赛道”。在冬奥会期间，残奥赛道可作为冬奥会运动员的热身赛道。冬奥赛道更宽、更陡峭，滑行速度较快。残奥坐姿赛道则更加缓和，赛道布局也更加集中。

（5）人工赛道的赛后利用

场馆在赛后作为训练基地使用[8]，同时也可成为户外运动休闲设施。核心圈赛道设计为沥青赛道，赛后可转化为轮滑滑板赛道，供比赛与夏季训练使用。其余赛道则采用碎石路面，赛后可转换为山地自行车或徒步路径。

3.2 中尺度

（1）因山就势的核心区规划

场地核心区所在山谷西低东高，北低南高。按照赛事工艺要求，核心区的靶场和处罚圈要保持绝对水平，而起点和终点赛道则允许存在坡度。基于现场踏勘和地形图，选定海拔1665.00m作为整个场地的基准标高，使得核心区的挖方量与填方量基本平衡。靶场与处罚圈按此标高设计后，靶场西侧比原地形高出约4m，设计便顺应此势，在靶场西侧设置两层小楼，二层地面与靶场地坪相平，作为靶场储存空间，一层则与自然地形相平，为运动员提供赛前热身空间，赛后则可作为室内靶场使用。对于起点和终点赛道，则将终点设置为1665.00m的基准标高，赛道自西向东维持2%左右的坡度，既减少了赛道本身的土方量，又使得坡度满足赛事要求。观众看台的设计则以此基准标高为视点计算看台升起，保证每位观众都能看到靶场射击和冲刺环节（图3、图4）。

图2 赛道附近保留的树木（摄影：吕晓斌）

图3 从看台看靶场与两条并行赛道（摄影：吕晓斌）

图4 总平面图

（2）便于运动员穿越的下沉通道

在赛场核心区设置两条地下通道。西侧通道连接运动员场院、赛道起点以及起点前热身区。东侧通道则连接媒体场院与核心区内的主要拍摄点位，方便媒体与工作人员穿行。两条通道互不相连，保证了场地内的工作效率以及运动员的独立性。为冬残奥会的参赛运动员特别设计从运动员区直达起点区的坡道流线，这条流线不会与比赛赛道出现交叉，避免了前几届场馆出现的残奥运动员只能穿行赛道的窘况[9]。

（3）装配式临时设施的功能场院

大量赛时服务功能只在冬奥会期间需要。为节约成本，将此类功能设置于场院综合区内。场院内建筑多采用棚房或集装箱临时建筑，可以直接装配使用，赛后也可以随时拆卸搬运走，既能缩短工时、节约人力成本，又便于赛后回收利用。

3.3 近尺度

（1）让出明长城和雪如意的布局

如果说2008年北京奥运会的场馆特征是“宏大而彰显”的，那么北京2022年冬奥会场馆的特征则是“低调而消隐”的[10]。技术楼的建筑造型干净利落、朴素大方，既有冬季两项中运动员射击的神态，又仿佛古代神箭手百步穿杨的身形，与这项运动“滑雪狩猎”的缘起暗合。古杨树赛区中，国家跳台滑雪中心“雪如意”身处制高点，是整个赛场的视觉中心，冬两中心在场地规划设计时有意让冲刺赛道与“雪如意”相对，技术楼和靶场区在赛道两侧布置，运动员最终冲刺时的画面中，冬两中心和“雪如意”一左一右，形成强烈的视觉冲击力。

（2）技术楼通用空间弹性可变换

技术楼容纳了奥运大家庭、赛事管理、技术服务等功能。建筑一层以赛事服务功能为主；二层则设置架空平台，方便赛时布置临时服务设施；三层、四层则设置赛事管理与技术服务用房。为方便赛后功能转化，内部隔墙采用可移动、可拆卸的轻质隔墙系统。奥运场馆设施不仅应当满足赛事需要，更应该考虑国家体育人才的可持续培养。赛后专业竞技型冬两运动员需要具有全季性、综合性的训练与康复设施。有研究对挪威148名女性冬季两项运动员肌肉骨骼疾病的回顾性分析显示，这些疾病导致73.5%的受访者停止了训练或竞赛[11]。冬两比赛的成功除了滑雪，还需要准确而快速的射击，同时要从高强度滑雪中恢复过来。许多不同的因素（包括身体摇摆、触发行为乃至心理）都会影响射击性能[12]。技术楼在赛后将成为国家冬季两项运动队的重要训练设施，弹性可变换的空间特质为未来在场馆一线的科研实验需求提供了可能性。此外，考虑到场馆赛时高效使用和赛后可持续利用的平衡，在永久看台外设计3000余座临时坐席。这些临时坐席在赛前搭建，将整个核心区包裹，使得运动员的整个冲刺过程都处于观众热烈的观赛氛围中。赛后则可回收利用，符合可持续办奥的原则。

3.4 微尺度

（1）冲刺赛道防弹玻璃设计

作为雪上场馆，冬两中心赛道覆盖范围极广，但通常观众在看台上只能看到核心区冲刺赛道部分。为提升比赛的观赏性，在靶场北侧的山坡上，选取合适位置布置两条自东向西的赛道，运动员通过这两条赛道后冲刺下山，而后进入核心区赛道或靶场。这样的设置将整个比赛中最令人激动的部分展现在观众面前。为保证运动员的安全，在靶场后的赛道周边修建了防弹玻璃墙，防弹玻璃单块高2400mm，宽2000mm。玻璃采用总厚25mm的热塑聚碳酸酯复合玻璃，可满足赛事使用步枪的防弹参数要求。观众可同时看到运动员滑雪、冲刺、射击的丰富活动，大大增加了观赛的兴奋点（图5、图6）。

（2）气步枪和电子步枪转换

在冬残奥的比赛中，运动员分为站姿、坐姿和视障运动员三类[13]。与冬奥会运动员50m的射击距离不同，冬残奥运动员射击距离为10m。视觉障碍运动员不像其他运动员将枪支背在身上，而是在进入射击场地后使用放置在场地中的枪支。他们不使用子弹，而是使用激光束瞄准目标。在瞄准过程中，运动员会通过耳机中的声音信号来判断瞄准的程度，距离目标越近，则耳机中的蜂鸣声频率越高，目标锁定后，声音会变成持续信号[14]。站姿和坐姿运动员则使用的是气步枪，在比赛中需要专门为不同类别的运动员提供转换。

（3）人工雪槽控制

为满足冬残奥会运动员的滑雪需求，在赛道造雪过程中会通过特殊的设备在雪道上刻出雪槽，方便运动员按此路径滑行。雪槽的数量由仲裁根据距离、宽度、赛道状况、比赛形式及报名数量决定。雪槽一般沿着赛道的最佳滑行路线设定，除需要穿过曲线路径时，一般安排在路线中间。雪槽的设置应保证宽度上不产生制动的效果即不触碰到运动员的雪板及缚靴带/固定器。雪槽的宽度（自两个雪槽中间测量）为22~23cm，雪槽的深度为2~5cm。局部赛道位置雪槽数量多于1对时，每一对雪槽与旁边雪槽的中心距离应达到至少1.2m。这些数据的设计与运动员的身体构造与技术特点密切相关[15]（图7）。

4 结语

国家冬季两项中心设计中充分考虑冬季两项这一运动兼顾滑雪和射击的技术特点，以及在冬奥会之外兼办冬残奥会冬季两项和越野滑雪比赛的需求，构建了包括环境、公平、经济在内的可持续“3E”和远、中、近、微三个维度全尺度空间干预的矩阵应对策略，致力于冬奥场馆的可持续性提升。

图5 技术楼与冲刺赛道（摄影：吕晓斌）

图6 技术楼剖透视

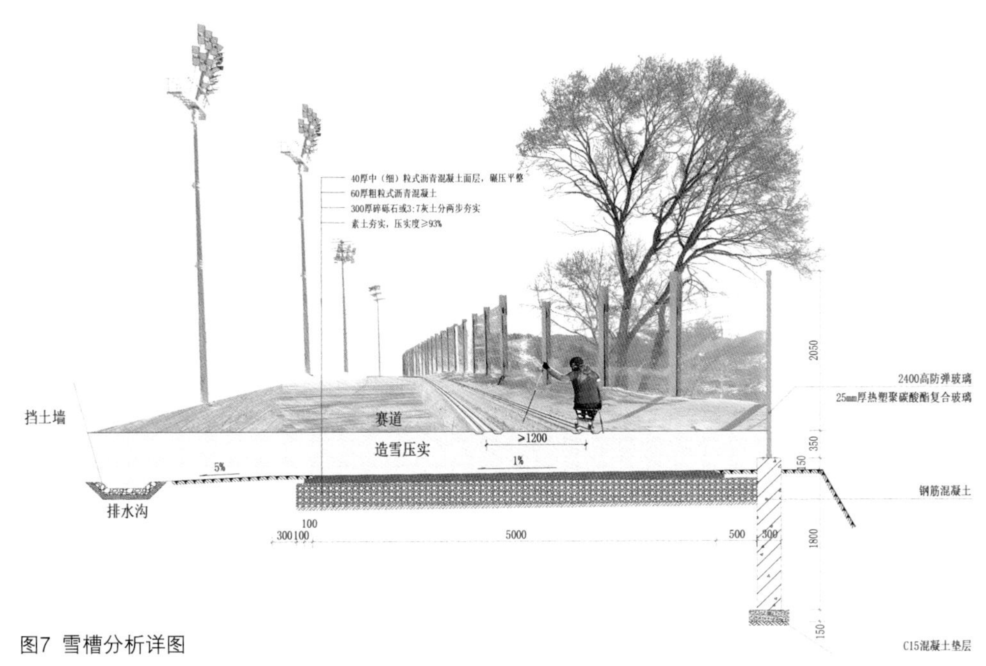

图7 雪槽分析详图

参考文献：

[1] 庄惟敏，张维，赵婧贤．国家冬季两项中心的速度与激情[J]．中国艺术，2019（01）：78–81.

[2] 梁思思．基于可持续“3E”视角的城市设计策略思考——以街道空间为例[J]．城市建筑，2017（15）：38–42.

[3] CAMPBELL S．绿色的城市 发展的城市 公平的城市——生态、经济、社会诸要素在可持续发展规划中的平衡 [J]．刘宛，译．国外城市规划，1997（04）：17–27.

[4] 孙澄，高亮，黄茜．特集：冬奥会场馆规划与设计的溯源与流变[J]．建筑学报，2019（01）：8.

[5] TRON Audun. Metamorphosis[M]//BJØRNSEN Knut, et al.The Official Book of the XVII Olympic Winter Games Lillehammer 1994. Oslo: J.M. Sterersens Forlag A.s., 1994.

[6] 张利，张铭琦，邓慧姝，马塔・曼奇尼．北京2022冬奥会规划设计的可持续性态度[J]．建筑学报，2019（01）：29–34.

[7] International Olympic Committee. OLYMPIC AGENDA 2020 20+20 RECOMMENDATIONS.

[8] 施卫良，桂琳．顺势而行——关于北京2022年冬奥会规划设计工作的一些思考[J]．世界建筑，2015（09）：20–25，137.

[9] 张维，赵婧贤，贾园．基于可持续的多目标集成冬季两项场馆策划[J]．当代建筑，2020（11）：17–19.

[10] 李兴钢．文化维度下的冬奥会场馆设计——以北京2022冬奥会延庆赛区为例[J]．建筑学报，2019（01）：35–42.

[11] Håvard Østerås, Liv Berit Augestad, Kirsti Krohn Garnæs. Prevalence of musculoskeletal disorders among Norwegian female biathlon athletes. 2013, 2013:71–78.

[12] Laaksonen Marko S, Jonsson Malin, Holmberg Hans–Christer. The Olympic Biathlon–Recent Advances and Perspectives After Pyeongchang. 2018, 9:796.

[13] 王润极，徐亮，阎守扶，吴昊．分级视角下残疾人冬季两项运动的关键竞技特征分析[J]．首都体育学院学报，2020，32（02）：178–185.

[14] International Paralympic Committee. How to hit the target without sight.[EB/OL]. (2014–12–5) [2021–06–14].https://www.paralympic.org/feature/how–hit–target–without–sight.

[15] International Paralympic Committee. World Para Nordic Skiing Rules and Regulations, 2020/2021.

图片来源：

所有图纸来源均为清华大学建筑设计研究院。

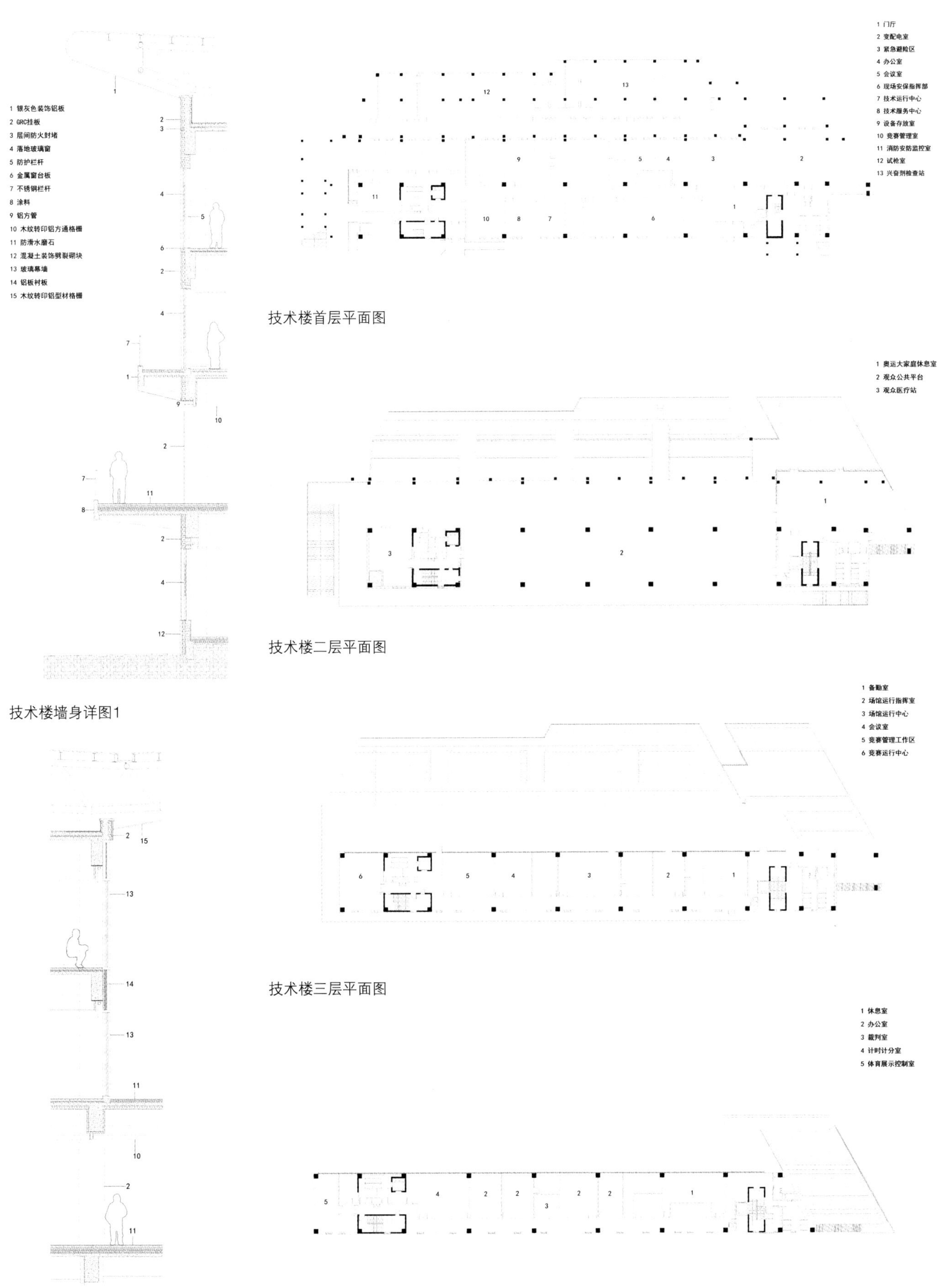

技术楼首层平面图

技术楼二层平面图

技术楼墙身详图1

技术楼三层平面图

技术楼墙身详图2

技术楼四层平面图

国家冬季两项中心核心赛区

建筑二层架空层具备功能转换灵活性

运动员竞技实景（来源：北京冬奥组委）

国家越野滑雪中心

竞赛场馆（新建）

National Cross-Country Skiing Centre

Project Team

Client | Zhangjiakou Olympic Sports Constuction and Development Co., Ltd.

Design Team | Architectural Design and Research Institute of Tsinghua University Co., Ltd.

Contruction | Zhongtie Jiangong Group

Principle-in-Charge | ZHANG Li

Architecture | ZHANG Li, PAN Rui, ZHOU Pan, YANG Bei, XIE Qixu, Selim Atak

Structure | LI Binfei, SHEN Minxia, ZHU Leqi

Record of Architecture | ZHANG Kui, WU Xue

Water Supply & Drainage | XU Jinghui, CHEN Wei

HVAC | CHEN Yiren, ZHOU Su

MEP | LIU Suna

Profile Design | John Aalberg

Landscape | Atelier Zhu Yufan of THUPDI

Lightning | MUSCO

项目团队

建设单位 | 张家口奥体建设开发有限公司

设计单位 | 清华大学建筑设计研究院

施工单位 | 中铁建工集团

项目负责人 | 张利

建筑设计 | 张利、潘睿、周盼、杨蓓、谢祺旭、塞利姆・阿塔克

结构设计 | 李滨飞、沈敏霞、祝乐琪

施工图设计 | 张葵、吴雪

给水排水专业 | 徐京晖、陈威

暖通专业 | 陈矣人、周溯

电气专业 | 刘素娜

赛道设计 | 约翰・阿尔伯格

景观设计 | 清华同衡规划设计研究院朱育帆工作室

赛道照明 | 玛斯科照明设备有限公司

Project Data

Location | Zhangjiakou, Hebei, China

Design Time | 2017.05-2018.04

Construction Time | 2018.05-2021.09

Site Area | 106.55hm^2

Architecture Area | 5707m^2

Structure | Steel Frame Structure

Materials | GRC Panels, Glass

工程信息

地点 | 中国河北张家口

设计时间 | 2017.05—2018.04

施工时间 | 2018.05—2021.09

基地面积 | 106.55hm^2

建筑面积 | 5707m^2

结构形式 | 钢结构

材料 | GRC板材，玻璃

国家越野滑雪中心鸟瞰

顶视图

近景鸟瞰

1730
1720
1710
1700
1690
1680
1670
1660
1650
1640
1630
0
500
1000
1500
2000
2500
3000
3500
4000
4500
5000
5500
6000
6500
7000
7500
8000
8500
Sprint 1.5km
Sprint 1.8km
2.5km
3.3km
3.75km
5km
7.5km
8.3km

赛道剖面高程分析

鸟瞰

1 张家口国家越野滑雪中心

张家口国家越野滑雪中心是北京2022冬奥会张家口赛区主要比赛场馆之一，在奥运会期间，国家越野滑雪中心将承办越野滑雪全部12项比赛，以及北欧两项全部3项比赛[1]。在奥运会后，越野滑雪中心将不再承载专业体育比赛及训练的功能，转变为山地户外体育公园，面向大众开放[2-3]。

张家口国家越野滑雪中心位于张家口奥林匹克体育公园东南侧山谷，距奥林匹克体育公园主入口约700m，距张家口奥运村4km，占地面积106.55hm^2，赛道场馆技术楼建筑面积5707m^2，赛道总占地面积10.9万m^2，总长度1.3万m，最高海拔约1721.6m，最低海拔约1638.8m（表1、图1）。

张家口国家越野滑雪中心在奥运会后将完全转变为休闲度假场所，因此，在可持续的策略上，越野滑雪中心以最小自然足迹原则作为场馆规划设计的根本逻辑[4]，即减少永久设施的建设，尽量采用临时的、可拆除的基础设施满足奥运功能[5]，为赛后提供灵活性。在赛道设计上表现为对赛道系统的创造性整合，减少人工痕迹对自然的侵占，在体育场设计上表现为对场馆永久设施的控制，以集约化的永久设施实现对奥运功能的承载，在运行场院设计上表现为对设施灵活性的最大发挥，以通用场地和装配式建筑满足不断变化的需求。

2 全尺度视角下的最小足迹原则

从全尺度的概念来看，越野滑雪中心的设计策略大致可以落位在远尺度、中尺度和近尺度三个维度之上。在越野滑雪中心的特点上看，尺度上从远到近的过渡也恰恰是自然环境逐渐向人工环境过度的过程，远尺度表现为比赛赛道及其附属设施对自然环境的渗透，中尺度表现为运行功能的人工平整场地及临时性设施，近尺度表现为最为人工化的比赛场馆及永久建筑，最小足迹原则在这三个尺度上也是一脉相承的（图2）。

国家越野滑雪中心基本数据[①] 　　表1

国家越野滑雪中心	整体	用地面积（hm^2）			赛道、场地、建筑总计占地面积（m^2）			建筑面积（m^2）		
		106.55						5707		
	竞赛场地	赛道	赛道标准长度（km）	赛道实际长度（m）	赛道剖面长度（m）	高差 HD（m）	最大爬坡 MC（m）	总爬坡 TC（m）	最低点海拔（m）	最高点海拔（m）
		Sprint 1.5km	1.5	1538.80	2116.30	29.90	29.40	56.70	1639.00	1669.9
		Sprint 1.8km	1.8	1868.50	2309.60	35.50	34.50	61.80	1639.00	1674.5
		2.5km	2.5	2673.80	3434.70	47.40	30.80	95.90	1686.40	1639.0
		3.3km	3.3	3576.00	4775.70	57.10	31.40	142.05	1639.00	1696.1
		3.75km	3.75	3919.70	5344.30	60.60	45.50	163.00	1635.50	1696.1
		5km	5	5034.50	6845.70	60.60	45.50	205.30	1635.50	1696.1
		7.5km	7.5	7615.80	10389.00	86.70	45.50	310.00	1635.50	1722.2
		8.3km	8.3	8563.30	11544.70	60.60	45.50	339.10	1635.50	1722.2
		赛道总长度（m）	9660							
		赛道总面积（m^2）	94000							
			体育场长度（m）	体育场宽度（m）	冲刺长度(m)	冲刺坡度	最高点海拔（m）		最低点海拔（m）	
		体育场	162.5	65	100	2%	1654		1652	
	非竞赛设施	辅助赛道	长度（m）				占地面积（m^2）			
		训练赛道	1804				7280			
		热身赛道	1546				7270			
			场馆容量			坐席		站席		无障碍坐席
		看台	6023			2037		3092		94
			建筑面积（m^2）	地下建筑面积（m^2）	地上建筑面积（m^2）	占地面积（m^2）	建筑层数	建筑高度(m)	正负零海拔（m）	室内外高差（m）
		技术楼	5707.00	1546.00	4161.00	1398.00	4.00	16.80	1654.5	0.50
		运行综合区	海拔高度（m）				面积（m^2）			
		运动员综合区	1653.5–1656.0				7500			
		场馆媒体中心	1640.3–1641.5				2990			
		转播综合区	1637.0–1638.9				5733			
		安保综合区	1635.2–1636.0				1725			
		场馆运行综合区	1631.2–1635.2				12070			

图1 夏景

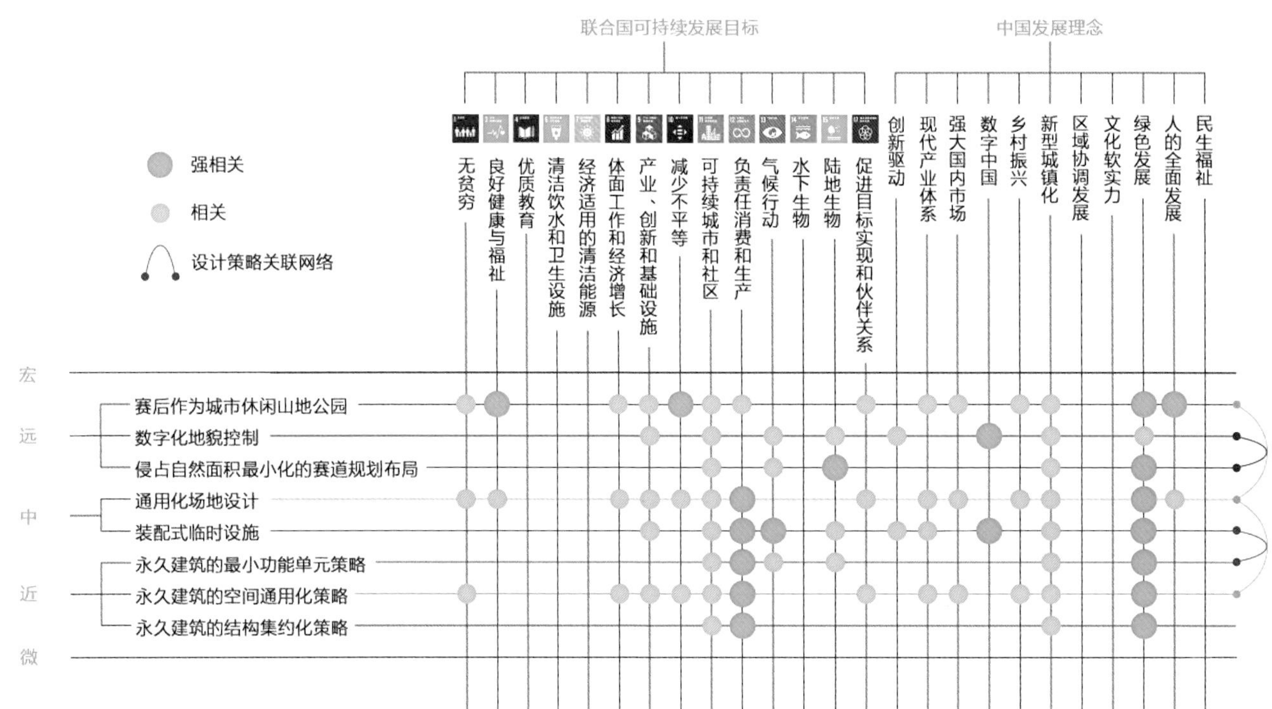

图2 国家越野滑雪中心设计策略可持续性相关矩阵

2.1 远尺度

设计思考的是如何将人工与自然更好地融合在一起，保护山地局部生态，保留原生植被，使人工设施更好地贴合原始地貌，减少侵占土地，使大地景观与人工环境产生有机的关联。

（1）突破常规的赛道规划布局

越野滑雪比赛赛道一般由多条深入自然山体的不同长度的路径系统组成，是一种利用自然地形，建立在自然地貌基础上的半人工赛道。以往的越野滑雪场馆，赛道设计多因地形、固有路径、滑行趣味性等因素设计得延展面很广。这固然有其优点，但也导致在体育场观众席能直接观看的比赛部分非常有限，影响了现场互动。更为不利的是，这样大范围地规划赛道必将导致赛道施工对原有地形地貌和生态植被的破坏，而这些在张家口赛区将带来负面的环境影响。因此，越野滑雪中心将赛道布局在一个范围大约是1600m×450m的坡面上[①]，面向体育场展开，赛道套叠设置，最大限度地减少所占土地的范围，减少对林木的侵害（图3）。

同时，赛道设计也一改以往赛道设计中传统技术赛道和自由技术赛道分线路设置的惯例，将能够合并设置的赛道整合在一起，减少赛道绝对路径的长度和延展的范围，减少对原始林地的侵占。

（2）数字化地貌控制

在越野滑雪中心的设计过程中，利用数字技术对山体地形的模拟，将赛道路径现场设计与计算机模拟调整结合起来，将地形图、地表植被（大型乔木）、径流、构筑物信息输入模型，通过数字化模拟得到赛道建设的优化路径，并对土方量、迁移树木和排水设施进行优化设计，通过赛道和地形的拟合，使赛道对原始地形的贴合率达到75%以上，减少迁移树木10%，实现了有效的土方平衡和植被保护（图4）。

2.2 中尺度

在这一尺度下，设计将思考在赛时与赛后空间利用方式存在巨大差异的场地灵活性的问题。众所周知，在冬奥会期间，将会有大量功能保障性的临时设施在场馆中使用，而这些设施在奥运赛后往往面临迁移和改造，运行区的场地也将迎来新的建筑和功

总平面图 1:1500

0 50 100 200

图3 总平面图

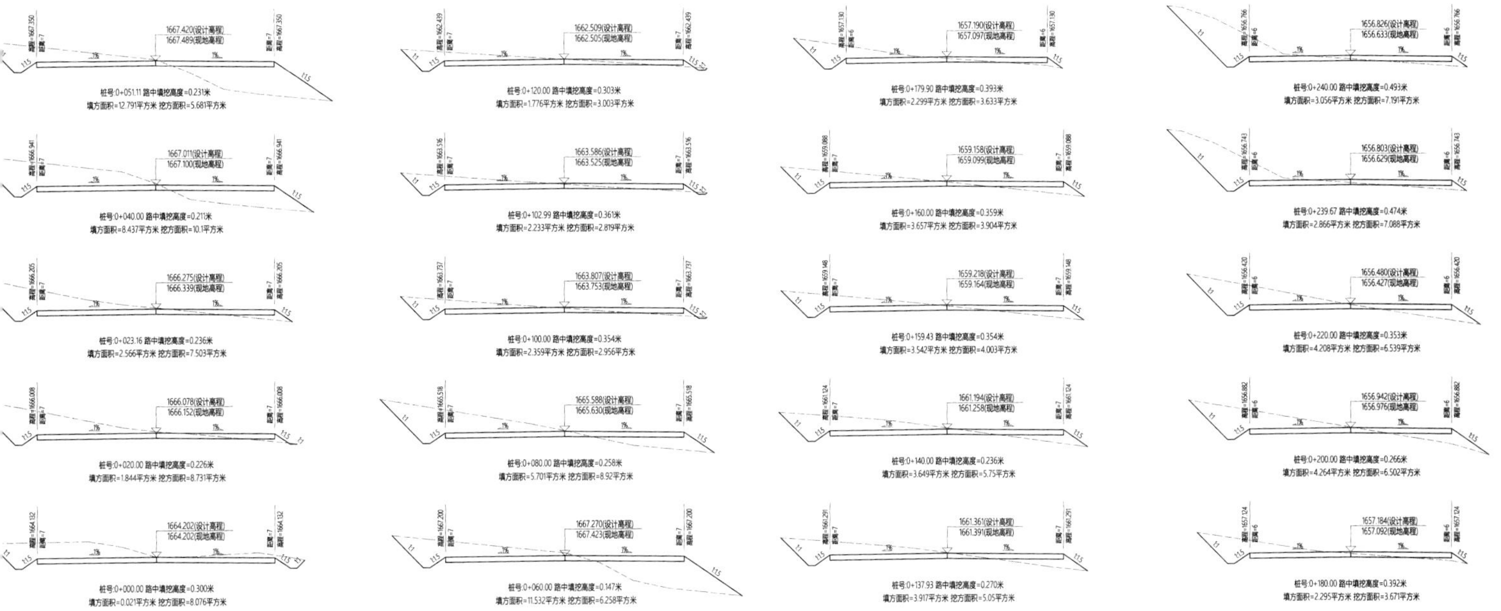

图4 2.5km赛道断面（部分）

图5 外景

能，因此释放场地的建设可能性是在这个尺度下重点研究的问题。

（1）通用的场地设计策略

通用的场地设计是指能够尽可能地满足不同类型、功能和规模的建筑对场地的需求。这在城市建设中并不稀奇，但在山地建设中，我们希望场地也能够避免针对单一建筑进行设计，而是为更多的变化作出准备，以便能够应对更加长远的赛后利用。

在道路组织上，设计采用双车道贯穿、单车道成环的方式联通每个独立场地，在满足地块可达性的同时，避免主路上不必要的车行交叉，提高区域的交通承载力。在竖向设计上，以2%~4%的平坡处理功能承载面，利用挡土墙处理局部高差，使整个场地连成整体，便于赛后利用，避免再次的土方作业。在场地面层材质的选择上，采用透水碎石地面提高雨水渗透，减少地面径流[6]。

（2）装配式临时设施应对运行设计

装配式建筑是冬季奥运会比赛场馆最为重要的组成部分，临时设施不但解决了运行设计不断变化的需求，也能够实现建筑构件的标准化和装配式营建。在越野滑雪中心中，临时设施总面积约为17400m^2，占越野滑雪中心总建筑面积的75.3%②，大大节省了永久设施的投资，为赛后的灵活使用预留条件。其中帐篷建筑面积约2070m^2，占比11.9%；板房建筑面积约7630m^2，占比43.9%，采用5m×5m模数装配式建造，装配率80%以上；集装箱面积7700m^2，占比44.2%，房间采用3m×6m模数，走廊采用2.5m和1.8m模数，装配率80%以上②。同时综合考虑采用节能、绿色技术手段，以及可再生、可循环利用的材料等手段提高临时设施的节能指标，提高可持续性。

2.3 近尺度

近尺度主要对象是场馆已经营建的永久设施层面，在最小足迹原则的指导下，如何减少永久建筑投资，精简永久建筑规模是越野永久性场馆所面临的一个挑战。显然，在面对奥运会复杂运行功能的需求下，越大面积的建筑往往越容易满足复杂的功能，但是这也同样带来更多的建设投资和环境压力。作为赛后利用明确剥离体育赛事功能的场馆，越野滑雪中心在设计之初就针对这一问题进行了研究。

图6 室内

（1）永久建筑的最小功能单元策略

基于奥运赛事运行的功能整合。在奥运赛事的筹办过程中，主要的运行工作被分成了32个业务领域③，这些领域在奥运期间对赛事运行的需求不尽相同。我们针对以往奥运会的举办情况及奥组委各业务口的需求，建立了各业务领域空间需求矩阵，通过对比分析，最终确定了对永久性空间要求最迫切的7个业务领域④，同时将其他业务领域中的部分功能与之进行整合，将这些需求落实为永久性功能清单，从而得到一个既能够较好满足奥运需求，又相对精简的任务书，据此对永久建筑进行设计（图5、图6）。

基于人体尺度的空间集约，通过对人因工程学的基本人体尺度和室内家具设备布置研究，推导出符合各运行活动的基本模数单元，按照使用人数、使用频度进行合理放大，从而得到各个功能房间的空间尺度，并据此进行室内空间的设计和划分。

经过建筑方案的优化，越野滑雪中心技术楼的建筑面积从最初方案（2017年8月方案）的11300m^2，缩减至5707m^2，缩减幅度接近50%；占地面积由原方案3250m^2，缩减至1398m^2，缩减57%；并将原方案中1650m^{2}的永久看台改为临时看台，仅保留220m^{2}的永久看台用于注册坐席①（图7、图8）。

（2）永久建筑的空间通用化策略

观赛是体育建筑最根本的功能之一，能否获得比赛场地的视野往往是一个空间能否满足运行要求的决定性因素，特别是越野滑雪中心技术楼的视线设计，要满足“通视、明视”的基本原则[7]。因此，为了提高越野滑雪中心有限建筑面积的可用性，在建筑垂直界面的设计上采用了整体通透的做法，使沿线的各个功能房间都能够有良好的视野，满足运行需求（图7、图8）。

在建筑入口层，利用山地地形的特点，建筑结合场地设置多层出入口及室外平台，实现多首层化设计，共设置8个独立出入口，面向不同注册分区，为运动员及随队官员、奥林匹克大家庭、转播、媒体、兴奋剂检测、技术及后勤服务共7个业务领域提供独立流线，使之能够不受干扰地到达指定位置，避免相互干扰和交叉，提高复杂流线的可达性。

（3）永久建筑的结构集约化策略

建筑采用钢结构作为结构体系，与其他结构形式相比，能够获得更大的设计强度和空间灵活性。在设计中，建筑四层采用钢结构整体桁架体系，三层通过吊杆固定在四层整体结构之上，两者又通过两个核心筒整体支撑悬吊，从而使建筑三、四层室内各

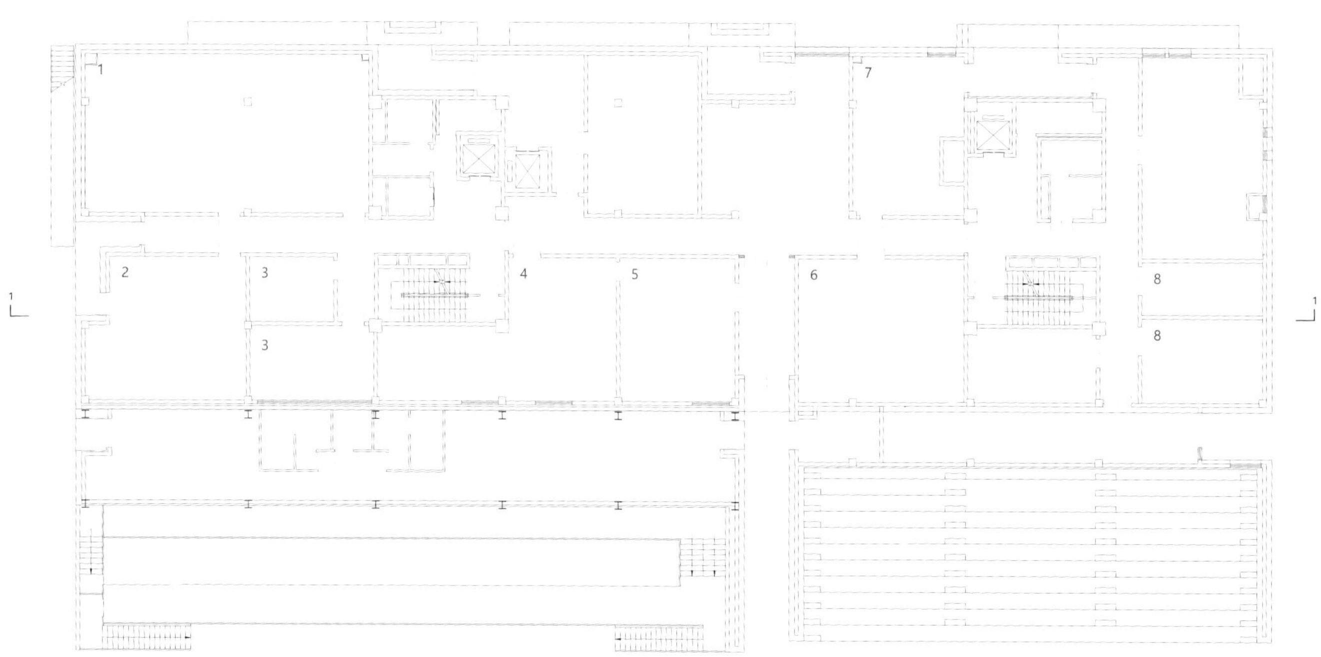

1 场馆运行中心
2 赛场库房
3 办公室
4 竞赛管理办公室
5 竞赛办公室
6 场馆数据中心
7 消防安防控制室
8 通信接入机房

图7 地下一层平面图

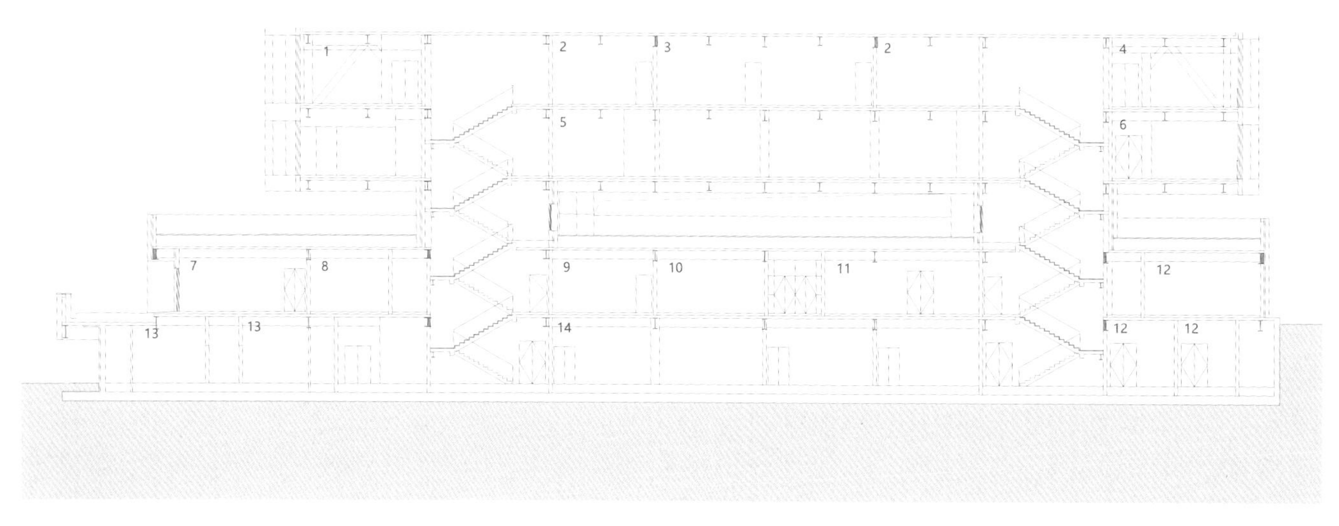

1 国际雪联休息室
2 仲裁储存
3 体育展示控制室
4 计时和计分室（T&S）
5 奥林匹克大家庭休息室
6 场馆运行指挥室
7 赛场库房
8 办公室
9 竞赛管理办公室
10 竞赛办公室
11 场馆数据中心
12 通信接入机房
13 工作室
14 多功能室

越野滑雪中心技术楼 1-1剖面图 1:100

0 2 5 10 25

图8 技术楼剖面图

图9 通透的界面

个房间、二层建筑平台获得了开敞空间的可能。同时，垂直承重构件相对集中地布置在核心筒内，避免了其对周边空间的干扰，使周边房间能够灵活划分，满足各运行功能的要求。

3 结语

综上所述，张家口越野滑雪中心的可持续策略是对国家“十四五”规划践行的结果，对联合国和国际奥委会可持续发展目标的回应。在全尺度视角下，最小足迹原则是一个连续的策略：在远尺度上，通过紧凑的赛道布局和数字化地貌控制实现对山地局部生态地貌的保护；在中尺度上，通过场地的通用化和装配式临时设施的使用实现对场地建设可能性的释放；在近尺度上，通过对建筑功能的整合化、空间的通用化以及结构的集约化处理实现对永久建筑的精简。

最小自然足迹的策略创造了一个更广泛的机会来利用固有的空间特性[8]，并传达对场地长久可能性的尊重，在保证奥运会必要需求的前提下，以更少的赛前投入换取更大的赛后灵活性，不论是自然地貌的恢复还是新的休闲度假设施的建设都能够获得较好的预期。相信在北京2022年冬奥会之后，越野滑雪中心能够为张家口地区冰雪产业及四季休闲运动产业的发展提供良好的物质支持。

注释：

①数据来源：北京2022冬奥会和冬残奥会运行设计OB6.0，清华大学建筑设计研究院有限公司，2021年5月。
②数据来源：北京2022冬奥会和冬残奥会临时设施施工图设计文件，清华大学建筑设计研究院有限公司，2021年7月。
③北京2022冬奥会和冬残奥会运行设计面积分配矩阵ZCC-OCC_NC-A-AAM-OB6，清华大学建筑设计研究院有限公司，2021年5月。
④7个主要业务领域包括：体育（SPT）、奥林匹克大家庭服务（OFS）、场馆管理（VEM）、技术（TEC）、安保（SEC）、媒体（PRS）、转播（OBS）。

参考文献：

[1] 北京2022年冬奥会竞赛日程 第九版[Z]. 北京2022年冬奥会和冬残奥会组织委员会，2021.
[2] The Legacy Plan of the Olympic and Paralympic Winter Games Beijing 2022 [Z]. Beijing Organisation Committee for the 2022 Olympic and Paralympic Winter Games, 2019.
[3] 张利，张铭琦，邓慧姝，马塔·曼奇尼. 北京2022冬奥会规划设计的可持续性态度[J]. 建筑学报. 2019（01）：29-34.
[4] 张利. 山地建成环境的可持续性[J]. 世界建筑，2015（09）：18-19.
[5] IOC Sustainability Strategy[Z]. International Olympic Committee, 2017.
[6] Dinep C, Schwab K .Sustainable Site Design: Criteria, Process, and Case Studies for Integrating Site and Region in Landscape Design[M]. Hoboken, New Jersey: John Wiley & Sons, Inc., 2010.
[7] 陆志瑛. 体育馆剖面视线设计与造型关联研究[D]. 上海：同济大学，2008.
[8] Kazerani Isun (Aisan), Rahmann Heike. Design Strategies in Contemporary Open Space Design: From Additive Approaches to Minimal Interventions[C]. IFLA conference, 2013.

图片来源：

所有照片、图纸来源均为清华大学建筑设计研究院简盟工作室，摄影：潘小剑。

云顶滑雪公园A+B+C区

竞赛场馆（改造）

Genting Snow Park A+B+C Zone

Project Team

Client | Miyuan (Zhangjiakou) Tourist Resort Co., Ltd.

Design Team | Architectural Design and Research Institute of Tsinghua University Co., Ltd. (Operational Design and Temporary Buildings Design); Ecosign Mountain Resort Planners Ltd. (Track Earthworks)

Contruction | Shanghai Jingtai Construction Co., Ltd.

Principle-in-Charge | ZHANG Li

Architecture | ZHANG Li, WANG Hao, CHEN Rongqin, CAO Jingxian, YU Lifang, YANG Yubin, ZHOU Pan, YANG Huiming, ZHAO Bin

Structure | LIU Peixiang

HVAC | LIU Jiagen

MEP | LIU Lihong

Lightning | Beijing New Time Technology Co., Ltd.

Site Berms | Beijing Institute of Survey and Design Co., Ltd.

项目团队

建设单位 | 密苑（张家口）旅游胜地有限公司

设计单位 | 清华大学建筑设计研究院有限公司（运行设计及临建工程设计）；加拿大Ecosign山地景观规划公司（赛道土方工程设计）

施工单位 | 上海景泰建设股份有限公司

项目负责人 | 张利

建筑设计 | 张利、王灏、陈荣钦、曹婧娴、于立方、杨宇滨、周盼、杨慧明、赵彬

结构设计 | 刘培祥

暖通专业 | 刘加根

电气专业 | 刘力红

赛道照明 | 北京新时空科技股份有限公司

场地护坡 | 北京市勘察设计研究院有限公司

Project Data

Location | Chongli, Zhangjiakou, Hebei, China

Design Time | 2018.09-2021.09

Construction Time | 2020.05-2021.10 (Tracks were started from 2018.05)

Site Area | 120hm^2

Architecture Area | 26000m^2

Structure | Carriage, Canopy

工程信息

地点 | 中国河北省张家口市崇礼区

设计时间 | 2018.09—2021.09

施工时间 | 2020.05—2021.10（赛道部分2018.05开始建设）

基地面积 | 120hm^2

建筑面积 | 26000m^2

结构形式 | 厢式房、篷房

西侧鸟瞰（摄影：潘小剑）

北侧鸟瞰（摄影：潘小剑）

西北向鸟瞰（摄影：潘小剑）

DESCENTE

N 0 50 100 200m

总平面图

9
8
0 3 6 12m
1 大家庭休息室
2 大家庭观赛台
3 赞助商休息室
4 赞助商观赛台
5 兴奋剂检查站
6 观众站席区
7 赛道终点区
8 空中技巧跳台
9 裁判塔

C场地综合用房与空中技巧赛道的空间及视线关系

赛道近景

打蜡房

体育楼

媒体楼

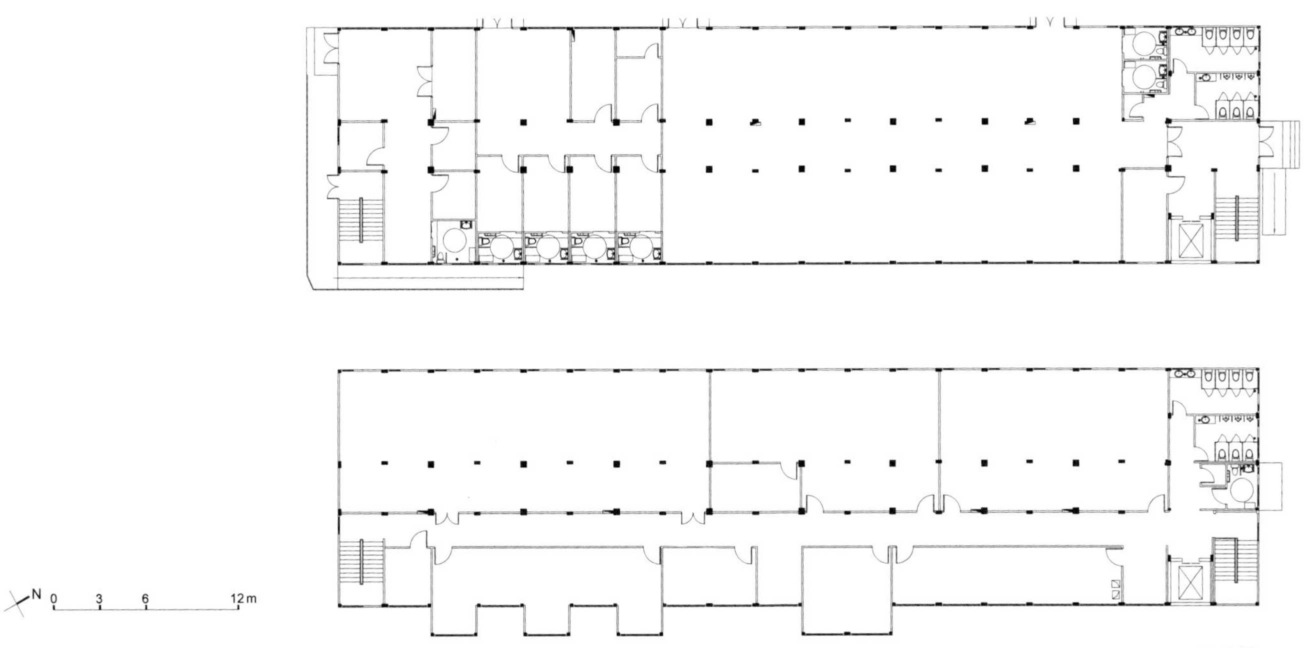

技术楼平面

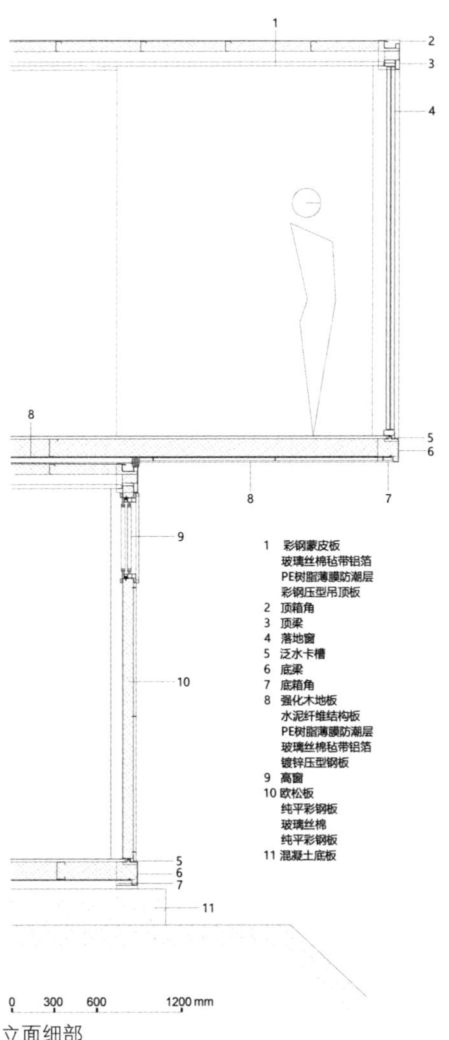

立面细部

打蜡房细部

临建房室内

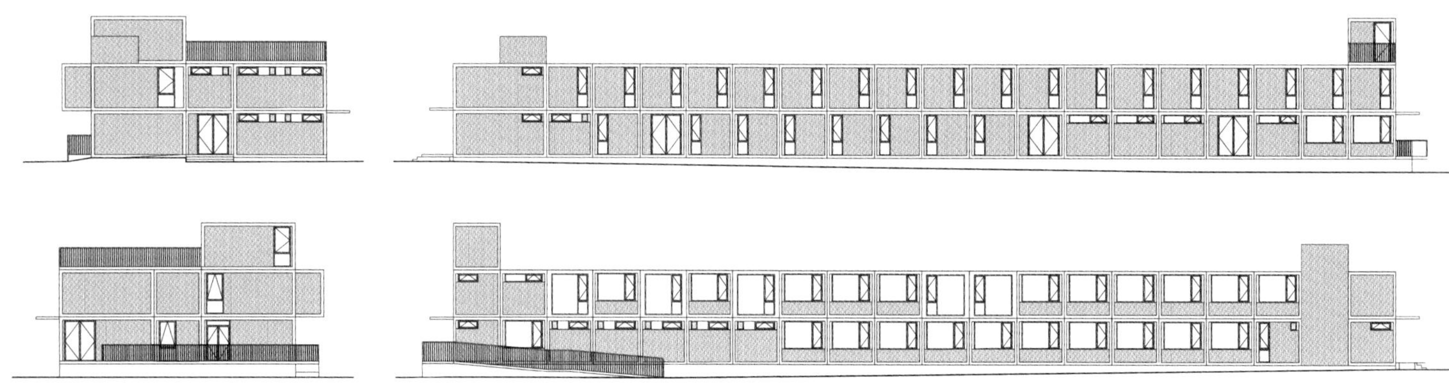

立面

临建房室内

1 云顶滑雪公园概况和可持续性关注

云顶滑雪公园是北京2022年冬奥会和冬残奥会单板和自由式滑雪项目场馆，位于崇礼区密苑云顶乐园内，是7个雪上竞赛场馆中唯一利用现有滑雪场升级改造的场馆。场馆内设置障碍追逐、平行大回转、坡面障碍技巧、U型场地技巧、空中技巧和雪上技巧6条赛道，将承担冬奥会20个小项以及冬残奥会8个小项的比赛。赛后该场馆将恢复大众滑雪和旅游度假的长期运营功能，同时保留下来的奥运赛道将使其具备继续举办世界级滑雪赛事的能力[1]。

云顶滑雪公园（以下简称云顶场馆）规划于狭长的山谷地带，分为入口区、运行保障区和竞赛区三个部分。海拔高度从入口区的1617m升至雪道顶端的2105m，整体落差达488m。竞赛区是云顶场馆的核心区域，包含占地14万m^2的赛道，A、B和C三个结束区①以及媒体和转播综合区（图1）。

云顶场馆区别于其他场馆的主要特点有二：一是在冬奥会筹办期和赛后，场馆均保持现有雪场的持续运营和各类赛事的举办；二是依照单板和自由式竞赛场馆的惯例，场地内不设置永久性体育场馆设施，而通过大量临建设施来满足功能需求[2-3]。因而在考虑场馆规划设计的可持续性策略时，有必要着重关注冬奥会场馆与雪场长期运营的衔接，以及大量临建的可持续利用问题。

2 全尺度视角下衔接长期运营的场馆设计策略

在全尺度的可持续性关注上，云顶场馆的主要规划设计目标设定为在远、中及近三个尺度上衔接冬奥大型事件与长期雪场运营（图1）。我们充分利用奥运体系下特有的场馆运行设计为主要设计程序，作为影响场馆规划和场地设计，指导临建施工图和采购安装的主导性依据[4]，并在运行设计的不断迭代和优化中纳入长期运营使用者的诉求，在操作层面上减少建设投入，增加场馆应对变化的能力，提升大量临建的利用效率。

2.1 远尺度

中远尺度上我们更多考虑的是场馆总体层面的空间、场地以及资源的规划统筹，尽可能利用现有条件进行合理适度的升级改造，同时不断对规划进行优化调整，强化赛事筹办与雪场运营的衔接。

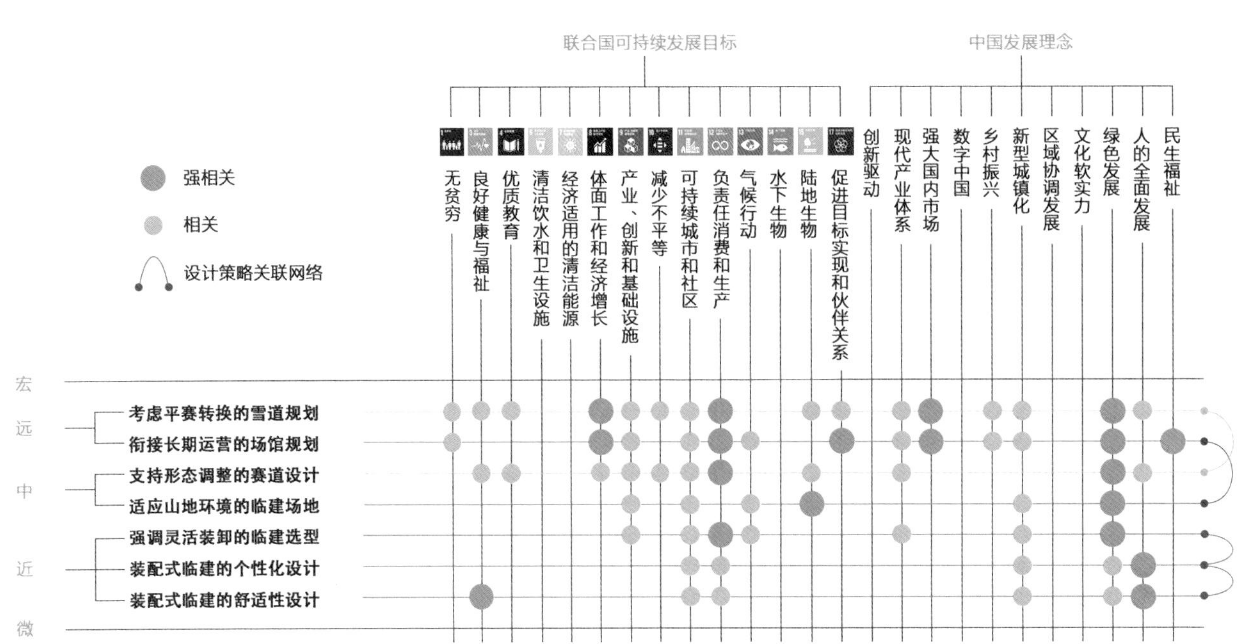

图1 云顶滑雪公园设计策略可持续相关性矩阵

（1）考虑平赛转换的雪道规划

云顶场馆的6条赛道中，除了空中技巧和雪上技巧是在新的坡地上建设的，其余4条赛道均依托原有商业雪道建设。总长3.8km的赛道中约2.4km与原有雪道相吻合，而2条训练道则完全利用现有雪道设置（图2）。雪道规划在确保赛时运动员和工作人员的滑行流线以及雪车等交通工具的技术通道外，也将雪场非赛时运营因素考虑在内，预留了公众滑雪穿越竞赛区域的通道。一方面可令场地的平赛转换更为顺畅，另一方面也为结合测试赛和冬奥会日程更紧密地组织雪场运营提供了可能性。对于现有改造型场馆而言，考虑平赛转换的雪道规划有益于商业雪场在冬奥筹办期间的雪季运营，减少经营性损失。

（2）衔接长期运营的场馆规划

除赛道外，竞赛场馆的配套设施规划是对场馆规划建设阶段的可持续性影响最大的环节。云顶场馆的规划在2018年至2021年测试活动后，进行了6个奥运版本和超过3个测试赛版本的更新，以应对冬奥会以及前三个雪季的世界杯和世锦赛[2]等重要赛事的要求。通过迭代的场馆规划设计，我们逐步将包括酒店、公寓、道路和停车场、山地运行系统在内的雪场原有及建设中的永久性设施纳入冬奥会场馆使用范围，早期奥运建设与雪场运营冲突矛盾的关系逐渐向相互协调衔接。同时，场馆规划的衔接作用使云顶场馆在冬奥会测试赛中使用的临建比原计划节省了10%，实际建成的约1.5万m^2临建中，至少80%直接沿用至冬奥会。而这些临建中的主要建筑还充分考虑了雪场运营的协同，可延续使用至赛后，服务于世界杯等赛事以及雪场运营，从而延长了临建在合理使用寿命内的有效利用时间，减少了拆装工程量和大量临建再利用的压力。

2.2 中尺度

中尺度上我们着重关注比赛场地、观赛区、临建场地综合区等各具特点的场地区域及其之间的关系。

（1）支持形态调整的赛道设计

云顶场馆的赛道虽定位为永久性设施，但并无实质上的永久性建筑体。赛道基层的土方工程也会基于每个雪季的使用有所调

图2 北侧鸟瞰（摄影：潘小剑）

图3 云顶场馆测试活动中的赛道转换

整，而土方基层上的雪层甚至会在同一个雪季因赛事活动的需要进行二次塑性上的调整。例如冬奥会测试活动中的平行大回转训练道在该项目比赛结束后2日内，通过二次塑形调整转换为形态完全不同的残奥单板回转项目赛道（图3）。赛后，基于冬奥会奠定的迭代设计平台，保留的永久性赛道除了可以继续为国际性赛事提供高级别赛道外，还可以利用二次塑性设计的灵活性，指导山地运行调整赛道难度，为普通滑雪者提供可以使用的竞赛型雪道，增加永久性赛道的适用性。

（2）适应山地环境的临建场地

山地场馆的场地处理通常是可持续性挑战较大的课题[5]。云顶场馆竞赛区域的临建场地集中在一片约200m × 500m的山谷区域，高差超过50m，在场地设计时需要面对更多挑战。我们将运行设计迭代适应的特点应用在场地设计优化中，筹办期间的每年雪季运营均为下一年场地优化提供参考信息。例如在2020至2021年雪季冬奥测试活动之后，我们根据实际运行中坡地融雪水冲刷和排水沟淤堵等情况，及时优化场地排水系统，增加了约1500延米的边坡处理，以减少雪道融化对场地水土流失的负面影响。另外，场地土方施工与赛道土方工程结合，挖方和填方平衡在40万m^3上下，确保无土方外运；剥离的表土进行表层腐殖土收集，用于赛道、滑雪道及场地边坡的表土回覆和植被恢复，尽可能降低场馆建设对区域陆生环境的影响。

2.3 近尺度

在中近尺度上我们主要关注临建单体的设计策略，包括临建的选型、空间和形态设计以及舒适性设计策略。

（1）强调灵活装卸的临建选型

云顶场馆配套功能空间有87%通过临时设施提供，总临建面积达2.6万m^2。场馆内使用的绝大部分临建——包括箱式房、篷房、板房和集装箱改制房等——均为装配式临建，但装配率和装配性能不尽相同。在往届冬奥会的雪上场馆中，篷房的使用比例较大，云顶场馆考虑到延续使用的需求以及临建对特定场地和气候条件的适应③，通过多次迭代设计优化，形成以灵活装卸的集装箱式房为主，帐篷和其他结构为辅的临建形式特点（图4）。早期规划中整合了9600m^2功能空间的重钢结构看台，经优化调整为脚手架看台和箱式房功能建筑的组合，满足使用需求的同时节省建设成本50%以上，且装配率和灵活性均大幅提升。强调灵活装卸的临建选型为场馆节省了永久性或重型结构的建设成本，同时为临时建筑的可持续利用奠定基础。

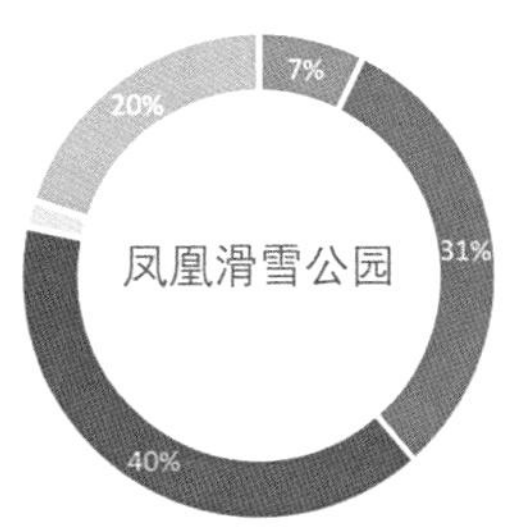

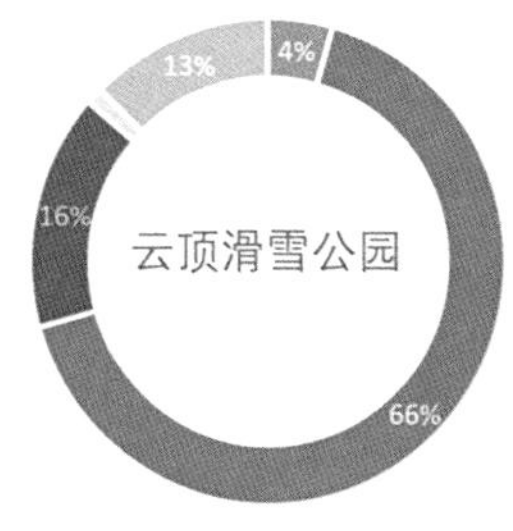

■板房 ■箱式房 ■篷房 ■集装箱 ■永久建筑内临时空间

图4 凤凰滑雪公园和云顶滑雪公园功能空间类型占比比较

图5 雪地环境中的临建色彩效果

（2）装配式临建的个性化设计

仅考虑短期使用的临建设计在空间和形式方面往往尽可能简单且重复，便于施工和回收，这也是云顶场馆约60%的临时建筑所采用的设计原则。但对于考虑在有效使用期限内尽可能延长使用时间的临时建筑，尤其在滑雪场的核心区域，则有必要将个性化因素纳入设计范围。

在云顶场馆的临建设计中，包括赛道起点用房、结束区体育综合用房、媒体用房和打蜡房在内的核心建筑均考虑了各自场地的特点、与赛道和景观的朝向和视线关系、赛时功能和赛后可能的功能等因素，在外观形态和使用体验上呈现出临时建筑并不常见的差异化和个性化状态（图5）。当然，实现这一状态的技术基础有赖于强调灵活装卸的临建选型以及模块化设计策略。个性化设计强化了装配式临建在特定场地上的功能合理性和景观协调性，从而达到测试赛和冬奥会两次使用，赛后继续使用的要求，符合冬奥会组委会关于可“继续有效使用”的临时设施作为“场馆的常备设施”的可持续利用倡议[6]。

（3）装配式临建的舒适性设计

在雪地环境中，装配式临建如要达到延续利用的目的，除了满足使用功能以及基本的防风、防雪以及防滑要求之外，还需要对体感舒适性给予足够的重视[7]。以临建外部材料和色彩的设计为例，为了避免常见的白色钢板饰面的强反光和冰冷感，我们选用了欧松板饰面和深色临建框架，材料反射率由70%以上降至50%以下，有助于降低整体环境亮度；同时平衡雪地的冷色调，使整体环境色温更接近赛事转播的理想色温5600K[8]，从而舒缓视感。另外，外饰面的设计提升了雪地环境所需的视觉识别性④，而在临建利用率较低的非雪季，更易于融入以土地和树木为主的自然环境背景。通过舒适性设计，避免临时建筑成为场地上“碍眼”的存在，而与整体环境的联系更为紧密，从另一个角度增加了临时建筑延续利用的可行性和可能性。

3 小结

云顶滑雪公园的规划设计与大型赛事和持续运营共存的特点紧密关联。场馆的规划设计在中远尺度上通过考虑平赛转换的雪道规划和衔接长期运营的场馆规划衔接赛前、赛时和赛后；在中尺度上通过赛道和场地的适应性设计为长期运营的平赛转换创造条件；在中近尺度上通过临建的选型、个性化和舒适化设计增强临建可持续利用的效果。全尺度策略组合在冬奥会雪上场馆的设计上积极回应了国家“十四五”规划和联合国的可持续发展目标。

如今，国际奥委会对利用现有场馆的倡议越发明确和具体[9]，而建筑空间的临时性也在城市和建筑设计中越来越得到重视[10][11]。云顶滑雪公园的规划设计对我们来说无疑是个机会，用于探究复杂场馆的长期运营和短期利用之间的高效互动关系，为可持续性设计提供新的注解。

注释：

①云顶场馆的6条冬奥会赛道每两条共用一个结束区，结束区包含赛道终点区、观赛区及紧邻的服务设施，云顶场馆三个结束区习惯上被称为A、B和C场地。

②2021国际雪联单板和自由式滑雪世锦赛原计划在云顶滑雪公园举办，后因新冠疫情影响取消，改为国内测试活动。

③根据冬奥会场馆气象监测数据，云顶所在山区最低气温超过-40℃，极大风速达15.8m/s。

④雪地环境通常需要深色要素以便于视觉识别方向和位置，例如赛道上通常会使用蓝色标线和松枝标识运动员行进或着陆的区域。

参考文献：

[1] Beijing Organising Committee for the 2022 Olympic and Paralympic Winter Games. The Legacy Plan of the Olympic and Paralympic Winter Games Beijing 2022[Z]. BOCOG, 2019.

[2] Bryantsev A, Olympic Winter Games Organizing Committee. Sochi 2014 rapport officiel[M]. Sochi: Organizing Committee, 2015.

[3] The PyeongChang Organizing Committee for the 2018 Olympic & Paralympic Wingter Games. Phoenix Snow Park Venue Operating Plan[Z]. PyeongChang: Organizing Committee, 2017.

[4] 付圆圆，王宁，伍孝波．运行设计[M]．北京：中国林业出版社，2011.

[5] GEORGE A. Managing Ski Resorts: Perceptions from the Field Regarding the Sustainable Slopes Charter[J]. Managing Leisure, 2003, 8（01）: 41-46.

[6] 北京城建科技促进会．北京2022年冬奥会和冬残奥会临时设施实施指导意见[Z]．2020.12.

[7] 史小蕾，梅洪元．感官体验：一种面向知觉建构的寒地建筑设计思考方式[J]．世界建筑，2020（11）：84-87，131.

[8] Peter K. Beijing 2022 Winter Olympic Games Broadcast Lighting[Z]. OBS, 2017.

[9] International Olympic Committee. Olympic Agenda 2020-20+20 Recommendations [Z]. IOC, 2018.

[10] Madanipour A. Cities in Time: Temporary Urbanism and the Future of the City[M]. Bloomsbury Publishing, 2017.

[11] Bishop P, Williams L. The Temporary City[M]. Routledge, 2012.

图片来源：

所有照片、图纸来源均为清华大学建筑设计研究院简盟工作室，除文中注明之外，其余摄影均为陈荣钦。

张家口冬奥村与冬残奥村

非竞赛场馆（新建）

Zhangjiakou Olympic Village （Paralympic Village）

Project Team

Client | Zhangjiakou Olympic Sports Constuction and Development Co., Ltd.

Design Team | Architectural Design and Research Institute of Tsinghua University Co., Ltd.

Contruction | Zhongtie Jiangong Group

Principle-in-Charge | ZHANG Li

Architecture | ZHANG Li, ZHANG Mingqi, YANG Yubin, ZHONG Shan

Structure | LI Binfei, YANG Xiao

Water Supply & Drainage | XU Jinghui, HOU Qingyan

HVAC | WANG Yiwei, LIU Jie

MEP | LIU Lihong, AI Tao

项目团队

建设单位 | 张家口奥体建设开发有限公司

设计单位 | 清华大学建筑设计研究院有限公司

施工单位 | 中铁建工集团

项目负责人 | 张利

建筑设计 | 张利、张铭琦、杨宇滨、钟善

结构设计 | 李滨飞、杨霄

给水排水专业 | 徐京晖、侯青燕

暖通专业 | 王一维、刘杰

电气专业 | 刘力红、艾涛

Collaborators

B/J Group Design | Archi-Union Architects

A/C Group Design | Vector Architects

D/G Group Design | Nansha Original Design Enterprise

合作单位

B/J组团方案 | 上海创盟国际建筑设计有限公司

A/C组团方案 | 直向建筑事务所

D/G组团方案 | 南沙原创建筑设计工作室

Project Data

Location | Chongli, Zhangjiakou, Hebei, China

Design Time | 2018.01-2019.06

Completion Time | 2018.05-2021.09

Site Area | 19.76hm^2

Architecture Area | 24200m^2 (Phase I)

Structure | Steel Frame Structure

工程信息

地点 | 中国河北省张家口市崇礼区

设计时间 | 2018.01—2019.06

竣工时间 | 2018.05—2021.09

基地面积 | 19.76hm^2

建筑面积 | 238000m^2（一期）

结构形式 | 钢框架结构

张家口冬奥村/冬残奥村鸟瞰（摄影：潘小剑）

张家口冬奥村/冬残奥村总平面图

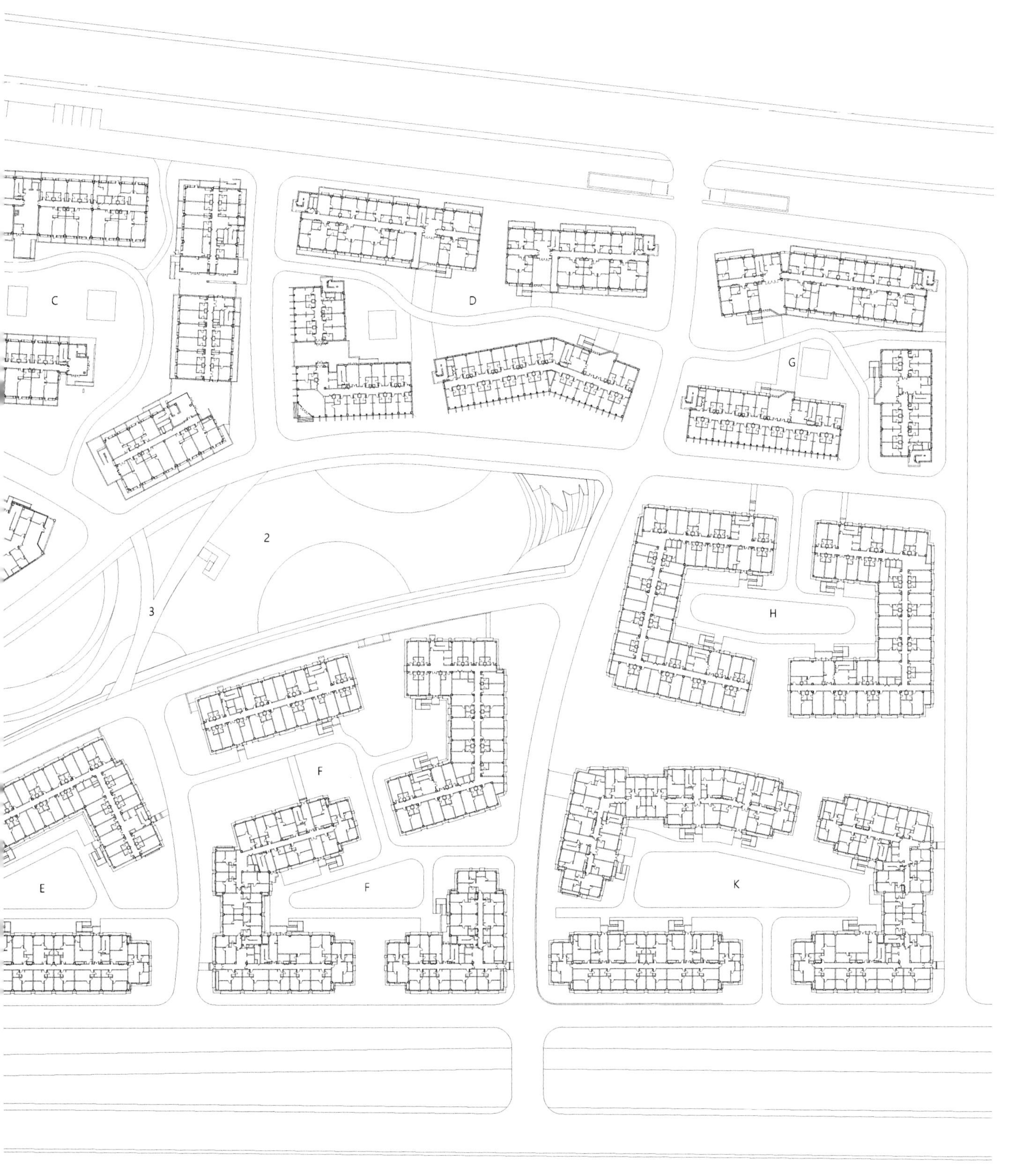
C
D
G
2
3
H
F
F
E
K

北京2022年张家口赛区冬奥村和冬残奥村位于张家口市崇礼区太子城区域太子城冰雪小镇内。冬奥村作为各个国家和地区运动员、教练员及代表团成员的主要居住地，承担着全部冬奥会和冬残奥会运动员、官员在住宿、餐饮、娱乐、休闲等方面的服务功能，也是各国和地区运动员集中举行国际交流和联欢活动的场所。

冬奥村和冬残奥村是张家口赛区规模最大的非竞赛场馆，距离太子城高铁站1km，距离京礼高速棋盘梁服务区1.5km。冬奥村占地19.76hm^2，总建筑面积23.8万m^2，其中包括地下10.3万m^2，地上13.5万m^2，共10个组团，31栋楼，以3~4层建筑为主。冬奥会赛时可提供1668间房，总床位2737个。冬残奥会期间预计使用703间房，1142个床位。奥运村房间主要分为4种户型：一室一卫、一室一厅一卫、两室一厅一卫和三室一厅两卫。冬奥村设计采用了一系列可持续设计策略，覆盖了中远、中、中近3个尺度。

2017年9月，在太子城地区考古发掘出距今800余年的金代皇家行宫遗址，遗址与冬奥村约6hm^{2}用地有重叠。综合考古专家、北京冬奥组委及政府主管部门意见，确定对遗址与冬奥村采取一体化设计策略，即在保护历史文物的前提下，将冬奥村东移200m，赛时冬奥村与西侧太子城遗址公园一起，向全世界展现体育运动与历史文化的完美结合，传播中华文明。

冬奥村规划上采用院落式布局，院落内部设置微地形景观，有利于降低风速。经过CFD模拟，风速可降低到2m/s，在院落内部形成微气候环境，针对崇礼地区多风的气候特点，可以大大提升场地内部的舒适性。

冬奥村场地中心设置下沉广场，有利于实现地下空间的自然通风与自然采光，降低建筑能耗。建筑外窗采用金属格栅作为外遮阳构件，节能环保，且外窗可开启比例不低于30%，加强自然通风与自然采光，进一步降低建筑能耗。

冬奥村采用雨虹排水系统实现雨水回收再利用。在场地内设置透水铺装，地下室顶板设置导水板，将雨水导向储水罐。雨水适当净化后可用于浇灌植物、冲洗厕所。

建筑采用装配式技术，包括采用钢框架结构体系。钢结构在建筑全寿命周期内环保可持续，墙体采用隔墙板，外墙采用干挂陶板幕墙，屋面采用直立锁边金属屋面，大大提升施工速度。

建筑冬季采暖采用电供热系统，每户的温度皆可精准、灵活调控。供热末端为发热电缆，可将电能直接转化为热能，减少热量的损耗。另外，崇礼地区的电能皆来自风力发电系统，属于可再生能源。通过一系列的绿建措施，冬奥村达到绿建三星标准。

冬奥村户型以适应全季山地度假特色的户型为主，户型大小适中，厨房、餐厅、卫生间、洗浴、客厅、卧室等功能都有配备，赛时为运动员提供温馨舒适的居住环境，赛后作为滑雪公寓使用。房间内以明亮的浅色调为主，墙面选用暖白色耐擦洗壁纸，地面选用原木色地板，材料生态环保。奥运村窗户选用low-e3玻断桥铝，密封保温性能好，适应崇礼严寒气候条件。

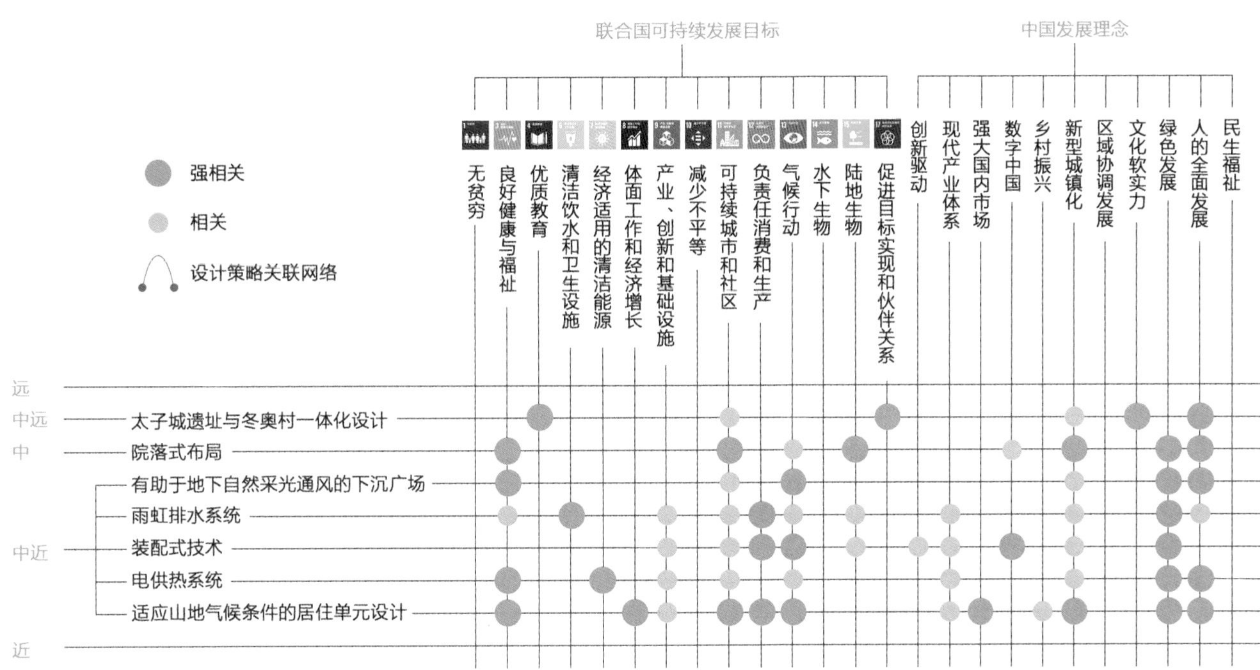

张家口冬奥村/冬残奥村设计策略可持续相关性矩阵

张家口冬奥村/冬残奥村下沉庭院（摄影：张铭琦）

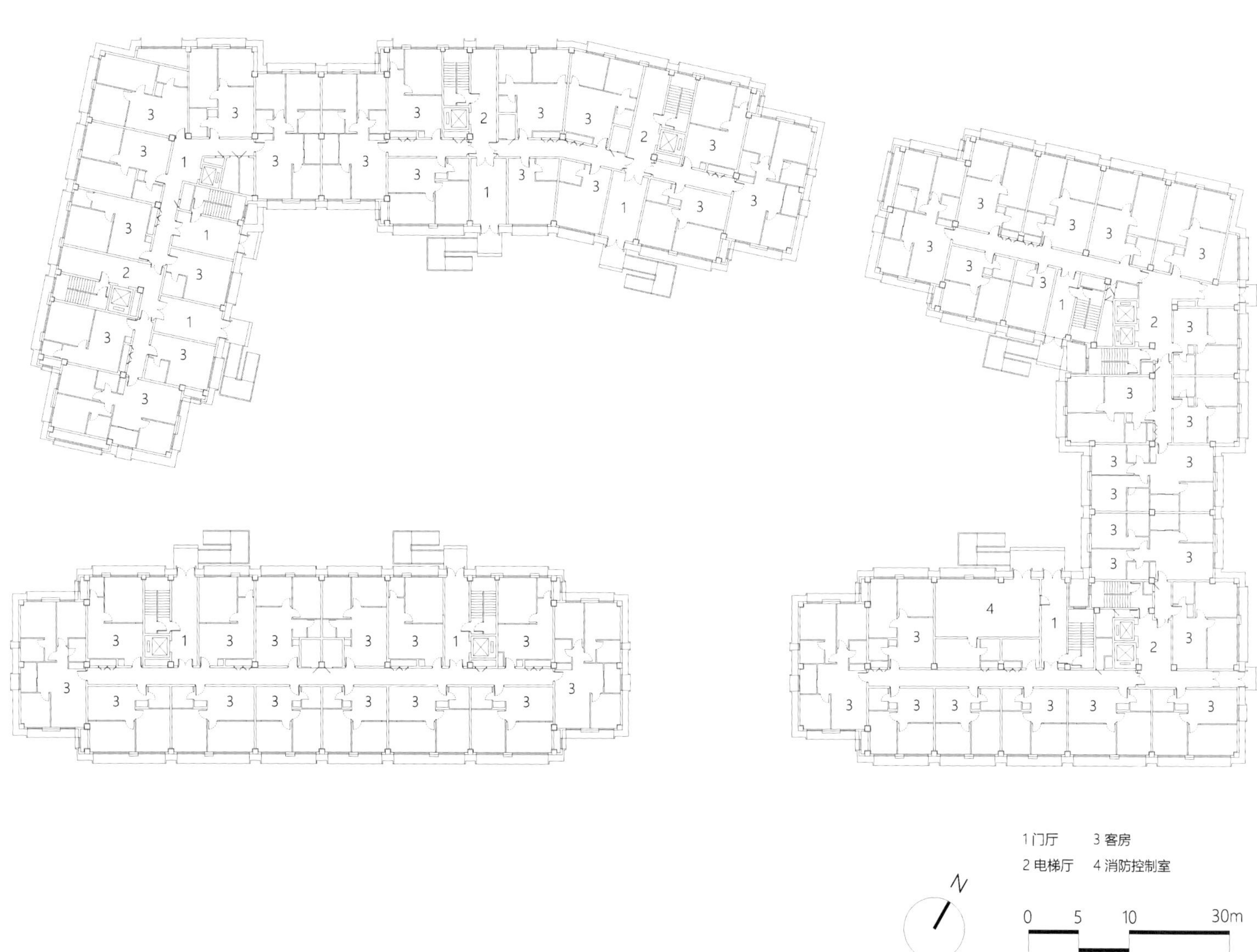

K组团标准平面图

张家口冬奥村/冬残奥村庭院（摄影：张铭琦）

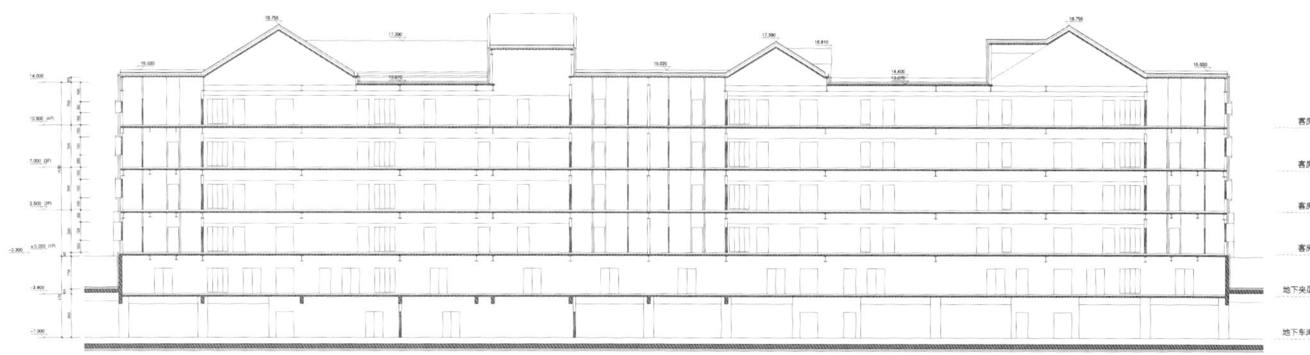

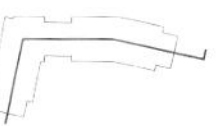

K组团剖面图

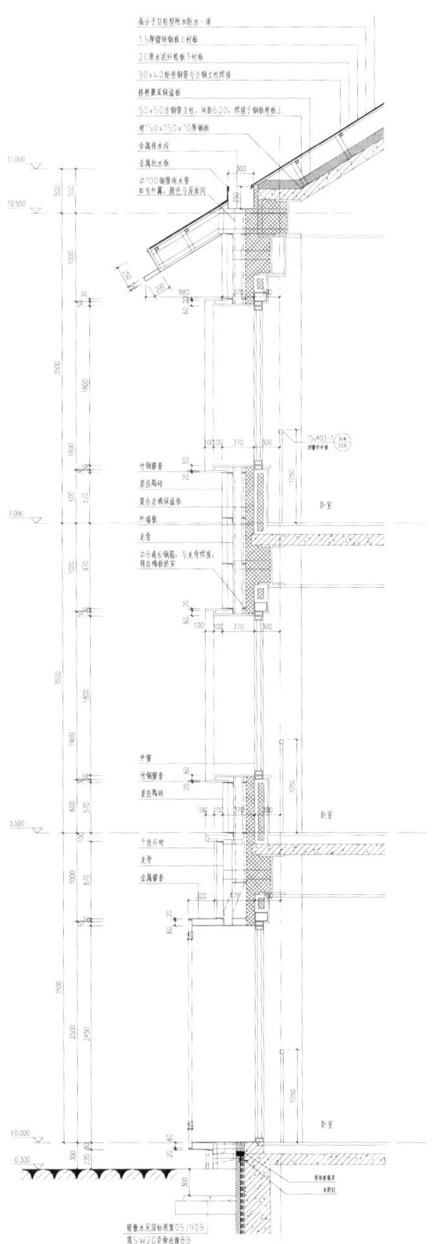

K组团细部图

K组团外景（摄影：张铭琦）

单元室内（摄影：潘小剑）

山地技术官员酒店、演播室及转播中心

非场馆类辅助设施（新建）

Hotel and Studio

[OB Centre]

Project Team

Client | Zhangjiakou Olympic Sports Construction and Development Co., Ltd.
Design Team | Architectural Design and Research Institute of Tsinghua University Co., Ltd.
Construction | China Railway Eighteen Group
Principle-in-Charge | ZHANG Li, ZHANG Mingqi
Architecture | ZHANG Li, ZHANG Mingqi, WANG Hao, YANG Yubin, ZHAO Bin, LI Yueming, ZHANG Kui, WU Xue
Structure | LIU Peixiang, WANG Shiyu, LIU Jun
Water Supply & Drainage | ZHANG Lei, WANG Lijie
HVAC | LIU Jiagen LI Min
HVE | LIU Lihong, ZHANG Zhenzhou
HLE | GUO Hongyan, SONG Shuai

Project Data

Location | Zhangjiakou, Hebei, China
Design Time | 2018
Completion Time | 2021
Site Area | 2.75 hm^2
Architecture Area | 11,855 m^2
Structure | Steel Frame

[Hotel and Studio]

Project Team

Client | Zhangjiakou Olympic Sports Construction and Development Co., Ltd.
Design Team | Architectural Design and Research Institute of Tsinghua University Co., Ltd.
Construction | Zhongtie Jiangong Group
Principle-in-Charge | ZHANG Li
Architecture | ZHANG Li, WANG Hao, YANG Yubin, YU Lifang, WU Shaoping, YANG Huiming, ZHAO Bin, LI Yueming, FAN Shuchen
Structure | ZHANG Tao
Water Supply & Drainage | LIN Yuquan
HVAC | LI Qindi
MEP | LIU Lihong

Project Data

Location | Zhangjiakou, Hebei, China
Design Time | 2018
Completion Time | 2021
Site Area | 18.9hm^2
Architecture Area | 84370m^2
Structure | Reinforced Concrete Frame

山地转播中心

项目团队

建设单位 | 张家口奥体建设开发有限公司
设计单位 | 清华大学建筑设计研究院有限公司
施工单位 | 中铁十八局集团
项目负责人 | 张利、张铭琦
建筑设计 | 张利、张铭琦、王灏、杨宇滨、赵彬、李月明、张葵、吴雪
结构设计 | 刘培祥、王石玉、刘俊
给水排水专业 | 张磊、王李杰
暖通专业 | 刘加根、李敏
强电专业 | 刘力红、张振洲
弱电专业 | 郭红艳、宋帅

工程信息

地点 | 中国河北张家口
设计时间 | 2018年
竣工时间 | 2021年
基地面积 | 2.75hm^2
建筑面积 | 11855m^2
结构形式 | 钢框架结构

技术官员酒店

项目团队

建设单位 | 张家口奥体建设开发有限公司
设计单位 | 清华大学建筑设计研究院有限公司
施工单位 | 中铁十八局集团
项目负责人 | 张利
建筑设计 | 张利、王灏、杨宇滨、于立方、吴绍平、杨慧明、赵彬、李月明、樊书晨
结构设计 | 张涛
给水排水专业 | 林玉权
暖通专业 | 李沁迪
电气专业 | 刘力红
合作设计单位 | 张家口建筑勘察设计有限公司（结构和机电设计）

工程信息

地点 | 中国河北张家口
设计时间 | 2018年
竣工时间 | 2021年
基地面积 | 18.9hm^2
建筑面积 | 84370m^2
结构形式 | 钢筋混凝土框架

技术官员酒店鸟瞰（摄影：潘小剑）

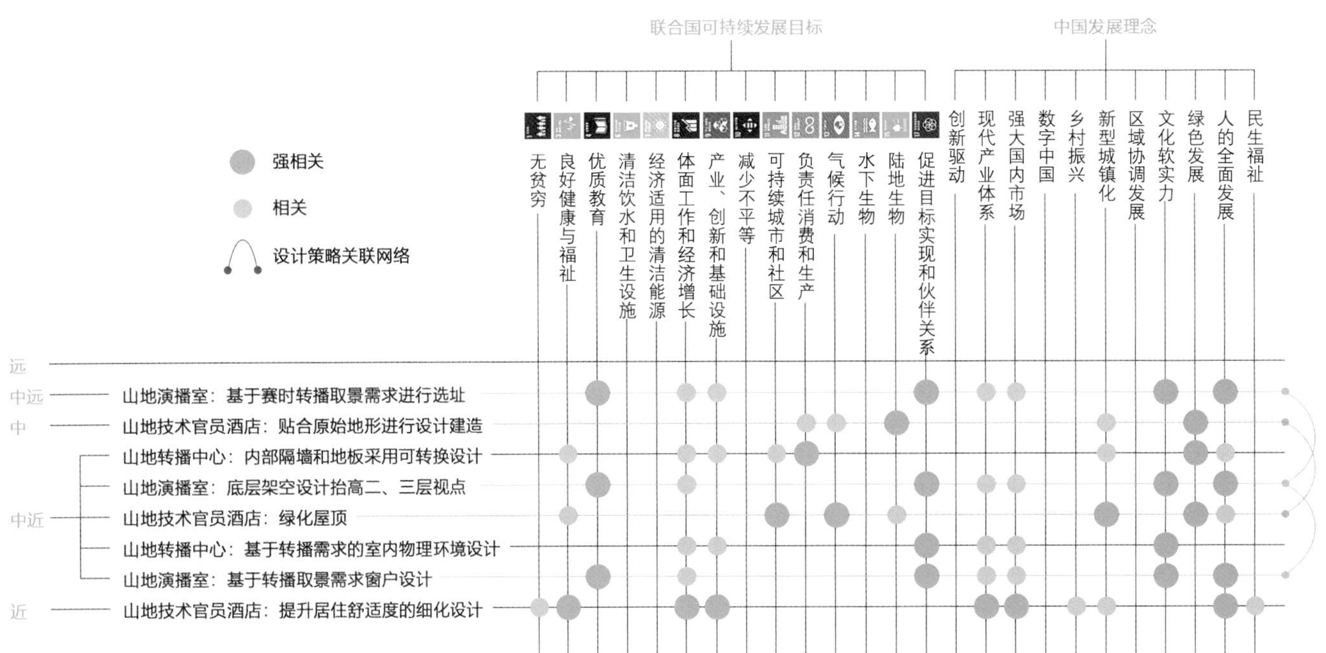

图1 山地技术官员酒店、演播室、转播中心设计策略可持续相关性矩阵

山地技术官员酒店、山地演播室和山地转播中心是2022年冬奥会张家口赛区古杨树组团的配套设施。三个设施在提供赛时基本服务的基础上，将古杨树场馆群的文化标识和山谷的空间体验更好地传递给现场参与者和全球观众。

山地技术官员酒店分为A、B两栋（图2、图3），位于C形架空步道“冰玉环”的内侧山坡，与国家滑雪跳台中心“雪如意”隔山谷相望。酒店赛时为国际冬奥组委的技术官员和工作人员提供住宿、餐饮、会议等服务，赛后作为星级酒店继续运营。在中尺度上，酒店顺应自然山势横向展开，各层轮廓与天然地形的等高线相契合，减小工程土方量，尽可能降低建筑对自然生态的扰动，同时为酒店客房和公共空间提供看向竞赛场馆群和自然山脉的良好视野（图4）。在近尺度上，设计依照星级酒店标准，进行内部空间和设施的细化，为赛后酒店的可持续运营提供空间品质支撑。

山地演播室与山地技术官员酒店B楼顶层相连，赛时为国内外媒体提供10间电视转播间和配套的公共服务区、会议室以及屋顶摄像机位等，赛后改造为酒店B楼的配套服务设施。在中远尺度上，演播室基于赛时转播背景取景需求，选址半山腰西北朝向的位置，以获取面向场馆群的最佳视野；在中近尺度上，设计通过底层架空和大跨结构，抬高二、三层的公共空间和演播室视点，形成连续的开放视野，以“雪如意”“冰玉环”和群山作为电视转播间的背景（图5）。同时，设计通过对演播室窗户的角度、玻璃折射率和反光系数等参数的控制，优化使用者的视觉体验和赛时直播的画面效果。

山地转播中心是冬奥会赛时转播用房，位于“雪如意”东南侧，“冰玉环”下方。在中近尺度上，转播中心根据赛时和赛后的功能要求，采用永久结构外壳和可变内部隔墙的体系，为赛后的内部功能转换提供最大自由度；地面预留了2m的下挖空间，赛后可以改造为公共游泳池或室内滑雪场。同时，转播中心基于赛时转播的特殊需求，划分室内各空间的噪声敏感度，并进行相对应的墙体隔声和设备噪声控制，为赛事的高质量转播制作提供物理环境保障。

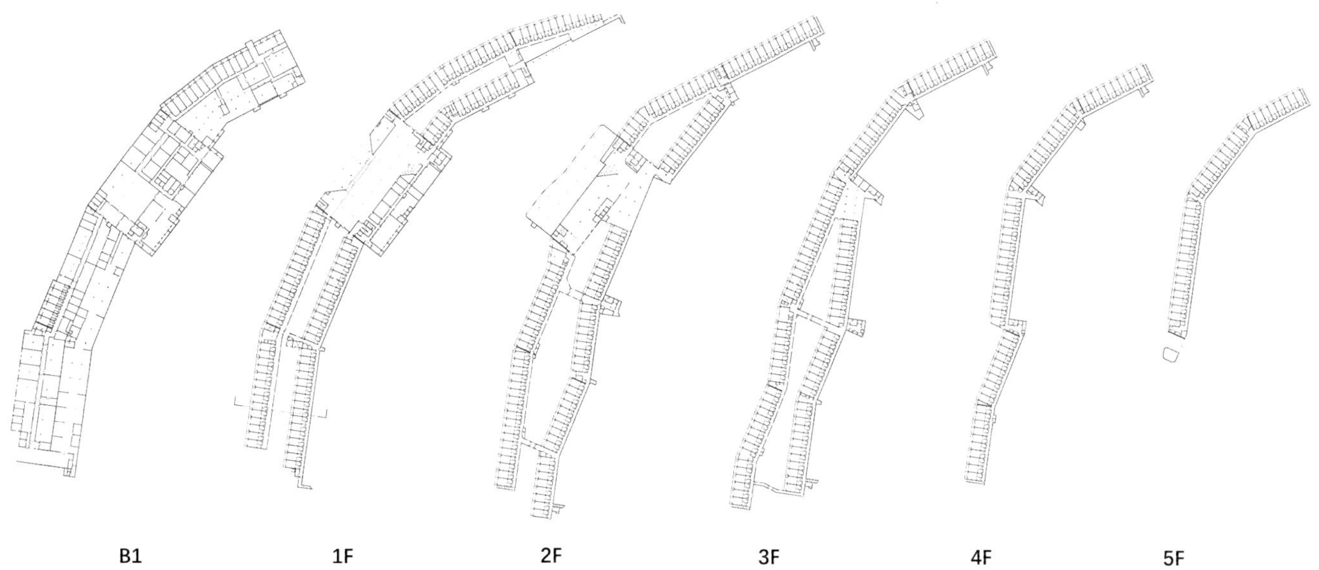

图2 山地技术官员酒店A栋平面

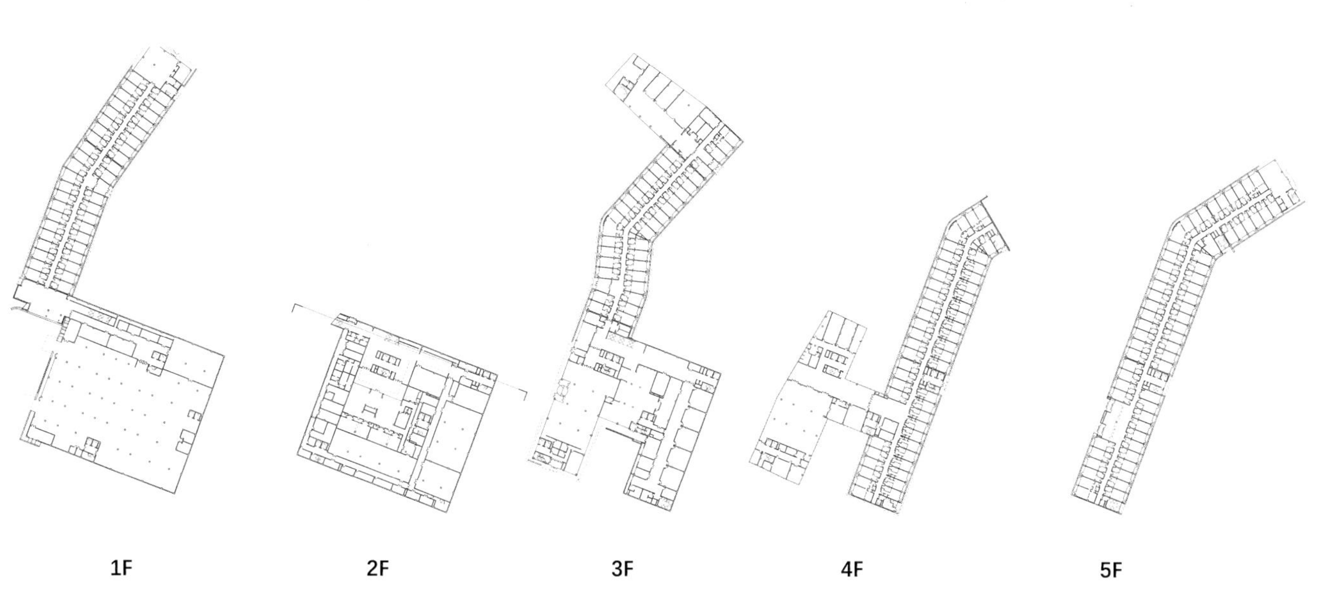

图3 山地技术官员酒店B栋平面

图4 技术官员酒店近景（摄影：布雷）

图5 山地演播室近景（摄影：布雷）